西电科技专著系列丛书

无线光通信技术

——从理论到前沿

主　编　岳　鹏

副主编　易　湘　顾华玺

程文驰　刘艳艳

西安电子科技大学出版社

内 容 简 介

无线光通信技术作为一种新型的通信技术，同时具有微波通信和光纤通信的优势。本书全面介绍了无线光通信技术的基本概念、无线光通信系统的构成与设计、轨道角动量在无线光通信中的应用、无线光通信中大气湍流模型和海洋湍流模型、无线光通信的链路配置及应用场景（其中包括室内无线光通信、近地无线光通信、空间无线光通信、水下无线光通信）等相关内容。

本书主要读者对象为从事无线光通信领域研究与应用的科研、设计和工程技术人员，并可供相关专业的高年级本科生和研究生学习参考。

图书在版编目(CIP)数据

无线光通信技术：从理论到前沿/岳鹏主编. —西安：西安电子科技大学出版社，2022.7
ISBN 978 - 7 - 5606 - 6299 - 2

Ⅰ. ① 无… Ⅱ. ① 岳… Ⅲ. ①光通信 Ⅳ. ①TN929.1

中国版本图书馆 CIP 数据核字(2022)第 040747 号

策　　划　李惠萍
责任编辑　买永莲
出版发行　西安电子科技大学出版社(西安市太白南路 2 号)
电　　话　(029)88202421　88201467　　邮　编　710071
网　　址　www.xduph.com　　　　电子邮箱　xdupfxb001@163.com
经　　销　新华书店
印刷单位　咸阳华盛印务有限责任公司
版　　次　2022 年 7 月第 1 版　2022 年 7 月第 1 次印刷
开　　本　787 毫米×1092 毫米　1/16　印张 19
字　　数　450 千字
印　　数　1～2000 册
定　　价　47.00 元
ISBN 978 - 7 - 5606 - 6299 - 2/TN

XDUP 6601001 - 1

* * * 如有印装问题可调换 * * *

前　言

　　近年来，随着社交媒体、物联网等行业的兴起，以及"互联网＋"概念的提出，射频通信技术由于频带、通信容量受限等原因，难以满足企业、政府、科研人员等对网络带宽及容量的高需求。无线光通信技术的兴起，为解决这一瓶颈问题带来了转机。无线光通信技术具有频谱宽、速率高、抗磁干扰、无需频率许可证、组网方便灵活、成本较低等特点，在应急通信、卫星通信、对潜通信等领域都得到了广泛的研究与应用。与此同时，5G 网络商业部署逐渐成型，对 6G 发展前景的探讨也开始出现在公众的视野中，无线光通信技术在未来 6G 的应用场景中有极大的发展潜力。因此本书对无线光通信技术进行了全面介绍。

　　本书根据最新无线光通信链路分类标准，完整介绍了通信系统的组件，并对室内、近地、空间、水下等场景的链路应用进行了详细说明，还提出了异构、混合无线光通信系统。本书重点介绍了近地无线光通信、空间无线光通信、水下无线光通信的应用场景中相关系统结构、信道特性、调制技术等内容，并在此基础上对大气湍流和海洋湍流模型进行了介绍；进一步地，本书对无线光通信技术中抑制湍流的方法进行了梳理，具体包括孔径平均技术、分集技术、自适应光学技术、部分相干光技术等。

　　本书共 6 章。第 1 章重点介绍了无线光通信的基本概念、通信链路的分类及相关标准，并给出了链路配置的相应示例。第 2 章主要介绍了无线光通信系统的组成器件，包括光发射机和光接收机，以及相应的调制与检测方法。第 3 章介绍了可见光通信的标准，如 IEC TC 34、PLASA E1.45 和 IEEE 802.15.7 等，以及可见光通信的标准在服务领域、照明领域的兼容性；同时分析了室内可见光通信系统的性能增强技术、基于成像传感器可见光通信系统的系统组成。第 4 章介绍了近地无线光通信的特点和应用领域，其中着重介绍了大气信道中湍流的相关知识，如大气折射率谱模型、光束漂移、光强闪烁，并根据大气信道损耗、光束扩展、光损耗、对准误差损耗的基本理论，给出了相应的链路预算。第 5 章介绍了空间无线光通信系统及其在各国科学研究中的项目进展情况，研究并给出了地面-卫星/卫星-地面链路、星间链路和深空链路的应用场景；此外给出了轨道角动量的相关理论知识，如常见光束的生成方法、光束类型、相关领域应用等。第 6 章介绍了水下无线光通信的相关研究成果，对光在海水中的传播特性及相关链路配置等进行了分析；此外，介绍了水下信道中影响水下光通信链路的可靠性和有效性的因素，分析了提高水下无线光通信系统效率的方法，如协作分集和混合声-光系统，该系统具有高数据速率、低延迟和较强的稳定性，是对现有声学系统的补充。

　　本书由西安电子科技大学的岳鹏老师主持编写，易湘老师负责本书第 1 章的编写，顾华玺老师负责本书第 6 章 6.3 节～6.5 节的编写，程文驰老师负责本书第 6 章 6.6 节～6.8 节的编写，岳鹏老师完成了本书剩余部分的编写工作，西安电子科技大学的刘艳艳同学辅助完成了本书中相关文献的查阅及作图。

本书取材于作者在该领域所取得的研究成果和该领域的最新进展。其中作者的许多基础研究成果已在国内外期刊发表并被多人引用。本书的理论知识具有系统性和完整性，方便读者学习。本书的编写也参考了国内外多篇理论研究成果与著作，在此向被参考的文献、著作的作者致以诚挚的谢意。

编　者

2022 年 4 月

目　　录

第 1 章　无 线 光 通 信

1.1　概　　述

　　近年来，社交媒体和物联网（Internet of Things，IoT）等行业的快速兴起，使得各通信领域对传输网络带宽和性能提出了更高的要求。随着移动用户终端数量的快速增加，无线通信系统因其对用户移动性的良好支撑而受到了市场的青睐。此外，无线技术避免了有线技术许多固有的复杂问题，如建设时间较长、因敷设而涉及的路权问题以及线缆敷设后路基下沉带来的开销增长等问题。

　　电磁（Electro Magnetic，EM）频谱是一种有限资源，随着传统无线业务和新兴无线业务的快速发展，日益增长的电磁频谱需求与有限的频谱资源之间的矛盾愈发凸显。图 1-1 给出了部分电磁频谱以及每个波段的频率和波长范围。无线电波是电磁波的一种，其频率约为 3 THz 以下（波长大于 100 μm）；它是由振荡电路的交变电流产生的，可以通过天线发射和接收。电磁频谱的红外光频段范围约为 3～300 THz（1～100 μm）。可见光是电磁波谱中人眼可以感知的部分，频率为 300 THz～3 PHz，波长为 100 nm～1 μm。

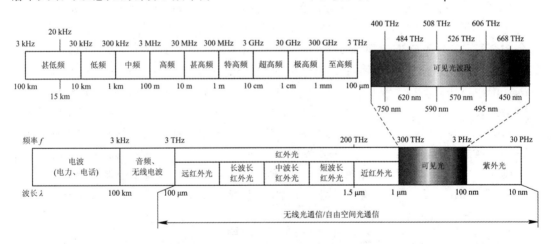

图 1-1　部分电磁（EM）频谱以及每个波段频率（和波长）的范围

　　目前，射频技术是一项成熟的技术，广泛应用于室内以及近地和空间通信系统。然而，射频通信系统会受到覆盖区域重叠、自身信号互调以及谐波等因素的干扰，使得在射频通信系统中可用的频率和通信容量都受到限制。因此，各个国家和国际相关机构对射频频谱进行了规划，其目的是减少对射频通信系统的干扰，保证多个射频通信系统可以同时高效地工作。但是，随着射频技术在不同领域应用的增加，射频频谱变得越来越拥挤，可用的频段资源也变得越来越稀缺，这使得频谱资源的成本急剧增加。因此，目前学术界和工业界都致力于完善现有的无线技术并/或探索新的通信技术，以满足各领域的应用需求。

自由空间光通信（Free Space Optical communication，FSO）也称为光无线通信（Optical Wireless Communication，OWC），它在过去几十年里作为射频技术的一个极具潜力的补充技术，被众多学者广泛研究。FSO技术与光纤技术类似，即先将数据调制到光载波上，然后将调制好的光束从该点传输到另外一点，但是FSO技术采用了无线传输的方式。近年来，学术界和工业界对FSO技术的关注度与日俱增，主要原因是该技术兼具了光通信技术的高带宽和无线技术的灵活性。

由图1-1可以看出，FSO的工作波段很宽，包括近红外（Near InfRared，NIR）光波段、可见光（Visible Light，VL）波段和紫外（UltraViolet，UV）光波段。通常情况下，近地FSO链路以及空间FSO链路均工作在近红外光波段。但是，近地FSO链路也可以工作于可见光波段和紫外光波段。此外，室内FSO链路和水下FSO链路均可工作在近红外光波段和可见光波段。FSO的检测器对多径衰落不像射频链路那么敏感，这主要因为FSO检测器的接收光面积相比工作波长要大得多，从而能够引入空间分集的效果。FSO技术与射频技术相比，除了具有无需许可即可使用的频谱外，在FSO链路中大多数的光器件都比射频链路中的价格更便宜、体积更小、重量更轻、功耗更低，所以FSO技术的应用较射频技术在系统成本和能量消耗方面更具优势。

FSO技术与射频技术并不冲突，可以看作是对现有射频系统性能的补充，且在一些要求严格限制射频干扰的应用场景中发挥着重要的作用。例如，在医院或在商用飞机上采用FSO技术，可以有效避免对射频干扰信号的影响。此外，第五代（5G）无线通信系统也引入了FSO技术，作为RF技术的补充。

最早的无线光通信实验是由美国国家航空航天局（National Aeronautics and Space Administration，NASA）在1965年发射的双子座7号完成的，但由于云层遮挡和航天器高度限制，该实验只完成了一部分。三年后，Erhard Kube发表了第一份FSO通信白皮书《经由光束透过大气的信息传输》，在该书中给出了利用绿色（0.6 μm）和红色（0.8 μm）激光在大气中传输数据的可能性。1970年，随着激光技术的不断发展，Zhores Alferov发明了一种能够在室温下工作的小型连续半导体光源，此发明开启了无线光通信发展的新篇章。1979年，Gfeller和Bapst推出了第一个室内FSO系统，该系统使用了红外（InfRared，IR）光波段的漫射辐射。后续学术界、工业界和军事科研组织的研究，使无线光通信在许多领域得到了应用，例如移动网络回传、空间通信、水下传感、无线传感器网络（Wireless Sensor Network，WSN）、室内局域网、数据中心网络（Data Center Network，DCN）等。

1.2　相关术语与基本概念

本节将介绍无线光通信的相关预备知识和基本概念。在现有文献中，研究人员使用了不同的名称来指代无线光通信技术，因此有必要在本书的一开始就统一各种无线光通信技术的命名方法。此外，本节还将简要介绍一般FSO链路的基本组成，即光源、光检测器等。

1. 无线光通信术语辨析

无线光通信和光纤通信可以工作在同一频段，并具有相近的传输带宽，因此，无线光通信通常被称为无纤光(Fiber-less Optics)技术。随着无纤光技术的持续发展，文献中陆续出现了关于该技术的新名称，例如，激光通信(Laser Communication)、光无线通信(OWC)和自由空间光通信(FSO)。在过去的几十年中，OWC 和 FSO 这两个命名方式被广泛使用，而"无纤光通信"和"激光通信"已不再使用。

目前，OWC 可指代室内和室外无纤光系统，而 FSO 主要指室外无纤光系统。在最近的分类研究中，Kaushal 和 Kaddoum 使用 OWC 来指代无纤光技术，并将无纤光系统分为室内系统和室外 FSO 系统。室外 FSO 系统又进一步分为近地链路和空间链路。之所以用 FSO 来指代室外链路，是因为该技术在近地大气和真空(外太空)中都使用了非导向信道。当然，室内和水下(UnderWater, UW)环境中的无纤光系统也同样使用的是非导向信道，而不是光纤类的导向信道。

由于 FSO 和 OWC 指的是在非导向媒质中的无纤通信，与建立链路的环境无关。考虑到这两个术语已经在文献中被广泛使用，因此在本书中，FSO 和 OWC 表示在所有环境中的无纤技术，可互相替换。另外，水下环境中的 OWC 被广泛称为水下光无线通信(Underwater Optical Wireless Communication，UOWC)。因此，本书中使用术语 UOWC 来保持与文献的一致性。

2. 光源

FSO 系统中最常用的光源是激光器(Laser Diode, LD)和发光二极管(Light Emitting Diode，LED)。LD 因具有更高的输出光功率和更宽的调制带宽，而在高速公路应用中备受青睐。但是也有相关的标准来限制 LD 的输出功率，以减小对人眼和皮肤的潜在损伤。

LED 更适于低/中数据速率的室内应用，因为 LED 与 LD 相比，更加经济实惠且更容易生产。此外，LED 具有较大的辐射面积，其单位面积的辐照度较 LD 小，所以在相对较高的输出功率下仍能保证人眼安全。通常，LED 所支持的数据速率低于 LD。但仍有文献表明，使用 LED 和速率自适应离散多音调制方案可实现 1 Gb/s 的数据速率。Tsonev 等人使用单个 50 μm 氮化镓 LED 和正交频分复用(Orthogonal Frequency Division Multiplexing，OFDM)调制方案，实现了可见光波段的 3 Gb/s FSO 链路。

3. 光检测器

光电二极管(Positive-Intrinsic-Negative，PIN)和雪崩光电二极管(Avalanche Photo Diode，APD)是 FSO 系统中最常用的两种光检测器。PIN 光检测器是低成本、低传输速率的 FSO 链路的首选。这是因为它价格低廉，可以在低偏置电压下工作，并且能够承受较宽的环境温度起伏。APD 和 PIN 光检测器均可以在非常高的反向偏压下工作，以产生较高的电增益，从而增加接收机的信噪比。与 PIN 光检测器相比，APD 光检测器在背景噪声受限的系统中性能更加优越，因此其在高速率、高性能的 FSO 系统中备受青睐。关于 PIN 和 APD 的噪声分析将会在第 2 章中详细讨论。

近年来，石墨烯等复合材料和纳米材料(如等离子体纳米颗粒、半导体、量子点)等材料领域的新进展为设计宽波段超快光检测器铺平了道路。这些光检测器可服务于超宽带光通信系统。

1.3　无线光通信链路分类标准

以往无线光通信的链路大都根据其性质进行分类，而根据功能进行分类的少之又少，本节将基于功能（面向场景）对无线光通信链路进行新的分类。此分类模型将根据各种配置所实现的内容进行细化，并将执行相同功能的配置组成一个类。例如，在相同的链路配置下，将组合漫反射和准（多点）漫反射系统作为同一个类，它们在功能上相似，但在实现上有所不同。

1.3.1　分类标准的构成元素

本小节对 OWC 链路进行分类，采用以下五个元素来构成分类标准：环境、覆盖类型、视线可达性、移动性和链路距离。

1. 环境(ε)

无线光通信链路可以在以下四种不同的环境中使用：室内（Indoor，I）、近地（Terrestrial，T）、空间（Space，S）及水下（UnderWater，UW）。室内链路指的是在芯片、房间或建筑物等有限的空间环境中建立的链路。近地链路指的是链路性能受大气影响的室外环境中的OWC 链路。与近地链路相反，空间链路指的是不受大气影响的室外链路，如外层空间的星体间通信。水下链路指的是水面下的 OWC 链路。值得注意的是，在某些实际应用中，一条FSO 链路可能会经历多个不同的环境，把这种链路称为异构 FSO 链路。

2. 覆盖类型(κ)

根据覆盖范围，无线光通信链路可分为点覆盖（Point Coverage，PC）和蜂窝覆盖（Cellular Coverage，CC）两种模式。点覆盖指的是链路建立在单个发射机和单个目标接收机之间，所传输的数据只能被目标接收机接收。点覆盖系统通常采用窄束散角发射机（Narrow Transmitter，NT），其接收机既可以是窄视场角接收机（Narrow Receiver，NR），也可以是宽视场角接收机（Wide Receiver，WR）。蜂窝覆盖则使用宽束散角发射机（Wide Transmitter，WT）或一组窄束散角发射机，从而使得多个接收机（窄视场角接收机或宽视场角接收机）可同时接收发射机发射的光束。宽束散角发射机进行光覆盖时可以覆盖较大的范围，但是在接收端会减小单位面积上的光能量密度。这时使用单个 NR 是不合理的，因为它不能收集到足够的光能量，因此用 WR 或者由多个 NR 组成的角度分集接收机更为适合。

3. 视线可达性(α)

无线光通信链路可以分为视线（Line Of Sight，LOS）传输及非视线（Not Line Of Sight，NLOS）传输两种传输方式。视线可达是指发射机和接收机之间存在一条不被遮挡的链路。由于 LOS 传输系统不会受到多径效应的不利影响，而且 LOS 传输系统中的接收机也不需要大视场角或者光能量收集器，因此，LOS 传输链路可用于更高传输速率的场景。在非视线传输条件下，发射机和接收机之间的视线链路不存在或者被障碍物遮挡。因此在 NLOS 传输链路中需要采用主动式中继器或者被动式反射器，以实现发射机和接收机连接。主动式中继器接收来自发射机的信号，并将信号重新发送到目标接收机，这类似于无线通信中用于扩大覆盖范围或提高性能的中继器。而被动式反射器可以是漫反射面（如墙壁、天花板等）或者镜面（如镜子、分束器等）。

4. 移动性(μ)

无线光通信链路可以是固定（Fixed，F）的，也可以是移动（Mobile，M）的。对于固定链路，一旦安装完毕，发射机和接收机将保持固定和对准。如果系统对移动性有要求，则需要建立更为复杂的移动链路。移动链路可以通过机械可调的光学系统或者固态多单元发射和接收阵列来实现。对于移动性的定义，本书严格界定为发射机/接收机的有目的性的移动。在后面的讨论中，可以发现 FSO 链路可能会经历无目的性的位移，进而影响链路的质量。例如，放置在建筑物顶部的 FSO 链路会受建筑物连续晃动的影响而发生无目的性的移动；或者是 UOWC 链路中两个悬浮的通信终端会因为水流的影响而出现对准误差。

5. 链路距离(δ)

对于链路距离的分类，本节采用由 Khalighi 等人提出的分类标准。根据环境和应用的不同，一条无线光通信链路可属于以下五种链路中的一种：

（1）超短距（Ultra Short Range，USR），例如芯片到芯片的通信；

（2）短距（Short Range，SR），例如水下通信；

（3）中距（Medium Range，MR），例如室内局域网；

（4）长距（Long Range，LR），例如近地链路；

（5）超长距（Ultra Long Range，ULR），例如深空链路。

1.3.2　分类标准

基于上面的讨论，一条无线光通信链路的配置可以用以下元素符号组来表示：

$$\varepsilon \in \{I, T, S, UW\}$$
$$\kappa \in \{PC, CC\}$$
$$\alpha \in \{LOS, NLOS\}$$
$$\mu \in \{F, M\}$$
$$\delta \in \{UShort, Short, Medium, Long, ULong\}$$

由于前 4 个元素相比于第 5 个元素，内部联系更为紧密，因此将这 5 个元素分为两个维度，即前 4 个元素构成第一个维度，链路距离表示第二个维度。

第一个维度中的任意元素相互组合，都可以构成一个 OWC 链路，共有 32 种不同的链路。同时，第一个维度中各种元素之间存在明显的依托关系。在下面的内容中，将重点介绍这些关系，并讨论各种链路的配置及其含义。

CC 链路与 PC 链路的不同之处在于，CC 链路本质上支持移动性。这是因为在 CC 链路中，发射机具有较大的蜂窝网络覆盖区域，因此接收机在蜂窝网络中可以是固定或移动的。由于 CC 链路本身具有支持移动性的特点，那么在 CC 系统配置中不再使用 F 或 M 元素，因此，使用前 4 个元素组合得到的 OWC 链路共有 24 种。

这种组合模式下得到的一些链路配置形式可能并不是当下流行的，但是这种分类的主要目的是囊括所有现有的和可能随着 OWC 技术发展而新出现的任意 OWC 链路配置形式。

在 x/PC/LOS/F(x 表示任意一种环境元素，下同)链路中，发射机和接收机通过一条 LOS 固定链路连接，构成通信链路的点覆盖。这种类型的链路可以描述室内环境下的定向 LOS、LOS 和点对点链路模式，也可描述大气环境下的长距离链路。x/PC/LOS/M 链路与 x/PC/LOS/F 链路相似，区别在于其接收机是可移动的，这种类型的链路可以用来描述所有配备跟瞄系统的 OWC 链路(例如，基于机械可转动或固态多单元发射机的链路)。

一条 NLOS FSO 链路可以通过主动式中继器的中继系统或具有漫反射/镜面反射功能的被动式反射器来实现。中继器和反射器都可用来实现 x/PC/NLOS/F 链路，因为此类链路一旦建立并完成对准后就不再发生变化。为了建立具有移动性的 NLOS 链路，则需要设计中继系统，使其在上行和下行链路或只在下行链路中配置 x/PC/LOS/M 链路。另外，使用镜面反射器实现 x/PC/LOS/M 链路是非常困难的，这是因为发射机和接收机需要同步移动以保持链路可通，这增加了链路的复杂性。

x/CC/LOS/x 链路与 x/PC/LOS/F/x 链路类似，不同之处只在于 x/PC/LOS/F/x 链路中使用窄束散角光束，而 x/CC/LOS/x 链路使用宽束散角光束。x/CC/LOS/x 链路常应用于构建具有宽波束的基站及较大通信覆盖区域的蜂窝网络。通信覆盖区域外的任何用户都不会接收到基站传输的数据。基于所覆盖区域的大小，可设置单个或多个蜂窝，也可支持经由小区切换(handover)而实现的蜂窝间移动通信。此外，非定向/视线传输、宽视场-视线传输(蜂窝覆盖)及无线电话站传输均属于 I/CC/LOS 链路。

与镜面反射不同，具有移动性的 NLOS 链路可借由漫反射被动式反射器轻松实现。在 x/CC/NLOS 链路中，宽束散角光束或一组窄束散角光束在天花板、墙壁、地板和家具等表面形成漫反射。为了从不同角度捕获包含 LOS 传输的反射光，接收机需要配置一个宽 FOV(Field Of View，视场角)或多个窄 FOV。与以前的分类相比，I/CC/NLOS 链路囊括了漫反射和准漫反射，这是因为尽管它们的实现方式不同，但它们均使用 NLOS 链路实现了移动蜂窝网络的覆盖。

图 1-2 给出了本章所建议分类的不同链路的配置情况。在后面内容中将根据该分类标准简要介绍 FSO 在不同环境(室内、近地、空间、水下和任意环境组合)中的应用。此外，还讨论每种链路配置的典型损伤，并对相关的标准和建议进行综述。本节对于所有链路，主要关注的是物理层标准，因为物理层是直接与各种 FSO 链路配置相关联的。表 1.1 描述了使用 FSO 分类方式对现有标准及建议的分类情况。

在提议的分类中，部分链路配置可能并不是当下可实施的；原因之一是在 OWC 链路中环境与距离的组合是不可行的。例如，一条超短的 OWC 链路只能在室内环境中实现，而超长链路只能在空间通信中实现。

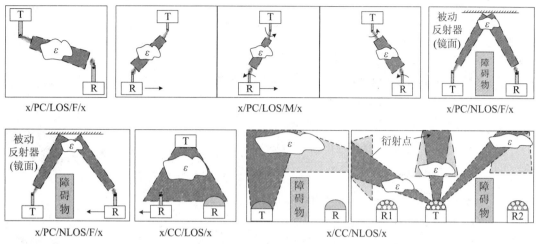

x/PC/LOS/F/x　　　　x/PC/LOS/M/x　　　　x/PC/NLOS/F/x

x/PC/NLOS/F/x　　　x/CC/LOS/x　　　　x/CC/NLOS/x

注：链接配置在不同环境中是一致的，因此使用"云朵"图形来表示环境(ε)。

图 1-2　建议分类的不同链路配置情况

表 1.1　使用 FSO 分类方式对现有标准和建议的分类

通信链路配置分类				链路距离				
				特短距离 ≤5 cm	短距离 5 cm~ 50 m	中距离 50~ 500 m	长距离 500 m~ 500 km	特长距离 ≥500 km
室内(I)	点覆盖 (PC)	视线传输 (LOS)	固定(F) I/PC/LOS/F		IrDA			
			移动(M) I/PC/LOS/M					
		非视线传输 (NLOS)	固定(F) I/PC/NLOS/F					
			移动(M) I/PC/NLOS/M					
	蜂窝覆盖 (CC)	视线传输(LOS)	I/CC/LOS		IEITA CP-1221 IEITA CP-1222 IEITA CP-1223 IEEE 802.15.7-r1			
		非视线传输(NLOS)	I/CC/NLOS		IEEE 802.11			
近地(T)	点覆盖 (PC)	视线传输 (LOS)	固定(F) T/PC/LOS/F		ITU-R F.2106			
			移动(M) T/PC/LOS/M					
		非视线传输 (NLOS)	固定(F) T/PC/NLOS/F					
			移动(M) T/PC/NLOS/M					
	蜂窝覆盖 (CC)	视线传输 (LOS)	T/CC/LOS		IEEE 802.15.7-r1			
		非视线传输(NLOS)	T/CC/NLOS					

续表

通信链路配置分类				链路距离				
				特短距离 ≤5 cm	短距离 5 cm~ 50 m	中距离 50~ 500 m	长距离 500 m~ 500 km	特长距离 ≥500 km
空间 (S)	点覆盖 (PC)	视线传输 (LOS)	固定(F) S/PC/LOS/F					
			移动(M) S/PC/LOS/M					IOAG. T.OL. SG.2012. V1
		非视线传输 (NLOS)	固定(F) S/PC/NLOS/F					
			移动(M) S/PC/NLOS/M					
	蜂窝覆盖 (CC)	视线传输(LOS) S/CC/LOS						
		非视线传输(NLOS) S/CC/NLOS						
水下 (UW)	点覆盖 (PC)	视线传输 (LOS)	固定(F) UW/PC/LOS/F					
			移动(M) UW/PC/LOS/M					
		非视线传输 (NLOS)	固定(F) UW/PC/ NLOS/F					
			移动(M) UW/PC/ NLOS/M					
	蜂窝覆盖 (CC)	视线传输(LOS) UW/CC/LOS						
		非视线传输(NLOS) UW/CC/NLOS						
异构自由空间光通信链路		{S-T}/ PC/LOS/F						IOAG. T.OL. SG.2012. V1
		{S-T}/ PC/LOS/M						
		{I-T}/ PC/LOS/F						

注： 不存在(当前不存在对应的链路应用)；　　　暂停讨论的标准；

环境-距离组合不可行；　　　生效的建议和讨论；

生效的标准；　　　潜在的标准。

1.4 室内无线光通信

本节将讨论室内无线光通信的不同链路配置以及相关的研究成果。

1.4.1 链路配置

1. 室内/点覆盖/视线传输/固定型链路(I/PC/LOS/F/x)

I/PC/LOS/F/x(x 为链路距离)链路通常配备高定向性的发射机和具有窄视场角(FOV)的接收机。可进行高度定向发送光束的发射机有助于减小多径色散效应的影响,而具有窄视场角的接收机会减弱背景光的影响。因此,I/PC/LOS/F/x 链路能够抑制大多数噪声,在高速率数据传输中更受青睐。

2012 年,Rachmani 和 Arnon 研究分析了一种 I/PC/LOS/F/UShort 链路,该链路主要用于实现计算机背板上的片上通信。他们在实验室环境中通过加热或冷却气流来模拟大气湍流和温度变化对链路的影响,并进一步提出利用波长分集技术来减小由温度和湍流引起的闪烁和衰落影响,同时该链路还配置有可发射 1550 nm 与 670 nm 光束的双波长发射机。研究结果表明,波长分集技术有助于减少由大气湍流和温度变化引起的链路中断。继 Rachmani 和 Arnon 的研究之后,有多篇文章都在探索 I/PC/LOS/F/UShort 链路在计算机背板上的应用。

此外,红外数据标准协会(Infrared Data Association,IrDA)已将 I/PC/LOS/F/Short 链路(≤1 m)作为它的应用标准。I/PC/LOS/F/Short 链路现在已被应用于低传输速率的远程控制中。作为 IrDA 标准链路,它提供了从 9.6 Kb/s 到 512 Mb/s 的传输速率,主要用于连接便携式设备,如笔记本电脑、智能手机和数码摄像机等。对于 IrDA 所制定的其他协议及其应用场景,将会在 1.4.3 节进行详细讨论。

2013 年,Glushko 等人演示了一条传输速率为 1~10 Gb/s 的 I/PC/LOS/F/Medium(2~6 m)双向 FSO 链路,其误码率小于 10^{-9}。此外,他们还研发了个人区域网(Person Area Network,PAN)系统,该系统可为多达 8 个用户提供服务。同年,Chowdhury 等人通过利用有线电视信号调制出波长为 1550 nm 的光波,并配置了一条速率分别可达 1 Gb/s 和 10 Gb/s 的 I/PC/LOS/F/Medium(15 m)链路。2017 年,Hamza 等人提出了一种无线光蜂窝数据中心网络结构,该网络结构采用了 I/PC/LOS/F/Medium 链路,其服务器之间的连接以多边形拓扑结构进行排布。

2. 室内/点覆盖/视线传输/可移动型链路(I/PC/LOS/M/x)

如前所述,I/PC/LOS/F/x 链路是高传输速率应用的首选固定型链路。但在某些应用中,研究人员希望可以为移动用户提供高速率数据链路。在 I/PC/LOS/M/x 链路中,窄束散角波束被设计为可转向波束,基于此波束,可在移动终端之间创建高速 FSO 链路。这种链路配置可以通过机械转台或跟瞄系统来完成。

McCullarh 等人介绍了一种跟瞄系统,并将其归类为 I/PC/LOS/M/Medium 链路。同时,Jungnickel 等人展示了一种电子跟瞄系统,采用传输距离为 2 m、数据传输速率达 155 Mb/s 的 I/PC/LOS/M/Short 链路,该链路的发射机由 LD 阵列组成,接收机由具有宽视场角的光检测器(Photo Detector，PD)阵列组成。该系统根据接收机相对发射机的位置来激活相应的接收单元，以实现跟瞄功能。

尽管 I/PC/LOS/M/x 链路因跟踪和切换功能的引入增加了链路复杂度，但该链路仍有很多优点。如使用 I/PC/LOS/M/x 链路可以保证点覆盖和视线传输，即可以用满足安全等级要求的功率来实现大覆盖范围内的高速率传输。此外，该链路采用了窄视场角接收机，这意味着链路中的收发机可以更小，从而更适用于移动设备之间的数据传输。

然而，在实际应用中通常不单独使用 I/PC/LOS/M/x 链路，而是同时使用其它类型的 FSO 链路，以跟踪移动终端并指向 I/PC/LOS/M/x 链路。研究人员将包含多种 FSO 链路配置的系统作为异构 FSO 系统来使用，此部分内容将在后面的 1.8 节进行详细的讨论。

3. 室内/点覆盖/非视线传输/固定型链路(I/PC/NLOS/F/x)

该链路配置方案被广泛应用于空间分布，在发射机和接收机之间建立高速的点到点传输链路。需要注意的是，通常链路终端都处于同一平面，所以链路中发射机与接收机之间仅有少部分为 LOS 链路，大多数链路为 NLOS 链路。

1988 年，Feldman 等人首次提出片内(单片机内部)和片间(不同芯片之间)的光学互连。他们利用这种光学互连技术制成的设备集成了光发射机、光检测器和全息图，以建立 I/PC/NLOS/F/UShort 链路，并在 FSO 互连与传统无线电互连之间进行了功率和开关延迟的比较。结果表明，所提出的 FSO 片内互连在超大规模集成电路(Very Large Scale Integration，VLSI)中的表现更胜一筹。

继 Feldman 等人的研究之后，许多关于使用 I/PC/NLOS/F/UShort 链路配置方式的片内和片间 FSO 互连技术的文章相继发表。在 2015 年，Yang Xue 等人提出了一种三维自由空间互联技术(Free Space Optical Communications Interconnect，FSOI)，它能在拓扑距离可变的处理器内核之间建立多对多的直连链路。

此外，Hamza 等人提出了一种使用三态交换元件(Tristate Switching Element，T-SE)的新型非阻塞多播 FSO 互连技术，它可以配置为反射(R-State)、透传(T-State)或分立(半反射/半透传，S-State)三种状态之一(如图 1-3 所示)。当处于分立状态时，一个波束可以被分割成任意数量的副本，从而利用 I/PC/NLOS/F/UShort 链路实现多播的功能。

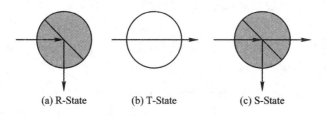

(a) R-State　　　(b) T-State　　　(c) S-State

图 1-3　T-SE 三种状态

2016 年，美国宇航局研制了一种用于纳米卫星系统的 FSO 数据总线。该系统由多个相邻的收发机组成，这些收发机通常采用有线总线进行拓扑连接。之后，研究人员使用一个反射面和 FSO 收发机来替换有线总线拓扑连接，建立 I/PC/NLOS/F/UShort 链路，从而使卫星通信系统更加轻便、节能。

Hamza 等人为 FSO 数据中心网络提供了一种被称为 FSO 总线拓扑的服务器全联通

方案。全联通指的是通过调整一侧机架上发射机发出 I/PC/NLOS/F/UShort 光束的方向，使其对准不同朝向的镜子，其反射后的光束可覆盖数据中心另一侧不同机架上的服务器。Hamedazimi 等人与 Xue Yang 等人的研究方法类似，但他们在另一个尺度上开发了一种基于 I/PC/NLOS/F/Medium 链路的可配置直流电源的 FireFly。在 FireFly 中，I/PC/NLOS/F/Medium 链路用于机架间通信，其中机架顶置交换机（Top Of Rack，TOR）之间使用预先配置好的 FSO 链路进行连接，这些链路是通过安装在天花板上的镜子反射光束而实现的。在 2015 年，Jinzhen Bao 等人提出了 FlyCast FSO 数据通信网络（Data Communication Network，DCN），FlyCast 本质上是 FireFly 的一个修正方案，它使用互联线中的 T-SE 概念来提供多播，并利用 SMs 的分立状态（亦称为混合状态）来启用多播，因此不需要交换机。

4. 室内/蜂窝覆盖/视线传输型链路（I/CC/LOS/x）

I/CC/LOS/x 链路在本书中可分为三种类型，即非定向/视线传输型链路、宽视场传输（蜂窝覆盖）型链路和无线电话站型链路。这种配置的链路被认为是具有宽视场角发射机的 I/PC/LOS/F/x 链路。I/CC/LOS/x 链路通常采用 LED 或带有漫反射器的 LD 来实现发射机的宽视场角。I/CC/LOS/x 链路的设计使得接收机能够检测 LOS 光束。但与此同时，接收机也有可能收集到从墙面上反射回来的其他光束，而这些光束与链路中的 LOS 分量相比可忽略不计。

可见光通信（Visible Light Communication，VLC）是一种采用 LED 来传输数据信息的无线光通信技术，主要采用 I/CC/LOS/x OWC 链路。虽然 LED 通常被用作 VLC 的发射装置，但 LED 在调制带宽和效率方面仍受到一定的限制。因此，研究人员正在研究采用 LD 来代替 VLC 系统中的 LED 的方法。

应用 I/CC/LOS/Short 链路完成可见光通信的主要场景是交通工具（如汽车和飞机）中使用的乘客系统；在该类乘客系统中，每位乘客座位上方置有顶置灯，将其作为个人基站以发送或接收娱乐信息等。Tagliaferri 和 Capsoni 验证了一种在航空中使用的 I/CC/LOS/Short 可见光通信的下行链路，其传输速率可达 10 Mb/s，未采用纠错编码的情况下的误码率为 10^{-6}；该下行链路还考虑到了由于乘客的随机移动而导致终端之间无法正常通信的情景。

I/CC/LOS/Medium 链路在 Li-Fi（Light Fidelity）网络架构中也有一定的应用。LiFi 是一种利用 VLC 实现移动无线通信的高速双向网络，网络中的 LED 既能用于照明，也能用于数据通信。

此外，VLC 链路也可以用于近地无线光通信中，这将在 1.5 节中进一步讨论。

5. 室内/蜂窝覆盖/非视线传输型链路（I/CC/NLOS/x）

I/CC/NLOS/x 链路是通过漫射或者准漫射来实现的，当漫反射表面（如墙壁、天花板）反射单个光束时，被称为漫射；反射一组窄光束时，被称为准漫射。在漫射系统中，透射光被光束分散器分散，从而导致功率损耗和接收信号减弱。而在准漫射系统中，多个窄光束的使用可以减少信道功率损耗，从而降低对发射功率的要求。此外，通过采用单个宽光束覆盖相同大小的区域，同时减少反射和多径效应，准漫射链路可以实现用户的移动性要求。显然，准漫射技术的优势是以增加系统复杂性为代价而获得的，因为多个接收机可以接收不同角度和不同位置的漫反射光束。即使在使用 I/CC/LOS/Medium 链路时，由于墙壁的非预期反射，也可能出现这种类型的链路。

不同应用场景中的系统设计尤为重要，在物体或人体遮挡了 LOS 链路的情况下，采用 I/CC/NLOS 链路是非常有效的。这种情况下，系统利用漫射光也可以使链路正常通信。

基于光成像设备的通信技术——可见光成像通信（Optical Camera Communication，OCC）是 OWC 的另一种形式，它支持可扩展的数据传输、定位和消息广播等，且使用闪光灯、显示器和图像传感器作为发射和接收设备。在发射端，信号被调制到 LED 阵列图像中；在接收端，图像传感器或摄像机捕捉发射端的 LED 阵列图像，并分析其强度变化，最终提取到发射信号。该类摄像机可以在两种模式下工作：全局快门和滚动快门。

随着嵌入式 LED 闪光灯智能设备的广泛应用和高品质摄像机的不断发展，OCC 成为了一种实用的 OWC 方案。与 VLC 等其它 OWC 技术相比，OCC 的工作波段范围更宽，从红外线扩展到紫外线，并且包括可见光。与传统情况中在接收机上部署单个 PD 的 OWC 链路不同，摄像机可以部署为 PD 的二维阵列。采用图像传感器可以使 OCC 系统中的接收机根据光的波长特征来分离光信号。因此，OCC 系统可以使用空分复用（Spatial Division Multiplexing，SDM）、多输入多输出（Multiple Input Multiple Output，MIMO）和波分复用（Wavelength Division Multiplexing，WDM）等调制方式。

与 I/CC/LOS 类似，MIMO 系统也可以用来改善系统性能，但相比 I/CC/NLOS 链路，光学 MIMO 系统很少受到关注。因此，关于优化 MIMO 性能方面的研究还需要学术界付出更多努力。

1.4.2　链路损伤

室内 FSO 系统中最主要的噪声源是由背景光引起的散粒噪声，背景光可分为自然光源和人工光源。自然光源分为点光源（如太阳）和扩展光源（如天空）；人工光源有白炽灯（钨丝）、荧光灯和 LED 灯等。

虽然光滤波器可以滤除大部分接收到的背景光，但是由背景噪声引起的散粒噪声仍然存在。散粒噪声与信号无关，且其强度较高，可被认为是高斯白噪声。在没有背景光的情况下，接收机前置放大器噪声则成为主要的噪声源。

太阳光和天空光都是未经调制的光源，它们比信号的平均功率更高，其中，太阳光的光谱范围很宽，其背景电流可以达到 5 mA。

多径效应引起的色散（失真）是室内 FSO 链路的另一链路损伤，它取决于房间的大小和反射面的反射系数。特别是光束在物体表面（如墙壁）发生漫反射的 I/CC/NLOS/x 链路中，更容易引起多径色散。此外，色散严重程度取决于 I/CC/NLOS/x 链路的实现情况。例如，在漫射（单点）I/CC/NLOS/x 中，传输的光束会经历多次反射。系统中如果使用一个宽视场角接收机，将会收集大量的反射光，这会产生码间干扰（Inter-Symbol Interference，ISI），从而导致传输速率下降。为了克服漫射系统中的这种缺陷，可以采用准漫射（多点）I/CC/NLOS/x 链路。虽然准漫射链路具有与漫射链路相同的工作原理，但是准漫射链路具有空间多样性的优势，可以通过采用多个光束，在数量或方向上对每一个光斑进行受控投影，从而减少码间干扰的影响。准漫射链路实现的主要问题在于发射机的复杂性和接收机的分集合并。例如，投射多个光斑需要使用一个复杂而笨重的多源发射机，但如果使用全息图，就可以避免这些问题。

　　在 OCC 系统的研究中，正面临着一些新的挑战。例如，作为接收机的摄像机的帧速率是决定系统可达传输速率的一个重要因素。由于商用摄像机的帧速率通常较低，约为每秒 30 帧或 60 帧（帧每秒），因此 OCC 系统可达到的传输速率通常也较低。使用高帧速率的摄像机可以提高传输速率，目前支持每秒数百帧传输速率的高速摄像机已经上市。而且，随着图像传感器纳米技术的不断发展，商业摄像机的帧速率将继续优化。码元同步是 OCC 系统面临的另一个挑战。OCC 主要用于广播系统，其反馈信道是不可用的。由于没有反馈信道、采样速率可变以及采样具有随机性等因素，导致在采样时可能丢失信息码元。通常情况下，可以采用嵌入在图像中的参考信号或代码来解决码元同步这一问题。

　　室内 FSO 链路损伤的原因、影响及解决方案见表 1.2。

表 1.2　室内 FSO 链路损伤原因、影响及解决方案

损　耗	原　因	影　响	解决方案
背景光	太阳光 天空光 白炽灯 荧光灯 LED 灯	降低 SNR	高发射功率 高定向链路 使用应用于 FSO 链路的带外 LED
多径色散	粗糙表面漫反射	降低 SNR 码间干扰	高发射功率 准漫射（多点） 采用空间多样性技术 均衡 前向纠错

1.4.3　室内无线光通信标准与建议

1. IrDA 标准

　　红外数据协会（Infrared Data Association，IrDA）为成本较低的半双工 I/PC/LOS/F/Short FSO 链路制定了基于分层的链路标准，其链路长度从 6 cm 到 1 m 不等，工作波长为 850～900 nm，可在不同层上对应用程序使用协议，从而实现信息交换以及超高速文件传输。表 1.3 总结了 IrDA 支持的不同链路标准和传输速率。

表 1.3　IrDA 标准汇总

标　准	传输速率
串行红外（Serial InfRared，SIR）	2.4～115.2 kb/s
中速红外（Medium InfRared，MIR）	0.576 和 1.152 Mb/s
快速红外（Fast InfRared，FIR）	4 Mb/s
甚快红外（Very Fast InfRared，VFIR）	16 Mb/s
超快红外（Ultra Fast InfRared，UFIR）	96 Mb/s
千兆红外（Gigabit InfRared，Giga-IR）	512 Mb/s 和 1.024 Gb/s

下一个版本的千兆红外（Gigabit InfRared，Giga-IR）标准预计将支持高达 10 Gb/s 的传输速率。然而，随着传输速率的增加，对光束对准的要求也逐渐提高。例如，在 Giga-IR 中，对接站之间的链路长度将限制为 6 cm。

2. JEITA 标准

近年来，随着 LED 的不断发展，再加上 VLC 相对于 RF 通信的固有优势，学术界和工业界在进一步研究 VLC 在各领域的广泛应用。目前，一些标准化组织如日本电子和信息技术产业协会（Japan Electronics and Information Technology industries Association，JEITA）和 IEEE 正在为 VLC 技术制定相关标准。下面将进一步讨论 JEITA 和 IEEE 为规范 VLC 技术所做的相关工作。

2003 年 11 月，日本成立了可见光通信联盟（Visible Light Communications Consortium，VLCC）（可见光通信协会（Visible Light Communications Association，VLCA）的前身），来探索 VLC 在不同场景下的应用。2006 年，VLCC 成员提出了 CP-1221（VLC System，可见光通信系统）和 CP-1222（Visible Light ID System，可见光识别系统）标准，以避免协议碎片化或产生专有协议，并防止不同光通信设备之间的干扰。

波长范围在 380～750 nm 的光通常被用于通信。在通信应用中可使用子载波调制代替单载波调制，从而避免码间干扰。CP-1221 和 CP-1222 定义了三个主要的频率范围：

（1）范围 1（15～40 kHz）：用于通信以及 JEITA 可见光识别系统的使用。

（2）范围 2（40 kHz～1 MHz）：在这个范围内，由于日光灯逆变器发出的噪声比较大，因此日光灯不能在这个范围使用。

（3）范围 3（>1 MHz）：专用于特殊 LED 进行大规模数据传输。

此后，JEITA CP-1222 提出了更多关于物理层（PHysical Layer，PHY）的建议，其中传输帧由一个 ID（固定数据）和任意数据（非固定数据）组成；建议使用 28.8 kHz 的 SC 频率和 SC-4 PPM 调制方案，从而避免闪烁；采用循环冗余校验（Cyclic Redundancy Check，CRC）进行检错/纠错，可以达到 4.8 kb/s 的传输速率。

2013 年，JEITA 向国际电工委员会（International Electrotechnical Commission，IEC）TC-100 提出 CP-1223（可见光通信标准系统），并于 2014 年被批准，称为 IEC 62943。CP-1223 标准是 CP-1222 标准的简化和升级，支持单向可见光通信标准系统。CP-1223 标准在诸如物体识别、提供定位信息、通过传输可见光特有的识别（ID）信息来建立各种导航系统等应用场景中颇具实用价值。与 CP-1222 类似，其使用的可见光的波长范围为 380～750 nm；可见光通过强度调制可以实现 4.8 kb/s 的 4PPM 信号，4PPM 信号采用 158 bit 的数据帧，有效载荷为 128 bit。其中，起始帧（Start Of Frame，SOF）和结束帧（End Of Frame，EOF）占位分别为 14 bit 和 16 bit。

3. IEEE 标准

IEEE 一直致力于将 FSO 技术标准化。然而，鉴于 FSO 技术不断取得的新进展，IEEE 将持续为新兴系统改进新标准，使其能够更加有效地服务于产品和系统。下面介绍 IEEE 为标准化 FSO 技术所做的努力。

（1）IEEE 802.11。1997 年，IEEE 发布了 IEEE 802.11 标准，分别指定 1 Mb/s 和 2 Mb/s 两种数据传输速率，并规范了在工业、科学和医学（Industrial，Scientific and Medical，

ISM)中使用 2.4 GHz 频率的 IR 信号。

IEEE 802.11 标准是为 I/CC/NLOS/Medium 链路(即漫射链路)制定的,其链路范围为 10 m、发射范围为 850～950 nm。两种调制方案 16PPM 和 4PPM 分别用于 1 Mb/s 和 2 Mb/s 两种传输速率。

尽管 IR 波段通信有很多优点,但是室内 IR 通信的缺点阻碍了 IEEE 802.11 红外信道的实现。因此,尽管 IR 信道是 IEEE 802.11 标准的一部分,却难以得到实际应用。

(2) IEEE 802.15.7—2011。2011 年,IEEE 802.15.7 VLC 标准发布,定义了使用{I, T}/CC/LOS/{Short,Medium}链路的物理层和介质访问控制层(Medium Access Control,MAC)。IEEE 802.15.7 定义了三类 VLC 设备:

① 基础设施:又称协调器,是一种无特定约束形状和电源的固定设备。

② 移动电话:指电源有限、形状受限的移动设备。移动 VLC 设备使用弱光源,因此可以在短距离内工作,并能够以高数据传输速率传输。

③ 车辆:指形状不受限制、电源适中的移动设备。它采用强光源以较低的数据传输速率进行远距离通信。

上述 VLC 设备可以配置在以下三种网络拓扑结构中:

① 单播:支持多个移动设备和一个协调器之间的通信。

② 点对点:支持两个近距离设备之间的通信,其中一个设备充当协调器。

③ 广播:从协调器到一个或多个设备的单向传输。

IEEE 802.15.7 标准支持三种物理层运行模式:

① PHY I:应用于低传输速率(11.6～266.6 kb/s)的户外场景,采用开关键控(On-Off Keying,OOK)和可变脉冲位置调制(Variable Pulse-Position Modulation,VPPM);还支持使用里德-所罗门码(Reed-Solomon,RS)和卷积码进行级联编码。

② PHY II:应用于高传输速率的户外/室内通信(1.25～96 Mb/s)。与 PHY I 类似,PHY II 使用 OOK、VPPM 调制方式并支持 RS 编码,但不支持卷积编码。

③ PHY III:用于支持具有多个不同频率(颜色)的光源/检测器的通信系统,采用色移键控(Color-Shift Keying,CSK)和 RS 编码实现 12～96 Mb/s 的传输速率。

IEEE 802.15.7 标准支持的三个物理层标准是可共同存在的,它要求每一个使用 IEEE 802.15.7 标准的 VLC 设备必须符合 PHY I 标准和/或 PHY II 标准。此外,为了实现各个标准间的共存,若某一 VLC 设备采用 PHY III 运行标准,则该设备也一定已经实现了 PHY II 运行标准。

(3) IEEE 802.15.7r1。在 2014 年,IEEE 802.15 标准工作组组建了短距离无线光通信工作组,以编写 IEEE 802.15.7—2011 标准的修订版本。其目的是让可见光通信容纳更广的光谱范围,如红外波段和近紫外波段,并开发新的通信链路和操作模式,如多输入/多输出链路(MIMO)。该工作组主要致力于研究下列通信技术和网络:

① 基于光成像设备的通信技术。

② LED-ID:无线灯光识别系统。

③ LiFi:一种高速双向网络,利用光实现移动无线通信。

2015 年,Saha 等人考虑到 IEEE 802.15.7r1 标准中的关键技术,对 OCC 系统应用场景中的链路损耗和改善进行了理论阐述。到 2017 年,Uysal 等人对 IEEE 802.15.7r1 工作组所提出的参考信道模型做出了进一步的探讨,此模型是为评估 VLC 系统方案而制定的。

1.5　近地无线光通信

近地无线光通信链路可以在多个领域中应用,包括城域网扩展、最后一公里宽带接入、企业内部网络互联、光纤通信链路的备份、移动无线基站数据回传、服务加速和网络故障恢复。这表明了无线光通信技术在第五代(5G)无线通信系统及未来的应用中具有极大的发展潜力。未来的无线网络将会是混合型网络,并将采用具有更高信道容量、多天线和 Gb/s 数据速率的互补接入技术。例如,FSO 链路可用于解决大量基站和基站控制器之间的蜂窝业务传送,近地无线光通信链路也可以使用非视线传输,在分布式传感器网络节点间进行通信。

1.5.1　链路配置

1. 近地/点覆盖/视线传输/固定型链路(T/PC/LOS/F/x)

T/PC/LOS/F/x 链路最常用于实现高数据速率传输的近地 FSO 链路的配置。该链路现在已广泛运用于实际生活中。(其中 x 表示为链路距离)

2. 近地/点覆盖/视线传输/移动性链路(T/PC/LOS/M/x)

T/PC/LOS/M/x 链路配置适用于不需要严格捕获、对准和跟踪系统的应用,这种通信系统中通常存在一个(或两个)具有移动性的通信终端。例如无人机或飞机与地面间的通信。Ortiz 等人提出了一个实验,该实验中名为"牵牛星"(Altair)的无人机(Unmanned Aerial Vehicle,UAV)围绕地面站在预定的圆圈内飞行并收集数据。"牵牛星"从地面站接收光信标,使用跟踪系统和 T/PC/LOS/M/Long 下行链路将采集到的数据发送到地面站。2013 年 11 月,研究人员利用喷气机平台进行 OWC 链路的首次实验,在一个以 800 km/h 速度飞行的喷气式飞机(名为"龙卷风")与地面之间建立了长达 60 公里的 T/PC/LOS/M/Long 链路,数据通过激光终端以 1 Gb/s 的速率进行传输。

在 20 世纪 90 年代末,美国海军研究实验室(Naval Research Laboratory,NRL)开始对调制反射器(Modulating Retro-Reflector,MRR)FSO 链路进行实验。MRR FSO 链路提供了一种用于半双工通信链路的方法,该半双工通信链路的一端为询问端,另一端为小型无源调制反射器。询问端是具有高功率的激光器,调制反射器可以是角反射镜或猫眼,并与光学调制器耦合。询问端向调制反射器发射一束连续波光束,调制反射器将接收到的光束在调制器上施加信号后原路返回到询问端,根据此原理实现岸对岸、船对岸、天空对地面等不同应用场景中 MRR FSO 链路的通信。例如,Rabinovich 等人以 1.5 Mb/s 的数据速率建立了与机器人终端之间长达 1 km 的 MRR FSO 链路。

在 T/PC/LOS/x/x 领域的最新实验中,Li Long 等人测试了 T/PC/LOS/x/Medium 链路,该链路的一端连接一个作为询问器的地面站,另一端连接一个带有调制反射器的无人机,其中地面站与无人机之间的距离为 100 m,因此该链路可以归类为近地(T)和中距(Medium)范围。在该实验中,无人机建立了两条 PC/LOS 链路,一条链路(T/PC/LOS/F/Medium)是无人机悬停时建立的,另一条链路(T/PC/LOS/M/Medium)是无人机飞行时建立的。然后，通过采用两个轨道角动量(Orbital Angular Momentum，OAM)多路复用光束，使链路的速率达到 80 Gb/s，其中每条光束分别携带 40 Gb/s 的正交相移键控(Quadrature Phase Shift Keying，QPSK)信号。实验结果表明，相比于 T/PC/LOS/M/Medium 链路，T/PC/LOS/F/Medium 链路能够提供更好的性能，包括所需模态的功率波动和与其它模态的串扰。

3. 近地/点覆盖/非视线传输/固定型链路(T/PC/NLOS/F/x)

如前所述，T/PC/LOS/F/x 链路配置用于建立点对点之间具有高数据速率的通信链路。但是，在众多场景下，点对点之间的 LOS 可能会无法实现，特别是在建筑物高度不同的城市中，因此需要 T/PC/NLOS/F/x 链路。例如，2017 年，Rahman 等人讨论了一种使用 T/PC/LOS/F/Medium 链路和 T/PC/LOS/F/Long 链路操控千兆微微蜂窝网络的 FSO 回程链路，即 FSONet。在 FSONet 中，可以通过重新配置网络系统来操作 T/PC/LOS/F/Medium 链路和 T/PC/LOS/F/Long 链路，这类似于同一实验室开发的 FireFly 数据中心网络。

在实际生活中，波束具有发散性。对于距离较远的近地链路来说，使用无源反射器(反射镜或墙壁)来实现长距离通信是不切实际的。因此，在建立 T/PC/NLOS/F/x 链路时可以采用中继系统，该系统需具备两个或两个以上 T/PC/LOS/F/x 链路的有源中继器。

4. 近地/蜂窝覆盖/视线传输链路(T/CC/LOS/x)

除了室内部署外，智能交通系统(Intelligent Transportation System，ITS)中的 VLC 通信部署也处于研究中。这个系统利用交通灯、车灯(车头灯、车尾灯和刹车灯)和路灯的 LED 作为发射机。在使用 OCC 的情况下，交通灯和车辆都配备了高速摄像机等接收机，以建立车辆到基础设施(Vehicle-To-Infrastructure，V2I)和车辆到车辆(Vehicle-To-Vehicle，V2V)的 T/CC/LOS/Short OWC 链路。在智能交通系统中，交通安全信息可以通过发射机 LED 阵列广播告知周围车辆和人群，也可以通过接收机的摄像头捕捉车辆的行驶数据和道路的车流量信息，并将其发送到计算机以进行数据信息处理，这样可有效减少交通事故发生的概率。

数据通信(Data Communication)是美国联邦航空管理局(Federal Aviation Administration，FAA)正在开发的下一代(Next Generation)框架中的一个重要模块。其目的是实现空中交通管制员(Air Traffic Controller，ATC)和飞行员之间数据的可视化。与目前航空领域使用的传统音频通信相比，利用数据通信进行信息传输需要的带宽将大大减少。此外，数据通信有望带来更安全的操作，因为它将改善控制器和飞行员的视觉、听觉和认知工作负荷。此外，未来的数据通信将实现空中交通管制员和飞机上计算机之间的信息传输，传输的内容可以包括飞机上执行的规则和安全措施。

空中交通管制员和飞行员之间的数据通信传输需要借助数据通信网络的基础设施来实现。这类似于 OWC 在车辆通信中的应用，例如飞机到飞机(Aircraft-To-Aircraft，A2A)和飞机到基础设施(Aircraft-To-Infrastructure，A2I)可以使用 T/CC/LOS/{Medium，Long}链路作为数据通信的基础设施来实现数据通信传输，并且还可以利用机场具有数据通信功能的滑行道与跑道的灯光和指示灯等基础设施来实现数据通信传输。此外，OWC 链路还可用于飞机在机场地面上的定位，帮助飞行员提高态势感知能力。

高速列车(High-Speed Train，HST)属于现代化的高速交通工具，是火车顶尖科学技术的集中体现，高速列车可以大幅提高列车的速度。高速列车通常以250~575 km/h的速度运行，这在中国、法国、德国、日本、西班牙，甚至美国等国家越来越受欢迎。建立可靠的地—列车通信链路是高速铁路(High-Speed Railway，HSR)安全运行的保障，也是实现列车运行控制系统中信令交通的关键。除了列车运行控制系统之外，建立可靠的地—列车通信链路还需满足能够为在高速列车上的用户提供高数据速率互联网接入的访问需求。除此之外，该链路还需能够检测到射频通信网络的边界。因为在射频通信网络中存在多普勒频移、高穿透损耗和频繁切换等限制，所以它无法满足高速列车高数据速率互联网接入的需求。

最初，窄带铁路数字移动通信系统(Global System For Mobile communication for Railway，GSM-R)网络被广泛使用。然而，GSM-R网络使用的频段与公共陆地全球数字移动电话系统(Global System for mobile Communication，GSM)网络所使用的频段相同，这可能会造成共道干扰，对高速铁路运营的安全构成威胁。而且GSM-R网络无法满足铁路运行控制系统对于高数据速率的要求。为了克服GSM-R网络的缺点，科学家开发了宽带铁路长期演进技术(Long Term Evolution for Railway，LTE-R)来实现网络高容量、低延迟和高可靠性。同时，LTE-R网络具有快速同步、信道估计与均衡、多普勒频移估计与校正以及多输入多输出(Multiple Input Multiple Output，MIMO)等特点。但是LTE-R网络需要频繁切换，这可能导致关键列车控制信号的传输中断、呼叫丢失以及互联网接入的不稳定。除了GSM-R和LTE-R之外，IEEE 802.11p和IEEE 802.15.4p也被用于地面与列车的通信链路中。

尽管近些年来针对射频技术HST系统的研究取得了一些进展，但由于基于射频技术提供的数据速率是有限的，不能满足HST及其乘客日益增长的需求。为解决此问题，可以在HST上使用FSO技术。有学者通过使用T/CC/LOS/Long链路在HST铁路上创建重叠覆盖的小区，使得HST在FSO波束覆盖的区域内传播。该技术满足了对准跟瞄系统的需求。把FSO的收发器安装在列车顶部，并将FSO的收发器指向铁路沿线的FSO波束源，使得该收发机在与相邻基站子系统(Base Station Subsystem，BSS)重叠的区域内执行切换，以确保通信链路的永久链接。

5. 近地/蜂窝覆盖/非视线传输链路(T/CC/NLOS/x)

因为大气的损伤会限制FSO链路的性能，所以PC/LOS FSO链路是近地通信环境的首选，该链路可实现两点之间的高数据速率通信。

太阳辐射在深紫外光谱区(200~280 nm)被上层大气(离地球表面约40 km)的臭氧吸收和散射。这意味着在该区域传输的FSO链路能够较好地避免背景噪声问题，因此该频段被称为日盲紫外光光谱区。

尽管粒子和气溶胶对光的散射被认为是造成大多数FSO链路损伤的原因，降低了链路质量，但是太阳深紫外波长的独特传播特性(例如，粒子和气溶胶的强散射等)，有利于T/CC/NLOS/Long链路的实现。这种类型的通信称为光散射通信(Optical Scattering Communication，OSC)，当发射机和接收机之间的LOS链路无法实现时，这种通信是非常有用的。在OSC中，发射机发射一束预先设置好散度和仰角的锥形光束，并利用一个大视场角接收机指向发射机，该接收机用来探测来自大气的散射光。利用大视场角接收机的目的是能够从发射机中收集更多的反向散射光功率。光散射通信的一种可能应用场景是在能量受限的分布式无线传感器网络节点之间建立 T/CC/NLOS/Long 链路。

1970 年，Lerner、Holland 和 Kennedy 分析了大气光散射信道的特性，为 OSC 奠定了基础。此后，Reilly 提出了单次散射模型，并研究了 T/CC/NLOS/Long OSC 的脉冲展宽效应。Shaw 等人开发了一个仿真模型来分析 T/CC/NLOS/Long UV 链路的性能，并将其与传统射频链路进行比较。

近 20 年来，针对 T/CC/NLOS/Long OSC 链路的研究呈上升趋势。与传统的 LOS 链路信道建模相比，T/CC/NLOS/x OSC 链路信道建模更具挑战性。因此，大部分 OSC 的研究都是在单次散射或多次散射的假设下针对 OSC 信道进行建模。该假设在发射端波束的轴线与接收端 FOV 的轴线不共线时尤其重要。最近，有学者也在 T/CC/NLOS/x OSC 链路信道建模中考虑到大气的不均匀性，以实现更精确的模型。此外，还有学者研究通过采用新的调制方案来提高 T/CC/NLOS/x OSC 链路的性能，如多进制频谱幅度编码和频移键控调制方案。

1.5.2　链路损伤

近地无线光通信链路如果暴露在由于大气变化而引起的湍流中，会导致链路性能严重下降。本节将讨论造成链路损伤的不同原因和相应的性能提升技术。

近地 FSO 链路可能因阳光光照、建筑物晃动而导致光束偏移、信号衰减（由于雾、雨和雪）以及受大气湍流的影响。雾、雨、雪、灰尘或它们的任何组合都可能导致光的吸收、折射和散射，从而导致信号衰减和链路性能下降。大气湍流可引起光强闪烁、光束漂移和光束扩展等效应。其中光强闪烁是由于空气折射率的变化而导致接收机处光强度信号随时间和空间变化的现象。

大气湍流的抑制技术主要在物理层实现，如孔径平均、自适应光学、分集、中继传输和混合系统。最近人们还通过其它方法（例如：重传、重新配置和重路由）来研究如何在更高层次缓解大气湍流所造成的影响。

孔径平均是指使用更大孔径的接收机来收集更多的光，以此平滑掉多余的成分。然而，在实际应用中，增加接收机的孔径具有局限性。因此可以采用类似 RF 无线通信的措施，通过空间和时间的分集技术来提高链路可用性，同时有利于减轻大气湍流造成的链路损伤。中继传输是另一种空间分集技术，该技术通过将发射机分布在网络中不同的地方，而不是同时位于发送节点的位置，使得网络中各条链路经历的损伤不同，而并非仅是从源节点到目的节点经历相同的损伤。减轻大气湍流影响的另一种方法是采取一种不受这种损伤影响的技术（例如 RF），而这种系统称为混合 FSO/x 系统。由于 RF 是近地环境中最成熟的无线技术，因此通常使用 FSO/RF 混合系统。为了克服大气湍流，还可以采用数据重传方法，利用具有保证消息可靠传递的协议，例如，自动重传请求（Automatic Repeat Request，ARQ）、后退 N 帧（Go-back-N）ARQ 和选择重传（Selective-Repeat Automatic Repeat Request，SR-ARQ）等技术。在 FSO 网络中，信号经过路径的重新配置和重新路由，可以有效避免大气湍流对链路造成的严重影响，并且可利用这个方法避免节点间的故障，同时构建稳定且容错能力强的网络。

一般情况下，克服光强闪烁的方法是将链路设置在较长的波长（例如 2000～2200 nm）

范围内工作。由于光纤技术比 FSO 技术成熟，因此在该范围内工作的光学元件还未得到广泛的商业应用。但是由于该波段在 FSO 技术中具有一定的应用优势，因而近年来这一波段的研究受到了研究者的广泛关注。目前，可以使用法布里珀罗（Fabry-Perot）和离散模式法布里珀罗技术来获得适合在此波段范围内工作的信号源。

在量子级联激光器（Quantum Cascaded Laser，QCL）领域的最新进展中，FSO 链路可以在红外光（2.5~10 μm）范围内操作。其中大多数链路都是实验性的，只有很少部分获得了商用。

大多数近地 FSO 链路可能受到相同损伤的影响，链路损伤的严重程度则取决于一天中的链路距离和时间。例如 FSO 链路会受到太阳光的影响，这会致使在接收机中产生散粒噪声，从而降低 SNR。在日出和黎明期间，当太阳与 FSO 链路（也称为太阳连接）共线时，这种影响是最为严重的。

此外，风或地震等现象，会导致高层建筑的晃动，从而造成链路两端错位，降低接收到的功率。解决建筑物的晃动和偏差的一种方法是利用发射光束的发散性进行补偿。这样接收机能够覆盖更大的范围，从而接收到光束。但是，当光束功率分布在较大的光束光斑上时，会导致较低的 SNR。另一种解决方法是采用大容量、长距离链路的跟瞄系统来补偿建筑物晃动的影响。

对于 OSC 来说，其主要限制是发射光束的散射导致的光强度衰减。由于 OSC 链路的性能依赖于发射机和接收机波束的几何形状，因此提高 OSC 接收光强度的一种方法是使用自由曲面透镜来进行波束整形。例如，Zou Difan 等人研究了对椭圆和矩形波束进行整形来代替传统的圆锥几何形状。研究结果表明，两种形状对接收到的信号都有不同程度的改善，其改善的程度取决于 Tx-Rx 的角度。

表 1.4 列出了近地 FSO 链路的不同损伤、原因、影响和解决方案。

表 1.4　近地 FSO 链路损耗

损　伤	原　因	影　响	解决方案
背景光	太阳光	降低 SNR	提高发射功率 高定向链路
建筑物摇晃	风和地震	信号丢失	发散光束 主动跟踪 空间分集
衰减	雾、雨、雪、灰尘及其混合物	吸收、折射和散射	提高发射功率 分集技术 高效调制
大气湍流	折射率变化	光束漂移和强度起伏	自适应光学 孔径平均 时间、空间分集 中继传输 混合链路 重新配置与重新路由

1.5.3　近地无线光通信标准与建议

IrDA、IEEE(802.11 和 802.15.7)和 JEITA 的标准主要用于室内 OWC 链路。对于近地 OWC 链路，国际电信联盟(International Telecommunication Union，ITU)制定了相关的标准。国际电信联盟发布了 ITU-R P.1814-0 建议书、ITU-R P.1817-1 建议书和 ITU-R F.2106-1 建议书。ITU-R P.1814-0 和 ITU-R P.1817-1 建议书制定了用于频谱规划的可见光和红外光范围、近地 FSO 链路所要求的预测方法和传播数据等内容。而 ITU-RF.2106-1 建议书则侧重于对近地 FSO 链路的固定业务进行规划。

1. ITU-R P.1814-0

该建议书给出了通用 LOS FSO 链路的功率预算公式和公式中各参数的含义，并强调了链路位置选择的重要性，其中考虑了不同因素，例如天气条件、物理障碍物、表面类型以及收发机的安装情况等，同时在一些章节中还专门讨论了对于规划 FSO 链路时所必须考虑的不同天气的影响因素。在计算 FSO 链路余量时要考虑的因素之一是太阳光的影响，当太阳光与链路平行时，会导致额外的太阳光功率进入到接收机内。为了避免这种影响，必须保证 FSO 链路收发机设置在与太阳偏离的位置上。由于天气对近地 FSO 链路有明显的影响，因此，国际电信联盟在 ITU-R P.1814-0 建议书中讨论了不同天气因素对近地 FSO 链路的影响，并且专门在 ITU-R P.1817-1 建议书中详细讨论了不同天气因素对近地 FSO 链路的损伤。

2. ITU-R P.1817-1 建议书

该建议书全面讨论了不同天气因素对近地 FSO 的影响。首先，介绍了大气湍流造成链路损伤的基本定义和产生原因，解释并讨论了频率选择性的吸收、散射和闪烁。其次，对设计 FSO 链路时必须考虑的方程式、参数和变量，例如分子吸收与散射、气溶胶吸收与散射、闪烁、雨衰、雪(湿雪和干雪)衰、背景光效应等进行了详细研讨。

ITU-R P.1817-1 建议书的附录 1 中列出了可用的计算机建模程序，用来确定近地 FSO 链路规划的大气传输系数模型，如 ONTAR 的 LOWTRAN 软件中包含了一些因气溶胶而引起的光信号衰减模型。

3. ITU-R F.2106-1 建议书

ITU 建议部门发布了编号为 F.2106-1(2010)的报告，该报告讨论了将 FSO 中 T/PC/LOS/F 链路用于固定业务的相关建议。在 FSO 中，T/PC/LOS/F 链路范围从几十米到几公里不等，这取决于使用的设备和其它因素，如天气条件(晴空传播、雾的影响、雨的影响、雪衰、背景光衰减和闪烁效应)。

FSO 使用的激光二极管发射功率约为 10 mW，波长范围为 1300～1500 nm 和 780～800 nm。选择这两个范围的原因是经过自由空间时大气吸收会相对较小，并且在光纤系统中这些波长会有较好的传输特性。波长在 2000～2200 nm 范围的则是短波红外(Short-Wavelength InfRared，SWIR)波段的一部分。由于该波段的气溶胶散射和分子吸收较小，并且在大气湍流变换情况下的光束仍具有较小的弯曲性，所以该波段是一个 FSO 传输窗口。与 1300～1500 nm 和 780～800 nm 波段不同，在此建议书发布时，此范围内的收发器并未得到广泛的商业应用；因为 FSO 中使用的收发器主要采用的是成熟的光纤技术，因此研究人员倾向于使用现成可用的光纤组件。由于光纤技术中 2000～2200 nm 波段时对光纤吸收较强，所以在该波段工作的光学元件没有得到广泛应用。但是，随着相应技术的发展，在 SWIR(2000～2200 nm)中运行的 FSO 收发器以及使用 QCL 技术的 MIR 和 LWIR 逐渐被大家所熟知和应用。

1.6　空间无线光通信

自由空间光通信是射频卫星间链路(Inter Satellite Link，ISL)中的一个颇具吸引力的研究领域，其包括了轨道内部链路(如近地轨道与近地轨道)和轨道间链路(如近地轨道与同步轨道)。除了能够提供较宽的带宽和高速的数据传输速率外，FSO 系统所使用的天线具有重量轻、尺寸小的特点，尤其是在没有大气影响的空间条件下，该系统的优势更为明显。大多数的空间 FSO 链路类型是 S/PC/x/x/ULong，链路距离的分布范围是 15000～85000 km。

1.6.1　链路配置

1. 空间/点覆盖/视线传输/可移动型链路(S/PC/LOS/M/x)

实现 S/PC/LOS/M/ULong 链路配置的一个例子是欧洲航天局(European Space Agency，ESA)进行的半导体卫星间链路实验(Semiconductor Inter-satellite Link EXperiment，SILEX)，而用于 FSO 系统的在轨演示于 1991 年开始。1998 年，研究者在两个同步卫星(Geostationary Earth Orbit-Geostationary Earth Orbit，GEO-GEO)间建立了数据传输速率达 50 Mb/s 的光链路。此后，自 2003 年起，SILEX 系统使用 50 Mb/s 的近地轨道—同步轨道(Low Earth Orbit-Geostationary Earth Orbit，LEO-GEO)S/PC/LOS/M/ULong 链路进行数据传输。

另一个例子是 Tesat Spacecom 公司在德国航天局(DLR)资助下，利用 Terra-SAR-X 卫星进行的激光通信终端项目(Laser Communication Terminal on Terra-SAR-X，LCTSX)。该项目配置了一种数据传输速率高达 5.65 Gb/s 的近地轨道—近地轨道(Low Earth Orbit-Low Earth Orbit，LEO-LEO)相干光卫星间链路。

2. 空间/点覆盖/非视线传输/可移动型链路(S/PC/NLOS/M)

S/PC/NLOS/M 链路配置能很好地应用于深空通信。该链路利用数据中继卫星系统的 FSO 链路，构成深空探测器到中继卫星、地面站的双跳深空通信链路，进而取代深空探测器到地面站的直接链路进行数据传输。与占主导地位的射频系统相比，该 FSO 系统具有质量更轻、功耗更低和体积更小的特点。

1.6.2　链路损伤

与近地场景相比，空间 FSO 链路经历的噪声和损伤相对较少（如表 1.5 所示）。然而，由于背景光干扰，空间链路仍易受散粒噪声的影响。外部光源主要包括日光、行星表面反射的日光、混合星光和黄道带光。

表 1.5　空间 FSO 链路损伤

损　伤	原　因	影　响	解决方案
背景光	日光 行星表面反射的日光 混合星光 黄道带光	降低 SNR	提高发射功率 使用光学滤波器
链路未对准	窄带光束 移动目标 目标偏移	链路损失	采用动跟瞄系统 使用光学滤波器

如前所述，ISL 距离的范围为 LEO-LEO 链路的 15000 km 到 GEO-MEO 链路的 85000 km，但超长的链路距离是造成 ISL FSO 链路损伤的另一个关键因素。这是因为距离越长，传输所需的功率、尺寸、质量和成本就越高。此外，尽管卫星和探测器在不断移动，发射和接收天线间的对准仍要维持在 1 μrad 以内。为此，FSO 链路的两端必须采用跟踪伺服回路，用于激光束的捕获、跟踪和对准（Acquisition，Tracking and Pointing，ATP）。

1.6.3　空间无线光通信标准与建议

IOAG.T.OLSG.2012.V1A 协议：为了进行 FSO 空间通信的相关实验，机构间业务咨询第 14 小组（the Interagency Operations Advisory Group-14，IOAG-14）成立了光链路研究小组（Optical Link Study Group，OLSG）。该小组使用波长为 1550 nm 和 1064 nm 的光波，综合考虑天气（云层、光学湍流和其它大气）和航空因素的影响，定义和分析了各种任务场景下的链路标准，包括近地轨道、月球、拉格朗日、火星-地球空间和地球中继。其目的是确定地面终端解决方案的相关要求，最大限度地为通信任务返回数据。然而，由于所需建立的地面站数量众多，对单个机构而言，这是一项重大的经费负担，因此 OLSG 建议各机构相互合作以完成上述实验。

该小组制定的标准包括正在开发以及将带来重大利益（运营或财务上）的核心服务标准，并且从 2015 年 9 月开制定飞行运营或网络跟踪功能。

1.7　水下无线光通信

与其它频带相比，声波频带在 UW 环境中传播时被吸收得较少，因此水声（Underwater Acoustic，UA）技术成为水下通信的主导通信技术。UA 技术可用来实现远程通信，近期研究的主要目的是完善水声通信链路。尽管相关技术取得了一定进步，但是水声链路仍因声在水中传播速度缓慢(约为 1500 m/s)而具有明显的延迟。另外,水声的传输会经历多径衰落,从而导致较长时延扩展(10~100 ms),进而产生严重的码间串扰(Inter-Symbol Interference,ISI),因此 UA 链路的数据传输速率非常有限(低于 100 Mb/s)。

出于对更高数据传输速率的需求,研究人员转而研究其它水下通信技术。由于射频通信在近地领域及空间领域已得到相对成熟的应用,因而将射频通信应用于水下场景应当是合理的。但相较于大气和空间通信场景,水下环境中射频通信的应用因电磁辐射在水中传播的不透明性受到了极大限制。目前,水下射频通信链路最常用于陆地与海军潜艇之间的通信。该系统中,链路工作于极低的频率(Extremely Low Frequency,ELF)频带(30~300 Hz),这是因为在 ELF 范围内使用射频技术能使信号穿透水。然而,该系统的功能有限,数据传输速率非常低,不能调制语音,需要极高的传输功率和大尺寸天线,且无法安装在潜艇上进行全双工操作。因此该系统只用于从近地基站向潜艇传送基本信息。另一方面,潜艇要建立可靠的近地射频通信链路,就必须使用高频率波段。

因此,人们一直迫切想要建立具有更高数据传输速率的水下通信链路,以满足水下无线传感器网络(Underwater Wireless Sensor Network,UWSN)等新兴应用的性能要求。UWSN 是一种分布式传感器节点网络,可以对气候变化、生物和生态过程进行实时采样和监测。该网络中,无人水下航行器可用来收集分布式节点采样和存储的大量数据,但其数据采样速率必须超过声学和射频通信的数据传输速率。

此外,与其它电磁频率相比,可见光谱受水域浑浊程度的影响较小。因此,近年来OWC 技术的蓬勃发展促使研究者对该技术作为水下应用解决方案重新进行评估,这一技术常被称为水下无线光通信(Underwater Optical Wireless Communication,UOWC)。

1.7.1　链路配置

研究表明,不同水体的性质不同,对光束产生的影响也不同。因此,研究 UOWC 系统所部署水域的性质至关重要,这有助于对光源波长、调制方案、传输功率和链路结构等链路参数进行选择。

下面将讨论不同的 UOWC 链路配置,并对相关实验进行总结。

1. 水下/点覆盖/视线传输/固定型链路(UW/PC/LOS/F/x)

与其它电磁频率相比,可见光受水域浑浊程度的影响较小。但在清澈的水域(如深水),可见光的穿透范围仅限于几百米,在浊水中更小。固定型 LOS 链路通过避免损伤并允许光检测器最大限度地收集入射光来克服这一局限性,从而实现高速率数据传输,因此UW/PC/LOS/F/UShort、UW/PC/LOS/F/Short 和 UW/PC/LOS/F/Medium 是最常见的 UOWC 链路配置。表 1.6 按时间顺序罗列了历年来国内外学者对 UW/PC/LOS/F/x UOWC 链路的主要研究内容,总结了每项研究的亮点、所用光源的类型和调制技术,并且列出了实验所处水域的类型、所实现的数据传输速率和链路长度。

表 1.6　主要 UW/PC/LOS/F/x UOWC 链路实验总结

研究人员	年份	实验亮点	光源类型	调制方式	数据速率	链路长度/m
Snow 等人	1992	使用大型装有淡水的水箱、天然池塘和沿海海水测量激光脉冲的时空特性的实验室实验	LD	—	50 Mb/s	18
Bales 和 Chrissotomidis	1995	在清澈、浑浊的水域中配置了两种 FSO 通信链路。第一种部署在自主水下航行器（Autonomous UnderWater Vehi-cle, AUV）及其停泊站之间。两者通过机械连接的方式使 FSO 链路保持对准（UW/PC/LOS/F）。第二种链路建立在水中的两个 AUV 之间	LED(450 nm 和 660 nm)	—	10 Mb/s	20
Farr 等人	2005	使用镜子在 15 m 深的池塘中实现了长达 91 m 的链路。在夜间进行了码头实验，将微浑浊水域中背景光的影响最小化，实现了长达 10 m 的垂直链路	LD	—	10 Mb/s	100
Hanson 和 Radic	2008	在实验室水管中实现的无差错 UOWC 链路，消光率高达 36 dB	LD (532 nm)	强度调制/直接检测（Intensity Modulation/Direct Dete-ction, IM/DD）	1 Gb/s	2
Doniec 等人	2010	AquaOptical，一种具有三个光通信子系统的 UOWC 系统：远程光调制解调器（Aqua OpticalLong）、近程光调制解调器（Aqua Optical Short）和混合光调制解调器（Aqua Optical Hybrid）	LED	离散脉冲间隔调制（DPIM）	1.2 Mb/s（池塘） 0.6 Mb/s（港口）	30 和 7
Simpsonl 等人	2010	适用于 UWSN 的小型低成本平台在实验室环境中实验。使用氢氧化镁混合物来改变水的浊度	LED	RS RZ	5 Mb/s	3~7
Gabriel 等人	2012	利用综合考虑了介质、收发机特性的真实蒙特卡罗模拟器来评估 UOWC 链路。结果表明，在大多数情况下，当数据速率高达 1 Gb/s 时，信道时间色散可以忽略不计	LED	二进制开关键控(On-Off Keying, OOK)	1 Gb/s	31(深海)、18 (清澈海水)、11(沿海)

续表一

研究人员	年份	实验亮点	光源类型	调制方式	数据速率	链路长度/m
Cossu 等人	2013	测试了三种无差错的 UOWC 链路。所得 BER 是一天中数最小时的测量值。	LED	16-QAM	6.25 Mb/s(曼彻斯特码)、12.5 Mb/s(NRZ 8 b/10 b)、58 Mb/s(离散多音(DMT))	2.5
Nakamura 等人	2015	使用丙烯酸水箱和自来水在实验室环境中进行实验	LD (405 nm)	IM/DD-OFDM	1.45 Gb/s	4.8
Oubei 等人	2015	使用 1 m×6 cm×6 cm 的水箱和镜子实现了长达 7 m 的链路。使用高灵敏度 Si APD 用于实现高数据传输速率	LD (520 nm)	16-QAM-OFDM	2.3 Gb/s	7
任永雄 等人	2016	在空间复用光学信道中使用轨道角动量(OAM)	LD (520 nm)	—	4 Gb/s	
Xu Jing 等人	2016	轨道角动量(OAM)	LD (红色)	128-QAM-OFDM, 32-QAM-OFDM	1.324 Gb/s (PIN), 4.883 Gb/s(APD)	6
Baghdady 等人	2016	使用轨道角动量(OAM演示了双信道并行性	LD (445 nm)	NRZ-OOK	3 Gb/s	2.96
沈超等人	2016	进行了用于视频流、数据传输和远程控制的多个实验。研究者使用 LD 和 APD 分别实现了长达 12 m 和 10 m 的链路,其数据速率分别为 2 Gb/s 和 1.5 Gb/s	LD (450 nm)	NRZ-OOK	1.5 Gb/s	20
Kong Meiwei 等人	2017	使用 RGB LD 源进行传输的 WDM 实验。RGB 源分别实现了 4.17 Gb/s 和 1.17 Gb/s 的数据速率	RGB LDs	32-QAM	9.51 Gb/s	10
Lee 等人	2017	使用近紫外(Near-UltraViolet, NUV)荧光白光 LD,并建立了数据速率为 1.25 Gb/s,长达 15 cm 的链路	LD (410 nm)	NRZ-OOK	1.25 Gb/s	0.15
Al-Halafi 等人	2017	一系列实验室环境中进行实验,在不同水质中使用长为 5 m 的链路传输高质量视频	LD (520 nm)	PSK 和 QAM	1.2 Gb/s	5

2. 水下/点覆盖/视线传输/可移动型链路(UW/PC/LOS/M/x)

近地调制反射器(MRR)T/PC/LOS/M 链路的成功应用，使其被广泛应用于水下环境中。如前所述，MRR 有利于降低对准和跟瞄要求，这对发射机和接收机均处于动态的链路来说是必不可少的。此外，MRR 还有助于降低链路一端的负载和功率需求，可用于 UWSN 等水下传感器在水下探测移动的潜水员与潜艇之间通信的场景。

与其它 UOWC 链路类似，MRR 链路的性能(包括范围和容量)主要取决于链路所处水域的类型。在清水中，链路性能取决于检测器采集到的光功率。为了将链路的范围和容量最大化，需要提高链路对准和跟踪技术的要求。此外，在浊水中，后向散射是限制链路性能的主要因素。2009 年，Mullen 等人提出了偏振识别技术，以减轻后向散射对 UW/PC/LOS/M/Short MRR 链路的影响。实验结果表明，在 MRR 信道中，后向散射分量明显降低了。2010 年，Cox 等人设计了 MRR 链路中基于微机电系统(MicroElectro Mechanical System，MEMS)的蓝绿色 Fabry-Perot 调制器，通过增加氢氧化镁混合物来模拟水的不同浑浊度，并在长达 7.7 m 的水箱中进行了相关实验。实验结果表明，UW/PC/LOS/M/Short MRR 链路的速率分别在衰减长度为 2.7 m 和 5 m 时达到了 1 Mb/s 和 500 kb/s。此外，在部署 Reed Solomon 差错控制码(Error Control Code，ECC)后，无差错 MRR 链路的速率分别在衰减长度为 6.5 m 和 3.8 m 时达到了 1 Mb/s 和 500 kb/s。2010 年，Rabinovich 等人提出了自然水域中 UOWC MRR 链路的理论预算，同时进行了实验，测量验证了理论模型的正确性。

3. 水下/蜂窝覆盖/视线传输型链路(UW/CC/LOS/x)

为了实现具有较高数据传输速率的 UOWC 系统，UW/PC/LOS 链路得到了广泛应用，但 UW/CC/LOS 链路的应用较少，有待进一步研究。

2011 年，Cochenour 等人采用波长为 532 nm 的激光二极管作为光源，使用扩散器对光束进行扩散并建立 UW/CC/LOS/Short 链路。实验在长达 7.72 m 的水箱中实现了 20°的全角度光束，并测量了不同调制频率(直到 1 GHz)下的冲激响应。研究发现，在清水中，漫射光源需要比准直光源多 30 dB 以上的光功率，才能在接收端达到相当的信号电平。

2008 年，Pontbriand 等人实现了一种支持单向广播的 UW/CC/LOS/Medium UOWC 链路。实验使用了两个大小不同的接收机装置，大接收机保证能够全方位接收信号，而小的接收机具有平滑窗口。利用这两种不同的接收机在深水(水深 1～2 km 的百慕大)和码头附近的浅水浊流中进行了多次试验。在百慕大的实验中只使用了较大的接收机，链路距离范围为 75～200 m。尽管存在因生物发光和 Cerenkov 辐射而引起的背景光作用，在该清澈水体中仍形成了具有高信噪比、速率为 5 Mb/s 的清晰信道。在码头实验中则实现了数据传输速率为 1～4 Mb/s 的链路。

4. 水下/蜂窝覆盖/非视线传输型链路(UW/CC/NLOS/x)

在收发机发生阻塞、失调或随机定向而导致 LOS 链路中断的情况下，可部署 UW/CC/NLOS/x 链路。在 UW/CC/NLOS/x 链路中，发射机垂直向上发射光，且具有较大的束宽。当光到达水和空气界面时，会照亮一个环形区域，并且会有一部分光从水面反射回来。由于水的折射率高于空气，会造成全反射，因此在配置链路时应该慎重选择入射角。同时，波动的海面也会对该链路构成挑战，这是因为光线可能被反射回发射端。

UW/CC/NLOS/x UOWC 链路可用于水下测距和成像。例如，发射机可以通过检测自身传输的反向散射光来检测水质，无须建立反向信道，并自身能够改变传输功率、数据和码率等工作参数。

2011 年，Alley 等人提出了 UW/CC/NLOS/Short 成像系统，该系统使用了长达 7.7 m 的水箱。LD(波长为 488 nm 或 530 nm)作为光源放置在靠近目标对象的地方，以避免在传播过程中发生散射。实验通过向水箱中加入氢氧化镁混合物来模拟水的浑浊度。在清水中，由两种 LD 获得的图像都具有较高的对比度和信噪比。随着浑浊度的增加，对比度和信噪比均降低。但即使在最浑浊的水中，两种 LD 所得图像也均具有一定的分辨率。与 488 nm 相比，波长为 530 nm 的 LD 的图像具有更高的对比度和信噪比。这是由于水箱中的水在波长为 488 nm 处具有较高的衰减系数。与传统的 LOS 成像系统相比，Alley 等人提出的 UW/CC/NLOS 成像系统在信噪比方面有了改善。

UW/CC/NLOS/x 链路也可用于建立相互隔离的发射机和接收机之间的通信。例如，Arnon 等人分析了 UWSN 背景下 UW/CC/NLOS/Medium 链路。在此场景中，发射机和一组分布式 WSN 之间不存在 LOS 链路。

1.7.2　链路损伤

UOWC 链路主要受到三种损伤因素的影响，即背景光、衰减(由固有吸收和散射而造成)和湍流。UOWC 链路损伤汇总在表 1.7 中。在水面、日光等场景中均会产生强烈的背景噪声，需要进行过滤处理。此外，光强大小对 UOWC 链路的性能也有显著影响。

表 1.7　UOWC 链路损伤

损　伤	原　因	影　响	解决方案
背景光	水面附近的日光	降低 SNR	提高发射功率 使用光学滤波器
衰减	水体吸收与散射	降低 SNR 码间干扰(ISI)	选择合适的波长，把吸收降到最低 提高发射功率 空间分集 均衡 FEC
闪烁	水体湍流和温度变化	无	无

UW 环境在一定程度上限制了通信中所能使用的光波波长。研究表明，清澈水域对红光和红外光的吸收程度最高，对蓝光(400～450 nm)的吸收程度最低。然而，这并非在所有情况下都成立。叶绿素、藻类或浮游生物等多种水生物会改变吸收模式，从而在不同波长

下产生最低程度的吸收。综上，必须通过实验来确定具体场景下的最佳使用波长。

UW 环境下的光束由于本征吸收和散射而降低了光强，导致光功率发生衰减。与深海相比，浅水环境下的衰减更为严重。在纯海水中，衰减以光的吸收为主。在近海面场景中，由于有机物的存在，因此散射在衰减中占主导地位。散射一方面导致光的传播方向发生改变；另一方面，降低了光强，最终引起信噪比的降低和 ISI 的产生。

与大气中 OWC 链路类似，UOWC 链路需要研发有效的传输技术，以克服不同水体浑浊度等场景带来的挑战。因此，物理层和数据链路层必须具有低能耗的调制技术和强大的信道编码能力。此外，在 UW 场景中，定位和波束对准技术具有挑战性，需要设计者综合考虑。

从上述讨论中可以看出，声学和 FSO 技术均具有局限性，两者中的任何一种都不能作为行之有效的独立技术。因此，FSO 和声学通信技术常以互补（或混合）的方式运行。

1.7.3　水下无线光通信标准与建议

截至目前，还没有任何与 UW FSO 技术有关的提议或标准制定工作。2015 年，IEEE 802.15.7r1 的主席杨江在"2015 年可见光光通信国际会议暨展览会"上进行了题为《IEEE 802.15.7r1 OWC 标准化现状》的论述。杨江针对 OWC 技术的不同层面及其不同的应用案例，包括使用图像传感器通信的 A5-水下通信和使用低速 PD 通信的 C1-水下或海边通信等内容进行了讨论与总结。

1.8　异构无线光通信链路

在某些 FSO 通信链路的应用中，FSO 链路会遍历多种不同的环境，这样的链路称为异构 FSO 链路。在异构 FSO 链路中，链路的各个部分会受到不同环境因素的影响，从而造成不同的损伤。下面将对一些异构 FSO 链路的例子进行研究分析。

1. 建筑物之间的链路（{I-T}/PC/LOS/F/x）

连接两栋建筑之间的近地 FSO 链路的收发设备可以安装在天台或窗户后。通过租用或取得许可的方式在建筑物的顶部设置链路，不但会产生高额的费用，而且将建筑物顶部接收到的信号传输到所需的楼层也较为复杂。与射频技术相比，考虑到 FSO 系统的组件具有体积小、重量轻等多项优点，因此在近地链路中 FSO 链路仍是较好的选择。

像连接天台的这类链路，被认为是单一的近地链路。由于 FSO 收发器安装在窗户后面，就意味着该链路的一小部分处于室内环境，而链路的主要部分处于近地环境。该链路除了会受到大气损伤之外，处于室内环境的链路也会对其整体性能产生影响。例如：接收设备可能会受到人造背景光的影响，或者信号通过窗户传播而造成一定的损耗。

2. 空间—地面链路（{S-T}/PC/LOS/x/ULong）

卫星地球站与空间航天器或卫星之间的 FSO 通信链路是最常用的 FSO 链路之一。表 1.8 按照时间顺序总结了 1992 年到 2016 年 FSO 研究中所取得的进展。

表 1.8 主要空间和异构（地面—空间）FSO 链路实验总结

项目名称	年份	项目实施单位	实验总结
航空飞机测试系统（Airborne Flight Test System, AFTS）	1980	麦克唐纳格拉斯和美国国防部（McDonnell Douglas, and U.S. Department of Defense, DoD）	以 500 Mb/s 和 1 Gb/s 的数据速率在飞机和地面站接收机之间建立激光通信链路
中继镜像实验（RElay Mirror experiment, REM）	1990	鲍尔航天技术公司（在设计、制造和运营过程中领导了一个由七个政府机构和私人公司组成的团队）	一束波长为 1.064 μm 的激光束从地面发射到高为 450 km 的镜子上，然后反射到 3 m 高的地面目标上
半导体星间链路实验（Semiconductor Inter-satellite Link EXperiment SILEX）	1991	欧洲航天局（European Space Agency, ESA）	开启了一个在轨演示的光通信系统的发展阶段
伽利略光学实验（Galileo OPtical EXperiment, GOPEX）	1992	加州理工大学喷气推进实验室（California Institute of Technology Jet Propulsion Laboratory, JPL）	采用 532 nm 激光建立了与伽利略航天器的上行光通信链路
基于 ETS-VI 的先进卫星通信实验	1993	通信研究实验室（Communications Research Laboratory, CRL）	使用 SATEL-Lite ETS-VE 进行空地 FSO 通信实验的波长，下行链路采用 0.83 μm，上行链路采用 0.51 μm。传输速率为 1.024 Mb/s
激光通信实验（Laser Communication Exeriment LCE）	1995	JPL 和 CRL	GEO ETS-VI 和东京以外的地面站建立了空对地双向链路
半导体星间链路实验	1998	ESA	建立了 LEO-LEO 和 GEO-LEO FSO 链路。波长范围为 800~850 nm，前向链路上有 2 Mb/s 调制能力且返回链路上有 50 Mb/s 通信速率
地球同步轻量化技术实验（Geosynchronous LIghtweight Technology Experiment, GeoLITE）	2001	美国国防部	成功建立 GEO 轨道多 Gb/s 链路，GeoLITE 任务详细信息已分类
火星激光通信演示实验	2004	NASA 的戈达德太空飞行中心（Goddard Space Flight Center, GSFC），JPL 和麻省理工学院林肯实验室（Massachusetts Institute of Technology Lincoln Laboratory, MITLL）	该项目以 1~80 Mb/s 的通信速率进行了演示。这证明了 FSO 可以提高 NASA，在未来以高数据速率在宇航员和行星传感器之间进行通信

续表

项目名称	年份	项目实施单位	实验总结
欧洲数据中继系统（European Data Relay System, EDRS）	2008—2014	ESA	第一次达到千兆级的空间 FSO 通信，建立了 FSO LEO-GEO 链路，距离为 45 000 km，数据传输速率为 1.8 Gb/s
欧洲数据中继系统	2008—2014	ESA	第一次千兆级空间 FSO 通信。使用激光通信终端，星间最远距离达到 45 000 km，传输速率为 1.8 Gb/s。在使用德国雷达卫星 TerraSAR-X 和美国 NFIRE 卫星进行在轨验证期间，成功测试了此终端。2014 年进行了进一步的系统和业务演示。来自 LEO Sentinel-1A 卫星的数据通过光链路中继传输到 GEO 的 Alphasat，下行链路使用传统的 Ka 波段中继传输到地面站。新系统未来可提供高达 7.2 Gb/s 的传输速率
月球侦查轨道器（Lunar Reconnaissance Orbiter, LRO）	2013	美国国家航空航天局（National Aeronautics and Space Administration, NASA）	NASA 首次展示了单向激光行星距离通信，在 385 000 km 的 FSO 链路上将蒙娜丽莎的图像发射到 LRO。LRO 上的月球轨道激光测高仪（Lunar Orbiter Laser Altimeter, LOLA）接收并重建了图像。Reed-Solomon 纠错码用于克服大气损耗
月球激光通信演示（Lunar Laser Communications Demonstration, LLCD）实验	2013—2014	NASA	NASA 首先使用 FSO 代替 RF 进行双向空间通信，论证了从地球地面站到月球轨道（Lunar Atmosphere and Dust Environment Explorer, LADEE）的数据速率为 20 Mb/s 的无差错上行链路。对于下行链路，LCD 使用脉冲激光束以 622 Mb/s 的数据速率在月球和地球之间 385 000 km 的大气和尘埃环境中传输数据
激光通信科学的光学有效负载（Optical PAyload for Lasercomm Science, OPALS）	2014	JPL	美国国家航空航天局于 6 月 5 日星期四使用 FSO 从国际空间站（International Space Station, ISS）发送了"Hello, World！"高清视频，传输速率为 175 Mb/s
激光通信中继（Laser Communications Relay Demonstration, LCRD）实验	2016	GSFC, JPL, MITLL	NASA 是最长期进行 FSO 任务的机构。该机构的目的是为未来的近地和深空通信网络提供成熟的概念和技术

大多数现有的地面—空间 FSO 的实验均使用地面收发设备。因此，其中一部分链路必须通过大气信道进行传输。对于链路研究者来说，在设计链路时必须考虑信号在大气信道传输中所受到的影响。

需要注意的是，与下行链路(即空间到地面)相比，上行链路(即地面到空间)的设计有不同的思路和要求。例如在 RF 系统中，空间终端上的功率是有限的，地面上的功率则可认为是无限的。更为具体的是：在下行链路中，一束光从没有损伤的空间环境中开始传播，直到最后的 30 km 中，光束才会受到近地损伤的影响。对于上行链路，光束在近地(或大气)的前 30 km 就一直受到损伤，且光束在空间中需传播较长的距离，才能到达空间站。而光在传播的过程中会受到大气湍流的影响，大气湍流会导致光束波前的变化，该变化由大气相干长度来决定。大气相干长度取决于望远镜的孔径面积、分辨率、位置、时间(最好是晚上)等几个因素。实验分析结果表明，在空间—地面 FSO 链路中，卫星(上行链路)的大气相干长度较大，而地面站接收机(下行链路)的大气相干长度较小，但相位失真严重。这些影响将会导致地面接收机的焦平面上所接收到的信号光斑尺寸变大。为了接收到更多的信号光子，须使用大型的光电检测器来进行检测。然而，使用大型光电检测器会限制接收机的带宽和检测器检测高数据速率信号的能力。对于这一问题，可引入自适应光学中的检测器来解决。

目前，许多商业航空公司开始使用 RF 通信系统为其机队配备实时高速互联网服务，这些服务大部分由地面接入网提供。例如，美国供应商 Go Go 在美国各地建立了 3G 地面站网络，当飞机经过这些地面站时可以与之通信。Go Go 的系统比较容易实现，但是该系统的带宽却非常有限，导致每架飞机的传输速率仅有 3.1 Mb/s。由于大多数飞机的巡航高度都在云层之上，因此可采用卫星的 FSO 链路提供高速互联网服务，以避免严重的大气损伤。传统的 L 波段传输速度慢，且价格昂贵。相比而言，高频率的 Ku 波段(12~18 GHz)卫星通信相对经济并且更加有效。例如，汉莎航空公司(Lufthansa)的 Fly Net 系统可实现 50 Mb/s 的传输速率。

1.9　两类无线光通信系统

本章前面几节分别介绍了室内、近地、空间和水下 FSO 链路，在 1.8 节中介绍了"异构 FSO 链路"，本节将重点介绍两种类型的 FSO 系统，即异构 FSO 系统和混合 FSO/x 系统。

在详细介绍 FSO 系统之前，需要了解"异构 FSO 链路""异构 FSO 系统"和"混合 FSO 系统"之间的区别。图 1-4 给出了异构 FSO 链路和异构 FSO 系统之间的区别。

在异构 FSO 链路中，一条 FSO 链路可以遍历多个环境。例如，在 1.8 节讨论的空间—地面 FSO 链路中，发射一束 FSO 波束，该波束将先通过地面信道进行传输，再通过空间信道传输(反之亦然)。在图 1-4 中，横轴表示 FSO 链路可以在不同的环境中进行传输，纵轴表示不同环境中 FSO 链路的配置。通过该图可以看到遍历了两种环境的异构 FSO 链路的若干示例。

虽然异构 FSO 系统是在单一环境下运行的系统，但是，这需要利用多条不同的链路配置来实现，如果仅使用一种链路配置，该系统是无法实现高速率传输的。图 1-4 描述了一个异构 FSO 系统的例子，这个例子将会在 1.9.1 小节中详细介绍。通过该图可以观察到：ATP 系统完全在室内环境中运行，且该系统采用了两种链路配置，即 I/PC/LOS/F 和 I/CC/LOS。

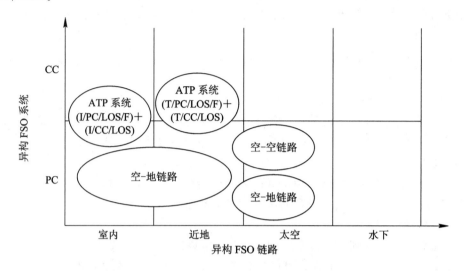

图 1-4　异构 FSO 链路与异构 FSO 系统的区别

值得注意的是，尽管各种异构 FSO 系统所处的场景类似，但链路的配置却是不同的，例如：异构 FSO 系统只使用 FSO 技术，然而对于混合 FSO/x 系统来说，是一种将 FSO 与另一种技术（x）联合起来使用的通信系统，实现了对 FSO 通信系统的改进。

表 1.9 总结了本节所讲述的 FSO 系统类型及其应用。

表 1.9　使用本节提出的框架对异构和混合 FSO 系统进行分类

应　用	FSO 系统类型	链 路 分 类	
		FSO 链路	非 FSO 链路
室内定位系统	异构	I/CC/LOS/Short I/PC/LOS/M/Short	—
用于 HST 的户外定位系统	异构	T/CC/LOS/Long T/PC/LOS/M/Long	—
使用 UAV 的中继辅助网络	异构	T/PC/LOS/F/Long T/PC/LOS/M/Long	—
片上光学 FSO 通信	混合	T/PC/LOS/F/UShort	光纤
Backhaul RF/FSO 链路	混合	T/PC/LOS/Long	射频
水下感应	混合	UW/CC/LOS/Short	声音
Loon 项目	混合	T/CC/LOS/Long RF T/PC/LOS/M/Long	射频
Facebook 室内 nternet.org 项目	混合	T/PC/LOS/M/Long	射频

1.9.1　异构无线光通信系统

如前所述，在 FSO 中 x/PC/LOS/F/x 链路可以为固定用户提供高比特率，但如果需要为移动用户建立高比特率链路，就必须采用 x/PC/LOS/M/x 链路。然而，建立和维护移动用户的 PC/LOS 链路正面临挑战。如果 x/CC/LOS/x 链路采用更宽的光束，就能使之覆盖更广的区域，这将有助于放宽对指向误差和跟踪精度的要求，但这通常是以牺牲比特速率为代价的。

异构 FSO 系统最常见的例子之一是使用 x/PC/LOS/M/x 链路和 x/CC/LOS/x 链路来与移动用户建立高比特率的链路，这是一种与移动用户建立 FSO 链路的集采集、跟踪和指向系统于一体的方法。其中，ATP 系统可用于室内、近地、空间等场景，也可用于异构 FSO 链路。

2012 年有研究表明，使用 I/CC/LOS/Short 链路可对用户进行定位，也可使用 I/PC/LOS/F/Short 链路为用户提供高比特率的通信；即使在用户移动时，仍可为之提供高比特率的定位引导功能。

在前面介绍的高速列车的应用示例中，在铁路轨道的一侧设置具有 OWC 功能的基站子系统，就可为高速列车上的乘客提供互联网接入以及互联网覆盖服务。近年来，研究人员针对基站使用宽波束发射的方法，使之能够覆盖较长的铁路轨道，以实现简单的铁路系统，且不需要复杂的指向和跟踪系统。高速列车上乘客实现互联网接入的另一种方法是使用 ATP 来维持列车上的基站子系统和收发器之间的 LOS 链路。2012 年，Urabe 等人提出了一种 OWC 异构系统，在该系统中用 I/CC/LOS/Long 和 I/PC/LOS/M/Long 链路实现了速率为 1 Gb/s 的 HST 之间的切换，切换时间为 100 ms。

2018 年，Fawaz 等人提出使用配备有缓冲器的 UAV 进行网络中继辅助。在所提出的网络中，除了现有常规的 T/PC/LOS/F/Long 中继链路之外，还有发射机到 UAV 以及 UAV 到接收机之间的 T/PC/LOS/M/Long 链路，而且 UAV 可以是运动的，也可以是静止的，链路范围为 1.5～3 km。实验证明，使用该技术可以提高数据速率。

1.9.2　混合无线光通信系统

混合 FSO 系统指的是将不同的通信系统集成在一起，通过利用两个集成系统的优点来组合成一个系统。例如，研究人员将高带宽的 I/PC/LOS/M/Short 链路与主要用于房间内用户定位的 RF 系统相结合，可以构成混合 FSO 系统。

2003 年，研究人员演示了一种高速可重构片上通信的光互连架构，该架构利用 I/PC/NLOS/F/UShort 链路和多模光纤(Multi-Mode Fiber，MMF)来实现。虽然在冷却板的风扇处产生了空气湍流，但最终仍实现了速率为 3×10 Gb/s 的光学互连。

FSO 系统可以独立地部署在多个近地应用领域中，包括最后 1 km 的接入及回程网络。将 FSO 和 RF 技术相结合，便可实现异构的 RF/FSO 系统，从而提高数据的传输速率和可靠性。此外，由两个独立的 RF 和 FSO 链路组成的单跳 RF/FSO 系统也被人们广泛研究。在异构 RF/FSO 系统中，只要天气适宜，PC/LOS/F/Long 链路就能采用高比特率传输；而在天气恶劣的情况下，RF 链路可作为备份，但该系统的性能会降低至单射频链路的下限。其它情况下，两个链路可以同时运行来提高系统的整体性能。因此，学术界开始对多跳 RF/FSO 系统展开研究。

在水下通信中，声学通信系统占据主导地位。由于声学通信系统可与 FSO 组合，不仅可以对声学系统进行扩展，而且有助于提高光学系统的传输比特率。这是因为声学信号具有远距离、低数据速率的通信特点，因此可用于水下传感器网络中传感器节点的定位。此外，声音的传播速度较慢，可以利用这一特性来精准地确定节点之间信号传输的时间和距离。通常情况下，短距离的 LOS FSO 链路通常采用高数据速率传输，而声学信号用于信令和短消息的传输。Vasilescu 等人提出了沿发射端 LOS 移动的异构系统方案，该方案实现了 UW/CC/LOS FSO 链路在 90°内 2～8 m 的短距离通信。当距离超过 400 m 时进行广播通信，声学链路将以 330 kb/s 的低数据速率进行传输。

混合 FSO/RF 系统的其它案例包括谷歌的 Loon 项目和 Facebook 的 Internet.org 项目。这两个项目实施的目的是为互联网难以到达的地区以及贫困地区提供互联网的覆盖。为实现此目的，将使用位于地球表面上方 20 km 平流层中的高空平台（High Altitude Platforms，HAP）建立 LOS 连接，因为这一高度的大气损伤最小。

对于 Loon 项目，HAP 以热气球组成，这种热气球可适应平流层的恶劣条件，比如气球不受紫外线辐射的影响，最高可承受 150℃的温度，可适应的最低气温能达到—90℃，且使用特定的发射器能够每 30 min 发射一次热气球。在平流层中有很多风层，且每一种风层都有不同的方向和速度，故谷歌使用软件算法来确定气球要发射的位置，通过控制气球的升降，可以让其进入不同的风层，从而控制气球以预期的方向和速度进行运动。为了便于通信，每个气球配备了一个 LTE 模块和两个 FSO 模块。LTE 模块的作用是与连接互联网的地面基站进行通信。FSO 模块的作用是将数据从中继站传输到气球，以保证正常的通信。在 Loon 项目中采用了异构 FSO 系统，通过使用宽波束 T/CC/LOS/Long 和 T/PC/LOS/M/Long 来实现气球运动状态下的 ATP 系统。

与 Loon 项目不同的是，Internet.org 项目部署了高空太阳能无人机、LEO 和 GEO 卫星，所有终端都配有射频收发器和 FSO 收发器。与 Loon 项目类似的是，RF 模块主要用于与地面基站、移动用户通信；T/PC/LOS/M/Long 链路用于无人机之间的链路，该链路的目的是实现基站和移动用户之间的数据传输；而 LEO 和 GEO 卫星的作用是覆盖基站无法到达的区域。

本 章 小 结

综上所述，FSO 通信链路可以部署在室内、近地、空间或水下环境。而不同的环境会导致 FSO 链路受到不同程度的损伤，其链路性能受到影响。即使在同样的场景中，不同配置的 FSO 链路也会因为噪声和信号衰减而受到不同程度的影响。因此，合理配置链路十分重要。

本章通过不同的 FSO 链路配置示例总结出一种简单且功能强大的 FSO 技术分类方案。在该方案中，FSO 链路被划分为四个不同标准的组合，即环境（ε）、覆盖类型（κ）、视线可达性（α）、移动性（μ）和链路距离（δ）。FSO 链路不仅可以部署在室内、近地、空间或水下环境中，而且链路可以是一个点覆盖，或者蜂窝覆盖；在实现方案中，既可通过 LOS 链路实现，又可通过 NLOS 链路实现。此外，链路可以是固定的，也可以是移动的。在讲述了四个标准之后得到的一个重要结论是，上述所提出的分类方案能够将任何 FSO 链路配置描述为 $(\varepsilon/\kappa/\alpha/\mu/\delta)$ 的组合。

　　通过前述示例可以更清楚地了解几种不同环境中 FSO 链路的配置。在每种 FSO 链路示例中均简要讲述了各自会受到的损伤及有效的解决方案。不仅如此，本章还涉及遍历多个环境的异构 FSO 链路，包括地-空通信链路在内的几个实例。由于环境的不同，异构 FSO 链路会产生组合效应。

　　与异构 FSO 链路不同，异构 FSO 系统可以包含两个或多个 FSO 链路，从而结合不同的链路优势来提高系统的性能。并且，混合光通信系统是一种拥有多种不同通信技术的系统，各种类型系统的示例均在文中有所描述。

　　利用上述的技术分类方案，有助于分析现有的 FSO 标准和协议。IrDA 制定了一套针对高数据速率、短距离 FSO 链路的标准。比如 JEITA CP-1221、CP-1222、CP-1223、IEEE 802.15.7 和 IEEE 802.15.7r1 等标准，用于支持低数据速率链路的短/中程范围 VLC。同时，科研人员正努力实现标准化的近地、空间和水下 FSO 链路。例如，ITU-rF.2106-1 正是一项关于近地 FSO 链路的协议。

　　综上所述，对于未来的通信系统和应用而言，FSO 正日益成为一种具有高吸引力的通信技术。无论是作为一种独立的通信技术，或作为一种对传统射频通信的补充技术，FSO 技术都有很大的发展前景。本章为室内、近地、空间和水下等环境中不断发展的 FSO 技术领域提供了一个简单而有效的分类系统，这将为研究人员提供一个新的视角。

第 2 章 系统介绍

2.1 光发射机

光发射机的功能是把输入的电信号转换为光信号。光发射机由光源、驱动器和调制器组成，其中光源是光发射机的核心部件。光发射机的性能主要取决于光源的特性，对光源的要求是输出光功率足够大，调制频率足够高，谱线宽度和光束发散角尽可能小，输出功率和波长稳定，器件寿命长。目前广泛使用的光源有半导体发光二极管（LED）和半导体激光二极管（或称激光器）（LD），以及谱线宽度很小的动态单纵模分布反馈（Distributed Feed Back，DFB）激光器。有些场合也使用固体激光器，例如大功率的掺钕钇铝石榴石（Nd：YAG）激光器。

光发射机把电信号转换为光信号的过程（常简称电/光（E/O）转换），是通过电信号对光的调制来实现的。目前有直接调制和间接调制（或称外调制）两种调制方案，如图 2-1 所示。直接调制是用电信号直接调制半导体激光器或发光二极管的驱动电流，使输出光随电信号的变化而变化，从而实现调制。这种方案技术简单、成本较低、容易实现，但调制速率受到激光器频率特性的限制。外调制是把激光的产生和调制分开，用独立的调制器调制激光器的输出光。目前有多种调制器可供选择，最常用的是电光调制器。这种调制器是利用电信号的改变而变化来电光晶体的折射率，使通过调制器的光参数随电信号的变化而变化来实现调制。外调制的优点是调制速率高，缺点是该技术复杂、成本较高，因此只在大容量的波分复用和相干光通信系统中使用。

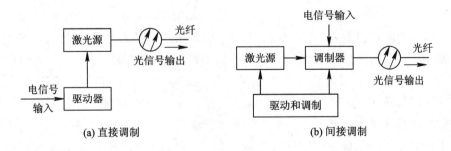

(a) 直接调制   (b) 间接调制

图 2-1 两种调制方案

对光参数的调制，原理上可以是对光强（功率）、幅度、频率或相位的调制，但实际上目前大多数光纤通信系统都采用的是直接光强调制。因为幅度、频率或相位调制需要幅度和频率非常稳定、相位和偏振方向可以控制、谱线宽度很窄的单模激光源，并需采用外调制方案，所以这些调制方式只在一些新技术中使用。

2.1.1　光源

固态发光器件本质上是正向偏压工作的二极管，二极管输出的光强与驱动电流近似呈线性相关。该输出光强是由注入的大量载流子以发射光子的形式释放能量，再重新组合得到的。

为了保证以较高的复合概率产生发射光子，发光器件由直接带隙半导体材料构成。在直接带隙半导体材料中，导带极小值和价带极大值对应于相同的波矢量(k)。因此，产生复合跨越带隙时动量可保持不变，并由波矢量表示（如图2-2所示）。通过该过程发射的大部分光子具有能量 $E_{photon}=E_g=h\nu$，其中，E_g 是带隙能量，h 是普朗克常数，ν 是以赫兹为单位的光子频率。该方程可以根据发射光的波长表示：

$$\lambda = \frac{1240}{E_g} \tag{2.1}$$

式中，λ 为光的波长（单位为 nm），E_g 是材料带隙的能量。商用的直接带隙材料通常是Ⅲ族和Ⅴ族元素的半导体化合物。这些类型的晶体包括 GaAs、InP、InGaAsP 和 AlGaAs(Al 含量小于 0.45)。

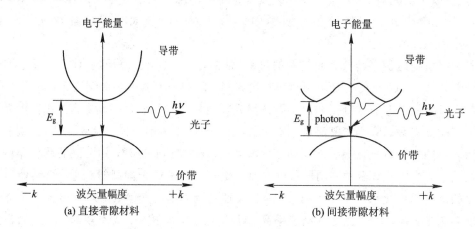

图 2-2　具有波矢量(k)的带边一维变化示例

常用的半导体晶体硅和锗是间接带隙材料。如图2-2所示，在这些间接带隙材料中，导带和价带的极值对应不同的波矢量 k。如果相互作用粒子的动量没有变化，则复合不会发生。复合所需的动量变化来自晶格间的碰撞。晶格间的相互作用可以模拟为声子与其他粒子的转变，用来量化晶格振动。晶格缺陷或晶格中的杂质在带隙内产生能态，也可能产生复合。由于复合需要载流子跨越带隙的动量变化，因此间接带隙材料中的复合出现的概率不高。此外，当发生复合时，复合过程产生的大部分能量以热量形式在晶格中损失，只留下很少的能量用于产生光子。总的来说，以间接带隙材料制成的器件发光效率较低。

由直接带隙材料组成的Ⅲ-Ⅴ族化合物所制造的发光器件极大地改变了发射光信号的特性。目前最流行的两种固态发光器件 LED 和 LD 正是用直接带隙化合物制成的。

1. LED

如前文所述，低成本光电元件的最佳应用波段为 780~950 nm。化合物半导体 GaAs

具有约 1.43 eV 的带隙，即直接带隙，与通过式(2.1)计算的 880 nm 的波长相对应。

　　大多数为带隙准备的 LED 通常为双异质结构。这种结构是通过在低带隙材料的任一侧上放置两种宽带隙材料，并适当掺杂其它材料形成二极管而得到的。双异质结构 LED 的典型示例如图 2 - 3 所示。在正向偏压条件下，能带在注入载流子的低带隙材料（例如 GaAs）中形成势阱，该势阱也被称为有源区，注入有源区的载流子会发生复合。有源区的侧面为适当掺杂其它材料的较高带隙限制层（例如 AlGaAs），形成了限制载流子的势阱。由于有源区中的复合过程是随机发生的，因此产生的光子是非相干的（即发射光子之间的相位关系在时间上是随机的）。

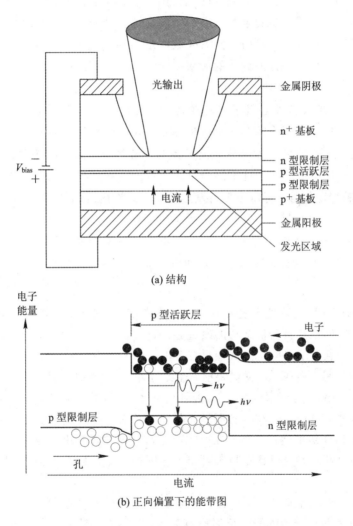

(a) 结构

(b) 正向偏置下的能带图

图 2 - 3　双异质结构 LED

　　使用双异质结构，可以将注入的载流子限制在明确规定的区域。这种限制使得注入的载流子集中于有源区中，同时也减小了辐射复合时间常数，改善了设备的频率响应。这种限制载流子的另一个优点是产生的光子也被限制在特定的区域。

使用图 2-3 中的 LED 结构，可以根据驱动电流得出器件输出光功率的表达式：

$$P_{vol} = h\nu \frac{J}{qd} B\tau_n \left(P_0 + n_0 + \frac{\tau_n J}{qd} \right) \tag{2.2}$$

式中，P_{vol} 是每单位器件体积的输出功率，J 是施加的电流密度，$h\nu$ 是光子能量，d 是有源区域的厚度，B 是辐射复合系数，τ_n 是有源区域中的电子寿命，q 为电子电量，n_0 和 P_0 分别为热平衡状态下活性层中的电子和空穴密度。

式（2.2）表明，对于低电平注入电流，$P_0 \gg \frac{\tau_n J}{qd}$，$P_{vol}$ 与电流密度大致成比例。随着电流密度的增加（通过增加驱动电流），器件的光输出将包含更多的非线性分量。有源区域厚度 d 的选择是设计源线性度的关键参数。通过增加有源区域的厚度，器件具有更宽范围的输入电流，这个过程是线性的。然而，有源区域厚度增加的同时也减少了对载流子的限制。反过来，这也限制了如上所述的设备的频率响应。因此，需要在 LED 的线性度和频率响应之间找到平衡点。

LED 的另一个重要特性是由于自发热特性导致的器件性能变化。当驱动电流流过器件时，会因电阻和低效率器件的存在而产生热量。热量的累积将使温度升高，并减少对有源区域中载流子的限制，使得大部分载流子具有足够的能量来冲破势垒，从而降低器件的内部量子效率。输出电流的非线性下降与输入电流的关系如图 2-3 所示。通过使用脉冲状态下的 LED 和补偿电路等，可以减少自发热对器件线性度的影响。设备在高温环境下时间运行过长会使输出光强度降低，并可能导致器件故障。输出光子的中心波长约等于通过式（2.1）得到的结果。典型的输出光谱在 880 nm 中心波长附近的波动范围约为 40 nm。这种波动是受温度影响以及由有源区域中空穴和电子能量的不同分布而产生的。

2. LD

LD 是从基础 LED 制造技术发展而来的。虽然 LD 仍然依赖于载流子在带隙上的转变来产生辐射光子，但是其对器件结构的改进允许这些器件在窄光带上产生有效相干光。

如上所述，当载流子以随机方式穿过带隙时，LED 经历光子的自发辐射，而 LD 表现出光子产生过程的另一种形式：受激辐射。在此过程中，能量 E_g 中光子入射到器件的有源区域。在有源区域中，保持过的电子，能够使在该区域中的电子处于导带中的概率大于其在价带中的概率，这种状态称为粒子数反转，它是由有源区域中载流子的限制和正向偏置结的载流子泵浦能级抽运产生的。在产生粒子数反转的过程中，会发生入射光诱导复合过程。在该过程中发射的光子具有与入射光子相同的能量、频率和相位，因而可以输出相干光。

因此，通过修改双异质结构可以提供光学反馈来持续该过程。该光学反馈本质上是通过放置一个反射表面将产生的光子反射回有源区域，以重新启动复合过程。这种光学反馈可通过多种技术实现，每种技术都有其优点和缺点。法布里·珀罗激光器可以利用内部反射将光子约束在有源区域内。这是通过调节周围材料的折射率来实现的。该装置的末端装有若干从粒状材料上切割下来的镜像面。一个平面提供全反射，另外的平面则允许光子在自由空间传输。该光学反馈结构类似于微波谐振器，通过高导电率金属来限制电磁能量。这些结构根据腔的物理结构在固定模式下共振。LD 由于具有谐振腔的结构，所以能够在非常窄的光谱宽度上发射能量。而且，器件的谐振特性允许发射相对高功率的电平。

不像 LED 那样可以发出与驱动电流大致成比例的光强，LD 是阈值器件。如图 2-4 所示，在低驱动电流下，自发辐射占主导地位，该设备本质上表现为低强度 LED。在电流超过阈值 $I_{threshold}$ 之后，受激辐射占主导地位，此时该装置具有高光学效率，对应于图 2-4 所示的大斜率。在受激辐射区域，器件发出的光强与驱动电流近似呈线性变化。

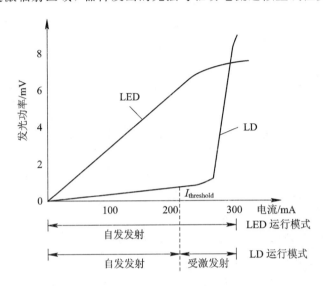

图 2-4　LED 和 LD 的光强度与驱动电流示例

3. LED 与 LD 的比较

LD 相对于 LED 的主要优势在于其工作速率在受激辐射条件下，复合时间常数比自发复合时小一至两个数量级。这使得 LD 能以千兆赫兹数量级的脉冲速率工作，而 LED 只能在兆赫兹数量级内工作。

LD 的光学特性随器件自身温度和工作时长的变化比 LED 更加明显。与 LED 的情况一样，LD 总的趋势是随着温度的升高和工作时间的加长，辐射功率将降低。然而，不同的是，LD 中的阈值电流以及光学特性的斜率会随着温度的变化或器件的老化而急剧变化。对于使用 LD 的商用设备，例如激光打印机、复印机或光学驱动器，需要额外的电路来稳定操作时设备的性能，以提高其使用寿命。

LD 驱动电流 I 与光输出功率之间的线性度也随着器件的老化而降低。由于结区缺陷以及器件的老化，突变斜率变化(称为扭结)在 LD 特性中很明显。因此很少有制造商会标注设备在使用期间的线性性能。

由于 LD 相对难以制造，因此 LD 比 LED 更加昂贵。然而，廉价光学元件是确保无线光通信得到广泛应用的关键因素。

LD 在无线光通信应用中的一个重要限制是必须将激光输出限制在人眼安全的范围内。由于发射辐射的相干性以及射出辐射的高强度，输出光束必须被散射，以降低能量密度。LED 不是光学点光源，LD 同样也不是，它们都可以在保证人眼安全的前提下发射出更高的功率。表 2.1 给出了无线光通信应用中 LD 和 LED 特性的比较。

表 2.1　LED 和 LD 无线光通信链路的比较

特　征	LED	LD
光谱宽度	25～100 nm	0.1～5 nm
调制带宽	几十 kHz 到几十 MHz	几十 kHz 到几十 GHz
特殊电路的需求	无	阈值和温度补偿电路
安全性	考虑人眼安全	必须保证人眼安全
可靠性	高	中等
成本	低	中到高

2.1.2　调制

1. 基带调制

在基带调制中，承载信息的电信号对 LED/LD 电流进行直接调制，从而调制光载波。这种信号通常称为基带调制信号，是通过信道进行传输的。在接收端，利用直接检测技术便可以从基带调制光信号中恢复出电信号。这样的基带调制方案包括开关键控（On-Off Keying，OOK）调制和数字脉冲位置调制（Pulse-Position Modulation，PPM）。其它脉冲调制方案有数字脉冲间隔调制（Digit Pulse Interval Modulation，DPIM）、脉冲幅度和位置调制（Pulse Amplitude and Position Modulation，PAPM）、差分幅度脉冲间隔调制（Differential Amplitude Pulse Interval Modulation，DAPIM）等。但与 OOK 和 PPM 相比，这些脉冲调制方案还没有被广泛应用。由于 OOK 调制方案简单易用，因此 FSO 系统多采用 OOK 调制方案。

在 OOK 调制中，用光脉冲的存在与否来表示二进制数据的传输，也就是说，如果信息位为 1，就意味着在 T_b（假定 T_b 为一个码元周期）期间内激光器是打开的；如果信息位为 0，则激光器是关闭的，不进行数据传输。在具有不归零（Non Return Zero，NRZ）形式的 OOK 调制中，当发送"1"码时，光脉冲时间占据整个码元的时间宽度，而信息位 0 则表示没有光脉冲。在归零（Return-to-Zero，RZ）形式的 OOK 调制中，当发送"1"码时，光脉冲时间短于一个码元的时间宽度。

在长距离通信中，多进制脉冲调制（M-Pulse-Position Modulation，M-PPM）方案因其较高的峰均功率比而得到广泛的应用，提高了系统的功率效率。此外，它不像 OOK 那样需要自适应阈值。在 M-PPM 调制方案中，每个码元周期被划分为 M 个时隙，每个时隙的持续时间为 T_s 秒，每一个时隙中的信息可表示一个数据元。与此同时，M 取值为 2^n，其中 n 为信息位的个数。因此，每一个 PPM 信号被直接映射为 n 比特序列，也就是说每一个 PPM 调制信号传送的信息为 lb$M$ 比特。每一个码元表示的比特数越多，在接收端进行解调时对每一种状态的正确识别就越难。而当发射机峰值功率受限或者系统带宽有限时，M-PPM 调制方案是长距离通信的首选方案。图 2-5 和图 2-6 分别展示了用于传输随机位序列(如 110010)的 OOK 和 8-PPM 调制方案。从图中可看出,8-PPM 调制比 OOK 调制需要更大的带宽,其中,OOK 带宽为 $\frac{1}{T_b}$,PPM 带宽为 $\frac{1}{T_s}$,$T_s = \frac{T_b \text{lb} M}{M}$。同时,由于严格的同步要求,M-PPM 调制格式的收发器比 OOK 的更加复杂。

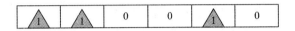

图 2-5　用于传输消息 110010 的 OOK 调制方案

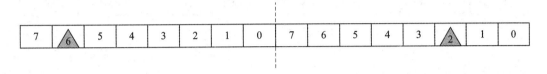

图 2-6　用于传输消息 110010 的 8-PPM 调制方案

2. 副载波强度调制

在副载波强度调制(Subcarrier Intensity Modulation,SIM)方案中,首先用预调制信号调制一个射频载波,再用射频载波来调制发射光源的光强。SIM 方案属于模拟调制。对射频载波的调制可采用以下几种调制格式,如二进制相移键控(Binary Phase-Shift Keying,BPSK)、正交相移键控(Quadrature Phase-Shift Keying,QPSK)、正交振幅调制(Quadrature Amplitude Modulation,QAM)、振幅调制(Amplitude Modulation,AM)、频率调制(Frequency Modulation,FM)等。在接收端,像在 IM/DD 系统中一样,使用直接检测技术就能够恢复出电信号。但与 OOK 调制方案不同,它不需要自适应阈值,且比 PPM 调制方案具有更高的带宽效率。由于借鉴了成熟的射频技术,SIM 的实现过程变得更加简单。SIM 技术允许多个信号在光学链路中同时传输,利用频分多路复用(Frequency-Division Multiplexing,FDM)技术,实现副载波多路复用。图 2-7 展示了 FSO 链路 SIM 光学系统原理。这种多路复用方案的缺点是在接收端需要严格的同步,且设计较为复杂。

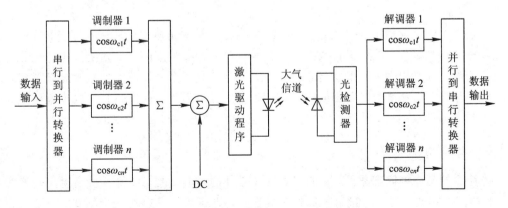

图 2-7　FSO 链路 SIM 光学系统原理

图 2-8 对上述光强调制技术进行了总结。FSO 系统中最常用的调制方案包括开关键控调制、副载波强度调制、脉冲调制等。在选择恰当的调制方案时,需要在功率效率、带宽

要求、方案实现的复杂性等指标之间进行综合考虑。

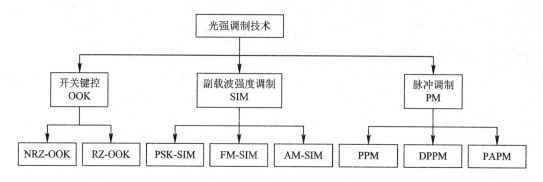

图 2-8　FSO 系统中的调制方案

2.2　光 接 收 机

光接收机的功能是把从光纤线路输出、产生畸变和衰减的微弱光信号转换为电信号，并经电接收机放大和处理后恢复成基带电信号。光接收机由光检测器、放大器和相关电路组成，光检测器是光接收机的核心。通常，对光检测器的要求是响应度高、噪声低和响应速度快。目前广泛使用的光检测器有两种类型：PIN 以及 APD。

光接收机把光信号转换为电信号的过程(常简称为光/电或 O/E 转换)是通过光检测器实现的，其检测方式有直接检测和外差检测两种。直接检测是用检测器直接把光信号转换为电信号。这种检测方式的设备简单、经济实用，是当前光纤通信系统中普遍采用的方式。外差检测则要设置一个本地光振荡器和一个光混频器，使本地振荡光和光纤输出的信号光在混频器中输出中频光信号，再由光检测器把中频光信号转换为电信号。外差检测方式的难点是需要频率非常稳定、相位和偏振方向可控制、谱线宽度很窄的单模激光源；优点是接收灵敏度很高。目前，实用的光纤通信系统中普遍采用的是强度调制-直接检测方式。外调制-外差检测方式虽然技术复杂，但是传输速率和接收灵敏度很高，是很有发展前景的通信方式。

光接收机最重要的特性参数是灵敏度。灵敏度是衡量光接收机质量的综合指标，它反映接收机调整到最佳状态时，接收微弱光信号的能力。灵敏度的高低主要取决于组成光接收机的光电二极管以及光电放大器的噪声，并受传输速率、光发射机参数和光纤线路色散的影响，还与系统要求的误码率或信噪比有密切关系。因此灵敏度也是反映光通信系统质量的重要指标。

2.2.1　光检测器

光检测器是一种固态器件，它能实现发光器件的逆向过程，即将入射辐射光转换为电流。光检测器本质上是反向偏置二极管，由于辐射光能直接入射在光检测器上，因此也被称为光电二极管。如果入射光子有足够的能量，就会产生自由电子-空穴对。载流子在器件接触面上的漂移或扩散运动形成了光电流。

廉价的光检测器可以用硅(Si)构成，用于检测 780～950 nm 范围内的光。通过重新整理式(2.1)，可得 GaAs 在 880 nm 发射峰值处的光子能量为 $E_g \approx 1.43$ eV。由于硅的能隙约为 1.15 eV，所以这些光子有足够的能量将电子运输至传导带，从而产生自由电子-空穴对。图 2-9 说明，在 0~1300 nm 光波段中，硅光电二极管的灵敏度是最高的。

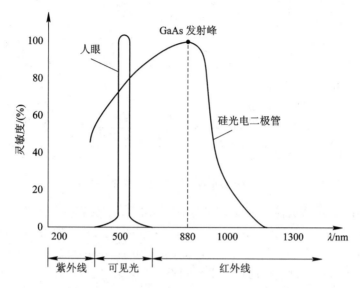

图 2-9　硅光电二极管的相对灵敏度曲线
（应注意 GaAs 发射峰的位置位于光电二极管灵敏度峰值附近）

固态光电二极管的基本稳态工作可由以下表达式给出：

$$I_p = q\eta_i \frac{P_p}{h\nu} \tag{2.3}$$

式中，I_p 是产生的平均光电流，η_i 是器件内部量子效率，P_p 是入射光功率，$h\nu$ 是光子能量。器件的内部量子效率 η_i 是入射光子产生电子-空穴对的概率，其典型取值范围是 0.7~0.9。此值小于 1，是由设备的电流泄漏、在相邻区域的光吸收和设备缺陷等造成的。

进一步地，重新整理式(2.3)，可得到光电二极管的响应度：

$$R_p = \frac{I_p}{P_p} = \frac{q\eta_i}{h\nu} \tag{2.4}$$

响应度 R_p 的单位是 A/W，它是表示光电子从光域到电域的转换系数。R_p 是光电二极管模型中的一个关键参数，是在二极管工作的中心光频率处测得的。

目前常用的两种光电二极管是 PIN 光电二极管和雪崩光电二极管（Avalanche Photo Diode，APD）。

1. PIN 光电二极管

如图 2-10 所示，PIN 光电二极管通过在 p^+ 和 n^+ 掺杂区域之间放置相对较多的本征半导体材料来构建。一旦置于反向偏压中，电场就会穿透绝大部分本征区域。入射光子首先到达防反射涂层上，该涂层增强了环与器件之间的能量耦合。接着，光子进入二极管的 p^+ 层，p^+ 层的厚度通常比材料的吸收深度薄得多，因此大部分入射光子能够到达本征区域。入射光在本征区域被吸收，产生自由载流子。本征区域具有高电场(ε)，这些载流子受该电场的作用，以 10^7 cm/s 的饱和速度在结上聚集。载流子在器件上的产生和运输过程就是光电流的产生过程。

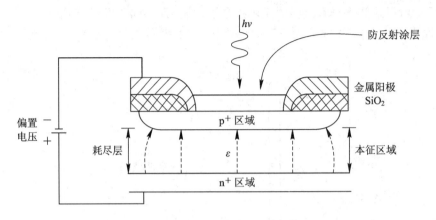

图 2-10　简单硅 PIN 光电二极管的结构

在光纤应用中,虽然载流子传输时间是限制光电二极管频率响应的一个重要因素,但影响光纤应用的关键因素是器件结电容的大小。在光纤应用中,器件必须具有相对较大的面积,以便能够收集更多的辐射光功率。因此,器件的结电容可以相对较大。此外,用电池作电源的便携式设备可提供的反向偏置电压较低,因此结电容也将增加。反向偏压为 3.3 V 时,结电容的典型值从昂贵器件的 2 pF 到速度、成本都很低的器件的 20 pF 不等。因此为了避免过度降低系统带宽或增加噪声,对接收机构的精确设计是非常必要的。

PIN 光电二极管产生的光电流与入射光功率之间呈线性关系。经过高电场时载流子的传输过程会发生变化,因此设备在高频下运作时,会出现二阶效应。当频率高于 5 GHz 时,这些效应不再影响链路在低频下工作时的线性性质。由于结电容限制了工作频率,因此器件中因电荷传输造成的非线性影响通常可以忽略。当入射光强的范围较大时,PIN 光电二极管的特性表现为近似线性。

2. 雪崩光电二极管

雪崩光电二极管(APD)的基本结构与 PIN 光电二极管的非常相似。不同的是,APD 中每一个被本征层吸收的光子,将产生多个电子-空穴对。因此,APD 具有大于单位增益的光电流增益,而 PIN 光电二极管只具有单位增益。

光电流增益形成的过程被称为载流子的雪崩倍增。在耗尽区形成的高强度电场,使已有的载流子加速,它们与晶格的碰撞产生了更多的载流子。同时,新生成的载流子也被电场加速,重复着载流子的冲击生成过程。该方式下获得光电流增益的数量级达 $10^2 \sim 10^4$。在有线光纤网络中,APD 的放大效应提高了接收机的灵敏度,使传输网络内中继器之间的距离变长。

该方案的缺点是在雪崩过程中,器件内电流的流动产生了过量的散粒噪声。由于系统中存在的噪声大部分是由高强度的背景光引起的,所以过量的噪声会降低 FSO 链路的性能。这些噪声源的详细讨论见 2.2.2 节。雪崩增益是偏置电压及温度的严格非线性函数。由于这些器件的线性度很差,所以最初它们主要用于数字系统,并且需要额外的电路来稳定其工作。

3. PIN 与 APD 的比较

APD 可产生光电流增益,而 PIN 光电二极管中的每个光子最多产生一个电子-空穴对。目前还不清楚雪崩增益是否在每种情况下都能改善信噪比。实际上，对于受背景光影响的 FSO 链路来说，APD 确实可以提高信噪比。

APD 在整个工作过程中都表现出非线性，这是由于雪崩增益相对于电源电压和温表现出了度非线性特性。为了改善非线性情况，在设计电路时，可以使用额外的电路来产生高偏置电压，以满足具有高电场 APD 的要求；典型的电源电压范围分布为 InGaAs APD 的 30 V 和硅 APD 的 300 V 之间。因此在电压输出有限的便携式设备中不建议采用 APD。表 2.2 总结了 PIN 光电二极管和雪崩光电二极管的特点。

表 2.2　无线光链路中 PIN 光电二极管和雪崩光电二极管的比较

特　征	PIN 光电二极管	雪崩光电二极管
调制带宽	几十 MHz 到几十 GHz	上百 MHz 到几十 GHz
光电流增益	1	$10^2 \sim 10^4$
是否需要特殊电路	否	高偏压和温度补偿电路
线性	高	低，适用于数字应用
成本	低	中到高

大部分 PIN 光电二极管均满足成本相对较低、波长各异的要求。即便使用几十年，其光电特性仍近似线性。与 APD 不同，PIN 光电二极管通过增大结电容的方式减小了电源供应。表 2.3 给出了用不同材料制成的 PIN 光电二极管和 APD 的响应度和增益。与 APD 相比，PIN 光电二极管的响应度更低，单位光载波乘数增益（Photocarrier Multiplier Gain of Unity，PMGU）的值更小。

表 2.3　由不同材料构成的 PIN 光电二极管和 APD 的特性

材料和结构	波长/nm	响应度/(A/W)	增益
Si PIN	300~1100	0.5	1
Ge PIN	500~1800	0.7	1
InGaAs PIN	1000~1700	0.9	1
Si APD	400~1000	77	150
Ge APD	800~1300	7	10
InGaAs APD	1000~1700	9	10

前面已经提过，大多数商业室内无线光链路使用价格较低的硅光检测器和波长范围为 850~950 nm 的 LED。然而，一些远距离和室外 FSO 链路则采用在较长波长下工作的复合光电二极管，目的是提高传输的光功率，同时保护人眼。此外，这些远程链路还使用 APD 接收器来提高接收机的灵敏度。为了满足成本、性能和安全各方面的要求，应谨慎选择光电二极管接收机。

2.2.2　噪声

在无线光通信链路中，除了频率响应和失真以外，噪声源也是影响链路性能的关键性因素。对于通信链路而言，确定光接收机输入端噪声源的种类非常重要，且据比可以确定该通信链路中接收机需要使用的功率。

如 2.2.1 节所述，PIN 光电二极管通常用作室内无线红外链路的光检测器。其中光接收机前端的两个主要噪声源分别是接收端电子元器件产生的热噪声和光电二极管产生的散粒噪声。

在电子元器件中，由于载流子在电阻器件和有源器件中作无规则热运动，因此会在电子元器件中产生热噪声。电子元器件中最主要的噪声源是前置放大器中由负载电阻引起的热噪声。如果在接收机的前端采用低电阻来改善系统频率响应，会导致光生电流信号中包含过多的热噪声。解决该问题的方法之一是采用跨阻放大器。跨阻放大器能够在增益、带宽、噪声、动态范围以及电源电压之间实现很好的折中，它是通过负反馈电路来提供前端低阻抗的。图 2-11 是光接收机前端等效电路及噪声源示例。热噪声是独立于接收信号产生的，其概率密度函数可视为高斯分布。在计算放大器输入端的噪声功率时，这种热噪声可由传递函数计算得到，此传递函数取决于前置放大器的拓扑结构。因此，通常情况下，电路噪声的概率密度函数服从高斯分布。

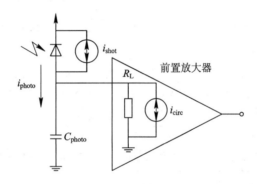

图 2-11 光接收机前端等效电路及噪声源示例

散粒噪声是通信链路中的一种主要噪声源，这种噪声是因光电二极管中的能量和电子的离散特性而产生的。入射光很容易进入材料内部被吸收，因而在空间电荷区会产生大量的随机载流子。载流子进一步根据它们的能量以随机方式通过 P-N 结势垒。如图 2-11 所示，在光电二极管中由于量子效应而导致载流子随机生成和传输，进一步在光生电流信号中被激发为散粒噪声。这个随机过程可以被视为功率谱密度为白噪声的泊松分布。

在图 2-11 中，i_{photo} 为光检测器等效电流源，i_{shot} 为光检测器的散粒噪声，C_{photo} 为光检测器的结电容，i_{circ} 为热噪声，R_L 为等效负载电阻。

下面利用前面所述的光接收机前端的两个主要噪声源来分析无线光通信链路的信噪比。假设接收端的输入信号是时变光强信号，利用副载波强度调制，令发射的光信号 $x(t)$ 是固定的正弦波形式，其表达式为 $x(t)=P_t(1+m\sin\omega t)$。其中 P_t 是平均发射光功率，m 是正弦波振幅。为确保信号可正常传输，要求 $|m|\leqslant 1$，因为信号不可能出现负强度值，且假设光信号传播过程中只有在经过自由空间到接收端时才会产生衰减。此外，接收到的信号还包括存在于信道中的背景光，它们可由光电二极管进行检测。这种背景光由白炽灯、自然光和传输环境中的其它照明光共同组成。因此接收信号 $\gamma(t)$ 可以被表示为 $\gamma(t)=P_R(1+m\sin\omega t)+P_B$。其中，$P_R$ 是平均接收光功率，P_B 是背景光入射到光电二极管上的

功率。光电二极管根据式(2.4)中的响应度关系将入射光转换为光生电流。光生电流的直流分量和时变分量表达式为

$$i_{\text{photo}}(t) = R_{\text{p}} \times r(t) = R_{\text{p}}(P_{\text{R}} + P_{\text{B}}) + R_{\text{p}} P_{\text{R}} m \sin\omega t \tag{2.5}$$

式中，$R_{\text{p}}(P_{\text{R}} + P_{\text{B}})$ 为直流分量，$R_{\text{p}} P_{\text{R}} m \sin\omega t$ 为时变分量。而接收端的电信号功率完全包含在时变分量中，其表达式为

$$P_{\text{signal}} = \frac{1}{2} m^2 (R_{\text{p}} P_{\text{R}})^2 \tag{2.6}$$

由于背景光和发射信号的共同存在，在接收机处会产生光生散粒噪声。此外，因为 $P_{\text{B}} \gg P_{\text{R}}$，所以只需要考虑接收信号光生电流中的直流分量。由于前置放大器中的热噪声功率 $\overline{i_{\text{circ}}^2}$ 与散粒噪声功率 $\overline{i_{\text{shot}}^2}$ 是不相关的，所以总噪声功率可以表示为

$$P_{\text{noise}} = \overline{i_{\text{circ}}^2} + \overline{i_{\text{shot}}^2} = \frac{4K_{\text{B}} TB}{R_{\text{L}}} + 2q R_{\text{p}}(P_{\text{R}} + P_{\text{B}})B \tag{2.7}$$

式中，K_{B} 为玻尔兹曼常数，T 为绝对温度，R_{L} 为等效负载电阻，q 是电子电荷，B 是系统的等效噪声带宽。综上所述，可以对系统的信噪比进行估算，其表达式为

$$\text{SNR} = \frac{P_{\text{signal}}}{P_{\text{noise}}} = \frac{1}{2} \times \frac{m^2 (R_{\text{p}} P_{\text{R}})^2}{\dfrac{4K_{\text{B}} TB}{R_{\text{L}}} + 2q R_{\text{p}}(P_{\text{R}} + P_{\text{B}})B} \tag{2.8}$$

无线光通信链路的主要噪声来源于背景光。为了减少背景光对信道的影响，可以在不增加额外成本的情况下，对光滤波器选用波长较低的可见光和频率较高的光源。而在某些链路中，即使对光信号进行滤波，背景光功率也可能比信号功率大，其差值约为 25 dB，导致了许多通信链路都只能在有限的噪声范围内工作。同时在这种情况下，在接收信号以及电路噪声中，背景光散粒噪声分量主导着总体散粒噪声。因此，对于受到散粒噪声限制的电路，式(2.8)可以表示为

$$\text{SNR} \approx \frac{R_{\text{p}} m^2 P_{\text{R}}^2}{4q P_{\text{B}} B} \tag{2.9}$$

据上文所述，可以证明背景光产生的链路噪声与信号无关，其中散粒白噪声呈泊松分布。这种高强度的散粒噪声是由许多独立的、呈泊松分布的随机噪声变量共同累积而成的。当随机变量的个数接近无穷大时，根据中心极限定理，累积分布函数趋于高斯分布。因此，许多无线光通信链路中的主要噪声源都可被视为与信号无关的高斯白噪声。根据严格的数学计算方法，可以证明高强度散粒噪声的矩母函数接近于高斯分布。依据雪崩光电二极管的相关研究文献，其噪声概率密度 $f_{\text{n}}(x)$ 可以被表示为

$$f_{\text{n}}(x) = \frac{1}{\sqrt{2\pi}\, \sigma_{\text{n}} (1 + x/\lambda)^{\frac{3}{2}}} \exp\left(-\frac{x^2}{2\sigma_{\text{n}}^2 (1 + x/\lambda)}\right) \sum_{i=1}^{n} (X_i - \bar{X})^2 \tag{2.10}$$

式中，σ_{n}^2 是与平均光功率成正比的设备相关参数，而 λ 与接收光强成正比，与雪崩光电二极管的过量噪声因子成反比。对于在高光照强度和较小过量噪声下的硅光电二极管，λ 值是很大的。在这种情况下，硅光电二极管产生噪声的分布函数可被视为高斯分布。

噪声特性取决于链路结构。接收机的视场角是接收机检测到光立体角的范围。光电二极管上接收到的高强度光辐射来自背景光源和发射光信号。窄视场角链路能够阻挡大部分的背景光，因此二极管产生的噪声仍可被视为高斯分布，但此时它更依赖于发射信号。对

于宽视场角接收机,背景光在接收信号中的影响具有主导性。此时,接收机处的噪声可以近似看作与发射信号无关。在这种情况下,信号可以被视为独立的加性高斯白噪声,其均值为零、方差为 σ_n^2。

光电二极管存在的这种情况与光纤形成鲜明对比,光纤中背景光带来的噪声影响基本为零,它的主要噪声源是电路。只要电路噪声远大于 APD 的附加散粒噪声,在光纤应用中使用 APD 就更为适宜。APD 可以在保持噪声功率基本恒定的同时,向接收功率的信号部分提供增益,即光纤网络中 APD 的使用允许中继器之间采用更大的间隔,从而降低了系统成本。

荧光灯照明产生的辐射可形成为无线光通信链路特有的噪声源,而且荧光灯在 780～950 nm 近红外波段的氩谱线处有很强的辐射。尽管在光通信链路中经济型窄带光学滤波器已经使用了一段时间,但目前光电二极管仍需要进一步改善。大多数光整流器可驱动频率范围为 50～60 Hz、谐波分量达几十 kHz 的荧光灯。目前整流器可将荧光灯调节到更高的频率,以提高功率效率并减小单位尺寸,典型的调制频率为 22 kHz 和 45 kHz。这些光源产生的谐波以及光电二极管检测到的谐波可以延伸到几百 kHz,从而阻碍了无线光通信链路数据的传输。但高频调制荧光光源的周期性干扰对无线光通信链路的影响直到最近才被研究人员重视并研究。相比于荧光干扰,加性白噪声在无线光通信链路中的影响主导地位。

2.2.3　直接检测

在直接检测技术中,首先将接收望远镜接收到的光信号入射到光学带通滤波器中进行处理,其作用是抑制背景辐射;然后将光信号传输到光检测器上,光检测器上产生的输出电信号与接收到的光信号的瞬时强度成正比,这既可以看作是电流变换的线性强度,也可以看作是光电场对光检测器电流的二次(平方率)变换;最后将通过放大器放大的光信号传输到电低通滤波器(Low-Pass Filter,LPF)中进行处理,该滤波器需要有足够大的带宽来恢复出光信号。

在直接检测技术中,接收机的信噪比 SNR 可以通过特定光检测器的噪声模型(PIN 或 APD)得到。根据式(2.8),综合考虑 PIN 光检测器中暗电流的影响,其信噪比 SNR 可表示为

$$\text{SNR}=\frac{P_{\text{signal}}}{P_{\text{noise}}}=\frac{1}{2}\times\frac{m^2\,(R_pP_R)^2}{2q(R_pP_R+R_pP_B+I_d)B+\dfrac{4K_BTB}{R_L}} \tag{2.11}$$

式中,I_d 为 PIN 的暗电流。

热噪声功率 $P=\dfrac{4K_BTB}{R_L}$,散粒噪声功率 $P=2q(R_pP_B+I_d)B$。其中,背景光引起的噪声功率 $P=2qR_pP_BB$,暗电流引起的噪声功率 $P=2qI_dB$。

当光检测器采用 APD 时,暗电流和散粒噪声会出现倍增的现象,但是热噪声不受影响。因此,如果光电流增加 M(雪崩倍增因子)倍,则总的散粒噪声也会增加相同的倍数。采用直接检测技术时,APD 光检测器的 SNR 为

$$\text{SNR}=\frac{1}{2}\times\frac{m^2\,(MR_pP_R)^2}{2qB\left[(R_pP_R+R_pP_B+I_{db})M^2F+I_{ds}\right]+\dfrac{4K_BTB}{R_L}} \tag{2.12}$$

式中，F 为 APD 的倍增噪声系数（由于倍增因子的随机特性而产生的过量噪声因子），I_{db} 为 APD 倍增的体暗电流，I_{ds} 为 APD 的表面暗电流。

热噪声功率 $P = \dfrac{4K_B TB}{R_L}$，散粒噪声功率 $P = 2qB[(R_p P_B + I_{db})M^2 F + I_{ds}]$。其中，背景光引起的噪声功率 $P = 2qB R_p P_B M^2 F$，暗电流引起的噪声功率 $P = 2qB(I_{db}M^2 F + I_{ds})$。

如图 2-12 所示为接收机的直接检测框图。其中，光检测器的响应不受载流子的频率、相位或偏振的影响，因此这种类型的接收机只适用于对光信号进行强度调制。

图 2-12　接收机的直接检测框图

2.2.4　相干检测

在相干检测中，经过光带通滤波器处理过的信号将会与本地振荡器（Local Oscillator，LO）生成的相干载波信号混频。在光检测器中，会先放大微弱光信号和强本振信号的混频信号，再进一步将光信号转换为电信号；并且本振的强光场会将信号的电平提高到远高于电路噪声的水平。因此，相干接收机的灵敏度会受到本振信号散粒噪声的影响。此外，由于空间混频，相干接收机只接收本振处于相同时空模式下的信号和背景噪声。这就允许相干接收机能在很强的背景噪声下工作而性能不发生显著下降。其基本框图如图 2-13 所示。

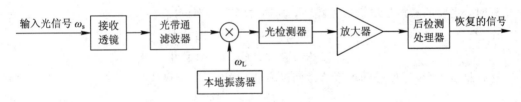

图 2-13　相干检测基本框图

本振信号的频率 ω_L 和输入信号频率 ω_s，将相干检测分为外差检测和零差检测两类。如果 ω_L 和 ω_s 间存在中频（Intermediate Frequency，IF）偏移量 ω_{IF}，相干检测就被称为外差检测，即 $\omega_L = \omega_s + \omega_{IF}$。而在零差检测中，$\omega_L$ 和 ω_s 间不存在偏移量，即 $\omega_{IF} = 0$，也就是说 $\omega_L = \omega_s$。而无论是外差检测还是零差检测，光检测器的电流 I_p 都与光强成正比并表示为

$$I_p \propto (e_R + e_L)^2 \tag{2.13}$$

式中，e_R 和 e_L 分别为接收信号和本地振荡器的电场。因此上述方程又可以写为

$$I_p \propto [E_R \cos(\omega_s t + \phi_s) + E_L \cos(\omega_L t + \phi_L)]^2 \tag{2.14}$$

其中，E_R 和 E_L 分别是接收信号和本振信号的幅值，ϕ_s 和 ϕ_L 分别是载波信号和本振信号的相位。将式(2.14)展开并去掉超出检测器范围的高频分量，得出

$$I_p \propto \frac{1}{2}E_R^2 + \frac{1}{2}E_L^2 + 2E_R E_L \cos(\omega_L t - \omega_s t + \phi) \tag{2.15}$$

式中，$\phi = \phi_s - \phi_L$。又因为信号的功率与电场的平方成正比，上述方程可以写为

$$I_p \propto P_R + P_L + 2\sqrt{P_R P_L}\cos(\omega_L t - \omega_s t + \phi) \tag{2.16}$$

其中，P_L 为本振信号的光功率。其中光电流 I_p 与入射功率 P_R 相关，并受 $I_p = R_p P_R$ 控制，因此上述方程可以写为

$$I_p = R_p[P_R + P_L + 2\sqrt{P_R P_L}\cos(\omega_L t - \omega_s t + \phi)] \tag{2.17}$$

总的来看，本振信号的功率要远高于输入信号的功率，因此上述方程中第一部分可以被忽略。这样就可以把光检测器的电流分量表示为

$$I_p = R_p[2\sqrt{P_R P_L}\cos(\omega_L t - \omega_s t + \phi)] \tag{2.18}$$

由于在外差检测中 $\omega_L \neq \omega_s$，因此上述方程可以写为

$$I_p = R_p[2\sqrt{P_R P_L}\cos(\omega_{IF} + \phi)] \tag{2.19}$$

从公式(2.19)中可以清楚地看到，光检测器的电流频率以中频为主。通过将本振激光器集成到频率控制回路中，可以对此中频起到稳定作用。在零差检测中，$\omega_L = \omega_s$，因此式(2.19)可以化简为

$$I_p = 2R_p\sqrt{P_R P_L}\cos\phi \tag{2.20}$$

在这种情况下，光检测器的输出为基带形式，并且本振激光器需要与输入光信号进行相位锁定。无论是在外差检测还是零差检测中，信号光电流都会被有效放大 $2\sqrt{P_R P_L}$ 倍。该放大系数在放大输入光信号的同时不会对前置放大器的噪声或光检测器的暗电流噪声进行放大，这就使得相干检测可以实现更高的检测灵敏度。

相干检测的各种噪声有信号散粒噪声、背景散粒噪声、本振散粒噪声、信号-背景差拍噪声、本振-背景差拍噪声、背景-背景差拍噪声和热噪声。当本振信号功率远大于输入信号功率时，主要的噪声是本振散粒噪声，其均方噪声功率可以表示为

$$\overline{I_L^2} = \begin{cases} 2qR_p P_L B & \text{在 PIN 中} \\ 2qR_p P_L B M^2 F & \text{在 APD 中} \end{cases} \tag{2.21}$$

这种情况（假设原信号和本振信号间没有相位差）下的信噪比为

$$SNR = \frac{I_p^2}{2qR_p P_L BF} = \frac{2R_p P_R}{qBF} \tag{2.22}$$

在 PIN 光检测器中，F 的值为 1。可以看出，相干检测系统比直接检测系统有更大的链路余量（约 7～10 dB）。此外，相干检测系统可以采用任意调制方式，如 OOK、FSK、PSK、PPM 等。但由于其设计复杂且成本较高，因此很少将它用于 FSO 系统中。然而，相干检测系统在高传输速率下有更高的成本效益，其在未来将得到更广泛的应用。

2.3 一个典型的点到点无线光通信系统

2.3.1 点到点链路

点到点无线通信系统是指发射端和接收端之间无障碍物阻挡的直连链路。如图 2-14 展示了典型的点到点无线光链路。当发射机正对接收机时，点到点链路即建立。在窄视场角的应用场景中，该无线光链路中接收机可以有效抑制背景光，提高数据传输速率并降低

路径损耗。但是该链路也存在一定的缺陷，即它要求接收机能够感知到光对障碍物的阻挡。这种链路的频率响应主要受前端光电二极管电容的限制；光电二极管通常使用有限的反向偏压，在光电二极管的电容耗尽后，会限制链路的频率响应。

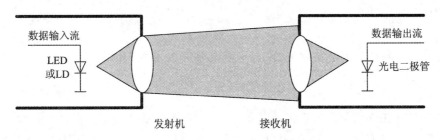

图 2-14　点到点无线光链路

　　这种典型的链路是由标准红外数据协会提出的，该链路通过红外波的数据速率可达到 4 Mb/s，可提供超过 1 m 间距的通信，主要用于便携设备之间的数据交换，链路带宽约为 10~12 MHz。目前，标准红外数据协会已经规范了点到点的 16 Mb/s 链路，并且已经得到了广泛应用。

　　空分复用技术是使用多个并行点对点链路实现的。空分复用技术通过发射机在不同的空间方向上传输不同的数据，从而允许多个用户同时使用一个频段。因此，在使用空分复用技术的系统中，要求安装在天花板上的基站具有多个窄波束，可以在房间中的各个方向上建立点对点链路。固定接收机一旦与发射机波束在 1° 范围内对齐，就可建立高达 5 Mb/s 的高速链路。并且在使用空分复用技术的系统中，发射机波束在跟踪子系统的控制下是可操纵的，而跟踪通常由移动终端上的"信标"LED 或调频发射机完成。这种系统可为一个房间内的移动终端提供高达 155 Mb/s 的 ATM 接入点。从而基于使用空分复用技术的研究者实现了电子跟踪系统，该跟踪系统利用漫射光学信道来辅助信号采集。这种链路的优势在于它具有极高的功率，并且以系统复杂性为代价支持房间内的大型聚合带宽。点对点无线光链路已经实现了各种各样的短距离和长距离应用。例如，在金融方面，通过设计短程红外波段链路在 PDA 或手机与销售点终端之间实现金融数据的传输。短程红外波段链路的收发器成本较低，并且金融数据的安全性可通过限制光辐射来提高。此外，通过红外技术还研发了室内中距离红外波段链路，该链路能够扩展室内以太网的覆盖范围。对于速率达到 10 Mb/s 的点对点无线红外链路，以太网的覆盖范围最远可达 10 m。与此同时，具有更高速率的 100 Mb/s 点对点无线红外链路也可被用于室内环境，扩展以太网覆盖范围。

　　远距离的室外光链路需要使用更加昂贵的发射机和接收机，并配有指向机制。它能实现以每秒数千兆位的传输速率传输 4 km 以上的距离。

2.3.2　链路性能分析

　　本小节将从基本组件值和系统参数方面分析链路的性能，假定这些参数是已知且预先设置好的。例如，具有固定输出功率激光器的工作波长、发射机和接收机的光透镜尺寸等。

　　评估光链路性能的三个基本步骤如下：

　　(1) 在检测器处确定检测到的信号光子数，计算发射机信道和接收机中的各种损耗。

　　(2) 在检测器处确定检测到的噪声光子数。

（3）将检测到的信号光子数与检测到的噪声光子数进行比较。

在发射机模块中，发射光源通常因其发射角的不同而有不同程度的聚焦光学功率。对于一个亮度函数为 $B(\text{W/sr})$、表面积为 A_s 以及发射角为 θ_s 的均匀光源，其发出的总功率 $P_T(\text{W})$ 为

$$P_T = BA_s\Omega_s \tag{2.23}$$

对于对称辐射源，固定发射角 Ω_s 与平面发射角 θ_s 相关（如图 2-15 所示），即

$$\Omega_s = 2\pi\left[1-\cos\left(\frac{\theta_s}{2}\right)\right] \tag{2.24}$$

对于任何在正向均匀发射功率的朗伯源，均有 $|\theta|\leqslant\pi/2$ 成立。当 $\theta_s=\pi$ 时，有 $\Omega_s=2\pi$，进而发射功率 $P_T=2\pi BA_s$。来自光源的光束能够在会聚透镜的作用下聚焦成一束光斑，而在发散透镜下光束进行扩展（如图 2-15 所示），扩展的平面光束直径 D_R 为

$$D_R = D_T\left[1+\left(\frac{\lambda R}{D_1^2}\right)^2\right]^{1/2} \tag{2.25}$$

式中，λ 代表光源的工作波长，D_T 代表发射机镜头直径，R 代表光源到透镜或链路范围的距离，D_R 代表平面光束直径。

$$\begin{cases} \text{近场：} \left(\dfrac{\lambda R}{D_T^2}\right)^2<1,\ D_R\simeq D_T \\[2mm] \text{远场：} \left(\dfrac{\lambda R}{D_T^2}\right)^2>1,\ D_R\simeq\dfrac{\lambda R}{D_T} \end{cases} \tag{2.26}$$

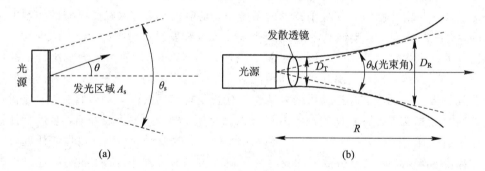

图 2-15　朗伯源的光发射示意图和使用光透镜形成光束后的光发射示意图

近场光源的出射光是准直的，其直径等于发射机透镜直径。远场光源的出射光随着光源的距离而发散。远场发散光源的平面光束角 θ_b 也称为衍射极限发射器光束角，可近似表示为

$$\theta_b\cong\frac{D_R}{R} \tag{2.27}$$

若用远场的平面光束直径代入上式，可得

$$\theta_b=\frac{\lambda}{D_T} \tag{2.28}$$

鉴于二维立体角与平面光束角度近似相关，则二维立体角为

$$\Omega_b=2\pi\left[1-\cos\left(\frac{\theta_b}{2}\right)\right]\cong\left(\frac{\pi}{4}\right)\theta_b^2 \tag{2.29}$$

由式(2.28)和式(2.29)可推出发射机增益 G_T，即

$$G_T = \frac{4\pi}{\Omega_b} \approx \left(\frac{4D_T}{\lambda}\right)^2 \tag{2.30}$$

在传播了链路距离 R 之后，光束的光强 I 为

$$I = \frac{G_T P_T}{4\pi R^2} \tag{2.31}$$

假设光束的接收区域面积为 A，则接收功率 P_R 为

$$P_R = \left(\frac{G_T P_T}{4\pi R^2}\right)A \tag{2.32}$$

根据接收区域 A 可定义接收机增益 G_R 为

$$G_R = \left(\frac{4\pi}{\lambda^2}\right)A \rightarrow A = \frac{\lambda^2 G_R}{4\pi} \tag{2.33}$$

因此，由式(2.32)和式(2.33)可得

$$P_R = P_T G_T \left(\frac{\lambda}{4\pi R}\right)^2 G_R \tag{2.34}$$

当结合其它损耗因子时，式(2.34)变为

$$P_R = P_T (G_T \mu_T \mu_{TP})(G_R \mu_R \mu_\lambda) \tag{2.35}$$

式中，P_R 为光检测器输入端的信号功率；P_T 为光发射器的发射功率；μ_T 和 μ_R 分别是发射机和接收机的转化效率；G_T 为发射天线的增益；G_R 为接收天线的增益；μ_{TP} 为发射机指向损耗因子；$\left(\frac{\lambda}{4\pi R}\right)$ 为空间损耗因子，其中 R 是链路距离；μ_λ 为窄带滤波器传输系数。

从式(2.35)可以看出，增加接收信号功率可以通过下列一个或多个方法组合实现：

(1) 增加发射功率：提高接收信号功率的最简单方法是增加发射功率，因为接收功率与发射功率呈线性关系。但是，提高发射功率会导致整体系统功耗的增加，可能会引发安全问题和发热管理故障等问题。

(2) 增加发射机孔径：发射机孔径和波束宽度成反比，因此，增加发射机孔径将有效减小发射机波束宽度，从而以更高的强度传递信号。但是，它需要严格的跟瞄要求。此外，发射机孔径不能无限增加，因为它会增加终端的总质量，从而增加系统的成本。

(3) 增加接收机孔径：接收信号功率与接收机孔径成正比，接收机收集的环境噪声量也将随着接收机孔径的增加而增加。这意味着接收机孔径与系统性能提升呈非线性关系。

(4) 减少指向损耗：减少发射机和接收机的指向损耗将改善整体信号功率水平，并且还将减少指向引起的信号功率波动。

(5) 提高整体效率：采用匹配的光学滤波器可以改善 μ_T、μ_R 和 μ_λ，从而提高整体效率。

本 章 小 结

本章主要对无线光通信系统进行了介绍，首先介绍了光源与光发射机，分析了光源 LED 与 LD 的基本理论，并对两者进行了比较，然后简述了基带调制和副载波调制；其次，在分析了接收端的 PIN 光电二极管和雪崩光电二极管以及相关检测技术，并考虑了噪声的影响，最后通过一个点到点无线光通信示例，对无线光通信系统进行了说明。

第3章　可见光通信

3.1　概　　述

可见光通信(Visible Light Communication，VLC)是对可见光波段进行调制的一种无线光通信技术。与其它无线光通信技术不同的是，VLC 是在照明的灯光中加载信息来实现通信的。随着可见光光谱中大功率 LED 器件的增加，VLC 的应用前景愈加明朗。之所以将可见光应用于通信，是因为将照明设备用于通信可以提高能源的利用效率，并且与 RF 技术相比，使用现有的照明设施也更能满足环保的需求。此外，越来越多的用户对高数据传输速率的需求，是无线通信技术发展的重要因素。使用 VLC 的新兴应用包括：① 在室内通信中，通过智慧城市理念扩展 WiFi 和蜂窝无线通信；② 在物联网通信中，作为无线链路使用；③ 作为智能交通系统(Intelligent Transport System，ITS)中通信系统的组成部分之一；④ 作为医院无线通信系统；⑤ 用于实现玩具和主题乐园娱乐设施中的交互式行为；⑥ 通过智能手机摄像头提供动态广告信息。

由于同一场景下可能需要同时使用多台无线设备，例如智能手机、平板、智能手表、智能眼镜、可穿戴设备、便携式电脑等，并且同一通信网络中每增加一台设备，每台设备所拥有的数据速率就会降低，因此利用 VLC 来增强 WiFi 和蜂窝无线通信越来越迫切。基于现有基础设施安装 VLC 系统来提高数据传输速率便于实现。图3-1为 VLC 无线网络示例。

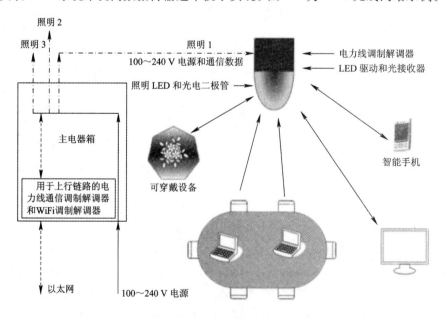

图 3-1　VLC 无线网络示例

其中，VLC 的下行链路包括照明 LED、以太网电力线通信（Power Line Communication，PLC）、调制解调器和 LED 驱动器，它们作为设备的一部分，通过专用或加密的接收机接收信号。上行链路的配置主要包括：① 一个 WiFi 链路；② 一个红外 IRDA 链路；③ 如图 3-2 所示的调制逆反射器。调制逆反射器是一个可以反射入射光的光学装置。反射光的振幅由电信号控制，因此可以实现对光的调制。在红外 IRDA 链路或调制逆反射器中，接收机可以作为照明 LED 的一部分。在这种情况下，上行链路接收机包括光电二极管、跨阻抗放大器和调制解调器等。在这样的场景中短时间内就可以创建一个可运行的无线网络。

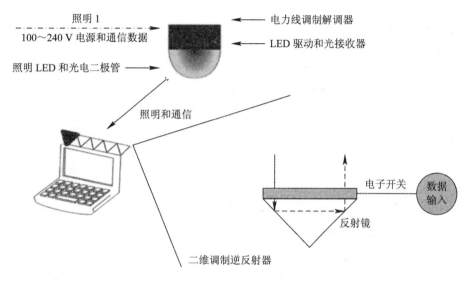

图 3-2　基于调制逆反射器的无线通信网络

物联网体现了新一代信息技术的高度集成和综合运用，具有知识密集度高、应用范围广和综合效益好等特点。因此，物联网具有很好的发展前景。根据思科 2020 年的《年度互联网报告》分析和预测，到 2023 年，地球上接入互联网设备数量将是全球人口的三倍多（即到 2023 年，连网设备数量为 293 亿台），特别是对于智能家居行业和汽车行业的应用。未来十年物联网将实现大规模的普及和发展，我国已经把物联网的发展放到重要的战略位置，物联网的迅速发展必将给人们的生活带来根本性的变化。在此场景下，VLC 将会是一种非常实用的无线通信技术，因为它成本低廉、简单、及时，并且不会占用早已拥挤的电磁频谱资源。

智能交通系统的使用，可提高道路安全、减少道路交通事故以及提高交通效率（如图 3-3 所示）。VLC 技术已被提议用于智能交通系统，为车辆之间、车辆和交通灯之间或车辆和广告牌之间等道路基础设施之间建立单向或双向短距离无线通信链路。VLC 技术可以使用现有的车灯、交通灯及广告牌等发光设备作为接收机或发射机，从而降低系统成本。例如图 3-3 中将交通信号灯作为发射机。

此外，因医疗资金有限，当前医学界正在寻找提高医院工作效率的同时还能够减少医院病菌传播等风险的方法。通过无线技术来升级通信设施是其中一种方式。这项技术使医生能够在病人床边使用平板电脑访问和更新病人数据，从而摆脱传统的手写方式。无线技术还能让医生远程监控患者健康状况以及获取患者监护设备上的重要数据。RF 通信，如 WiFi 和蜂窝网络，虽然已被广泛应用，但随着接入网络设备数量的增多，设备间会产生相应的干扰，严重情况下甚至造成通信堵塞，数据信息传输的可靠性得不到保证。这种情况在医疗领域中是不允许的，因此在医疗领域中采用 VLC 技术是一种有效的解决方案。VLC 技术可以为医疗领域提供免干扰和免通信堵塞的局部通信方法。

　　VLC 在玩具和主题公园娱乐设施中也被广泛运用，这主要聚焦于 VLC 技术的两个特点（如图 3-4 所示）上。其一是 VLC 通过视线或半视线进行通信的能力，也就是说通信只能在特定区域进行。基于这个特点，商家可以基于观众位置给观众发送不同的信息，如 AR 或 VR 技术让观众仿佛置身于商家提供的场景中。因此观众将会获得多维和多感官体验。相同的原理也可以在玩具中应用，比如利用玩具上的 LED 在一定范围内让不同玩具之间进行通信，以此来保证通信不受电磁干扰。其二是 VLC 技术的低成本，例如玩具的 LED 可以同时作为发射机和光电二极管接收机来降低玩具升级的成本。

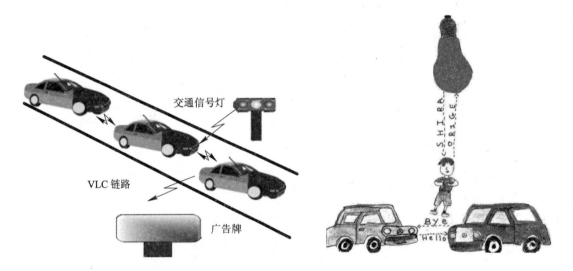

图 3-3　基于 VLC 的智能交通系统　　　　图 3-4　主题公园娱乐设施中的 VLC

　　通过智能手机摄像头捕捉动态广告是 VLC 技术的一个新的应用领域，它通过广告牌和照明设施来传输由摄像头检测到的信息，然后通过适当的算法从视频中提取通信数据。这种技术为街道、购物中心和地铁的广告添加了额外的信息层。

　　IEEE 的一种新标准 IEEE 802.15.7，能够基于光源快速调制，以实现高达 96 Mb/s 高数据速率的 VLC。在该标准的报告中介绍了全球数据速率超过 500 Mb/s 的若干实验。目前许多新的方法也正在开发，以最大限度提升数据传输速率，并提供算法来管理干扰和子载波复用。本章内容涵盖了 VLC 中重要的基础理论和技术。

3.2　考虑光照约束的调制技术

　　由于涉及光照约束这一新的约束，可见光通信系统的物理层设计将不同于标准射频通信的物理层设计。光照约束实际上是对光发射的平均强度和闪烁进行限制。由于光脉冲在 200 Hz 或更高频率闪烁时，对人眼感知的影响很小，所以本节主要讨论平均强度约束。在无线光通信中，这种约束通常被表示为不等式，在 VLC 中则表示为等式。此外，与射频通信相比，在信号功率的平方值被限制的情况下，信号电平本身的强度也会受到限制。换句话说，光照约束是根据信号的均值（一阶矩）而不是方差（二阶矩）来定义的。由于平均强度约束受调光目标的影响，因而可以将调光目标作为一个新约束引入到通信系统的设计中。在现有的通信系统中研究者很少考虑到这一约束。

本节将讨论几种平均强度约束方法。为了满足以平均强度约束为代表的光照约束，提出了信号电平偏移、及时补偿和改变符号电平分布等方法。其中信号电平偏移和及时补偿方法实现简单，而改变符号电平分布方法则可提高通信中的数据吞吐量。

（1）信号电平偏移是最简单的方法之一。典型的非归零 OOK 在符号概率相同的情况下，二进制符号具有 50% 的平均强度。要想达到 75% 的平均强度，可以将 OFF 符号的电平强度从 0% 偏移到 50%，这样总的符号电平的平均强度是 75%，这一过程也被称为模拟调光。虽然这在理论上很简单，但 LED 的非线性特性给电平的控制带来了一些技术上的困难，同时电平间距的减小也降低了检测性能。

（2）及时补偿时间上的强度差是另一种可以简单实现的方法。一般数据以等概符号传输，平均强度为 50%，为了满足 75% 的平均强度约束，在传输时间上附加了与数据传输时间相同的虚拟 ON 符号。这些虚拟符号可以在每个单独的数据帧之后添加，如 IEEE 标准中提出的时分复用 OOK，或者在数据帧的每个符号之间插入，如脉冲宽度调制（Pulse Width Modulation，PWM）。一些基于 PWM 的研究也提出了简单的解决方法以提高边际速率。例如，① PWM 可以与 OOK 和 PPM 叠加以支持调光。② 可变脉冲位置调制（Variable Pulse Position Modulation，VPPM）是另一种使用 PWM 的方法。这种调制结合了 2-PPM 和 PWM 的调光控制方法，如图 3-5 所示。③ 脉冲双斜率调制作为 VPPM 的一个变形，提供了改进闪烁抑制的方法。

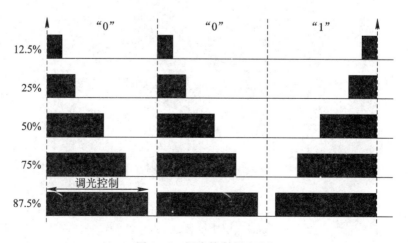

图 3-5　调光控制的 PPM

（3）改变符号电平分布是一种复杂的方法，但可带来额外的速率提升。逆源编码（Inverse Source Coding，ISC）将均匀分布的 ON 和 OFF 符号电平转换为 75% ON 符号和 25% OFF 符号，即可实现 75% 调光目标的二进制 OOK。其中二进制可以扩展到 M 进制调制，并且使数据速率在无噪声环境中逼近理论数据速率界限。多脉冲位置调制（Multi-Pulse Position Modulation，MPPM）是改变符号电平分布的另一种方法。它使用指定间隔内的 ON 和 OFF 符号的所有可能组合来表示不同的消息，同时调整 ON 符号和 OFF 符号的比值，以达到调光目标。尽管 ISC 和 MPPM 在低噪声信道中提供了高吞吐量，但在高噪声信道下，它们如何与信道编码共存仍是难点。为此，在后续的内容中将介绍几种适用于可调光 VLC 信道编码的实用方法。

　　典型的 LED 照明是白光。然而，一些应用需要多种颜色的 LED，例如光疗、显示屏和高显色指数的照明。在这样的应用中，照明的要求并不只是对标量平均强度给出约束，而是给出平均颜色和强度的矢量。这里将讨论两种处理有色情况的方法：① 色移键控（Color Shift Keying，CSK）分开考虑了颜色和强度。它一方面使光照强度固定在目标强度上，另一方面利用颜色的瞬时变化进行数据传输。如图 3-6 所示，信号星座位于一个强度相同的二维彩色空间中。② 颜色强度调制（Color Intensity Modulation，CIM）会同时改变颜色和强度，因此这种方法可以利用 CSK 增强吞吐量。

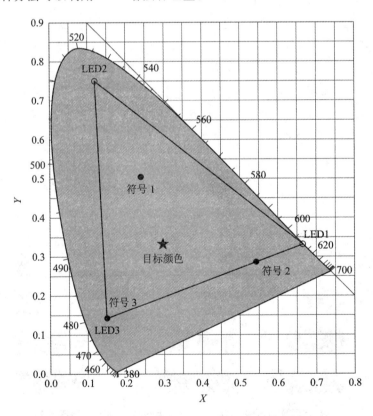

（国际照明委员会（英语：International Commission on Illumination，法语：Commission Internationale De L'Eclairage，采用法语简称为 CIE））

图 3-6　在 CIE XYZ 颜色空间中包含三个符号的 CSK 星座

下面着重介绍三种方法，即逆源编码、多级传输和颜色强度调制。在执行这些方法时应考虑：VLC 需要照明的瞬时变化能避免对人眼造成影响，因此需要符号变化得足够快。此外，还应注意 LED 照明的物理色温和色度偏移。这主要是由 LED 的输入电流水平和温度的变化引起的，而多级传输易受这种偏移的影响。

3.2.1　可调光 VLC 中的逆源编码

1. NRZ-OOK 的逆源编码

首先介绍一种用于二进制调制的 ISC 方法。设 d 表示调光目标，为了达到调光目标的二进制 OOK 调制，需要分别按 d 和 $1-d$ 的比例使用 ON 和 OFF 符号，形成 OOK 调制。如果使用该调制进行通信，则数据速率受限于二进制熵上限，该二进制熵为

$$E_{\rm p}=-d\,{\rm lb}d-(1-d){\rm lb}(1-d) \tag{3.1}$$

为了在调光目标 d 中实现最大的传输效率（数据速率），应该调整消息符号的组合，使 ON 符号和 OFF 符号在单个数据帧中分别以概率 d 和概率 $1-d$ 出现。由于源编码操作（也被称为压缩操作）用于尽可能均匀地改变符号的组成来最大化熵，因此该操作的逆运算可应用于将符号的组合调整为任意比例。这种操作称为逆源编码（或调光编码），并且可以如图 3-7 所示合并到 VLC 系统的发射机中。由于输入二进制符号的比例保持均匀，所以在输入信息的符号组成非均匀的情况下，可以采用二进制加扰操作。二进制加扰操作可以通过在消息符号流中加入随机二进制序列后，采取模二操作来实现。

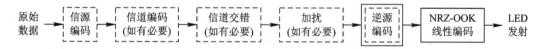

图 3-7　具有反向信源编码的 VLC 系统的发射机

图 3-8 显示了相较于现有基于时间复用的调光支持方案，ISC 的传输效率提升的情况。ISC 的传输效率以 $E_{\rm p}$ 表示，与 E_0 表示的现有方案的传输效率相比，传输效率不断提高，当 d 分别为 0、0.5 和 1 时，两者相等。此外，效率提升 $\dfrac{E_{\rm p}}{E_0}$ 表示为

$$\frac{E_{\rm p}}{E_0}=\frac{-d\,{\rm lb}d-(1-d){\rm lb}(1-d)}{2d} \tag{3.2}$$

如图 3-8 所示，当调光目标偏离 0.5 时，效率提升变大。当调光目标从 0.5 移动到 0.29（或 0.71）时，效率会有 50% 的改善；移动到 0.16（或 0.84）时，效率改善达到 100%。

这里使用一个霍夫曼编码来举例说明 ISC 的实现。把调光目标设为 0.7，也就是说，ON 符号与 OFF 符号的比例应该分别为 70% 和 30%。因此，首先针对此条件应用霍

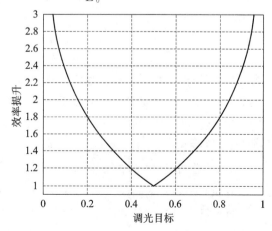

图 3-8　ISC 带来的效率提升

夫曼编码。由于 ON 符号的概率大于 OFF 符号的概率，所以不单独考虑 ON 符号，而是将 ON 符号和 OFF 符号相结合来考虑。因此，基于上面所述，重构的符号有"0""10"和"11"的产生概率如表 3.1 所示。在表 3.1 中，最右边列出了由霍夫曼编码的码字。未编码和编码符号的平均长度分别为 1.7 和 1.51。因此，压缩比为 $\frac{1.51}{1.7} \approx 0.888$。由于熵可被评估为

$-0.3\,\mathrm{lb}_2 0.3 - 0.7\,\mathrm{lb}_2 0.7 \approx 0.881$，与最大可实现的压缩比相比，获得了超过 $94\%(<\frac{1-0.888}{1-0.881})$ 的压缩比。逆霍夫曼编码用于将具有统一二进制符号的数据流转换为具有 70% ON 符号的数据流。如表 3.2 所示，是将表 3.1 中的映射反过来了。未编码符号和逆霍夫曼编码符号的平均长度分别为 1.5 和 1.75。因此，压缩比为 $\frac{1.75}{1.5} \approx 1.17 \approx \frac{1}{0.857}$。所以得到的调光率为

$$\frac{0 \times \frac{1}{4} + \left(1 \times \frac{1}{4} + 0 \times \frac{1}{4}\right) + \left(1 \times \frac{1}{2} + 1 \times \frac{1}{2}\right)}{1 \times \frac{1}{4} + 2 \times \frac{1}{4} + 2 \times \frac{1}{2}} = \frac{1.25}{1.75} = 0.714 \tag{3.3}$$

可以看到，结果已接近 $d = 0.7$ 的调光目标，而用更多的符号设计更复杂的霍夫曼编码及其相关的逆霍夫曼编码，可以使最终结果更接近调光目标。

表 3.1　霍夫曼编码

符号/长度	概　率	码字/长度
0/1	0.3	00/2
10/2	0.21	01/2
11/2	0.49	1/1

表 3.2　逆霍夫曼编码

符号/长度	概　率	码字/长度
00/2	0.25	0/1
01/2	0.25	10/2
1/1	0.5	11/2

下面讨论信源编码与逆源编码之间的冲突。以序列 00 01 1 01 1 为例，编码操作的流程如下：

(1) 输入顺序：00 01 1 01 1。

(2) 逆霍夫曼编码序列：0 10 11 10 11。

(3) 被干扰信道破坏的序列：0 00 11 10 11。

(4) 用于恢复的序列：0 0 0 11 10 11。

(5) 恢复序列：00 00 00 1 01 1。

在这个例子中，恢复序列中符号的数量较原始输入序列符号增加了 2，第 4 个符号"1"被解码为符号"000"。因此，遵循信源编码极有可能无法恢复原始序列。因而对于干扰信道上的 VLC 传输，ISC 的两个课题仍未解决：一是是否存在一种能与信源编码很好配合的 ISC 方法；二是如何设计一种信源编码方法，使码字可以适应调光目标且二进制符号 ON 和 OFF 概率不等。

2. M 进制 PAM 的逆源编码

在采用 OOK 调制的逆源编码中，通过调整数据帧的占空比以及 ON 和 OFF 符号的比例，调光目标可以直接确定二进制码元概率。然而，非二进制调制，如脉冲幅度调制等，可以采用不同的调制方式来调光，每一种调制方式都对应着不同的频谱效率。基于此背景，

本小节考虑了令光谱效率最大化的非二进制码元的分布。当提及光谱效率时，就需要考虑到熵（平均信息量）。M-PAM 的熵可以表示为

$$-\sum_{i=1}^{M} p_i \operatorname{lb} p_i \tag{3.4}$$

式中，p_i 是第 i 级 PAM 的调制概率。在等距 M-PAM 调制中，相邻两级间的间距相等，其中第 i 级位于最大级的 $\dfrac{i-1}{M-1}$ 处，且调光目标 d 是归一化平均值。则调光目标 d 可被表示为

$$d = \sum_{i=1}^{M} \frac{i-1}{M-1} p_i \tag{3.5}$$

通过优化公式可以得到在调光目标（公式(3.5)）限制下使熵（公式(3.4)）达到最大值的符号概率分布 $\{p_i\}$。经验证，该优化公式可行，并且其解可用于提供一个全局最大值。为了得到优化后的闭式解，推导出了如下对偶公式：

$$\mathcal{L}(\{p_i\}, \lambda_1, \lambda_2) = -\sum_{i=1}^{M} p_i \operatorname{lb} p_i - \lambda_1 \sum_{i=1}^{M} p_i - \lambda_2 A \sum_{i=1}^{M} \frac{i-1}{M-1} p_i \tag{3.6}$$

式中，λ_1 和 λ_2 是拉格朗日乘子。通过代数计算，可以将调光目标 d 表示为

$$d = \frac{2^{-a}}{(1-r)(M-1)} \left(\frac{r(1-r^{M-1})}{1-r} - (M-1)r^M \right) \tag{3.7}$$

式中，$a = 1/\ln 2 + \lambda_1$，且 $r = 2^{-\frac{\lambda_2 A}{M-1}}$。

因此，选择一对可行的 (λ_1, λ_2) 参数可以很好地定义符号概率分布 $\{p_i\}$，并使熵达到全局最大值。为了能够实现通信所需分布，本节采用了逆霍夫曼编码。图 3-9 展示了逆源编码(ISC)和时间复用调光(Time Multiplexing)。可以观察到：逆源编码始终优于时间复用调光方案。对于 M 进制 PAM 的逆源编码，无论 M 取何值，归一化熵的趋势都大致相同，即逆源编码对任意 M 值都是有效的。

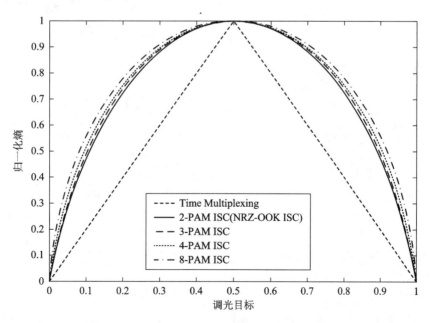

图 3-9 归一化熵

3. 逆源编码与可调光 VLC 容量比较

本小节将对逆源编码、模拟调光以及它们的混合调光进行对比。模拟调光方法可以改变符号的强度等级：如果调光目标大于 0.5，则强度等级会升高；如果调光目标小于 0.5，则强度等级会减小。符号强度在 $[0, A]$ 区间，符号间距是相等的。此外，符号强度的最大偏移为 $2A(d-0.5)$。当模拟调光的强度偏移小于 $2A(d-0.5)$ 时，可以实现混合调光，再利用逆源编码调整剩余的偏移量，使之更加接近调光目标。需要注意，随着调光目标的改变，模拟调光的熵保持不变。由于 3-PAM 混合调光的熵曲线是由 3-PAM 逆源编码的水平尺度决定的，所以对于任意调光目标，3-PAM 混合调光的熵最大值与 3-PAM 逆源编码的 50% 调光的熵最大值相同。可以看到，本节虽然使用了其它进制 PAM（例如 3-PAM 和 6-PAM）对结果进行分析，但主要使用的是 2^n-PAM。由于在噪声信道中，95% 调光比 50% 调光产生的数据速率要低，因此与模拟调光或混合调光相比，逆源编码需要重点考虑由噪声引起的性能下降。本节考虑到了符号之间的最小距离，如果最小距离相同，则可以对不同调光方法的熵进行比较分析。

图 3-10 描述了符号间最小距离相等时的 4-PAM 逆源编码（ISC）、3-PAM 逆源编码（ISC）和 3-PAM 混合调光（Hybird Dimming）的熵。可以看到，4-PAM 逆源编码始终优于 3-PAM 混合调光和 3-PAM 逆源编码。这是因为 3-PAM 混合调光的符号集 $\{S_2, S_3, S_4\}$ 可以看作在 4-PAM 逆源编码符号集 $\{S_1, S_2, S_3, S_4\}$ 中 S_1 概率为 0 时的情况。因此，当最小距离相同且 $M > N$ 时，M-PAM 逆源编码的调光性能优于或等于 N-PAM 混合调光。然而，若符号间最小距离不同，则逆源编码、模拟调光和混合调光的比较过程会更加复杂。因此，在此引入调光容量来对比不同最小距离下的调光方法。

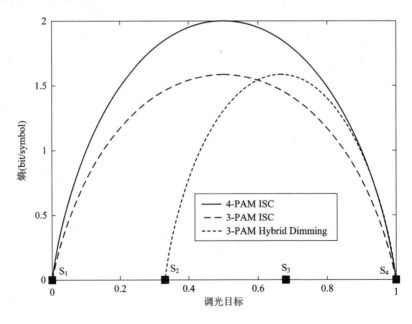

图 3-10　逆源编码和混合调光的熵

假定不同调光方法在高斯白噪声下（Additive White Gaussian Noise，AWGN）进行比较：

$$Y = X + Z \tag{3.8}$$

式中，X 是发射信号，Y 是接收信号，Z 是均值为零、方差为 σ^2 的高斯白噪声。调光容量 $C_d \equiv I(X ; Y)$ 又被定义为受调光因素 $\dfrac{E[X]}{A} = d$ 限制，该限制由 X 与 Y 的数据信息决定。因此，$I(X ; Y)$ 可被表示为

$$I(X ; Y) = -\int_{-\infty}^{\infty} f_Y(y) \, \mathrm{lb} f_Y(y) dy - \frac{1}{2} \mathrm{lb}(2\pi e \sigma^2) \tag{3.9}$$

式中，$f.(\cdot)$ 是概率分布函数：

$$f_X(x) = \sum_{i=1}^{M} p_i \delta(x - b_i) \tag{3.10}$$

$$f_Y(y) = \sum_{i=1}^{M} p_i f_Z(y - b_i) \tag{3.11}$$

式中，

$$b_i = \begin{cases} \dfrac{(A - D_s)(i-1)}{M-1} + D_s & d \geqslant 0.5 \\[3mm] \dfrac{(A - D_s)(i-1)}{M-1} & d < 0.5 \end{cases} \tag{3.12}$$

其中，D_s 是模拟和混合调光的电平位移。因此，符号强度范围 $[0, A]$ 可以根据调光目标的取值变化为 $[0, A - D_s]$ 或 $[D_s, A]$。

图 3-11 为调光目标取值 0.5 时，分别使用 2-PAM、3-PAM、4-PAM、8-PAM 调制的逆源编码的调光容量。

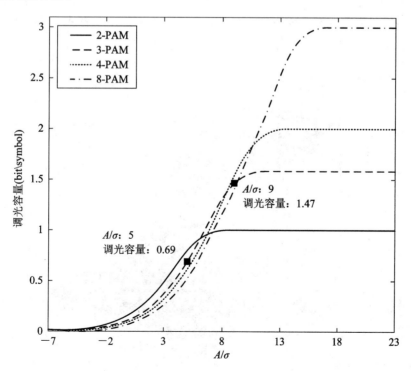

图 3-11　调光目标为 0.5 时 M-PAM 的容量比较

由图 3-11 可以观察到：能够达到容量最大值的最佳调制阶数随信道质量测量值 A/σ 的变化而变化。由于在给定调光目标下，平均功率不能自由调节，所以模拟调光只能通过减少电平符号强度范围 $[0, A]$ 来进行对比。通过沿水平轴 (A/σ) 向左移动，图 3-11 直接反映了模拟调光对调光容量的损耗。例如，采用 3-PAM 调制，当调光目标从 0.5 变为 0.8 时，为满足 0.8 的模拟调光，强度范围从最初的 $[0, A]$ 变为了 $[0.6A, A]$，可以看出，其范围被限制到了原范围的 40%，从而导致了一个 -3.98 dB $\simeq -4.0$ dB 的水平位移。如果 A/σ 为 9 dB，那么采用模拟调光获得的调光容量可以等效为 A/σ 取 5 dB 时采用逆源编码调光时的调光容量。如图 3-11 所示，采用 0.5 模拟调光会使系统的调光容量从原来的 1.47 降低至 0.69。

此外，本小节还将对逆源编码、模拟调光和混合调光的调光性能进行对比，调制方式分别为 2-PAM、3-PAM、4-PAM、8-PAM、16-PAM。图 3-12 描述了随着 A/σ 和调光目标的变化而变化的调光容量。图 3-13 描述了随着 A/σ 和调光目标变化而变化的最优调光方法（即可以产生最大容量的调光方法）。当归一化直流漂移（强度漂移）为 0 时即代表选择逆源编码调光方法，为 1 时即代表采用模拟调光方法。调光目标达到 97% 时，除 $A/\sigma > 20$ dB 和 $A/\sigma \approx 11.5$ dB，逆源编码都具有较好的调光性能。对于 $A/\sigma > 20$ dB，如果允许较高的调制阶数，那么逆源编码仍然是最好的调光方法。对于 $A/\sigma \approx 11.5$ dB，是不允许采用 4-PAM~8-PAM 等调制方式的。图 3-14 显示了当 $A/\sigma \approx 11.5$ dB 且调光目标为 97% 时，如何确定图 3-13 中的 y 轴坐标。当调光方法为逆源编码或 6-PAM 时，可以相应产生最大的调光容量。除 6-PAM 外，具有轻微直流漂移的 4-PAM（即混合调光）也可以产生最大调光容量。然而，在这种情况下，逆源编码和 4-PAM 混合调光之间的调光容量差异可以忽略不计。因此，当所有调制阶数都可用时，逆源编码是最优调制方式；当只有部分调制阶数可用时，逆源编码的性能类似于或优于其它调制方式。

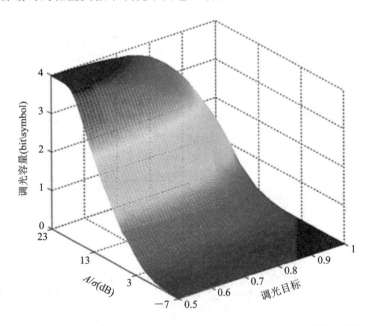

图 3-12　2-PAM、3-PAM、4-PAM、8-PAM、16-PAM 下的调光容量

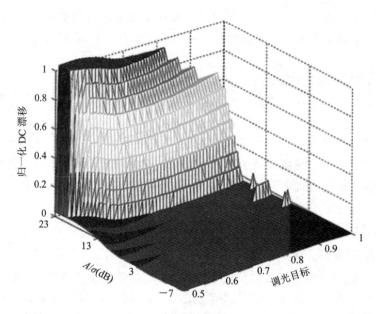

图 3 - 13　最优调光方法的选择

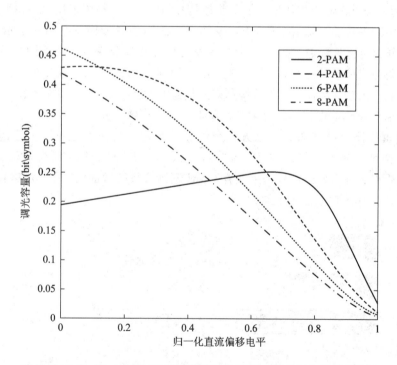

图 3 - 14　当 $A/\sigma \approx 11.5$ dB 且调光目标为 97% 时最优调光方法的选择

3.2.2　可调光 VLC 中的多级传输

　　本小节将针对支持调光控制的可见光通信系统，介绍一种多级传输的方案。为了实现多级调制方案的调光控制，可将不同脉冲幅度调制的符号进行级联，从而得到与调光要求相匹配且具有平均振幅的整体信号。该方案通过调整不同调制符号的级联来实现自适应调光。为此，可将该问题转换为线性规划问题，从而最大化传输数据速率并满足调光要求。为提高频谱效率，研究人员引入了多电平调制方式，如 PAM，并设计了可调光 VLC 中的多级传输方案。

本小节将介绍一种采用级联码的多级传输方案，其中按规则编写每个码元并以不同的调制方式加以调制。为了在简单的编码结构下获得较高的纠错能力，该方法拟采用一组线性码对其进行级联。然而，线性码只能生成一组具有统一数量符号的码字。采用 PAM 线性编码调制光源的平均光强大小恒等于 $A/2$（最高光强为 A），即对应于原光强的 50%。换句话说，线性分量码的直接级联并不适应于特殊情况的调光要求。本小节将通过线性编码和采用不同 PAM 调制方式来调整符号比例，并进一步级联这些编码符号，以设计出一种可满足所需调光要求的高效传输方案。在此基础上，本节还将提出一个线性优化公式，该公式确定了线性编码符号的最佳组合，可以获得更高的频谱效率。

1. 多级传输机制

本小节将介绍一种多电平传输模型方案，并通过线性优化得到该方案的最佳配置。在这一方案中，每个数据帧由 N 个信息符号构成，并在 M-1 种不同的 PAM 调制方式（二进制 PAM～M 进制 PAM）中选择其中一种。假设所有调制方式的电平间距都是均匀的，也就是说，PAM 的任意两个相邻量化电平差都是相同的。在不损失通用性的情况下，调光目标 d 在 $[0, 0.5]$ 内取值，即 $d \in [0, 0.5]$。图 3-15 为多级传输方案的一个示例。图中的横、纵坐标分别与符号配置（或符号顺序）、发送信号强度相关联。在不同的调制方式中，被调制信息符号是串行连接（级联）的，经 M-PAM 调制后的信息符号会在其各自的符号发送时间内被瞬间发送。然而，这些被调制好的信息符号不一定按照顺序传输，因为信息符号按顺序传输会导致数据帧强度周期性地降低，最终导致严重的闪烁效应。因此，这些符号会以发射机和接收机所知的随机方式交织在一起进行传输。此外，不同 PAM 调制的相同级别在强度上是可以等效的，即当 $i<j<k$ 时，j-PAM 的第 i 级与 k-PAM 的第 i 级具有相同的强度。由于平均符号功率随着 PAM 调制阶数的增加而增加，所以在不同 PAM 中被调制信息的有效功率值是不同的。

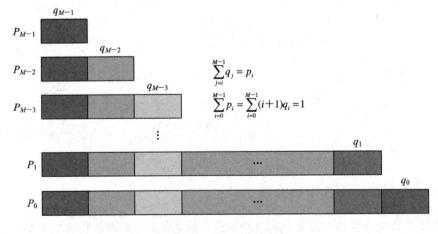

$$\sum_{j=i}^{M-1} q_j = p_i$$

$$\sum_{i=0}^{M-1} p_i = \sum_{i=0}^{M-1} (i+1) q_i = 1$$

图 3-15　多电平传输方案

假设系统采用 $(i+1)$-PAM 调制方式并且被调制信息是随机的，则 PAM 符号中的每

个级别以等概率 $1/(i+1)$ 出现。通过改变 M 个不同的 PAM 调制的符号比例，可以将调光率调整到任意目标数值。若符号 $i=0,1,\cdots,M-1$ 中每个级别的比例和符号 $(i+1)-M$ 中的每个级别的比例分别由 p_i 和 q_i 表示，定义 $q_{M-1}=p_{M-1}$，则它可以被表示为

$$q_i = \begin{cases} p_i - p_{i+1} & i=0,1,\cdots,M-2 \\ p_{M-1} & i=M-1 \end{cases} \tag{3.13}$$

可以观察到，$p_i = \sum_{j=i}^{M-1} q_j$ 与 $\{p_i\}$ 之和等于 1，即可以得出以下结论：

$$\sum_{i=0}^{M-1} p_i = \sum_{i=0}^{M-1}\sum_{j=0}^{M-1} q_j = \sum_{i=0}^{M-1} (i+1)q_i = 1 \tag{3.14}$$

通过上式可以看出，$(i+1)$-PAM 具有 $(i+1)q_i$ 的比例，对应图 3-15 中第 i 列所占的比例。采用 $(i+1)$-PAM 调制的符号信息量与 $\mathrm{lb}(i+1)$ bit/symbol 成正比。由于调光目标与平均符号强度相关联，从而可以选择 $\{p_i\}$ 分布来表示调光目标。因此，调光目标相对于 $\{p_i\}$ 分布来说，可表示为

$$d = \sum_{i=0}^{M-1} \frac{i}{M-1} p_i \tag{3.15}$$

当 $d \in (0.5,1]$ 时，$\{\bar{p_i}\}$ 分布通过对称可被重新定义为 $\bar{p_i}=p_{M-i-1}$。为使得整体光谱效率最大化，需计算出 $(i+1)$-PAM 的比 q_i。由于采用 $(i+1)$-PAM 调制时每一符号可以传达 $\mathrm{lb}(i+1)$ bit，选择频谱效率（或熵）作为优化的目标函数，其表达式为

$$E(\{q_i\}) \equiv \sum_{i=0}^{M-1} ((i+1)\,\mathrm{lb}(i+1))q_i \tag{3.16}$$

由于所有与 $\{p_i\}$ 和 $\{q_i\}$ 相关的表达式都是线性的，所以采用线性优化即可给出方程的最优解，结合公式（3.13）、式（3.14）和式（3.15），以最大化公式（3.16）为目标，得到的线性优化结果为

$$\max_{\bar{q}_i \geqslant 0} \sum_{i=0}^{M-1} (\mathrm{lb}(i+1))\,\bar{q}_i$$

$$约束条件 \begin{cases} \sum_{i=0}^{M-1} \bar{q}_i = 1 \\ \sum_{i=0}^{M-1} i\,\bar{q}_i = 2(M-1)d \\ \bar{q}_i = \begin{cases} (i+1)(p_i - p_{i+1}) & i=0,1,\cdots,M-2 \\ Mp_{M-1} & i=M-1 \end{cases} \end{cases} \tag{3.17}$$

为了得到闭合形式解，本节推导出了对偶公式。对比原始方案，这一方案更容易得到方程解。因而公式（3.17）可被重新描述为

$$\min_{\lambda,\mu} \lambda + 2(M-1)d\mu \tag{3.18}$$

$$约束条件：\lambda + i\mu \geqslant \mathrm{lb}(i+1),\ i=0,1,\cdots,M-1$$

为了更好地观察结果，可以利用公式（3.17）的拉格朗日函数作为辅助工具来进行计算。由于该公式中存在两个约束条件，所以分别引入了由 λ 和 μ 表示的两个拉格朗日乘子。拉格朗日函数为原公式提供了一个凹形上界，对偶公式是对边界的最小限制，从而获得方程的最大值解。为获得方程的最大值解，可以采用拉格朗日函数对 M 变量作 $\bar{q}_i$ 展开，

然后，这些 M 变量的系数在极小化中变为负值，从而获得了相应的 M 个不同约束条件，而独立于这些变量的剩余项组成了目标函数公式(3.18)。目标函数主要由 M 和调光目标 d 决定。由于公式(3.18)和公式(3.17)都是较为简单的线性公式，所以 Slater's 条件决定了公式的强对偶性。换句话说，两种公式的最优解是相同的。因而利用互补松弛性，可知所有与严格不等式相关的变量 q_i 都为 0，即对于所有满足严格不等式 $\lambda + i\mu > \text{lb}(i+1)$ 的 i 来说，都有 $\bar{q}_i = 0$。因为最多有两个连续的原始变量 $\bar{q}_i$ 可以取得非零值，所以最优传输只需要两个(连续的)PAM。其有效调制参数可被定义为 $\bar{m} \equiv [2(M-1)d]$。因此，公式(3.18)的方程解可被表示为

$$\lambda^* = \text{lb}\frac{(\bar{m}+1)^{\bar{m}+1}}{(\bar{m}+2)^{\bar{m}}}, \ \mu^* = \text{lb}\frac{\bar{m}+2}{\bar{m}+1} \tag{3.19}$$

相应的目标值由下式给出：

$$E(\lambda^*, \mu^*) = \text{lb}(\bar{m}+1)\left(\frac{\bar{m}+2}{\bar{m}+1}\right)^{2(M-1)d-\bar{m}} \tag{3.20}$$

此外，相关分布表达式可以表示为

$$\bar{q}_i^* = \begin{cases} 1-(2(M-1)d-\bar{m}) & i = \bar{m} \\ 2(M-1)d-\bar{m} & i = \bar{m}+1 \\ 0 & \text{其它} \end{cases} \tag{3.21}$$

可以看到，在解出的最优传输方程中仅使用了两种调制方法：$(\bar{m}+1)$-PAM 和 $(\bar{m}+2)$-PAM。由于公式(3.18)中的每个约束条件都对应不同的调制方式，因此无论 PAM 采用哪一进制阶数，对偶公式都是完整的。由于信息符号的数量表达式多为二次幂指数的形式，因此在 2^k-PAM 中，k 取正整数是最佳的选择。

为了确保 $(i+1)$-PAM 符号能够均匀出现，可以在添加 $(i+1)$ 进制随机序列后按符号进行 modulo-$(i+1)$ 运算，从而实现 $(i+1)$ 进制加扰。例如，采用 4-PAM 并假设发送的符号为 01122231，其各个符号出现的概率是不均匀的。设加扰序列为 32103210，则加扰后得到的符号可被表示为 33225441÷4=33221001。此时，发送符号是均匀出现的。为了在接收端解调出原始符号，需要从接收到的符号中减去加扰序列，恢复后的符号即为 $(0\ 1\ 1\ 2\ -2\ -2\ -1\ 1) \div 4 = (0\ 1\ 1\ 2\ 2\ 3\ 1)$。设 N_i 是采用 $(i+1)$-PAM 调制的数据帧符号数，也就是说，N_i 是与 $N\bar{q}_i$ 最接近的整数。将整体调光率用随机变量 D 表示，使得 $E[D]=d$ 并给出其表达式：

$$D = \frac{\displaystyle\sum_{i=0}^{M-1}\sum_{j=0}^{N_i-1}\frac{A}{M-1}U_{ij}}{\displaystyle\sum_{i=0}^{M-1}\sum_{j=0}^{N_i-1}A} \tag{3.22}$$

其中，U_{ij} 是在区间 $[0, i]$ 上均匀分布的离散随机变量，代表在 $(i+1)$-PAM 中调制第 j 个符号。A 是 M-PAM 调制的最大电平强度，两个相邻电平之间的间隔为 $\frac{A}{M-1}$。因此，D 的方差 $\text{var}[D]$ 可被表示为

$$\text{var}[D] = \frac{1}{N(M-1)^2}\sum_{i=0}^{M-1}\frac{i(i+2)}{12}\bar{q}_i \tag{3.23}$$

因为只有 $(\bar{m}+1)$-PAM 和 $(\bar{m}+2)$-PAM 能用于最优传输，所以方差也可表示为

$$\text{var}[D] = \frac{(\bar{m}+1)(\bar{m}+3) - (2\bar{m}+3)\bar{q}_{\bar{m}}^{*}}{12N(M-1)^2} \leqslant \frac{(M+1)}{12N(M-1)} \tag{3.24}$$

当且仅当 $d=0.5$ 时，等式成立。由于最低光学时钟速率（Optical Clock Rate，OCR）为 200 kHz，因此当 $M=8$ 时，通过取数据帧长度 $N>1000$，可以把方差变化范围限制在 1% 以内。此时可见光的亮度变化速率远快于 150～200 Hz，不会发生闪烁现象。

2. 渐进性能分析

通过各种配置，例如使用连续进制的幂，可以解决多级传输方案的性能问题。为了公平比较，对于 $(i+1)$-PAM，通过将每个符号的平均比特除以 $\text{lb}(i+1)$ 来评估归一化容量，如图 3-16 所示。ML-$(i+1)$PAM 表示允许连续 $(i+1)$ 个不同 PAM（1-PAM 到 $(i+1)$-PAM）的多级传输方案，rML-4PAM(1, 4) 表示仅使用 1-PAM 和 4-PAM 的传输方案。尽管 ISC 设定理论上限，但尚未找到达到这一界限实际容量的方案。

随着进制值 M 的增加，M-PAM 的频谱效率增加缓慢。该方案的性能也以分段线性方式接近上限。图 3-16 得到了 ML-MPAM 的最佳上限。斜率变化的第 k 个点位于 ML-MPAM 曲线上的 $\left(\dfrac{k}{2(M-1)},\ \dfrac{\text{lb}(k+1)}{\text{lb}M}\right)$ 处。随着进制 M 的增加，这些点的数量相应地增加，并且连接相邻点的线段组提供了 ML-MPAM 曲线的良好的近似性。$\left\{\left(\dfrac{k}{2(M-1)},\ \dfrac{\text{lb}(k+1)}{\text{lb}M}\right)\ \middle|\ k=0,\ 1,\ \cdots,\ M-1\right\}$ 中所有的点都分布在由 $f_M(x) = \dfrac{\text{lb}(1+2(M-1)x)}{\text{lb}M}$ 表示的曲线上。需要注意的是，对于 $x \in (0,\ 0.5]$，当 M 趋于无穷大时，$f_M(x)=1$。rML-$(i+1)$PAM$(1,\ i+1)$ 的性能改进如图 3-17 所示，随着调光目标接近 0.5，改善效果逐渐变差。图 3-18 展示了不同调光目标下的最佳 M-PAM。由于存在 8 个不同的 PAM（1-PAM(Punctured)～8-PAM），因此 k-PAM 和 $(k+1)$-PAM 两两相交的直线

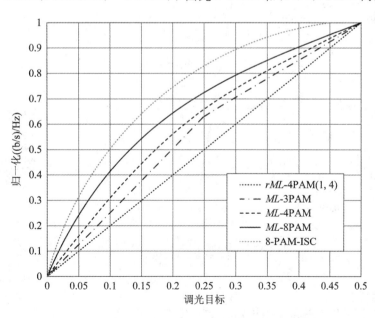

图 3-16　归一化频谱效率（容量）

在区间 $\left[\dfrac{k-1}{14}, \dfrac{k}{14}\right]$($k=1$，$2$，$\cdots$，$7$)中有 7 个相交点。与此相比，$rML$-8PAM($1$，$2$，$4$，$8$)有三个交点。因此，该图可用于确定最佳传输方案。一旦调光目标率先验已知，发射机和接收机便可以立即找到最佳调制组成方案。

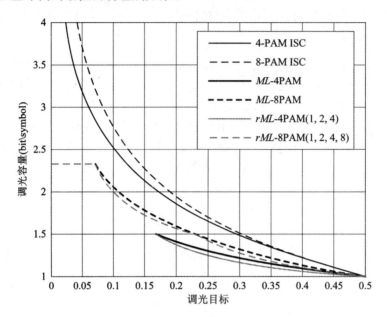

图 3 - 17　容量提升

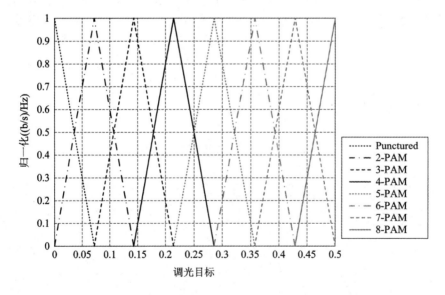

图 3 - 18　M-PAM

3. 仿真结果

本小节将分析未编码和编码传输方案的仿真结果。假设 A 和 M 分别是最高阶 PAM 的最大电平强度和阶数，即 A 是 M-PAM 的第 M 个电平的强度。在统一 PAM 符号级别后，$(i+1)$-PAM 的第 k 级表示为 $\dfrac{kA}{M-1}$。未编码 $(i+1)$-PAM 的符号错误概率为

$$P_{err}^{(i+1)} = \frac{2i}{i+1}Q\left(\frac{1}{2(M-1)}\frac{A}{\sigma}\right) = \frac{2i}{i+1}Q_M\left(\frac{A}{\sigma}\right) \tag{3.25}$$

式中，$Q_M(x) \equiv Q\left(\dfrac{x}{2(M-1)}\right)$，$\sigma^2$ 是高斯噪声功率的方差。这里使用信号强度与噪声幅度的比值来衡量信道的质量。在无线光通信中，LED 通过强度调制和直接检测来调制与输入电流信号成比例的瞬时光强度。这两个转换步骤的组合确保了 VLC 中式 (3.25) 的有效性。整体符号错误概率为

$$\bar{P}_{err} = \sum_{i \in \mathfrak{M}} \bar{q}_i \frac{2i}{i+1}Q_M\left(\frac{A}{\sigma}\right) \tag{3.26}$$

$\mathfrak{M}$ 是数据帧中所有允许 PAM（在 $[0, M-1]$ 中）最大级别的集合，即 $\mathfrak{M} = \{i \in [0, M-1] | \bar{q}_i > 0)\}$。由于在式 (3.21) 中只有两个相邻的 PAM 用于最优方案，因此误差概率为

$$\bar{P}_{err}^* = 2\frac{(\bar{m}+1)^2 - \bar{q}_{\bar{m}}^*}{(\bar{m}+1)(\bar{m}+2)}Q_M\left(\frac{A}{\sigma}\right) \leqslant 2\frac{\bar{m}+1}{\bar{m}+2}Q_M\left(\frac{A}{\sigma}\right) \tag{3.27}$$

从公式可以看出，解码差错性能取决于 $\bar{m}$ 和 $\bar{q}_{\bar{m}}^*$ 这两个参数，而 $\bar{m}$ 和 $\bar{q}_m^*$ 由调光目标 d 和调制阶数 M 决定。当 $\bar{q}_{\bar{m}}^* = 0$，也就是当 $\bar{m} = 0, 1, \cdots, M-2$，$d = \dfrac{\bar{m}+1}{2(M-1)}$ 时，等式成立。当 $d = 0$ 时，没有信息被传输，误差界限变为零。这一点显而易见，因为符号错误概率随着发送符号数量的增加而增加。对于非零的 ε，假设 $P_{err}^{(i+1)} > \varepsilon$，频谱效率 $R^{(i+1)}$ 以速率 $O((1-\varepsilon \bar{q}_i)^N)$ 减到零。因此，需要为每个 PAM 提供较优的信道编码以获得高频谱效率。得到的频谱效率表示为

$$\bar{R}^* = \bar{q}_{\bar{m}}^*\left(1-2\frac{\bar{m}}{\bar{m}+1}Q_M\left(\frac{A}{\sigma}\right)\right)^{N\bar{q}_{\bar{m}}^*}lb(\bar{m}+1) +$$
$$(1-\bar{q}_{\bar{m}}^*)\left(1-2\frac{\bar{m}+1}{\bar{m}+2}Q_M\left(\frac{A}{\sigma}\right)\right)^{N(1-\bar{q}_{\bar{m}}^*)}lb(\bar{m}+2) \tag{3.28}$$

其中，$\bar{m}$ 和 $\bar{q}_{\bar{m}}^*$ 是调光对象的函数，也是频谱效率的函数。

现在考虑编码方案的性能。符号错误概率 $P_{err}^{(i+1)}$ 在 $i \in \mathfrak{M}$ 时可通过仿真得到。如果信息用码率 R 编码并调制成 NPAM 信号，则式 (3.28) 的两个指数分别用 $NR\bar{q}_{\bar{m}}^*$ 和 $NR(1-\bar{q}_{\bar{m}}^*)$ 代替。Turbo 码用于评估编码性能，因为实际编码方案的使用保证了传输方案的可行性，并且使用 Turbo 码可达到接近最佳容量的性能。此外，Turbo 码对于调光目标穿孔所引起的性能降低具有鲁棒性。图 3-19 和图 3-20 分别比较了调光目标为 $d = 0.1$ 和 $d = 0.4$ 时的光谱效率。可以通过穿孔从单个速率为 $\dfrac{1}{3}$ 的 Turbo 码获得 R 分别为 $\dfrac{1}{3}$、$\dfrac{1}{2}$、$\dfrac{3}{4}$ 时的不同速率的 Turbo 码。为了便于比较，图 3-19 和图 3-20 给出了使用 8-PAM 或 $(\bar{m}+2)$-PAM 满足调光目标的传输方案结果。对于未编码方案，可通过计算相对于可行集合 $\{q\}$ 的平均值来呈现结果。对于不同的调光目标，多级传输方案始终表现出优于其它方案的吞吐量性能，并且会选择不同的 PAM，例如当 $d = 0.1$ 时选择 $(2, 3)$-PAM，当 $d = 0.2$ 时选择 $(3, 4)$-PAM，当 $d = 0.3$ 时选择 $(5, 6)$-PAM，当 $d = 0.4$ 时选择 $(6, 7)$-PAM。在使用穿孔的两种情况之间，使用 $(\bar{m}+2)$-PAM 的方案优于使用最大阶 PAM（8-PAM）的方

案。在低调光目标范围内，它们之间的性能差异很大，这是因为 8-PAM 方案采用的是较小的 d 值，从而导致穿孔，总信息量低于 $(\bar{m}+2)$-PAM 方案。

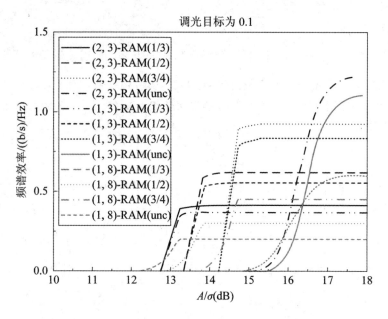

图 3-19　调光目标为 0.1 的频谱效率

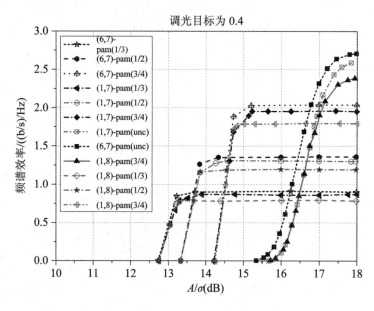

图 3-20　调光目标为 0.4 的频谱效率

3.2.3　多色 VLC 的颜色强度调制

1. 颜色空间与信号空间

下面将介绍颜色空间的特征，及其与信号空间的差异。为了简要描述多色系统的模型，需要使用 N 个不同的 LED 和具有不同波长特性的光检测器。令 $I_i(\lambda)$ 和 $r_j(\lambda)$ 分别表示第 i 个 LED 的强度和第 j 个 PD 的响应度。发射总强度为 $I(\lambda) = \sum\limits_{i=1}^{N} I_i(\lambda)$。令 $\bar{x}(\lambda)$、$\bar{y}(\lambda)$ 和 $\bar{z}(\lambda)$ 为与人眼的颜色感知能力相关的归一化颜色匹配函数。三种光照射值分别为 $X = \int \bar{x}(\lambda) I(\lambda) d\lambda$，$Y = \int \bar{y}(\lambda) I(\lambda) d\lambda$ 和 $Z = \int \bar{z}(\lambda) I(\lambda) d\lambda$。这些参数可以表征 CIE XYZ 颜色空间中的人眼感知。单个颜色与通过 CIE XYZ 颜色空间中原点的每条线相关联，如图 3-21 所示，其强度由线上点与原点的距离表示。可以通过色移键控（Color Shift Keying，CSK）在这些颜色匹配和调光约束的条件下提供 VLC 特征。CSK 将符号坐标围绕目标颜色放置在 CIE XYZ 颜色空间中，使

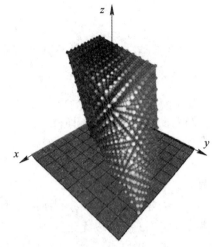

图 3-21　CIE XYZ 颜色空间

得与符号相关联的颜色平均值与目标颜色相同。同时，可以控制 LED 输出的强度，以满足调光要求。如前所述，图 3-6 为使用三个 LED 实现 CSK 的示例，分别由 LED1、LED2 和 LED3 表示。消息符号可以放置在三角形内，也可以放置在三角形的边上。消息符号应尽可能彼此定位，以实现检测错误的最小化。信号的检测在信号空间中进行。因此，接收信号用 N 维矢量 $\boldsymbol{S} = [S_1, \cdots, S_N]^{\mathrm{T}}$ 表示，其中第 i 个分量，即第 i 个光电探测器的输出为 $S_i = \int r_i(\lambda) I(\lambda) d\lambda$。在色彩空间中需考虑色彩匹配和调光目标的照明条件，而通信信道特征的光谱效率（或互信息）可以在信号空间中得到解决。因此，在单个空间中同时考虑色彩空间和信号空间的参量条件，实际是解决同一个问题。

2. 颜色强度调制

为提高给定约束下的频谱效率，本节提出了颜色强度调制（Color Intensity Modulation，CIM）。为此，选择信号空间中的子空间（或点），与满足颜色约束的颜色空间子空间相关联。对于该信号空间的子空间，可以通过确定符号的位置以最大化频谱效率，但是频谱效率还受限于子空间的符号加权平均值。为了控制符号的平均强度，一般情况下使用 PAM 调制，无论平均强度如何，在 PAM 调制中都具有相同的带宽。但在这里通过两种不同的方法，使用 M-PAM 和逆源编码来实现平均强度。在图 3-22 和图 3-23 中，这两种方法以 A/σ 为 8 dB 和调光目标为 0.8 来说明。图 3-23 所示的第二种方法通过同时控制消息符号的位置和概率，性能可提升 1.3%。

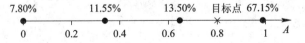

图 3-22　当 A/σ 为 8 dB、调光目标为 80% 时具有 0.9373 位/符号互信息的最佳等距符号

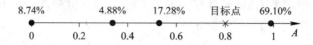

图 3 - 23　当 A/σ 为 8 dB、调光目标为 80% 时具有 0.9494 位/符号互信息的最佳等距符号

　　现在，多维信道被认为与多色 LED 相似。可以使用实现光信道的独立和并行控制波分复用（Wavelength Division Multiplexing，WDM）。逆源编码为 WDM 的每个光学信道提供色彩匹配和调光控制。即使信道是非正交的，CIM 也不会受到信道间干扰的影响。与非正交信道中的逆源编码相比，CIM 比 WDM 上可产生更高的频谱效率。下面分析 CSK、WDM 和 CIM 的异同。首先，CSK 仅使用三维中具有特定强度的二维区域（平面的一部分），如图 3 - 21所示。该平面在每个轴上都有正截距。其次，WDM 和 CIM 采用整个三维区域。它们的不同之处在于 WDM 分别使用三维的每个信道，CIM 同时使用整个三维区域。如果三维信道彼此正交并且可以无干扰地分离，则逆源编码下的 WDM 具有与 CIM 相同的性能，否则 CIM 优于 WDM。为了分析频谱效率，加性高斯噪声信道被认为是完全正交的光信道，其中每个接收机可以区分相应的信号，即 $S_i = \int r_i(\lambda) I_i(\lambda) d\lambda$。接收信号矢量 $\boldsymbol{V} = [V_1, \cdots, V_N]^T$ 可以表示为 $\boldsymbol{V} = \boldsymbol{S} + \boldsymbol{W}$，其中 $\boldsymbol{W}$ 是加性高斯噪声矢量。由于光照的约束，$\boldsymbol{S}$ 的加权平均属于信号空间的子空间，当 $N = 3$ 时，它缩减到一个点，同时具有三个颜色信道。

　　图 3 - 24 给出了关于 A/σ 和调光约束的一维互信息。当在子空间中选择最佳点时，$I(S_i; V_i)$ 的总和是 CIM 容量的上限。此外，图 3 - 25 是 A/σ 分别为 8 dB 和 6 dB 时的一个二维示例，并且每个维度的调光目标分别为 0.8 和 0.5。两个轴表示在发射机和接收机之间通信的信号。互信息是 0.9494 + 0.9385 = 1.8879 比特/符号，符号数为 $4 \times 3 = 12$。因此，容量的上限是 1.8879。三维扩展如图 3 - 26 所示，照明约束为 $A/\sigma = 5$ dB，调光目标为 0.3。因此，互信息等于 0.9494 + 0.9385 + 0.6945 = 2.5824 比特/符号。

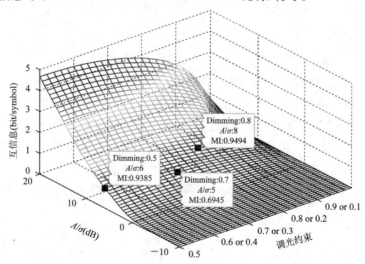

图 3 - 24　单个颜色信道的互信息

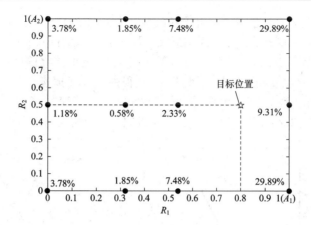

图 3-25　用于正交信道的二维单个空间中的 CIM 符号坐标：R_1 轴中（A/σ，调光目标）＝（8 dB，80%），R_2 轴中（A/σ，调光目标）＝（6 dB，50%）

　　表 3.3 比较了 CIM 和 CSK 的互信息。除了第一信道条件与图 3-26 所示的情况相同，信道 R_1 的调光目标为 0.2，而不是 0.8。获得 CSK1 和 CSK2 的结果是分别在未考虑和考虑信道增益的情况下，通过最大化三个符号之间以外的最小距离得到的。以下三种 CIM 方案以不同方式将符号放置在三维空间中。CIM1 以目标点为中心放置 8 个等概率符号，这组符号形成一个长方体。CIM2 如图 3-26 所示，在矩形平行六面体的角上放置具有不同概率的 8 个符号。CIM3 如图 3-26 所示。

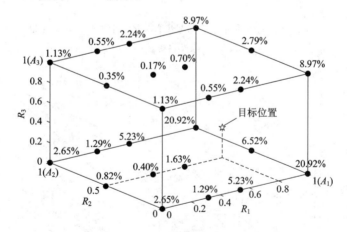

图 3-26　用于正交信道的三维信号空间中的 CIM 符号坐标：R_1 轴中（A/σ，调光目标）＝（8 dB，80%），R_2 轴中（A/σ，调光目标）＝（6 dB，50%），R_3 轴中（A/σ，调光目标）＝（5 dB，30%）

表 3.3　CIM 和 CSK 的性能比较

调制方案	互信息量（bit/symbol）
CSK1-general	1.4768
CSK2-optimal	1.5043
CIM1-analog dimming	2.0070
CIM2-binary	2.3247
CIM3-optimal	2.5824

最后，考虑非正交的多色信道。由于在接收机处接收的信号不是独立的，因此得到的信号子空间分别在二维和三维信号空间中形成平行四边形和平行六面体。图 3-27 给出了第一个接收机可以响应第二个发射机的情况。第一个接收机处的接收信号可写成 $R_1' = R_1 + R_2$。由于 R_1 和 R_2 之间出现 2 dB 差异，因此从 R_1' 获得的最大数据速率为 $1 + 10^{-0.2} \approx 1.63$，而不是 2，相应的互信息是 1.9258 比特/符号。图 3-28 显示了第二个接收机以一半的响应度响应第一个发射机的情况，即 $R_2' = 0.5R_1 + R_2$，此时，相应的互信息等于 2.0458 比特/符号。

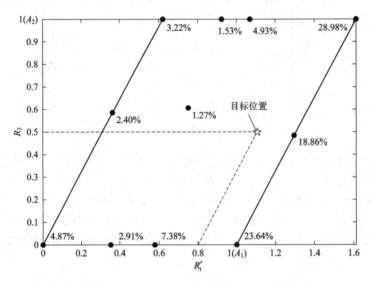

图 3-27　$R_1' = R_1 + R_2$ 和 R_2 的二维非正交信号空间：R_1 轴中（A/σ，调光目标）＝（8 dB，80%），R_2 轴中（A/σ，调光目标）＝（6 dB，50%）

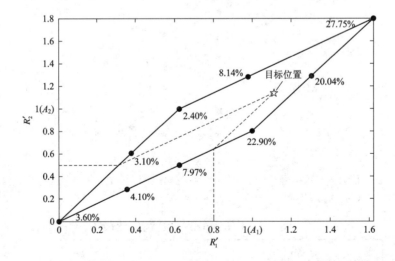

图 3-28　$R_1' = R_1 + R_2$ 和 $R_2' = R_2 + 0.5R_1$ 的二维非正交信号空间：R_1 轴中（A/σ，调光目标）＝（8 dB，80%），R_2 轴中（A/σ，调光目标）＝（6 dB，50%）

3.3　室内可见光系统的性能提升技术

与传统的白炽灯和日光灯相比，LED 具有性能好、节能强的优点，因而在照明领域得到了广泛的应用。此外，LED 还具有频率响应高、安全性强等优点，是一种应用前景广阔的无线通信方式。借助 LED，用户能够通过可见光接入互联网。为了开发数据传输速率较高的室内可见光通信系统，国内外学者进行了大量的重要研究。在实验室环境下，VLC 系统的数据速率可达到 Gb/s。另外，为了极大地提高数据传输速率，VLC 系统还引入了空间调制等先进的调制技术。2011 年，Hass 提出了光保真度（Light-Fidelity，Li-Fi）的概念，并证明可以利用 VLC 系统开发出一种访问网络资源的新方法，以替代无线保真度（Wireless Fidelity，Wi-Fi）。在过去的十年里，Li-Fi 领域取得了重大研究进展。然而，为了更大规模地部署 VLC 系统，仍需要克服很多挑战。其中两个主要挑战分别是如何选择上行链路的传输方式，以及如何设计可用于长距离传输的节能接收机。本节将介绍几种用于提高室内 VLC 系统性能的最新技术并分析其性能，包括用于提高 SNR 和 BER 性能的接收平面倾斜技术和 LED 排列技术，同时对采用调光控制方案的 VLC 系统进行性能评估。

3.3.1　接收平面倾斜技术

在 VLC 系统中，接收机的位置可能被设置在距 LED 很远的地方，与距 LED 较近的位置相比，较远位置处接收机的接收信号的 SNR 会大大降低。随着接收机与光源之间距离以及入射角的增加，接收信号的 SNR 也将逐渐减小。本节将介绍可用于提高室内 VLC 系统性能的接收平面倾斜技术。假设房间的尺寸为长 5 m、宽 5 m、高 3 m。本节将对接收平面倾斜以及不倾斜情况下的 SNR 性能进行分析比较。由于室内 LOS 通信占主导地位，为简单起见，在分析 SNR 时不考虑墙壁对光的反射作用。

1. 基于单 LED 的 VLC 系统 SNR 分析

图 3-29 描述了仅在天花板上部署一个 LED 时，室内 VLC 系统的几何图。表 3.4 给出了本小节所用的 VLC 系统参数。假设 LED 位于天花板的中间，其坐标为（2.5 m，2.5 m，3 m），光检测器（接收机）位于高 0.85 m 的桌子上。设辐射角 φ 是 LED 平面法向量与收发

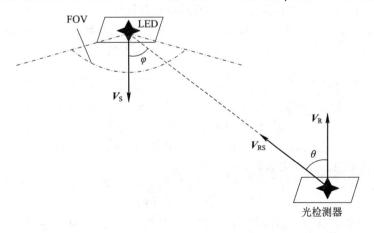

图 3-29　VCL 系统中 LED 和光检测器（接收机）的几何图

器连线之间的夹角。假设 LED 光具有 Lambertian 辐射模式，可表示为

$$R(\varphi)=\frac{(m+1)\cos^m\varphi}{2\pi} \tag{3.29}$$

式中，m 表示 Lambertian 辐射阶数，与发射机的半功率角 $\varphi_{1/2}$ 的关系为

$$m=\frac{\ln(1/2)}{\ln(\cos\varphi_{1/2})}$$

表 3.4　本小节所采用的 VLC 系统参数

房间尺寸(长×宽×高)	5 m×5 m×3 m
接收机位于的桌面的高度	0.85 m
发射机的半功率角($\varphi_{1/2}$)	60°
光检测器的面积 A	10^{-4} m²
接收机的 FOV	170°
光检测器的响应	1 A/W
背景电流(I_{bg})	5100 μA
噪声带宽因子(I_2)	0.562
场效应晶体管(Field-Effect Transistor,FET)的跨导(g_m)	30 mS
FET 的信道噪声因子(Γ)	1.5
房间尺寸(长×宽×高)	
固定容量(η)	112 pF/cm²
开环电压增益(G)	10
电路噪声表达式中所涉及的定积分(I_3)	0.0868

本章的所有分析中，均假设 LED 和光检测器具有平坦的频率响应。若仅考虑 LOS 传播路径，那么信道的直流(Direct Current,DC)增益为

$$H(0)=R(\varphi)\frac{A}{d^2}\cos\theta=\frac{(m+1)\cos^m\varphi A}{2\pi d^2}\cos\theta \tag{3.30}$$

式中，d 是 LED 与接收机之间的距离，A 是接收机的孔径面积，θ 是入射光线与桌面法线之间的夹角，即入射角。LED 及接收机的位置影响 φ 和 θ 的大小。假设光源和接收机的位置(坐标)分别为 (X_S,Y_S,Z_S) 和 (X_R,Y_R,Z_R)，则辐射角 φ 可表示为

$$\cos\varphi=\frac{Z_S-Z_R}{\|(X_S,Y_S,Z_S)-(X_R,Y_R,Z_R)\|} \tag{3.31}$$

式中，$\|X\|$ 是 X 的范数。公式(3.31)说明，在光源和接收机位置固定的情况下，辐射角 φ 是一个常数。入射角 θ 的值不仅受光源和接收机位置的影响，还和接收孔径所在平面、接收机所在平面构成的二面角有关。根据图 3-29，设 V_{RS} 是由接收机指向光源的向量，V_R 是接收机向量，则入射角 θ 可表示为

$$\cos\theta=\frac{(V_R,V_{RS})}{\|V_R\|\cdot\|V_{RS}\|} \tag{3.32}$$

式中，(V_R,V_{RS}) 是 V_R 和 V_{RS} 的内积。把公式(3.32)代入公式(3.30)中，信道 DC 增益可写为

$$H(0)=\frac{(m+1)}{2\pi d^2}A\cos^m\varphi\frac{(V_R,V_{RS})}{\|V_R\|\cdot\|V_{RS}\|} \tag{3.33}$$

假设用调制信号 $f(t)$ 对 LED 发出的光进行调制，那么 LED 输出端的光信号可以表示为 $p(t)=P_t(1+M_I f(t))$，其中 P_t 是 LED 的发射功率，M_I 是调制指数，设为 0.2。接收光功率 P_r 为

$$P_r = H(0)P_t \tag{3.34}$$

通常认为，经过光检测器后，信号中的直流分量已被滤波器滤除，输出电信号可表示为

$$s(t) = RP_r M_I f(t) \tag{3.35}$$

式中，R 是光检测器的响应。因此，输出电信号的 SNR 为

$$\text{SNR} = \frac{\overline{s(t)^2}}{P_{\text{noise}}} = \frac{(RH(0)P_t M_I)^2 \overline{f(t)^2}}{P_{\text{noise}}} \tag{3.36}$$

式中，$\overline{s(t)^2}$ 是输出电信号的平均功率。P_{noise} 是噪声功率，包括散粒噪声和热噪声，它们的方差分别为

$$\sigma_{\text{shot}}^2 = 2q\left[RP_r(1+\overline{(M_{\text{index}}f(t))^2})+I_{\text{bg}}I_2\right]B \tag{3.37}$$

$$\sigma_{\text{thermal}}^2 = 8\pi k T_K \eta A B^2 \left(\frac{I_2}{G} + \frac{2\pi \Gamma}{g_m}\eta A I_3 B\right) \tag{3.38}$$

式中，$P_r(1+\overline{(M_{\text{index}}f(t))^2})$ 是总接收功率，q 是电子电荷数，B 是等效噪声带宽，k 代表 Boltzmann 常数，T_K 表示绝对温度。表 3.4 列出了公式(3.30)～公式(3.38)中出现的参数以及 VLC 系统中使用的其它参数。

利用公式(3.36)可以计算出将接收机置于高 0.85 m 的桌面上时，接收信号的 SNR 分布。在计算 SNR 分布的过程中使用了表 3.4 给出的参数。图 3-30 绘制了 LED 位于天花板中心、发射功率为 5 W 时相应的 SNR 分布。如图 3-30 所示，当接收机位于 LED 的正下方时，SNR 将达到最大值 28.93 dB；当接收机位于室内一角时，可得到 SNR 的最小值 6.23 dB。因此，SNR 的峰谷差为 22.70 dB。图 3-30 中右侧的 SNR 垂直色条表示 SNR 与颜色之间的关系(黑色代表 SNR 的最小值；白色代表 SNR 的最大值)。室内 SNR 的大幅变化主要由 LED 和接收机之间的距离及对准程度引起。对于给定位置的 LED 和接收机，两者之间的距离是不能改变的，但是可以通过调整光的入射角减小 SNR 的变化。

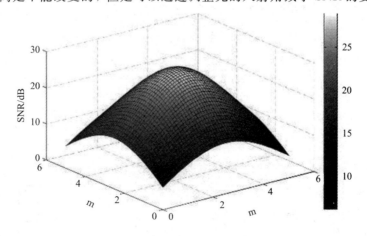

图 3-30　将一个 LED 放置在天花板中心位置时室内 VLC 系统的 SNR 分布

如上所述，采用接收平面倾斜、改变光线入射角的方法可减小 SNR 变化。入射角 θ 是由向量 $\boldsymbol{V}_R$ 和 $\boldsymbol{V}_{RS}$ 决定的。注意，向量 $\boldsymbol{V}_R$ 总是垂直于接收平面，而当光源和接收机位置固定时，向量 $\boldsymbol{V}_{RS}$ 也是不变的。根据公式(3.32)，当两个向量 $\boldsymbol{V}_R$ 和 $\boldsymbol{V}_{RS}$ 相互平行，也即接收平面与光源平面相对时，$\cos\theta$ 将达到最大值。当接收机没有位于光源正下方，尤其是将接收机放置在室内一个角落时，由于入射角 θ 的增加，信道 DC 增益将大幅减少。然而，若将接收平面向光源倾斜，便能使 $\boldsymbol{V}_R$ 和 $\boldsymbol{V}_{RS}$ 两个向量相互平行，从而使 $\cos\theta$ 达到最大值，特定位置下的信道 DC 增益(该增益仅与传输距离 d 和辐射角 φ 有关)也达到最大值。

向量 $\boldsymbol{V}_{RS}$ 可表示为 $\boldsymbol{V}_{RS}=(a,b,c)=(X_R,Y_R,Z_R)-(X_S,Y_S,Z_S)$。假设倾斜接收平面不会改变接收机的位置，在球坐标系中，将接收机的位置设在原点。在接收平面倾斜前，向量 $\boldsymbol{V}_R$ 为 $[0,0,1]$，表示接收平面是面向天花板的。在将接收平面向天花板上的光源倾斜后，向量 $\boldsymbol{V}_R$ 变成 $(\sin\beta\cos\alpha,\sin\beta\sin\alpha,\cos\beta)$，其中 β 是倾角，如图 3-31 所示。方位角 α 由接收机位置和光源在桌子上的投影所决定。在笛卡尔坐标系中仍将接收机的位置设在原点，则 α 的值为

$$\alpha=\begin{cases}\arctan\left(\left|\dfrac{(Y_S-Y_R)}{(X_S-X_R)}\right|\right) & \text{光源投影在第一象限}\\[2ex]\pi-\arctan\left(\left|\dfrac{(Y_S-Y_R)}{(X_S-X_R)}\right|\right) & \text{光源投影在第二象限}\\[2ex]\pi+\arctan\left(\left|\dfrac{(Y_S-Y_R)}{(X_S-X_R)}\right|\right) & \text{光源投影在第三象限}\\[2ex]2\pi-\arctan\left(\left|\dfrac{(Y_S-Y_R)}{(X_S-X_R)}\right|\right) & \text{光源投影在第四象限}\end{cases} \tag{3.39}$$

因此，公式(3.32)中的 $\cos\theta$ 变成

$$\cos\theta=\frac{(\boldsymbol{V}_R,\boldsymbol{V}_{RS})}{\|\boldsymbol{V}_R\|\cdot\|\boldsymbol{V}_{RS}\|}=\frac{a\sin\beta\cos\alpha+b\sin\beta\sin\alpha+c\cos\beta}{\sqrt{a^2+b^2+c^2}} \tag{3.40}$$

将公式(3.40)代入公式(3.33)中，倾斜接收平面后的信道 DC 增益可用 $f(\beta)$ 表示为

$$f(\beta)=\frac{(m+1)\cos^m\varphi A}{2\pi d^2\sqrt{a^2+b^2+c^2}}(a\sin\beta\cos\alpha+b\sin\beta\sin\alpha+c\cos\beta) \tag{3.41}$$

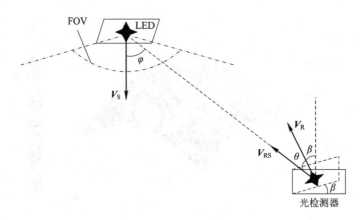

图 3-31　将接收平面倾斜后 LED 和光检测器(接收机)的几何图示

　　由于接收机是放置在桌子上的，所以最初的倾角 β 为 0，利用电机便可实现接收平面倾斜技术。随着接收平面的倾斜，倾角将会增大，$\boldsymbol{V}_R$ 和 $\boldsymbol{V}_{RS}$ 两个向量逐渐趋于平行，因此接收光功率也将增加。电机会一直改变倾角 β，直到接收光功率不再增加为止。

　　利用牛顿算法（能够找到 $f(\beta)$ 最大值的一种快速算法）可以确定最佳倾角 β。得到最佳倾角后，可计算出每个接收机位置对应的最大光功率。图 3-32 给出了改善的 SNR 分布，SNR 的最大值仍为 28.94 dB，但当接收机处于房间角落时，对应的最小 SNR 增加至 11.92 dB，与未倾斜接收平面相比，此时 SNR 的峰谷差减小了 5.69 dB。

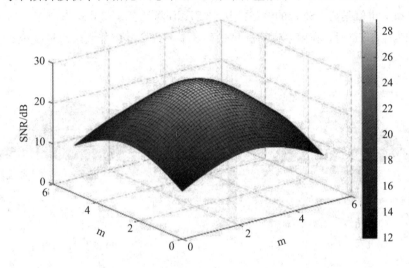

图 3-32　将一个 LED 放置在天花板中心位置并将接收平面倾斜时的室内 VLC 系统的 SNR 分布

2. 基于多 LED 的接收平面倾斜技术

　　为了进一步减小 SNR 的变化，可以部署多个 LED，同时使用接收平面倾斜技术。例如，可以在天花板上部署 4 个 LED，其坐标分别为 [1.5 m, 1.5 m, 3.0 m]、[1.5 m, 3.5 m, 3.0 m]、[3.5 m, 1.5 m, 3.0 m] 和 [3.5 m, 3.5 m, 3.0 m]。由于光是由 4 个 LED 共同产生的，所以可将公式（3.30）中的信道 DC 增益表示为

$$H(0) = \sum_{i=1}^{4} \frac{(m+1)A \cos^m \varphi_i}{2\pi d_i^2} \cos\theta_i \tag{3.42}$$

式中，下标 i 表示第 i 个 LED。令 4 个 LED 的总辐射功率仍为 5 W，也就是说，每个 LED 的发射功率减小为上一小节所设功率的四分之一。图 3-33(a) 绘制了未倾斜接收平面的 SNR 分布。由图可知，SNR 的最大值和最小值分别为 22.72 dB 和 8.95 dB。在接收平面未倾斜的情况下，SNR 的峰谷差为 13.77 dB。同时可知，LED 在桌面上的投影区域内，SNR 分布几乎是恒定的，因此不需要对其进行调整。

　　然而，4 个 LED 在桌子上投影之外的区域，SNR 变化仍然比较剧烈。与只部署一个 LED 的情况类似，在这些区域可以采用倾斜接收平面的方法来减小 SNR 的变化。

当接收机与任意两个 LED 均不等距时，则令它面向 4 个 LED 中距它最近的那一个，方位角 α 的值也可以由此确定。当接收机与两个 LED 等距时，它将面向两个 LED 的中间位置。接收平面倾斜后的总信道 DC 增益可用 $f(\beta)$ 表示为

$$f(\beta) = \frac{(m+1)A\cos^m\varphi}{2\pi d^2\sqrt{a^2+b^2+c^2}}(a\sin\beta\cos\alpha + b\sin\beta\sin\alpha + c\cos\beta) \tag{3.43}$$

与仅部署一个 LED 的情况相同，最佳倾角 β 可通过牛顿算法求得。图 3-33(b) 给出了使用接收平面倾斜技术后改善的 SNR 分布。可以看到，SNR 最大值仍为 22.72 dB，但最小值增加至 13.09 dB，也就是说，SNR 的峰谷差从 13.77 dB 降低至 9.63 dB，减小了 4.14 dB。研究表明，在使用 4 个 LED 时，利用牛顿算法只需要 3 个搜索步骤就能收敛至最优值。

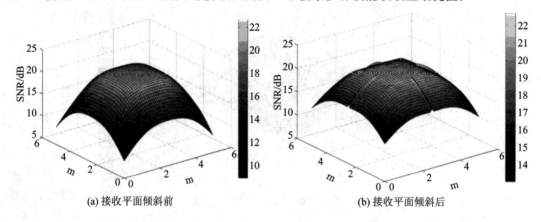

(a) 接收平面倾斜前　　　　　　　　　　(b) 接收平面倾斜后

图 3-33　当在天花板上部署 4 个 LED 时室内 VLC 系统的 SNR 分布

3. 谱效率

通过倾斜接收平面能够获得最佳 SNR，每个码元的 $\mathrm{SNR}(E_s/N_0)$ 较高时，意味着 BER 性能也更好。如前所述，室内 SNR 的数值变化是比较剧烈的。与 RF 无线通信类似，可以利用自适应高阶调制，例如 M 进制正交幅度调制（M-ary Quadrature Amplitude Modulation，M-QAM）正交频分复用（Orthogonal Frequency Division Multiplexing，OFDM）来提高传输容量。本小节将讨论采用自适应 M-QAM OFDM 技术的单一用户 VLC 系统的谱效率。图 3-34 给出了该系统的框图，其中 M 代表信号星座点的数量，会随 SNR 的变化而变化。使用红外辐射（Infrared Radiation，IF）或其它无线技术可实现信道反馈和上行链路传输。

采用 Gray 码对 M-QAM 信号进行编码，M-QAM OFDM 信号的 BER 为

$$\mathrm{BER} \approx \frac{4}{\mathrm{lb}(M)}\left(1 - \frac{1}{\sqrt{M}}\right)Q\left(\sqrt{\frac{3\,\mathrm{lb}(M)}{M-1}\frac{E_b}{N_0}}\right) \tag{3.44}$$

式中，$Q(\cdot)$ 是 Q 函数。每个码元的 $\mathrm{SNR}(E_s/N_0)$ 与每个比特的 $\mathrm{SNR}(E_b/N_0)$ 之间的关系为

$$\frac{E_s}{N_0} = \mathrm{lb}(M) \times \frac{E_b}{N_0}$$

如图 3-34 所示，当 M-QAM OFDM 信号到达光检测器时，其功率将被检测，而通过 IR 反馈信道，信号将被反馈给位于天花板上的光源。设 BER 阈值为 10^{-3}，使用前向纠错码(Forward-Error Correction，FEC)便可以满足无差错传输的要求。当 SNR 较低时，选择较小的 M 即可使 BER 满足 10^{-3} 的要求。然而，当 SNR 较高时，为了实现高数据速率，同时使 BER 稳定在 10^{-3}，则应选择更大的 M 值。值得注意的是，光传输中 M-QAM OFDM 信号的值应该是实时的(使用 Hermitian 对称可以获得)，这将导致谱效率降低 50%。当 M 为给定值时，使用公式(3.44)可以计算出为保证 BER 的值为 10^{-3} 所应满足的每个码元的 SNR 阈值，结果如表 3.5 所示，其中码元速率为 50 Msymbol/s。

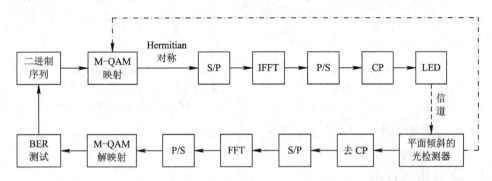

图 3-34　使用了自适应 M-QAM OFDM 的 VLC 系统框图
(其中，CP—循环前缀；P/S—并行/串行；S/P—串行/并行)

表 3.5　为使 BER 的值为 10^{-3}，M-QAM 中不同 M 值所对应的每个码元的 SNR 阈值

QAM 中 M 的值	4	16	64	256	1024
每个码元的 SNR 阈值/dB	9.8	16.5	22.5	28.4	34.2

设 N 为 OFDM 中使用的子载波数量。假设脉冲形状为矩形，对于 M-OAM OFDM 信号，每单位(b/s)/Hz 的谱效率(Spectral Efficiency，SE)为

$$SE = \frac{1}{2}lb(M)\frac{N}{N+1} \approx \frac{1}{2}lb(M) \tag{3.45}$$

式中，1/2 表示因使用 Hermitian 对称而减少的 SE。在使用自适应 M-QAM OFDM 的单一用户 VLC 系统中，M 随 SNR 的变化而变化。整个房间内的平均 SNR 可表示为

$$\overline{SE} = \frac{1}{2}\sum_i lb(M_i)p(M_i) \tag{3.46}$$

式中，$p(M_i)$ 是使用 M_i-QAM 的概率，可以根据室内 SNR 的分布来计算。

图 3-35(a)和(b)分别给出了部署 1 个和 4 个 LED 时对应的平均 SE。随着 LED 总功率的提高，平均 SE 也将增加。这是因为 SNR 会随 LED 总功率的增加而增加，从而提高了在自适应 M-QAM 调制中采用较大 M 的概率。从图中还可以得出因倾斜接收平面而增加的平均 SE。在仅部署一个 LED 时，SE 的平均增量约为 0.36 (b/s)/Hz，当 LED 功率为 9 W 时，最大增量为 0.47 (b/s)/Hz。在部署 4 个 LED 时，SE 的平均增量约为 0.18 (b/s)/Hz，当 LED

总功率为 9 W 时，最大增量为 0.23 (b/s)/Hz。

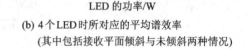

图 3-35　LED 的部署

3.3.2　LED 排列技术

在室内 VLC 系统中，需要保证整个房间内的信号都具有一致的 SNR 和 BER 性能，尤其是当室内有多个用户时，这一条件更为重要。正如 3.3.1 节所讨论的，在一个典型房间内，通常将 LED 放置在天花板的中心位置（称之为中心 LED 排列）。中心 LED 排列法会使室内不同位置的 SNR 相差很远，从而严重影响信号的接收质量。第 3.3.1 节讨论了通过倾斜接收平面来提升室内 VLC 系统性能的技术。倾斜接收平面可以在一定程度上减小 SNR 的变化，但也会大大增加接收机设计的复杂性。本小节将介绍一种高效的 LED 排列技术，有效降低 SNR 变化，从而提高整个房间内 VLC 系统的 BER 性能。因此，无论用户处于室内的哪个位置，它们接收到的信号均具有相同的性能。

1. LED 排列

为了证明 LED 排列技术的有效性，首先在天花板的中心位置部署 16 个相同的 LED。该情况下，相邻 LED 之间的间隔为 0.2 m，每个 LED 的发射功率为 125 mW，因此 16 个中心 LED 的总发射功率为 2 W。表 3.4 给出了本小节所用到的 VLC 系统中的相关参数。在室内共取了 100 个样点位置，这些位置均匀地分布在光检测器所处的平面上。为了计算房间中每个位置所接收到的信号质量，引入参数 Q_{SNR} 并将其定义为

$$Q_{\text{SNR}} = \frac{\overline{\text{SNR}}}{2\sqrt{\text{var(SNR)}}} \tag{3.47}$$

式中，$\overline{\text{SNR}}$ 是 SNR 的均值，var(SNR) 表示 SNR 的方差。Q_{SNR} 的值越大，说明整个房间内 SNR 的分布越均匀。图 3-36 为 SNR 分布图，其中 SNR 最大值与最小值之间的差距约为 14.5 dB，此时相应的 Q_{SNR} 约为 0.5 dB，表示室内 SNR 变化较为剧烈，接收信号的质量与用户的位置紧密相关。在计算 SNR 分布的过程中，由于室内 LOS 光占主导地位，因此可忽

略墙的反射或 ISI 产生的影响。然而，在下一节对 BER 性能的分析中需将它们考虑在内。

　　图 3-36 所示较差的 SNR 性能是由中心 LED 排列方式造成的，此时，位于房间角落的用户与 LED 之间的距离要远大于位于房间中心位置的用户与 LED 之间的距离。

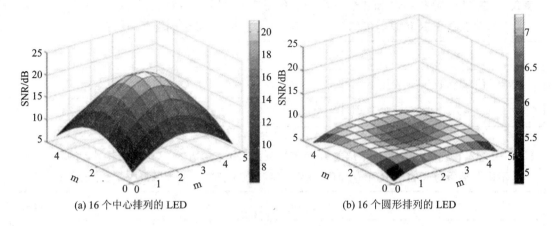

(a) 16 个中心排列的 LED　　　　　　　　　　　　(b) 16 个圆形排列的 LED

图 3-36　LED 的总功率为 2 W 时室内 VLC 系统的 SNR 分布

　　如果将 LED 对称地放置在天花板的中心，由于不同用户和 LED 之间的距离差减小了，那么 SNR 分布将会得到很大的改善。采用圆形 LED 排列技术可以减小 SNR 波动，如图 3-36(b)所示，给出了部署 16 个 LED 时的 SNR 分布，其中 LED 均匀地分布在天花板上半径为 2.5 m 的圆周上，与 16 个中心排列的 LED 一样，此时每个 LED 也具有相同的发射功率。从图中可以看出，SNR 的峰谷差从 14.5 dB 减少至 2.4 dB，Q_{SNR} 则由 0.5 dB 增加至 9.3 dB。这证明在圆形 LED 排列下，信号质量非常高，通信系统性能也得到了极大改善，此时几乎不必考虑用户位置对接收信号性能的影响。

　　尽管圆形 LED 排列下的 Q_{SNR} 高达 9.3 dB，但从图 3-36(b)中可以看到，房间 4 个角落处的 SNR 仍小于其它位置的。为了进一步提高室内 4 个角落处的 SNR，可在每个角落都增设一个 LED。如图 3-37(a)所示，假设角落处 LED 与距其最近的墙壁之间的距离均为 0.1 m。为了做一个公平的比较，仍将 LED 总功率保持在 2 W，位于圆上的 LED 数量减少至 12 个，故 LED 总数保持不变。令圆上 LED 和角落处 LED 的发射功率分别为 $P_{t, \text{circle}}$ 和 $P_{t, \text{corner}}$。调整四个角落处 LED 以及均匀分布在圆上的 12 个 LED 的功率，可使接收光信号功率 P_r 的变化达到最小值，即

$$\min \text{var}(P_r) = \min E\big[(P_{r, j} - E(P_{r, j}))^2\big] \tag{3.48}$$

式中，$E(\cdot)$ 表示平均值，$P_{r, j}$ 是取样位置 j 处的接收功率，可以表示为

$$P_{r, j} = \sum P_{t, \text{corner}} H(0)_{\text{corner}} + \sum P_{t, \text{circle}} H(0)_{\text{circle}} \tag{3.49}$$

　　下面，为了使 SNR 变化达到最小，可以改变 LED 所围成圆的半径、角落处 LED 与距其最近的墙之间的距离。表 3.6 和表 3.7 给出了相关结果。如表 3.6 所示，当 LED 与距其最近的墙之间的距离为 0.1 m 时，LED 所围成圆的最佳半径为 2.2～2.3 m，此时 Q_{SNR} 达到最大值。表 3.7 说明，当圆的半径为 2.2 m 时，角落处 LED 与距其最近的墙之间的最佳距离为 0.1 m。同时还能看出，当每个角落处的 LED 和每个圆上 LED 的发射功率分别为 238 mW 和 87 mW 时，Q_{SNR} 可取到最大值。图 3-37(b)给出了改善后的 SNR 分布，其中

SNR 的峰谷差仅为 0.85 dB，相应的 Q_{SNR} 为 12.2 dB。上述结果说明，在给定参数（如表 3.4 所示）的条件下，12 个圆形 LED 和 4 个角落 LED 的排列方式可以为多个用户提供几乎相同的通信质量，且与用户在室内的位置无关。

表 3.6　在 12 个圆形 LED 和 4 个角落 LED 的排列方式下，天花板上圆形 LED 阵列的不同半径所对应的 SNR 和 Q_{SNR} 值（其中，角落处 LED 与距其最近的墙之间的距离为 0.1 m）

半径/m	2.1	2.2	2.3	2.5
SNR 范围/dB[最小值，最大值]	[5.5, 6.4]	[5.6, 6.5]	[5.5, 6.5]	[5.3, 6.5]
Q_{SNR}/dB	12.1	12.2	12.2	11.5

表 3.7　在 12 个圆形 LED 和 4 个角落 LED 的排列方式下，角落处 LED 与距其最近的墙之间的不同距离所对应的 SNR 和 Q_{SNR} 值（其中，LED 在天花板上所围圆形的半径为 2.2 m）

半径/m	0.5	0.25	0.15	0.1
SNR 范围/dB[最小值，最大值]	[6.0, 7.4]	[5.9, 6.8]	[5.7, 6.6]	[5.6, 6.5]
Q_{SNR}/dB	10.7	11.7	12.1	12.2

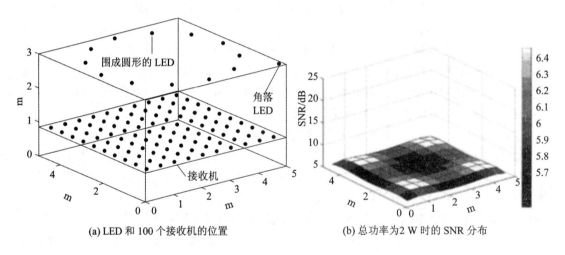

(a) LED 和 100 个接收机的位置　　　　(b) 总功率为 2 W 时的 SNR 分布

图 3-37　将 12 个 LED 围成圆形并将 4 个 LED 放置在角落的排列方式

2. BER 分析

如前文所述，12 个圆形 LED 和 4 个角落 LED 的排列方式可以提供近似均匀分布的 SNR，且与用户在室内的位置无关。然而，由于接收机将收到来自所有 LED 的光信号，而这些 LED 与接收机的距离相差很大，因此会导致 ISI 的增加，从而降低 BER 性能。如果不考虑反射作用，在该排列方式下，不同 LED 发出的光束到达角落处接收机的最大时间差为 15.9 ns；但若将 16 个 LED 置于天花板的中间，最大时间差仅为 2.34 ns。图 3-38 给出了速率为 100 Mb/s 的双极性 OOK 信号的 BER 性能。

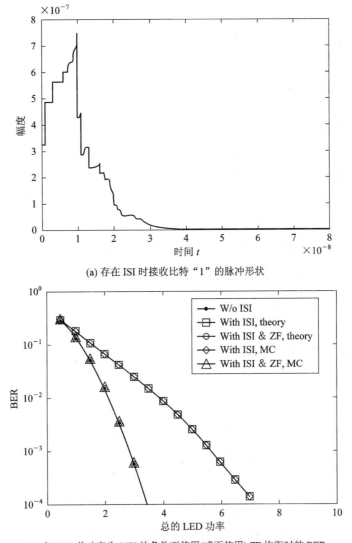

(a) 存在 ISI 时接收比特 "1" 的脉冲形状

(b) 在 LED 总功率为 2 W 的条件下使用(或不使用) ZF 均衡时的 BER

图 3 - 38　当接收机位于角落时速率为 100 Mb/s 的双极性 OOK 信号的 BER 性能

　　本小节将具体分析在 12 个圆形 LED、4 个角落 LED 的排列方式下,速率为 100 Mb/s 的双极性 OOK 信号的 BER 性能。在 BER 分析中只考虑一阶反射。首先讨论将接收机置于角落时的最坏情况,其坐标为[0.25 m,0.25 m,0.85 m],此时 ISI 最为严重。设反射和调制指数分别为 0.7 和 0.2。

　　图 3 - 38(a)绘制了在上述排列方式下,接收比特"1"的脉冲形状。从图中可以看出,接收比特"1"的持续时间超过了 30 ns,是传输比特周期 $T = 10$ ns 的三倍以上。设归一化信道响应为 $\boldsymbol{h} = [1, a_1, \cdots, a_k]$,其中 $a_i (i = 1, 2, \cdots, k)$ 表示当前比特与其后第 i 个比特之间的 ISI。设 I_m 为当前接收到的比特,其幅度为 $\pm \sqrt{E_b}$,在 I_m 之前接收的 k 个比特设为 $I_{m-1}, \cdots, I_{m-k}$。将前面 k 个比特所产生的 ISI 考虑在内,则当前接收信号 y_m 可以表示为

$$y_m = I_m + \sum_{i=1}^{k} a_i I_{m-i} + n \tag{3.50}$$

式中，n 是功率谱密度为 $N_0/2$ 的加性高斯白噪声。设 $P(e \mid I_m = \sqrt{E_b})$ 是当前接收比特为"1"，即幅度为 $\sqrt{E_b}$ 时的条件误差概率，那么 $P(e \mid I_m = \sqrt{E_b})$ 可以表示为

$$P(e \mid I_m = \sqrt{E_b}) = \sum P(I_{m-1}, \cdots, I_{m-k}) P(e \mid I_m = \sqrt{E_b}, I_{m-1}, \cdots, I_{m-k})$$

(3.51)

式中，$I_{m-1}, \cdots, I_{m-k}$ 是前面接收到的 k 个比特的组合，并且 $I_{m-i}(i=1, 2, \cdots, k) = \pm\sqrt{E_b}$，也就是说，前面接收到的 k 个比特只能是 1 或 0。应注意，对双极性 OOK 信号来说，0 对应的是 -1。$P(I_{m-1}, \cdots, I_{m-k})$ 是该组合出现的概率。$P(e \mid I_m = \sqrt{E_b}, I_{m-1}, \cdots, I_{m-k})$ 是在前面所接收 k 个比特的其中一种组合出现的条件下，当前接收比特为 1 的条件误差概率。例如，当前面接收到的 k 个比特和当前接收比特均为 1 时，公式(3.51)中的条件误差概率为

$$\begin{aligned}
& P(e \mid I_m = \sqrt{E_b}, I_{m-1} = I_{m-2} = \cdots = I_{m-k} = \sqrt{E_b}) \\
&= P(y_m < 0 \mid I_m = I_{m-1} = I_{m-2} = \cdots = \sqrt{E_b}) \\
&= P\left(y_m = \sqrt{E_b}\left(1 + \sum_{i=1}^{k} a_i\right) + n < 0\right) \\
&= P\left(n < -\left(1 + \sum_{i=1}^{k} a_i\right)\sqrt{E_b}\right) \\
&= Q\left(\left(1 + \sum_{i=1}^{k} a_i\right)\sqrt{\frac{2E_b}{N_0}}\right)
\end{aligned}$$

(3.52)

式中，$Q(\cdot)$ 是 Q 函数。由于比特 1 和 0 出现的概率是相同的，所以整体 BER 性能可以表示为

$$P_e = \sum P(I_{m-1}, \cdots, I_{m-k}) P(e \mid I_m = \sqrt{E_b}, I_{m-1}, \cdots, I_{m-k})$$

(3.53)

由于前面 k 个比特也将产生 ISI，所以如果不对接收信号进行均衡的话，其 BER 性能将会大大降低。因此可采用时域迫零(Zero-Forcing, ZF)均衡来减少 ISI。设 $\{c_n\}$ 是 ZF 均衡器的系数，$\{q_n\}$ 是均衡器的输出。那么 $\{q_n\}$ 是 $\{c_n\}$ 和信道响应 h 的卷积，理想情况下可将 $\{q_n\}$ 表示为

$$q_n = \sum_{m=-\infty}^{\infty} c_m h_{n-m} = \begin{cases} 1, & n = 0 \\ 0, & n \neq 0 \end{cases}$$

(3.54)

对于抽头数量有限的非理想均衡器，当 $n \neq 0$ 时，$q_n \neq 0$。用 $\{q_n\}$ 代替公式(3.50)中的 $h = [1, a_1, \cdots, a_k]$，并将 y_m 代入公式(3.53)，可得到采用时域 ZF 均衡后改善的 BER 性能。

图 3-38(b) 分别给出了在使用和未使用 ZF 均衡时，对 BER 性能的理论分析和 Monte-Carlo 仿真结果。从图中可以看出，理论分析与仿真结果吻合（它们在图中几乎重叠）；使用 ZF 均衡后，BER 性能得到了显著提升。例如，在未使用 ZF 均衡时，为了达到 5×10^{-4} 的 BER，所需的 LED 总功率为 6.2 W；而使用 ZF 均衡后，所需的 LED 总功率减少至 3.0 W。同时还可以看出，使用 ZF 均衡得到的 BER 性能与不存在 ISI 时的 BER 性能几乎相同（两条曲线完全重合），这说明通过 ZF 均衡可以完全消除 ISI。若使用 FEC 码，那么在该 BER 要求下可实现无差错传输。

3. 容量分析

对于具有噪声的通信信道，其信道容量定义为信道的输入和输出之间的最大互信息量。对于离散输入和连续输出的 VLC 信道，信道容量可以表示为

$$C = \max_{P_x(\cdot)} I(X; Y) = \max_{P_x(\cdot)} \sum_{x \in X} P_X(x) \int_{-\infty}^{\infty} f_{Y|X}(y \mid x) \, \text{lb} \, \frac{f_{Y|X}(y \mid x)}{f_Y(y)} \, \text{d}y \quad (3.55)$$

式中，$P_x(\cdot)$ 代表输入分布函数，x 表示 X 中的离散输入字节。当给定输入字节 x 时，$f_Y(y)$ 是连续输出信号 y 的概率密度函数；$f_{Y|X}(y\,|\,x)$ 是 y 的条件概率密度函数。若离散输入信号为双极 OOK 信号，此时的 $f_{Y|X}(y\,|\,x)$ 表达式可写为

$$\begin{cases} f_{Y|X}(y\,|\,x=-1)=\dfrac{1}{\sqrt{2\pi}\,\sigma_N}\exp\left(-\dfrac{(y+1)^2}{2\sigma_N^2}\right) \\[2mm] f_{Y|X}(y\,|\,x=+1)=\dfrac{1}{\sqrt{2\pi}\,\sigma_N}\exp\left(-\dfrac{(y+1)^2}{2\sigma_N^2}\right) \end{cases} \tag{3.56}$$

式中，σ_N^2 是噪声方差。考虑到在 3.3.3 节 BER 分析中所讨论的 ISI，公式(3.56)中的条件概率密度函数可以表示为

$$\begin{aligned} f_{Y|X}(y_m\,|\,x_m) &= \sum p(x_{m-1},\cdots,x_{m-k})f_{Y|X}(y_m\,|\,x_m,x_{m-1},\cdots,x_{m-k}) \\ &= \sum \frac{p(x_{m-1},\cdots,x_{m-k})}{\sqrt{2\pi}\,\sigma_N}\exp\left(-\frac{(y-[x_m,x_{m-1},\cdots,x_{m-k}][1,a_1,\cdots,a_k]')^2}{2\sigma_N^2}\right) \end{aligned}$$

$$\tag{3.57}$$

式中，$\boldsymbol{h}=[1,a_1,\cdots,a_k]$ 代表信道响应系数矩阵，x_m 是当前的传输位置，x_{m-1}，$\cdots$，x_{m-k} 分别为前 k 个传输位置。将公式(3.57)代入公式(3.55)，能够计算出 VLC 系统中具有 ISI 双极性 OOK 信号的信道容量。

图 3-39 描绘了布署 12 个圆形 LED 以及 4 个角落 LED 的场景下，分别使用或不使用 ZF 均衡时 100 Mb/s 双极性 OOK 信道容量与 LED 总功率之间的关系。

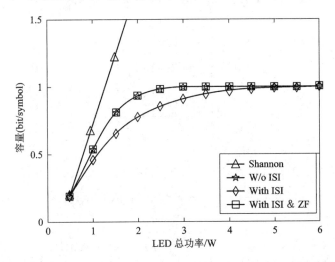

图 3-39　布置 12 个圆形 LED 和 4 个角落 LED 的场景下 100 Mb/s 双极 OOK 信号的信道容量

通过图 3-39 可以看出，当 LED 总功率较低时（小于 4 W），ZF 均衡显著提高了信道容量；而且在 ZF 均衡条件下 LED 总功率为 2 W 时的信道容量几乎达到最大值。从图中还可以看出，ZF 均衡条件下的信道容量与没有 ISI 的信道容量几乎相同。为了便于参考，图 3-39 中还给出了 Shannon 容量。

3.3.3　光照强度控制技术及其在 VLC 系统中的性能

在 VLC 系统中，LED 的两个主要功能是照明和通信，LED 的亮度可根据使用者的要

求和舒适度进行调整。此外，调低 LED 的亮度还可以节约能源。脉冲宽度调制技术（PWM）作为一种常见的调光控制技术而被广泛应用，通过调整 PWM 信号的占空比，可以改变 LED 的亮度，且不会影响 LED 的电流值。

如图 3-40 所示，LED 的电流由 PWM 调制，在整个周期内可通过改变通电时间来控制亮度。

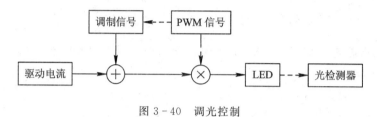

图 3-40　调光控制

在 PWM 信号的整个调制周期中，灯光会变暗。数据仅在接通时间内被调制到灯光上，如图 3-41 所示。

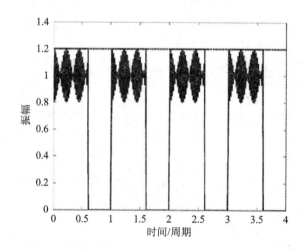

图 3-41　具有调光控制的信号波形（占空比为 0.6）

由于 LED 的电流始终保持恒定，因此可通过 PWM 调光控制信号来调节 LED 的亮度。

当 PWM 信号的占空比设置为 1 时，所有的 LED 均呈现照明状态，并且会达到最强的光亮度；当占空比减小时，部分 LED 处于关闭状态。PWM 信号持续调制期间的指示灯就会变暗。当 PWM 信号较弱时，会引起闪烁，同时也会对使用者的健康产生危害，因此 PWM 的频率要高于 200 Hz。

1. 基于调光控制的双极性 OOK 信号

与无调光控制的情况相比，采用调光控制可以缩短 PWM 调光控制周期（T）内的数据传输时间。虽然在采用 PWM 调光控制信号时，BER 性能在特定调制格式下保持不变，但是在整个 PWM 周期中传输的比特数会减少，这实际上降低了平均数据速率。为了解决这个问题，当 LED 变暗时，数据传输速率应当适当提高，这样才能保证传输的比特数保持不变。这就意味着，应满足下面的等式关系：

$$R_1 TD = R_0 T \tag{3.58}$$

式中，R 代表了双极性 OOK 信号的数据速率；D 代表了 PWM 调光控制信号的占空比；下标"0"和"1"分别对应无光控制和有光控制的情况。

　　在以下分析中，假设 OOK 信号的原始数据速率 R_0 为 10 Mb/s，且不进行调光控制。如图 3-42(a)所示，在调光控制下，自适应数据速率与 PWM 调光控制信号的占空比成反比，以此来维持传输比特数的恒定。由此可见，自适应数据速率 R_1 应该高于原始数据速率 R_0，并随着占空比的降低而增加。例如，当占空比为 0.1 时，自适应数据速率应当是原始数据速率的 10 倍。

　　双极性 OOK 信号的 BER 性能可表示为

$$\text{BER} = Q(\sqrt{2\text{SNR}}) \tag{3.59}$$

式中，$Q(\cdot)$ 是 Q 函数。

　　通过公式(3.59)可看出，当占空比减小时，噪声功率随着数据速率的增大而增大，此时 SNR 降低并进而导致 BER 性能变差。在调光控制下，当 BER 小于 10^{-3} 时，可通过前向纠错码实现无差错传输。将公式(3.35)带入公式(3.59)，可得到

$$\text{BER} = Q(\sqrt{2\text{SNR}}) = Q\left(\frac{\sqrt{2}\,RH(0)P_t M_1}{\sigma(P_t)}\right) \tag{3.60}$$

　　根据公式(3.36)可知，双极性 OOK 信号的平均功率 $\overline{f(t)^2}$ 是固定的，而噪声方差 σ^2、LED 的功率 P_t 与接收到的总光功率 P_r 有关。通过求解公式(3-60)可以得出结论：当 LED 和接收机的位置固定时，无须应用调光控制就能够实现 BER 达到 10^{-3} 所需的 LED 功率，但这与调制指数 M_1 和噪声方差有关。

　　在以下情况中，假定 LED 和接收机的位置分别为[2.5 m，2.5 m，3.0 m]和[3.75 m，1.25 m，0.85 m]，另外假定照明度与 LED 的驱动电流成正比。值得注意的是，在调光控制下，实现 BER 为 10^{-3} 所需的 LED 功率需保持不变。图 3-42(b)描绘了 BER 为 10^{-3} 情况下所需的 LED 功率，而无须对占空比进行调光控制。当占空比从 1 向 0.3 变化，即 LED 的光照度降至初始光照度的 30% 时，无调光控制的 LED 功率逐渐增加到 0.35 W 和 0.24 W，所对应的调制指数分别为 0.2 和 0.3。但是，当占空比从 0.3 变到 0.1 时，LED 的光照度仅为初始的 10%，无调光控制的 LED 的功率从 0.35 W 急剧增长到 0.72 W，此时的调制指数为 0.2；若将调制指数变为 0.3，对应的功率从 0.24 W 增加到 0.48 W。由于 LED 的功率在整个调光控制方案中保持不变，并且为了在 0.1～1 的整个占空比范围内实现量级为 10^{-3} 的 BER，因此当调制指数为 0.2 时，LED 的功率应该设置为 0.72 W；当调制指数为 0.3 时，LED 的功率应该设置为 0.48 W。通过这种方法，在应用调光控制时，LED 的功率保持恒定，而且平均数据速率和 BER 为 10^{-3} 都可以得到保证。通过上述的研究可以得出：在具有调光控制的 OOK VLC 系统中，不仅需要提高数据速率，还需要提高 LED 的功率，这样才能够使得占空比为 0.1～1 时的 BER 和平均数据速率保持为一个恒定的值，最终保证系统的通信质量。

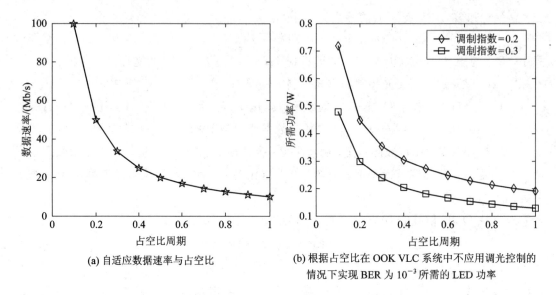

(a) 自适应数据速率与占空比　　　　(b) 根据占空比在 OOK VLC 系统中不应用调光控制的
情况下实现 BER 为 10^{-3} 所需的 LED 功率

图 3-42　OOK 调制下 M-QAM 性能

2. 基于调光控制的 M-QAM OFDM 信号

本小节将分析并讨论在调光控制方案下的自适应 M-QAM OFDM 信号的性能，其中 M 代表信号星座点的数量。由于 M-QAM 信号的一个字节承载 $\mathrm{lb}(M)$ 个比特，因此传输的比特总量可以通过增加码元速率或者使用更高级的 M-QAM 来保持传输比特总数的恒定。假定 M_0 是信号星座中的初始点数，M_1 是信号星座中的自适应点数，便可得出

$$\begin{cases} \mathrm{lb}(M_1)R_1 TD = \mathrm{lb}(M_0)R_0 T \\ R_1 = \dfrac{\mathrm{lb}(M_0)R_0}{\mathrm{lb}(M_1)D} \end{cases} \tag{3.61}$$

式中，R_0 是无调光控制下 M-QAM 信号的原始数据速率，而 R_1 是有调光控制下 M-QAM 信号的自适应数据速率，假设 R_0 为 10 Mb/s，将公式(3.36)中每个字节的 SNR 代入公式(3.44)，未进行调光控制的 M-QAM 信号的 BER 可以表示为

$$\mathrm{BER} \approx \frac{4}{\mathrm{lb}(M)}\left(1 - \frac{1}{\sqrt{M}}\right)Q\left(\sqrt{\frac{3}{M-1}\frac{(RH(0)P_tM_t)^2}{\sigma^2(P_t)}}\right) \tag{3.62}$$

式(3.36)中 M-QAM 信号的平均功率 $\overline{f(t)^2}$ 是固定的。通过求解公式(3.62)，得到了在没有应用 M-QAM 信号调光控制时，实现 10^{-3} 的 BER 所需 LED 的功率。注意，在 VLC 系统中应用 OFDM 时，由于使用了 Hermitian 的对称性，因此带宽速率至少为数据速率的两倍。此外，式(3.44)和式(3.62)表示具有方形星座的 M-QAM 信号的 BER 性能。对于一个非方形星座的 M-QAM，通过 Monte-Carlo 仿真，便可得到每个数据的 SNR 阈值。

在式(3.61)和式(3.62)的基础上，可以计算出不同占空比下的 R_1 和 M_1 的值。表 3.8 中列出了具有调光控制的自适应 M-QAMM_1 和占空比的关系。

表 3.8　具有调光控制的自适应 M-QAM 的 M_1 和占空比的关系

占空比	0.1	0.2	0.3	0.4	0.5	0.6	0.7	0.8	0.9	1.0
M_1	256	128	64	32	16	16	8	8	8	4

与预期结果一致，M_1 的值随着占空比的减少而增加。图 3-43(a)中描绘出了自适应数据速率 R_1 和占空比之间的关系。

当占空比小于 0.3 时，自适应数据速率较高，这样才能够保证通信的质量。当占空比为 0.1 时，最高自适应速率是原始数据速率的 2.5 倍，这与占空比为 0.4 时的 OOK 信号相同。因此，与 OOK 信号相比，M-QAM 信号的数据速率增加是适度的。图 3-43(b)描绘出了 LED 所需的功率与占空比之间的关系。

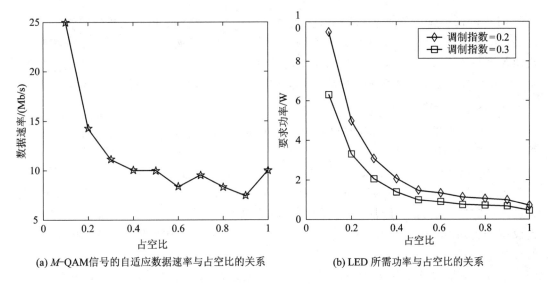

(a) M-QAM信号的自适应数据速率与占空比的关系　　　(b) LED 所需功率与占空比的关系

图 3-43　M-QAM 性能

当占空比大于 0.4 时，LED 所需要的功率会随着占空比的降低而缓慢增加；当占空比达到 0.9、调制指数分别为 0.2 和 0.3 时，未用调光控制的 LED 的功率分别为 0.97 W 和 0.65 W，显然该功率大于占空比为 0.1 时的 OOK 信号所需的 LED 功率。然而，当占空比小于 0.4 时，LED 所需要的功率会迅速增加，当占空比下降到 0.1、调制指数分别为 0.2 和 0.3 时，M-QAM OFDM 信号所需的 LED 功率分别为 9.5 W 和 6.3 W，这比 OOK 信号对应的 LED 所需要的功率高出 13 倍以上。因此，当占空比大于 0.4 时，自适应 M-QAM OFDM 信号与调光控制的结合仍然是一个较优选择。当不采用调光控制时，所需 LED 的功率约为 2 W，且自适应数据速率低于原始数据速率。

本节提出了提高可见光通信性能的三种方法，其中第 3.3.1 节通过一种接收机平面的倾斜技术来减轻房间内的信噪比波动。在布署 1 个 LED 和 4 个 LED 的场景中，应用该方案可以分别提高 5.69 dB 和 4.14 dB 信噪比性能，相应的最大频谱效率的改进分别为 0.47 (b/s)/Hz 和 0.23 (b/s)/Hz。第 3.3.2 节通过一种 LED 装置来提高 SNR 和 BER

性能。结果表明，将 12 个 LED 布置在一个圆内，4 个 LED 布置在角落，这种布置方式的性能优于其它布置方式。通过使用 ZF 均衡，这种 LED 装置能够为房间内不同位置的所有用户提供几乎相同的通信质量。3.3.3 节中讨论了两种不同的调制格式在调光控制方案下的 VLC 系统的性能，这两种调制格式称为 OOK 和 M-QAM OFDM。结果表明，当原始数据速率为 10 Mb/s 时，OOK 信号的自适应数据速率远大于原始数据速率，且所需的 LED 功率小于 1 W。当占空比大于 0.4 时，M-QAM OFDM 信号的自适应数据速率不超过原始数据速率，且没有调光控制所需的 LED 的功率总是大于 OOK 信号所需 LED 的功率。

3.4 可见光通信标准

3.4.1 VLC 标准的范畴

VLC 的优点是其光源为 LED 灯，根据 IEC TC 34 的规定，相关人员已经制定了照明标准，其中涵盖了灯具与电子电源之间的安全连接。可见光通信标准需要发送方和接收方之间签署一些协议，比如 PLASA E1.45 和 IEEE 802.15.7 协议，还需要遵守用电安全的规则。此外，相关人员还要考虑到兼容性，即 VLC 的服务区域、照明、供应商和标准等。

1. 服务区域的兼容性

在不同的照明空间区域能够提供可见光通信服务，这个照明空间区域可以是博物馆、购物中心、走廊、办公室、餐厅等。VLC 照明服务又可划分为两种不同的 VLC 服务，其中一种用于特定的区域，例如公司或者一个集团所在的位置，在该位置可以使用专用设备；另一种则是公共区域，在该区域内，通信设备必须与通信标准兼容。但研究人员为特定区域进行设计时，不需要任何 VLC 标准。特定 VLC 的设计很容易完成，而且没有任何限制，这是因为该设计基于专有的技术，而不是按照图 3-44 中(4)所定义的标准来实现。

通过专有技术设计出的 VLC 具有第一阶段快速部署、廉价的优点，但是缺乏 VLC 服务区域的兼容性，如图 3-44 的(2)、(5)、(6)。再如图 3-44 中的(1)和(3)，研究人员需要一个标准来保证 VLC 服务区域与其它类型的服务区域之间的兼容性，国际标准可以是 IEEE 802.15.7 和 PLASA E1.45。

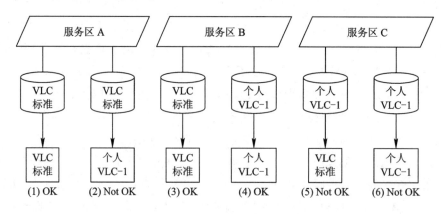

图 3-44 VLC 服务区域兼容性示例

2. 照明兼容性

研究人员制作了具有多种照明功能、固定装置和颜色的 LED。它们的功能和形状因预期的用途而不同。虽然 LED 照明系统的种类繁多，但可见光通信标准必须与各种 LED 系统相兼容。因此，研究人员需要了解 IEC TC 34 中的 LED 照明标准，以便于开发新的标准。其中包括 LED 照明中的 VLC 组件标准，如图 3 - 45 所示。

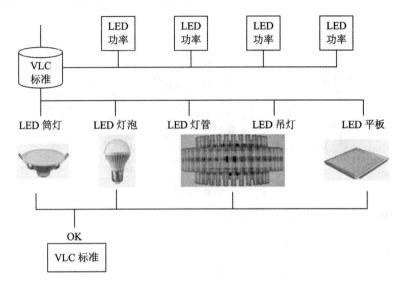

图 3 - 45　VLC 照明兼容性

3. 供应商兼容性

目前有很多的 LED 照明供应商可以自由引进和回收 LED 照明产品，但需要注意以下问题：① 照明端随时可能会停止运行或达到最长工作寿命；② 所设计的 VLC 必须与其供应商所提供的装置兼容。通常情况下，相关人员可以选择 LED 照明和接收终端，无须选择特定的供应商或产品，并可随时更换产品、制造商和供应商，如图 3 - 46 中的(1)和(2)。

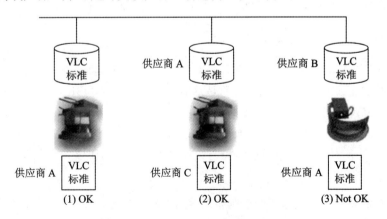

图 3 - 46　VLC 供应商兼容性

在图 3 - 46(3)所示的情况中，由于缺少供应商的兼容性，会引起一系列的问题。若相关人员没有得到与 VLC 相兼容的产品，就需要重新安装设备、更换接收终端或者放弃

VLC 服务。

4. 标准兼容性

可见光通信有 IEEE 802.15.7 VLC PHY/MAC、IEC TC 34 LED 照明、PLASA E1.45 DMX 512-A VLC 和 LED 光源 Zhaga 发动机几个标准。IEEE 802.15.7 VLC PHY/MAC 在 2011 年发行,它涵盖了 VLC PHY 内部的 LED 照明和 VLC PHY 接收机,见图 3 - 47。

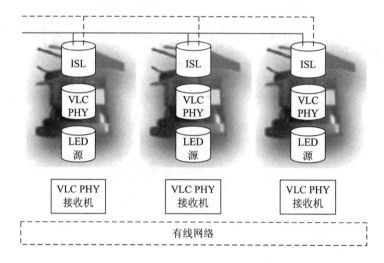

图 3 - 47　可见光通信标准兼容性

研究人员正在开发包括可见光通信在内的数字部件,这将应用于 IEC TC 34 LED 智能系统照明(Intelligent System Lighting,ISL)。早在 2013 年发行的 PLASA E1.45 DMX 512-A VLC 标准实现了 LED 照明和控制服务器之间的有效传输。Zhaga 适用于 LED 光照明源,而 LED 照明开关可以通过无线网络进行控制,比如 ZigBee、IrDa、蓝牙和 WiFi。很多标准组织或工作组可以同时制定国际或国内标准规范,他们之间可以交换文件、分享标准以及起草规范,但必须保持标准的兼容性。随着时间的推移,现有的标准会不断更新,以保证更为适用的兼容性。这为开发人员和最终用户提供了一致标准,以保证通信的实现。

3.4.2　调制标准

IEEE 802.15.7 VLC 有三个不同的 PHY(物理层),这主要取决于应用程序:PHY Ⅰ、PHY Ⅱ 和 PHY Ⅲ。PHY Ⅰ 主要针对的是具有低数据速率的户外应用。PHY Ⅰ 使用开关键控(OOK)和脉冲位置调制(VPPM),数据速率能达到数十到数百 kb/s。PHY Ⅱ 适于中等数据速率的室内应用。当这种模式使用 OOK 和 VPPM 调制时,数据速率为几十 Mb/s。PHY Ⅲ 适用于具有多个光源的频移键控与数据速率为几十 Mb/s 的检测器。

1. VPPM

由于 VLC 需要一种与调光照明控制相兼容的策略,因此引入了可变脉冲调制(VPPM)。

VPPM 可以结合 2-PPM 与 PWM 进行调光控制,VPPM 中的比特"1"和"0"由脉冲位置来区分,而脉冲宽度由调光比决定。图 3 - 48 为 VPPM 的原理。

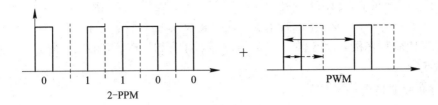

图 3 - 48　VPPM 原理

2. 线路编码

常用光纤线路码，如 4B 6B 线路码，其特点是将原始的每 4 位编码块扩展为具有 DC 平衡的 6 位编码块，DC 平衡特性意味着在 6 个编码块的每个块位中总是包括 3 个 0 和 3 个 1。

3.4.3　VLC 传输标准

可见光通信的数据传输类型有两种，即固定数据类型和可变数据类型。其中，可变数据类型可以根据有线传输协议或无线传输协议来实现数据的变化。

1. 有线传输协议

常用的有线可见光通信数据传输协议有两种：即 PLASA E1.45 DMX 512-A VLC 和 IEC 62386 DALI（Digital Addressable Lighting Interface，数字可寻址照明接口）VLC，如表 3.9 所示。

表 3.9　用于可见光通信的有线传输协议

标准规范	发布机构	功　能
E1.45 DMX 512-A VLC	PLASA	采用 IEEE 802.15.7 标准来传输数据的可见光通信协议，用于采用可见光通信 IEEE 802.15.7 标准来传输数据的照明设备
IEC 62386 DALI	IEC TC 34	电子照明设备数字控制协议

该协会制定了可见光通信技术的规范标准。PLASA E1.45 DMX 512-A VLC 标准于 2013 年发布，允许通过 ANSI E1.11 DMX 512-A 数据链路将基于 IEEE 802.15.7 标准传输的数据传输到光通信节点中，以便实现有效的可见光数据传输。同时 DXM 512-A 也可用于室外媒体外墙的 LED 照明通信。

IEC 62386 DALI 是上述的另一种可见光通信传输数据的扩展协议，该协议规定了电子照明设备的数字信号控制。其中，DALI 主要用于室内照明的调光控制。

2. 无线传输协议

无线传输协议有 ZigBee、IrDA、Buletooth 和无线 LAN 等。由于可见光通信是单工通信，因此需要额外的无线通信技术来弥补缺点。

ZigBee 在 IEEE 802.15.4 中定义，可在 250 kb/s 传输速率的安全网络中应用。ZigBee 还可以用于无线灯的开关以及调光控制。

3.4.4　VLC 照明标准

可见光通信技术的优点是它所使用的 LED 照明不需要另外的传输介质，因此在 VLC

中需要采用传统的照明标准，例如由 TC 34 国际电工委员会（International Electro-technical Commission，IEC）下的技术委员会所提供的相关照明标准。TC 34 于 1948 年成立，负责灯具和其它相关设备（如：灯的启辉器、灯头和灯座、灯的控制装置等）国际安全标准的制定。

1. LED 光源接口

Zhaga 国际联盟致力于制定接口规范，以使不同制造商生产的 LED 光源之间具有互换性。Zhaga 制定了一系列的规范（称为规格书），描述了 LED 灯具和 LED 光引擎之间的接口。这将有利于 LED 照明解决方案在市场中的应用。技术规格书共八册，第 1 册为概述（对各个 Zhaga 接口规范中涉及的内容和器件接口进行定义）；第 2、5、6、8 册分别定义了不同规格的插座式圆形 LED 模块中 LED 光引擎接口；第 3 册定义了非插座式圆形 LED 模块中 LED 光引擎接口；第 4、7 册分别定义了不同规格的非插座式矩形 LED 模块中的 LED 光引擎接口。

虽然可见光通信技术采用 LED 作为光源，但是人们还没有把 Zhaga 的 LED 模块规范充分地应用于可见光通信中。但是，在开发可见光通信的物理层和应用层服务时，必须把 Zhaga 的 LED 模块规范考虑在内。

2. 设施接口

IEC TC 34 一直在制定有关灯具规格的国际标准，其中包括 LED 灯、灯头和灯座、灯的控制装置、灯具的标准化工作以及其他技术委员会项目中未涉及的相关设备。

可见光通信是照明设备的功能之一。但由于 IEC TC 34 还没有为可见光通信制定任何规范，因此需要 IEC TC 34 指出如何将照明设备和所使用光的无线通信结合起来。

3. LED 智能照明接口

2014 年 1 月，IEC TC 34 智能照明系统特设工作组举行了首次面对面的会议。其会议的主要目的是研究如何在传统照明行业与信息通信技术（Information and Communications Technology，ICT）之间创造出新型的融合技术。因此，在 LED 照明功能中引入了 ICT 的应用，例如无线通信、有线通信和可见光通信，如图 3-49 所示。无线通信技术可以根据应用的具体要求，使用 ZigBee、蓝牙、IrDA 和无线局域网进行适配。

所以在可见光通信中，研究者需要致力于开发智能照明设备功能和其它信息技术（例如无线通信技术和有线通信技术）。

4. VLC 服务标准

在 IEEE 802.15.7、IEC TC 34、PLASA CPWG、TTA VLC WG、VLCC 和 ITU-T SG 16 中提出了对可见光通信标准化的规范和要求。

Advanced Optical Wireless Communication 一书第 14 章"可见光通信应用"部分的内容包括 VLC 制导系统、VLC 彩色成像系统、VLC 室内导航系统和 VLC 汽车驾驶辅助系统。VLC 制导系统通过使用特殊的照明设备，为被照射的院子、国家边界地区或基础设施等提供制导和抵御外部攻击。并且，照明设备具有识别号码（VLC ID 或 LED ID）和引导信息的功能。VLC 彩色成像系统使用了彩色灯的颜色信息，无论彩色灯是固定的颜色，还是具有可调节的颜色。VLC 室内导航系统使用可见光通信的照明设备，可在不支持 GPS 定位系统的室内区域进行定位导航。VLC 汽车驾驶辅助系统，通过使用前照灯、雾灯、转向

灯和刹车灯等灯具来保证驾驶员的安全行驶。

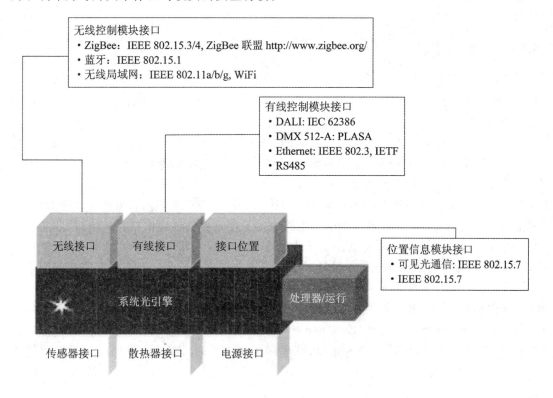

图 3-49　LED 系统光引擎与可见光通信

2007 年 5 月,TTA 的 VLC 工作组(WG4021)正式成立。2008 年,VLC 工作组制定了 TTA 5 VLC 标准规范,其中包括:用于可见光通信中发射机和接收机之间物理层的基本配置;用于照明和可见光通信 LED 接口的基本配置;使用可见光通信来获取定位信息服务模型的基本配置;用于可见光通信照明识别的基本配置。

2013 年,VLC 工作组制定了 TTA 23 VLC 和 LED 控制相关的标准草案。该草案制定了 18 项规范,主要侧重点为如何将可见光通信和照明技术相结合。

可见光通信可以为人们提供许多创造性的服务,目前还没有制定出相关的标准规范,但是可以采用 IEEE 802.15.7 中的 VLC PHY 规范和 PLASA E1.45 中的 VLC 数据有线传输规范。鉴于此,开放可见光通信市场需要有服务标准规范,因此,下一节中将从应用服务功能开发的角度为读者提供指导。

3.5　基于成像传感器的可见光通信系统

成像传感器用于数码相机和工业、媒体、医疗以及消费类电子技术应用的成像设备中。成像传感器是由许多个像素组成的,每个像素中含有一个光电二极管(Photo-Diode,PD),其通常作为 VLC 的接收机。因此,由多个像素组成的成像传感器也可以用作 VLC 的接收机。因为其具有大量可用的像素,所以使用成像传感器的一个特有的优势是能够在空间上分离源。由于多源空间的分离,因此 VLC 接收机只能使用具有感应能力的 LED 来接收传输源的像素，而丢弃其它不相关的像素。空间上分离源的特性还为 VLC 提供了一个额外的功能，即能够接收和处理多个发射源。

3.5.1　成像传感器

成像传感器是一种将光学图像转换成电子信号的电子设备，它广泛地应用在数码相机、相机模块、录像机和其它成像设备中。正如后面内容所要涉及的，成像传感器也可用于 VLC 接收机。

成像传感器由 $n \times m$ 个像素组成，其范围为 320×240（即视频图形阵列的 4 分之一尺寸固定分辨率（Quarter Video Graphics Array，QVGA））$\sim 157000 \times 18000$。每个像素中包含一个光检测器以及用于读出电路的设备。并且，每个像素的范围为 $3 \times 3 \sim 15 \times 15$ μm^2，受到光学系统的动态范围和成本的限制。光检测器占像素总面积的百分比称为填充因子，其范围为 $0.2 \sim 0.9$。在像素器件中读出电路决定了传感器的转换增益，即 PD 所收集到的每个光子的输出电压。同时读出速度还决定了帧率，运用最为广泛的帧率为 30 帧每秒（frames per second，fps 或 f/s）。但是对于许多工业和测量应用，都需要有更高的帧率产品。因此对于 VLC，也必须采用高帧率的成像传感器。

成像传感器的两种主要类型是电荷耦合器件（Charged Coupled Device，CCD）成像传感器和互补金属氧化物半导体（Complementary Metal Oxide Semiconductor，CMOS）成像传感器。除了 CCD 成像传感器和 CMOS 成像传感器外，二维 PD 阵列也大量地运用于 VLC 并行通信系统中。

1. CCD

图 3-50 为 CCD 成像传感器框图。

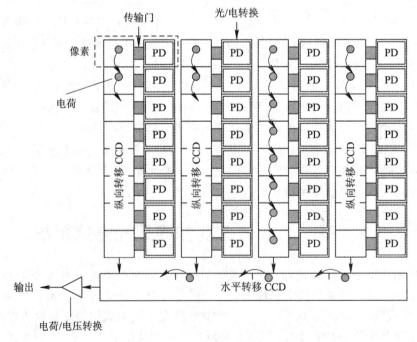

图 3-50　CCD 成像传感器框图

图 3-50 中,当曝光完成后,CCD 成像传感器依次传输每个像素的电荷数据包。然后,把电荷转换成电压并使其定向传输到芯片外。在 CCD 成像传感器中,入射光子转换成电荷,并且电荷会在 PD 的曝光时间内积累起来。由于 CCD 成像传感器采用优化后的光检测器,因此具有高填充系数、高量子效率、高灵敏度、高均匀性、低噪声、低暗电流等优点。然而,CCD 成像传感器也存在着许多缺点,例如,它不能与其它模拟电路或数字电路(如时钟发生器、控制电路或模/数转换器)集成,CCD 成像传感器需要高功率的输出,CCD 成像传感器的帧率会因传输速率的增加而受到限制,特别是对于大型的传感器。

2. CMOS

图 3-51 为 CMOS 成像传感器框图。近年来,CMOS 成像传感器因其多功能化、低制造成本和低功耗等特点而越来越受到人们的欢迎。CMOS 成像传感器的关键器件是 PD,它是像素中一个重要的组成部分。PD 通常排列在正交网格中。在操作过程中,光(光子)首先通过透镜照射到 PD,然后在 PD 处,光(光子)先转换成电压信号,再通过模/数转换器转换成数字信号并输出。其转换器输出的信号通常称为亮度数字信号。由于 CMOS 成像传感器是由许多单个 PD 构成阵列的形式,因此 PD 输出的信号(即光强度或亮度值)排列在方形矩阵中,以形成场景的数字电子表示。

CCD 成像传感器和 CMOS 成像传感器的主要区别在于读出结构不同。对于 CCD 成像传感器,电荷通过垂直和水平转移 CCD 成像传感器读出,而对于 CMOS 成像传感器,电荷或电压使用行和列解码器读出,类似于数字存储器。

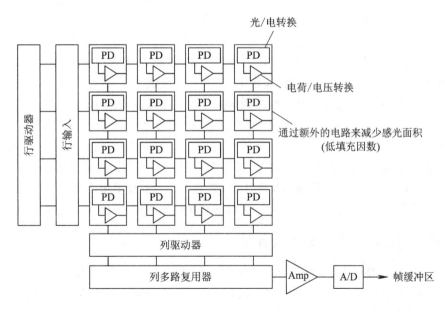

图 3-51 CMOS 成像传感器框图

3. CCD、CMOS 和 PD 的比较

表 3.10 比较了 CCD 成像传感器、CMOS 成像传感器和 PD。

在通信方面,由于 PD 比 CCD 成像传感器和 CMOS 成像传感器的速度快得多,因此单个 PD 也具有很大的优势,常常用作接收机。PD 具有制作简单、生产成本低等特点,适用于超过

Gb/s 速度的传输。并且，二维 PD 阵列也广泛用在 VLC 并行通信系统中。然而 PD 的缺点是对光具有非线性响应。

表 3.10　CCD 成像传感器、CMOS 成像传感器与 PD 的比较

	CCD	CMOS	PD
速度	中速到快速	快速	超快速
灵敏度	高	低	高
噪声	低	中等	低
系统复杂性	高	低	很低
传感器复杂性	高	低	很低
芯片输出	模拟电压	数字比特	模拟电压
能量消耗	中等	低	低
空间分离	是	是	否
产品集成	低	高	否
生产成本	中等	很低	很低

　　CCD 成像传感器的优点是成像质量高，因为 CCD 成像传感器使用了低噪声的光检测器，并且 CCD 成像传感器不会产生固定模式噪声。然而，CCD 成像传感器的缺点是不能与其它模拟或数字电路集成，其中包括时钟发生器、控制器或模/数转换器。同时，由于 CCD 成像传感器的高功耗和有限的帧速率，因此 CCD 成像传感器不适用于大型传感器。

　　CMOS 成像传感器的读出速度可以通过选择一组特定的像素，而丢弃掉其它像素来进行提高。但是如果对少量与其相关的像素进行采样，读出速度会有显著提高。因此，如果使用这种技术或其它相关技术，其帧速率可达 10000 f/s 甚至更高。

　　相对于 CCD 成像传感器，CMOS 成像传感器具有较高的产品集成性。这一优势，使得单片相机具有时序逻辑、曝光控制和模拟到数字转换等功能；此外，也能让通信像素与传统图像像素之间具有集成性。现在，计算机和其它电子产品中的大多数芯片都是使用 CMOS 技术制造的。即使建立芯片制造厂需要花费数百万美元，但是如果生产的芯片数量足够多，那么每片芯片的最终价格会非常低，尤其是在与其它技术相比时。因此，只要市场对这种芯片的需求很高，即使对于高帧率 CMOS 成像传感器来说，成本也可能大幅降低。

3.5.2　成像传感器用于可见光接收机

　　CMOS 成像传感器可用作 VLC 接收机。由于其具有大量可用的像素，因此使用 CMOS 成像传感器的一个独特优点是它能够在空间上分离源。这里的源包括噪声源（例如太阳、路灯和其它环境光）以及传输源（例如 LED）。

　　空间上分离源的特性也为 VLC 提供了一个附加的功能，即接收和处理多个发射源的能力。如图 3-52 所示，接收机可以同时捕获从两个不同 LED 发射机发送的数据。此外，如果一个光源由多个 LED 组成，则可为每个 LED 采取单独的调制来实现并行数据传输。

　　CMOS 成像传感器的输出构成了场景的数字电子表示，虽然它提供了独特的方法，但是这些方法不能由单个元件 PD 或无线电波技术来实现。其独特的方法如：在提高 VLC 链路中数据接收能力的同时，CMOS 成像传感器提供了同时利用多种图像和视频处理技术，以实现位置估计、目标检测和移动目标检测等功能。

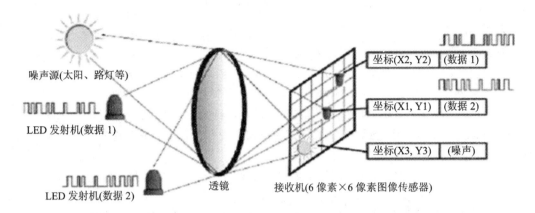

图 3 - 52　基于成像传感器的 VLC 的优势

再如：一个配备了 CMOS 成像传感器的接收机可获取到 VLC 信号及其空间(X，Y)的位置或实际像素行和列的位置。这表明 VLC 信号不仅可以用时域信号来表示，还可以由从发射机到接收机的输入矢量方向来表示。因此，通过全球定位系统(Global Positioning System，GPS)或其它位置估计系统获得的位置数据可以采用 VLC 进行数据传输。

下面将介绍用于 VLC 接收机中的成像传感器的相关重要技术特性。

1. 时间采样

香农采样定理，又称奈奎斯特采样定理，是一个应用于与时间相关的信号的基本定理。该定理表明，如果 LED 发射机产生具有时间间隔为 T_s 的离散时间信号，其数据速率为 $R_s = 1/T_s$，同时要求成像传感器的帧率必须大于或等于 $2R_s$。如果帧率小于 $2R_s$，频谱会发生混叠，从而造成信号的失真，使原始信号无法准确恢复。

图 3 - 53 为一个采用 OOK 调制的 LED 发射机和一个采用成像传感器作为接收机的示例。因此，对于由多个 LED 组成的发射机，只要 LED 产生的发射信号相同，就可以使用该系统。

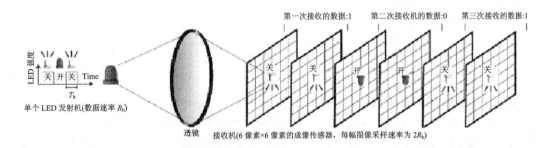

图 3 - 53　单一 LED 发射机和成像传感器接收机

假设 CMOS 成像传感器的帧率为 30 f/s，则 LED 的闪烁频率必须小于等于 15 Hz 才能满足采样定理。因此只有当闪烁频率小于等于 15 Hz 时，接收机才能识别闪烁。

如果 CMOS 成像传感器的帧率为 1000 f/s，那么 LED 的闪烁频率则为 500 Hz。由于人眼无法察觉到如此快的频率闪烁，因此人们通常认为 LED 光源为不闪烁连续照明的设备，而且这也是实现高帧率成像传感器 VLC 的必要条件。

2. 空间采样

在空间中分离源的特性为 VLC 提供了一个附加的功能，即接收和处理多个发射源的能力。如图 3-52 所示，接收机可以同时捕获多个 LED(例如数据 1 和数据 2)传输的数据。在这样的系统中，使用单独的调制方法，可使包含多个 LED 光源的数据并行传输。

图 3-54 为采用 OOK 调制 3×3 LED 阵列发射机的示例。该系统中每个 LED 发射出的信号不同，因此可以通过单独调制每个 LED 来实现并行数据传输，这是使用成像传感器作为 VLC 接收设备的优点之一。

虽然上述内容描述的采样定理针对的是一维离散时间信号，但是它也适用于使用实数表示图像像素(图像元素)的相对强度。

与一维离散时间信号类似，如果采样分辨率或像素密度不够，图像也产生混叠的现象。例如，如果所使用 LED 之间的距离太小，图像就会发生混叠现象。一般来说，每个 LED 需要有 4 个像素(即行和列各需两个)。而且，由此产生的混叠现象在图像较高的空间频率分量中表现为莫尔条纹或图像的损耗。因此在这种情况下，解决空间域的最佳采样方案是将接收机移到离发射机更近的地方，并且需要使用更高分辨率的成像传感器，或使用伸缩镜头来放大发射机的图像。

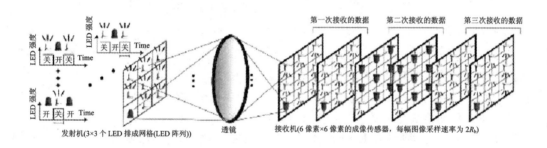

图 3-54　3×3 LED 阵列发射机和一个成像传感器接收机

3. 最大可实现数据速率

本小节将估算基于成像传感器的 VLC 最大可实现数据速率 ϑ。假设一个具有 $N\times M$ 像素的成像传感器，每个像素产生 G 级灰度信号，F_r 为帧速率。因此，其最大可实现数据速率为 $\vartheta=\dfrac{1}{8}NM\,\mathrm{lb}GF_r$，其中 1/8 为速率的降低因子，由三维信号采样引起。

例如，假设帧速率为 1000 f/s 的 QVGA(320 像素×240 像素)256 位灰度成像传感器，使用 160×120 LED 阵列发射机，最大可实现数据速率为 76.8 Mb/s。最新的 Photoron FASTCAM SA-X2 以 720000 f/s 的帧速率捕获了 12 位灰度图像，每个图像的尺寸为 250 像素×8 像素。在这种情况下，使用 128×4 LED 阵列发射机，最大可实现数据速率为 2.2 Gb/s。

需要注意，上面获取到的数据速率是针对数字成像传感器而设计的，其将像素密集地进行排列。每个像素间都放置一个间隙以避免空间混叠，而且接收速度比传输数据速率快得多，可以避免时间混叠。鉴于这些因素，可将 1/8 因子舍弃掉，其速率可通过发射机来控制。因此，对于一个 $N \times M$ LED 阵列发射器，其中每个 LED 产生具有数据速率 R_b 的 G 级亮度信号，它的最大可实现数据速率变为 $\vartheta = NM \mathrm{lb} GR_b$。

3.5.3　设计基于成像传感器的可见光通信系统

1. 发射机

在设计基于成像传感器的 VLC 系统时，可以使用一个或多个 LED 发射机（即 LED 阵列）。此处主要关注的对象是 LED 阵列。数据包格式如图 3-55 所示。当数据包为一特殊序列排布时，则可用于其它功能设定，如 Baker 码序列就可以用于时间同步。

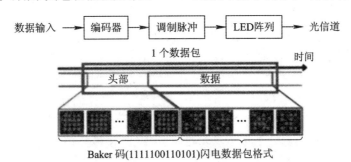

图 3-55　多路 LED 发射机的基本结构（即 LED 阵列）

假设 LED 阵列由 $M \times N$ 个 LED 构成。发射机产生非负二进制码，其码元宽度（又称码元周期）为 T_b，数据速率为 $R_b = 1/T_b$。由于阵列中每个 LED 传输速率不同，发射机总数据速率为 MNR_b。如图 3-56 所示，LED 的亮度可以通过改变 T_b 的宽度来调节，也可以通过脉宽调制（PWM）技术来实现。例如，在图 3-56 中，使用 PWM 技术来产生 5 个不同亮度的电平值（假定最大亮度电平值为 1），分别为 0、1/4、1/2、3/4 和 1。而在实际应用中，为了避免一个完整的码元周期全为暗，省略了 0 亮度电平信号，从而得到一个四电平信号。因此，假设 PWM 可以产生 G 个不同级别的灰度信号，则相应的数据速率为 $MN \mathrm{lb} GR_b$。在进行数据传输时，需将 PWM 信号转换为二维信号，每个 LED 可以各自调节亮度并行传输数据。换句话说，此阵列最终以二维 LED 模式传输数据。

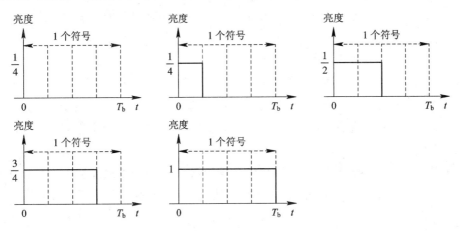

图 3-56　脉宽调制（PWM）后不同的 LED 亮度值

2. 接收机

如图 3-57 所示，基于 VLC 的成像传感器接收机主要由图像传感器、头部图像处理单元、数据图像处理单元和解码器组成。其中，数据图像处理单元由 LED 阵列追踪单元、LED 位置估计单元组成。为了避免空间混叠，成像传感器的图像尺寸必须大于发射机的 LED 阵列。此外，帧速率至少是每个 LED 数据速率或 LED 闪烁速率的两倍。

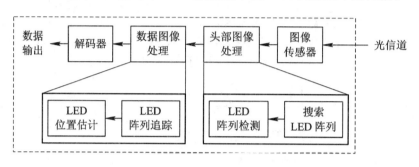

图 3-57　基于 VLC 的成像传感器接收机

发射信号通过光信道到达图像传感器接收机，头部图像处理单元通过搜索 LED 阵列、LED 阵列检测，完成图像处理后，将信号送入数据图像处理单元，可以使用简单内置处理模块进行匹配并跟踪。

对 LED 阵列进行追踪后，接下来进行 LED 位置估计，根据像素行、列以及亮度值便可以确定每个 LED 的位置。该步骤的前提是 LED 阵列检测准确无误，其必要条件是 LED 阵列可以被追踪。最后，将数据图像处理单元的输出结果提供给解码器，解码器进行解码并输出检测到的数据。

3. 信道

一般认为，VLC 链路取决于发射机和接收机之间 LOS 路径是否存在。而无线电链路通常更容易受到接收信号振幅和相位波动的影响。与无线电链路不同，VLC 链路不受多径衰落的影响，这大大简化了 VLC 链路的设计。由于 VLC 信号在发射机和接收机之间是直线传播的，所以它们很容易受到车辆、墙壁或其它不透明障碍物的影响。因此，VLC 链路可以在一定约束条件下提高容量、简化设计，因为通信范围之外的传输无须协调。换句话说，没有必要考虑可视范围之外的信号源。

然而，VLC 有以下几个缺点。① 由于可见光不能穿透墙壁或建筑物，VLC 的覆盖范围被限制在很小的区域，因此一些应用场景需要安装到接入点才能实现通信，这些接入点必须通过有线骨干网进行互连。② 除了墙壁等物体之外，浓雾或烟雾也会影响 VLC 链路，降低系统性能。

在短程 VLC 应用场景中，直接检测接收机的信噪比（SNR）与接收光功率的平方成正比。因此，针对 VLC 链路进行设计时需要考虑信号路径损耗问题。

4. 视场角

视场角(fhe Field Of-View，FOV)是定义接收机图像捕获范围的一个重要参数。FOV 共分为三种类型，即水平 FOV、垂直 FOV 和对角 FOV。可以从透镜的焦距和成像传感器的尺寸来计算 FOV。以图 3 - 58 为例，利用焦距和传感器对角尺寸(设为 D)计算对角线 FOV。对角 FOV 是 FOV 三个类型中角度最宽的，并将此定义为最大 FOV (FOV$_{max}$)。

信道的图像捕捉范围取决于 FOV 的宽度。对于较窄的 FOV，接收机通常位于很远的地方，并配备了一个望远镜镜头，可以捕捉目标源的放大图像。换句话说，接收机在捕获目标时，就好像发射机被放置在接收机前面一样。因此，接收机可以很容易地识别每个发射机上的 LED。此外，较窄的 FOV 接收机受背景光噪声的物理影响较小，因为目标发射机以外的光在较窄焦平面内难以穿过透镜。这些特征看起来似乎是有利的，然而实际上，接收机较窄的 FOV 限制了用于通信的发射机数量，接收机同时识别的发射机数量也因此而减少。

宽 FOV 可以捕获大的视场范围。与窄视场不同，在不限制目标源数量的情况下，宽 FOV 允许接收机同时捕获多个发射机。如果这些目标发射机使用可见光发送数据，接收机就可以获得这些数据。具体而言，如果接收机能够完全分辨出 FOV 内发射机所发射的数据，则可以进行数据接收；然而，目标图像大小是不同的，随着发射机和接收机之间距离的增加，目标图像尺寸也随之减小。此外，与窄 FOV 接收机相比，宽 FOV 接收机更容易受到背景光噪声的影响，因为接收机很可能会识别 VLC 发射机以外的光源。

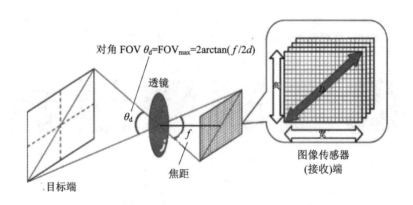

图 3 - 58　FOV

5. 通信距离和空间频率的作用

如上一小节所述，需捕获的目标图像尺寸，根据通信距离的变化而不同。一般来说，图像尺寸随着通信距离的减小而增大。图 3 - 59 显示了与评估通信距离有关的 LED 阵列像素数。设相邻 LED 之间的实际距离为 d_a。选取 d_a'=20 mm 的 LED 阵列和焦距为 35 mm、分辨率为128×128 的成像传感器接收机。将成像传感器上相邻两个 LED 之间的像素距离定义为 d_p。从图中可以看出，LED 阵列的像素数随通信距离的不同而不同。为了清楚地区分一个图像阵列上的每个 LED，仔细观察阵列上的 LED 数和图像中的像素数，像素数应该是 LED 数的两倍。

当 LED 阵列上有 256 个 LED，且排列在一个 16×16 阵列中时，此阵列需要分配

32×32像素来区分阵列上的每个 LED。当通信距离不同时，区分每个 LED 所需的像素数也不同。如通信距离为 40 m，则像素数为 18×18。此时，如果发射机排列的 LED 由 9×9或更小的阵列构成，那么接收机可以区分图像上的每个 LED，也就相当于可以使用 8×8 LED 阵列，或在 16×16 LED 阵列中选取 8×8 阵列发送数据。同理，当通信距离为 70 m 时，要求 16 个 LED 排列在一个 4×4 阵列或更小的阵列中，相当于使用 4×4 LED 阵列发送数据，或在 16×16 LED 阵列中选取 4×4 阵列发送数据。

接下来，将从空间频率的角度研究通信距离的影响。空间频率是指每度视角内图像或刺激图形的亮暗作正弦调制的栅条周数。应用二维傅里叶变换可以求出空间频率。对精细纹理图像而言，较高的分辨率可以提升高空间频率的检测精度。

如图 3-59 所示，通信距离为 20 m 时的 LED 阵列图像比通信距离为 70 m 时的图像具有更多的高频分量。LED 阵列像素数减少会导致高频分量变少。换句话说，距离越长，丢失的高频分量就越多。这反映出信道为低通信道时，截止频率随着发射机与接收机距离的增大而减小。

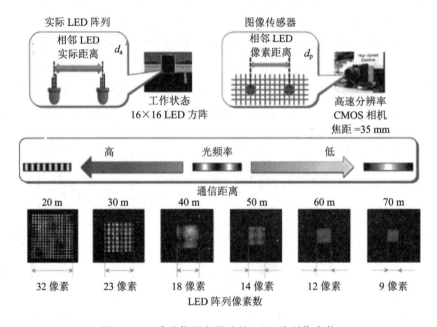

图 3-59　受通信距离影响的 LED 阵列像素数

本 章 小 结

本章介绍了可见光通信的相关基本理论、技术以及应用。同时介绍了可见光通信服务领域、照明、供应商考虑因素和标准的兼容性；另外，还介绍了成像传感器的基本原理和其构成可见光通信系统。成像传感器由于能够在空间上分离可见光源，因此可以用来判断接收到光束的像素位置，并且解调出光发射机发射的光信号以及检测入射光的准确到达角度。鉴于成像传感器使用多个像素作为接收机，因此它可以实现大规模并行通信，并且由于具有非常精确的到达角检测能力，成像传感器能够在土木工程中用于传感器姿态估计和位置测量。

第 4 章　近地无线光通信

4.1　概　　述

近地天线通信 FSO 最早出现在 1880 年，亚历山大·格雷厄姆·贝尔（Alexander Graham Bell）公布了光通信技术的一项重大发明——一种利用光波作为载波传输话音信息的"光电话"（Photophone）。在实验中，贝尔用太阳光束作为载体，将声音信号传递到 200 m 外的距离，其接收端利用抛物面镜以及在其焦点处的一小块硒晶体作为光接收器。然而，由于所用设备简陋、太阳辐射会间断等原因，实验进行得并不顺利。直到 20 世纪 60 年代，随着光学光源的发明，尤其是激光器的问世，FSO 技术的命运发生了转折。随后，20 世纪 60 年代初至 70 年代，可谓是 FSO 演示实验研究的热潮。其中，1962 年，麻省理工学院林肯实验室工作的研究人员，使用砷化镓发光二极管实现了 30 英里（48 km）范围内电视信号的传输；1963 年 3 月，北美航空的一组研究人员首次完成了通过激光将信息传输至电视的演示；同年 5 月，在巴拿马岭和美国圣加布里埃尔山之间，声音调制 He-Ne 激光创造了 118 英里（190 km）的信息传输记录；1970 年左右，日本电气公司（Nippon Electric Company，NEC）在日本建造了第一条用于商业交通的激光链路，该链路位于 Yokohama 和 Tamagawa 两市之间，是一个全长 14 km 的全双工 0.6328 μm He-Ne 激光光通信系统。

随着对 FSO 通信技术研究的不断深入，该技术已广泛应用在各个领域中，特别是军事保密通信。例如美国宇航局和欧洲航天局对 FSO 进行了深空应用的研究，分别开展了火星激光通信演示（Mars Laser Communication Demonstration，MLCD）和半导体-激光卫星间链路实验（Semiconductor-laser Inter-satellite Link EXperiment，SILEX）等。在过去的十年间，研究人员实现了在卫星之间以 10 Gb/s 的速率进行数据传输。尽管他们已经掌握了建立激光通信系统的相关技术，但在当时由于诸多原因，激光通信系统的实用性依旧受到质疑：① 当时的通信系统足以满足人们的通信需要；② 为了保证系统可靠运行，需要进行大量的研发来提高组件的可靠性；③ 系统在有浓雾的天气下总是会受到一定影响；④ 当忽略大气影响时，需要有精确的对准和跟踪系统，但当时没有这种系统。正是由于这些问题的存在，直到现在 FSO 通信技术还在发展道路中蹒跚前进。

但是随着光电子器件的迅速发展和成熟，FSO 通信系统迎来了新的曙光。此外，层出不穷的新应用对带宽的需求也在不断增加，这意味着，传统接入通信技术必须改变。再加上 FSO 在军事通信应用方面取得了一定成功，因此引起了研究人员对其在民用通信应用方面的关注。过去几年中，FSO 的相关实验在世界范围内不断传来成功的消息，这也进一步吸引了对该领域的投资。如今，这一趋势已达到顶峰，即在当今通信基础设施中 FSO 已日益商业化。

　　现在，FSO 已成为商业中射频（RF）和毫米波无线系统的补充技术，用于实现数据和语音网络可靠快速的部署。尽管 RF 和毫米波无线系统可以提供从数十兆比特每秒（点对多点）到数百兆比特每秒（点对点）的数据速率，但由于受到频谱拥塞、许可证问题、无许可证波段干扰等问题的影响，它们的市场渗透率增长趋势逐渐下降。对未来而言，虽然新兴的无许可证频段应用前景广阔，但与 FSO 相比，它仍然面临着一定的带宽和频段范围限制。并且在最后一公里距离上，向企业提供宽带接入网络和在局域网（Local Area Network，LAN）、城域网（Metropolitan Area Network，MAN）和广域网（Wide Area Network，WAN）之间提供高带宽服务等方面，短程 FSO 链路将逐渐代替 RF 链路。

　　在两个静态节点之间，全双工 FSO 系统能够达到 1.25 Gb/s 的速率，甚至在天气晴朗的条件下能够覆盖 4 km 以上的链路距离，此类通信技术已相当成熟。集成式的 FSO/光纤通信系统和波分复用（WDM）FSO 系统目前处于试验阶段。2007 年，Kazaura 等人在日本演示了单模光纤集成 10 Gb/s WDM FSO 链路。此外，20 世纪 80 年代，由于网络运营服务商对 FSO 通信技术的怀疑，导致此技术市场渗透率增长极为缓慢，但随着网络运营服务商、政府和私人机构对 FSO 使用量的提升，FSO 正在逐步合并到他们的网络基础设施中，其应用场景与原来相比非常可观。有研究表明，近地 FSO 是解决当代通信挑战的一种可行的补充技术，尤其是它的成本低廉并且能够满足用户最终的带宽/高数据速率要求。FSO 因其流量类型和数据协议透明，因此与现有接入网络的集成速度更加快速。尽管如此，浓雾、烟雾和湍流等大气信道效应等，都是长距离近地 FSO 部署面临的重大挑战。但在 FSO 中，一个实用的解决方案是部署一个混合的 FSO/RF 链路，将其中一条 RF 链路作为 FSO 的备份。

4.2　近地 FSO 特性

　　FSO 链路是基于视线传输（LOS）的，因此为了建立通信链路，发送机和接收机都必须直接能"看到"彼此，并且在其路径中没有任何障碍。非导向信道可以是空间、海水、大气以及它们的任意组合。对于近地无线光通信，这里只考虑大气信道的影响。一条 FSO 链路基本可以分为两种，分别如图 4-1、图 4-2 所示。图 4-1 所示的传统 FSO 可以实现两个收发机（在链路的两端各有一个）之间的点对点通信，这样的设计可以进行全双工通信。第二种则使用调制反射器（MRR），带有 MRR 的激光通信链路由两个不同的终端组成，因此这样的链路是不对称的。如图 4-2 所示，链路的一端为 MRR，而另一端为询问器。首先，询问器将连续波（Continuous Wave，CW）激光束投射到反射器上。调制反射器用输入数据流调制连续波激光束后，光束再次反射到询问器。最后，询问器将从收集到的返回光束中恢复数据流。但需要指出，上述这种操作只允许进行简单的通信。通过在 MRR 终端添加一个光检测器，并以半双工方式共享询问器光束，还可以实现与 MRR 的双向通信。除非另有说明，否则本章假定采用传统的 FSO 链路。

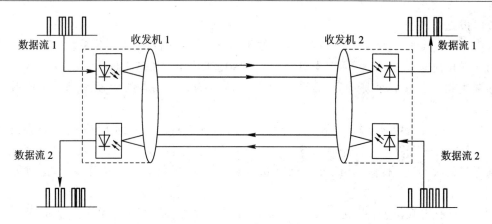

图 4-1　传统 FSO 系统结构

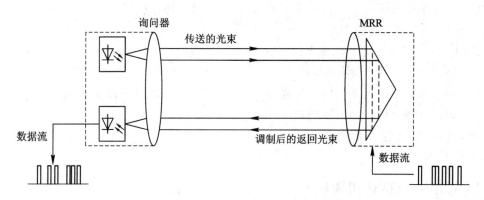

图 4-2　带有 MRR 的 FSO 系统结构

下面各节将从基本特点、应用领域、系统结构等方面对 FSO 作进一步的讨论。

4.2.1　FSO 的特点

近地 FSO 基本特点可以总结如下：

（1）调制带宽大。一般来说，光载波频率包括红外、可见光和紫外光，其频率范围远远超过 RF。并且，在任何通信系统中，传输的数据量与调制载波的带宽直接相关，允许的数据带宽可达光载波频率的 20%。FSO 使用光载波频率范围为 $10^{12} \sim 10^{16}$ Hz，允许数据带宽高达 2000 THz。因此 FSO 比 RF 可用带宽增加了约 10^5 倍。

（2）光束狭窄（窄束散角）。典型的激光束衍射极限散射角在 0.01～0.1 mrad 之间。这意味着传输功率只集中在一个非常狭窄的区域内，为 FSO 链路提供了与干扰器之间足够的隔离空间。在紧凑的空间中各个激光束可以独立、互不干扰地进行传输，并且在许多环境中各个激光束也可以进行无限制的频率复用，因而要窃取传输的数据是很困难的。但是，光束狭窄意味着在通信中接收机和发射机的对准要求更加严格。

（3）无须获得许可证。由于 RF 频谱拥塞，来自相邻载波的干扰是无线 RF 通信面临的主要问题。为了将这种干扰最小化，监管部门实施严格的监管机制。因此，要从射频频谱中获取许可，不但要支付巨额的许可费用，还要经过长达数月的繁杂审核程序。但截至目前，光频谱还不受这些因素的影响，这使 FSO 系统的初始投资成本和部署时间大大降低，投资回报更加快速。

（4）成本低廉。FSO 系统的部署成本低于具有相同数据速率的 RF 系统。FSO 可以提供与光纤相同的带宽，但不需要支付路权开销和施工成本。加拿大的 FSO 公司 fSONA 曾经的调查报告显示，每月使用基于 FSO 系统的每 Mb/s 成本约为使用基于 RF 系统的一半。

（5）安装快速且能重新部署。从安装链路到收发机对准，再到 FSO 链路能够完全运行，所需的时间可以低至四小时。部署 FSO 链路的关键是在发射机和接收机之间建立一条畅通无阻的视线传输链路。此外，FSO 系统还具有易拆特性，能够重新部署到另一个位置。

（6）具有天气依赖性。近地 FSO 通信的性能与大气条件有关，大气会导致 FSO 信道的不确定性，这无疑给 FSO 通信带来了巨大的挑战。受大气条件影响并不是 FSO 通信所特有的，射频通信和卫星通信同样会遭受天气影响，如暴雨或暴风会导致射频链路和卫星链路以及 FSO 通信链路的中断。

FSO 除上述基本特征外，还有以下特征：

（1）不受电磁干扰，也不产生电磁干扰；

（2）与有线系统不同，FSO 可被视为一种非固定的可回收系统资产；

（3）辐射在规定的安全范围内；

（4）系统重量轻，系统集成化；

（5）低功耗。

4.2.2　近地 FSO 的应用领域

基于 FSO 通信系统的以上特点，其在各个应用领域中颇受关注。FSO 通信技术可以与其他技术进行互补（如有线和无线射频通信、FTTx 技术和混合光纤同轴网络等，注：FTTx 是"Fiber To The x"的缩写，意为"光纤到 x"，为各种光纤通信网络的总称，其中 x 代表光纤线路的目的地），使光纤骨干网中的巨大带宽可供终端用户使用。大多数终端用户离骨干网只有一英里或更短的距离，这使得 FSO 可以作为它们之间有力的数据传输桥梁。在其它新兴的应用领域中，近地 FSO 通信也适合在以下领域中使用：

（1）作为"最后一公里"接口：FSO 可用于消除终端用户和光纤骨干网之间存在的最后一公里的瓶颈问题。在现有市场中，链路范围从 50 m 到几千米不等，数据速率为 1 Mb/s～2.5 Gb/s。

（2）光纤备份链路：FSO 可作为主光纤链路损坏或不可用时的备份链路，防止数据丢失或通信中断。

（3）用于蜂窝通信的后传：FSO 可用于第三/第四代（3G/4G）网络中基站和交换中心之间的后传链路，以及从宏蜂窝和微蜂窝站点到基站传输 IS-95 码分多址（Code Division Multiple Access，CDMA）信号。

（4）灾难恢复/临时链路：该技术可以在会议需要临时链路的情况下提供服务，或在现有通信网络崩溃的情况下提供特别链路。

（5）复杂的地形通信网络：例如错综复杂的河流、交叉的街道、铁路、没有许可证或许可费用过高的地方，FSO 通信技术可以作为有力的数据传输桥梁。

4.3　近地 FSO 系统结构

典型的近地 FSO 链路框图如图 4-3 所示。与其它通信技术一样，FSO 基本由三个部分组成：发射机、信道和接收机。

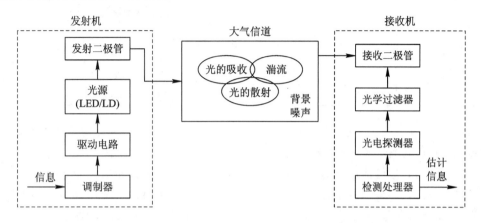

图 4-3　典型的近地 FSO 链路框图

4.3.1　发射机

发射机的主要功能是将源数据调制到光载波上，然后通过大气传播到接收端。目前，使用最广泛的调制类型是强度调制（Intensity Modulation，IM），即源数据根据光载波的强度进行调制。在发射机中是直接根据要传输的数据，通过改变光源的驱动电流或通过外部调制器（如对称马赫曾德耳（the Symmetric Mach-Zehnder，SMZ）干涉仪）来实现调制的。使用外部调制器可以比直接调制获得更高的数据速率，但外部调制器具有非线性响应。当然，除了强度外，光束的其它性质，例如相位、频率和偏振状态，也可以通过外部调制器对数据/信号进行调制。

FSO 系统中可以使用的光源较多，表 4.1 总结了 FSO 系统中常用的光源。

表 4.1　FSO 系统中的常用光源

波长/nm	类　型	备　注
850	垂直腔面发射激光器	便宜、现成设备（CD 激光器）； 激光功率较低； 传输速率约为 10 Gb/s
1300/1550	F-P（Fabry-Perot）标准分布反馈激光器	寿命长； 对人眼睛的伤害大； 50 倍的高功率（100 mW/cm²）； 与 EDFA 兼容； 高速率，传输速率约为 40 Gb/s； 斜率效率为 0.03～0.2 W/A

续表

波长/(nm)	类　型	备　注
10000	量子级联激光器	昂贵、新型设备； 快速、非常灵敏； 在雾中传输性好； 组件不易获取； 对玻璃没有穿透性
近红外	LED	更便宜； 驱动电路更简单； 低功率、低传输速率

在 700~10 000 nm 波段，其中有几个波段衰减度小于 0.2 dB/km，几乎是透明的，即传输损耗几乎可以忽略不计。大多数 FSO 系统设计工作在 780~850 nm 和 1520~1600 nm 波段。780~850 nm 波段使用最为广泛，因为在这个波段内，设备和组件简单易得，成本很低。而 1550 nm 波段颇具受关注的原因有以下几点：① 可实现波分复用网络；② 保证眼睛安全性（1550 nm 传输的功率大约是 850 nm 传输功率的 50 倍）；③ 有效减少太阳背景光的影响和在雾中的散射。因此，使用 1550 nm 波段进行大功率传输可以克服由雾引起的衰减。然而，1550 nm 波段的缺点是检测器灵敏度略有降低、器件结构复杂、对准要求更为严格。

4.3.2　接收机

通过接收机可将传输的数据从入射光中恢复出来。接收机由以下部件组成：

（1）接收机望远镜：用于收集入射光并聚焦到光检测器。大型接收机望远镜孔径会调制多个不相关的入射光并将它们平均聚焦在光检测器上。这也被称为孔径平均，但是大孔径也意味着会受到更多背景辐射/噪声的影响。

（2）光学带通滤波器：用于减少背景辐射。

（3）光检测器（PIN 或 APD）：用于将入射光信号转换为电信号。现代激光通信系统中常用的光检测器总结见表 4.2。锗检测器由于其暗电流高，一般不用于 FSO 通信中。

表 4.2　FSO 光检测器

材料/结构	波长/nm	响应时间/ns	传统灵敏度	增益
硅 PIN	300~1100	0.5	−34 dBm	1
硅 PIN，带跨阻放大器	300~1100	0.5	−26 dBm	1
InGaAs PIN	1000~1700	0.9	−46 dBm	1
硅 APD	400~1000	77	−52 dBm	150
InGaAs APD	1000~1700	9	−33 dBm	10
量子阱和四点检测器	约为 10000			

（4）检测后处理器/决策电路：用来进行电信号必要的放大、滤波和保障高保真数据恢复所必需的信号处理。

由于检测器的电容效应，高速检测器本身尺寸就很小（例如：传输速率为 2.5 Gb/s 和 10 Gb/s 时检测器的尺寸分别为 70 μm 和 30 μm），但仍需精确的对准和狭窄的视场角（FOV）。接收机的 FOV 的计算公式为 $FOV = d/f = dF\sharp/D$，其中 d 为检测器的直径，f 为有效焦距长度，D 为接收机孔径。$F\sharp$ 是 f 数，决定了设计通信链路的难度。对于一个尺寸为 75 μm 的检测器，$F\sharp = 1$，D 为 150 mm，FOV 约为 0.5。

接收机按检测过程可以分为以下两种。

（1）直接检测接收机。这种类型的接收机检测照射在光检测器上入射光的瞬时强度或功率。因此，光检测器的输出与入射场的功率成正比。它易于实现，适用于强度调制系统。直接检测接收机的框图如图 4-4 所示。

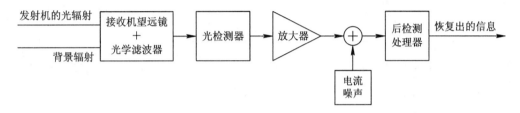

图 4-4　直接检测接收机框图

（2）相干检测接收机。相干检测接收机的框图如图 4-5 所示。相干检测接收机基于光混合现象工作，输入光场与本地产生的额外光场在光检测器的表面进行混合。相干检测接收机可进一步分为零差接收机和外差接收机。在零差接收机中，本地（光学）振荡器的频率/波长与入射光的频率/波长完全相同，而在外差接收机中，入射光和本地振荡器频率不同。与射频相干检测相比，光学相干检测中本地振荡器的输出不需要具有与入射光相同的相位。相干检测接收机的主要优点是：在中频处相对容易放大，以及仅需要采用简单的方法来提高本地振荡器的功率，就能够显著改善信噪比（Signal-to-Noise Ratio，SNR）。

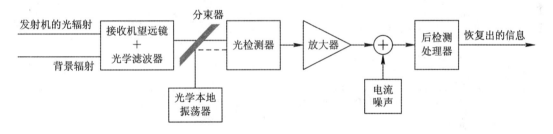

图 4-5　相干检测接收机框图

4.3.3　大气信道

与传统高斯噪声信道相比，光通信信道中的输入信号 $x(t)$ 代表的是功率而不是幅度，对发送信号有两个约束条件：

① $x(t)$ 非负；

② $x(t)$ 的平均值不能超过固定值，即 $P_{\max} \geqslant \lim\limits_{T\to\infty} 1/2T \int_{-T}^{T} x(t)\mathrm{d}t$。

传统高斯噪声信道的 SNR 与功率成正比，而在光通信信道中，接收的功率和散粒噪声的方差成正比。因此，对于散粒噪声受限的光通信信道，SNR 与 A_d 成正比（A_d 为接收机检测区域的面积)。这意味着对于给定的发射功率,通过使用大面积检测器才可以获得更高的 SNR。然而,随着 A_d 的增加,其电容也随之增加,这对接收机的带宽有限制作用。大气信道由气体(见表 4.3)和气溶胶——悬浮在大气中的微小颗粒组成。另外,大气中也存在着雨、霾、雾和水的其他形式,其含量取决于地理位置(经度和纬度)和季节。在对流层,地球表面附近的颗粒物浓度最高,随着海拔高度的增加且逐渐到达电离层,这种情况会减少。此外,在大气信道中会产生大气湍流的现象。大气湍流产生的主要原因是辐射从太阳到达地球时,一些辐射会被地球表面吸收,使地球表面的大量空气升温;由此产生的暖空气和较轻空气会不断上升,与周围较冷的空气气团混合,产生大气湍流。大气湍流会导致大气温度在空间和时间上产生小(在 0.01 到 0.1 度的范围内)的扰动。穿过大气的光场会被信道中气体或气溶胶散射或吸收,从而导致大气信道损耗、光束扩展、光损耗等。

表 4.3 大气的气体成分

成 分	体积比/(%)	百万分之一浓度/ppm
氮气(N_2)	78.09	
氧气(O_2)	20.95	
氩气(Ar)	0.93	
二氧化碳(CO_2)	0.03	
水蒸气(H_2O)		40~40 000
氖气(Ne)		20
氦气(He)		5.2
甲烷(CH_4)		1.5
氪(Kr)		1.1
氢(H_2)		1
笑气(N_2O)		0.6
一氧化碳(CO)		0.2
臭氧(O_3)		0.05
氙(Xe)		0.09

注:介绍大气中的气体成分的目的是使读者对大气的气体成分有所了解。

1. 功率损耗

对于穿过大气层的光束,光束中的一些光子会被大气分子(例如:水蒸气、二氧化碳、臭氧等)吸收,使它们的能量转化为热能,而光束中的其它光子没有能量损失,因此,正是由于一些光子被大气分子吸收,从而导致了光束的传播方向发生变化。此外,由 Beer-Lambert 定律描述的光场通过大气的透射率可知,当光束穿过大气信道时会发生光束扩展等现象,从而导致接收的光斑尺寸大于接收机光圈的尺寸,这也就造成了发射光功率和接收光功率之间的差异性。

1) 大气信道损耗

由于吸收和散射的影响,信号穿过大气信道时会发生衰减。大气中的物质也会导致信号在空间和时间上产生严重的衰减,并且衰减程度与当时该地区的天气条件有关。近地 FSO 链路通过大气传输光信号,距发射机 L 处的接收辐照度与 Beer-Lambert 定律给出的

传输辐照度有关，即

$$\tau(\lambda, L) = \frac{P_{R}}{P_{T}} = \exp[-\gamma(\lambda)L] \tag{4.1}$$

式中，$\gamma(\lambda)$ 和 $\tau(\lambda, L)$ 分别表示波长为 λ 的总衰减/消光系数 (m^{-1}) 和大气中的接收辐照度（也称为透射率）；P_{T} 是发射机的功率；P_{R} 是接收机的功率。大气中光信号的衰减是由于分子成分（气体）和气溶胶造成的。衰减系数是气溶胶和大气分子成分的吸收和散射系数的总和，因此它遵循以下关系式：

$$\gamma(\lambda) = \alpha_{m}(\lambda) + \alpha_{a}(\lambda) + \beta_{m}(\lambda) + \beta_{a}(\lambda) \tag{4.2}$$

式中，前两项分别代表分子和气溶胶吸收系数，而后两项分别代表分子和气溶胶散射系数。

（1）光子在其传播路径中会与大气中的分子发生相互作用，从而导致一些光子被大气分子吸收，吸收在很大程度上取决于气体分子的类型及其浓度。吸收程度取决于波长范围。FSO 中使用的波长基本上与大气传输窗口一致，因此这使得散射在衰减系数中占主导地位。

（2）散射是光通过不均匀介质时部分光偏离原方向传播的现象。偏离原方向的光称散射光，散射光一般为偏振光。散射效应取决于传播过程中遇到的粒子的半径 r。描述这种情况的一种方法是考虑无量纲尺度数 $x_{o} = 2\pi r/\lambda$。如果 $x_{o} \ll 1$，散射过程定义为瑞利散射；如果 $x_{o} \approx 1$，则该散射为 Mie 散射；当 $x_{o} \gg 1$ 时，可以使用衍射理论（几何光学）来描述散射过程。表 4.4 总结了存在于大气中的不同散射颗粒的散射过程。

表 4.4　$\lambda = 850$ nm 的典型大气散射粒子的参数

类　型	半径/μm	无量纲尺度数 x_{o}	散射类型
空气分子	0.001	0.00074	瑞利散射
雾霾颗粒	0.01～1	0.074～7.4	瑞利散射-Mie 散射
雾滴	1～20	7.4～147.8	Mie 散射-几何散射
雨	100～10000	740～74000	几何光学散射
雪	1000～5000	7400～37000	几何光学散射
冰雹	5000～50000	37000～370000	几何光学散射

由表 4.4 可知，雾霾颗粒和雾滴的粒子半径与 FSO 中常用波段（0.5～2 μm）的波长相近，Mie 散射系数以基于能见度 V(km) 的经验公式来描述。其常见经验模型由下式给出：

$$\beta_{a}(\lambda) = \frac{3.91}{V} \left(\frac{\lambda}{550}\right)^{-\delta} \tag{4.3}$$

其中 δ 为

$$
\begin{array}{cc}
\text{Kim 模型} & \text{Kruse 模型} \\
\delta = \begin{cases} 1.6 & V>50 \\ 1.3 & 6<V<50 \\ 0.16V+0.34 & 1<V<6 \\ V-0.5 & 0.5<V<1 \\ 0 & V<0.5 \end{cases} &
\delta = \begin{cases} 1.6 & V>50 \\ 1.3 & 6<V<50 \\ 0.585V^{\frac{1}{3}} & V<6 \end{cases}
\end{array} \tag{4.4}
$$

表 4.5 中给出了不同天气条件下的能见度范围。

表 4.5　天气条件及其能见度范围

天气条件	能见度范围/m
浓雾	200
中等浓度雾	500
薄雾	770～1000
薄雾/大雨（25 mm/hr）	1900～2000
雾霾/中雨（12.5 mm/hr）	2800～40000
晴朗/小雨（0.25 mm/hr）	18000～20000
非常晴朗	23000～50000

最近，AI Naboulsi 提出了简单的平流衰减和辐射雾衰减关系，在 690～1550 nm 波长范围以及 50～1000 m 的能见度范围内，平流衰减和辐射雾衰减关系式分别如下：

$$\alpha_{\text{Advection}}(\lambda) = \frac{0.11478\lambda + 3.8367}{V} \tag{4.5a}$$

$$\alpha_{\text{Radiation}}(\lambda) = \frac{0.18126\lambda^2 + 0.13709\lambda + 3.7502}{V} \tag{4.5b}$$

式中，λ（以 nm 为单位）为波长，V 为能见度（以 m 为单位）。与 Mie 散射引起的功率损耗相比，雨和雪引起的功率损耗非常低。但是在链路预算分析中，雨和雪引起的功率损耗仍要在链路余量中考虑。通常 2.5 cm/h 的降雨量可能导致约 6 dB/km 的衰减，而小雪至暴雪可能造成 3～30 dB/km 的衰减。2008 年初，在捷克共和国的布拉格，测量了当地的雾衰减并与经典雾衰模型进行了比较，结果如图 4-6 所示，图中显示了浓雾在能见度 0～2000 m下，200 dB/km 雾衰减随着能见度的变化情况。所有经典的模型都提供了对测量值的合理拟合，任何两个经验模型之间的最大差值约为±5 dB/km。

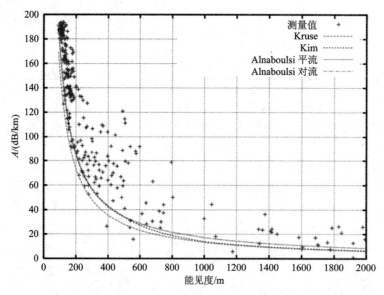

图 4-6　λ=830 nm 时衰减系数与可见度的函数

2）光束扩展

FSO 系统的主要优点之一是传输光束非常窄，从而可以提高系统的安全性。但是由于传输过程中的衍射作用，光束会扩散。并导致接收机仅能收集一部分光束，因此接收到的光束会存在偏移损失。

考虑图 4-7 中自由空间光通信链路的部署，并且通过调整薄透镜使光源近似于漫射光源；若其辐照度由 I_s 表示，则聚焦在检测器上的光功率为

$$P_R = \frac{I_s A_T A_R}{L^2 A_s} \tag{4.6}$$

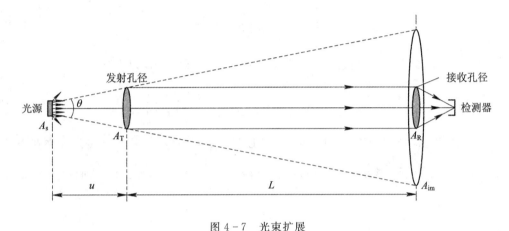

图 4-7　光束扩展

式(4.6 中)，A_T 和 A_R 分别为发射机和接收机的孔径面积，A_s 是光源的面积。由此可见，为了增加接收到的光功率，需要具有高辐射率 I_s/A_s 和宽孔径的光源。

对于诸如激光器之类的非漫射小光源，在接收机平面处形成的光斑不再与薄透镜近似相关，而是由发射机孔径处的衍射确定。发射光源均匀地照射在圆孔上后，可产生衍射光，已知 d_T 由一组同心环组成。当衍射光的第一个暗环的半径在尺寸上与正常聚焦光斑的直径 d_{im} 相当时，光斑尺寸则是衍射受限的，也就是

$$d_{im} = \frac{L}{\mu} d_s < 1.22 \frac{\lambda L}{d_T} \tag{4.7}$$

因此，

$$d_s < 1.22 \frac{\lambda \mu}{d_T} \approx 1.22 \frac{\lambda f}{d_T} \tag{4.8}$$

式(4.8)表明，衍射是造成光束扩展（衍射受限）的唯一原因，光源直径 $d_s < 1.22 \frac{\lambda f}{d_T}$。

因而，实际上准直和相干的激光通常会产生衍射现象。衍射光束发散角 $\theta_b \cong \frac{\lambda}{d_T}$。如果发射机和接收机的有效天线增益分别为

$$G_T = \frac{4\pi}{\Omega_b} \tag{4.9a}$$

$$G_{R} = \frac{4\pi A_{T}}{\lambda^{2}} \tag{4.9b}$$

自由空间路径损耗由下式给出：

$$\mathcal{L} = \left(\frac{\lambda}{4\pi L}\right)^{2} \tag{4.10}$$

因此，接收光功率为

$$P_{R} = P_{T}\,\mathcal{L}\,G_{T}G_{R} \tag{4.11}$$

$$P_{R} = P_{T}\,\frac{4A_{R}}{L^{2}\Omega_{b}} \tag{4.12a}$$

$$P_{R} \cong P_{T}\left(\frac{4}{\pi}\right)^{2}\frac{A_{T}A_{R}}{L^{2}\lambda^{2}} \tag{4.12b}$$

其中辐射立体角 $\Omega_{b} \cong \frac{\pi\theta_{b}^{2}}{4}$。衍射受限的光束扩散/几何损耗以 dB 为单位：

$$L_{Geom} = -10\left[\log\left(\frac{A_{T}A_{R}}{L^{2}\lambda^{2}}\right) + 2\log\left(\frac{4}{\pi}\right)\right] \tag{4.13}$$

式(4.13)给出的结果可以通过用 $A_{im} = \theta_{b}L$ 代替 $P_{R} = P_{T}\frac{A_{R}}{A_{im}}$ 中的光斑尺寸来获得。图 4-8 所示为光束扩展结构图，可以通过调整光束扩展器减轻衍射现象，从而增大光源的接收功率。

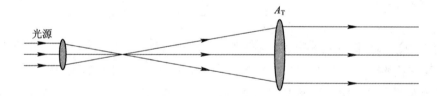

图 4-8　光束扩展结构图

实际上，对于大多数光源，光束的束散角通常大于衍射角。对于具有束散角 θ 的光源，距离 L 处的光斑尺寸是 $(d_{T}+\theta L)$。因此，接收功率与发射功率的比值如下：

$$\frac{P_{R}}{P_{T}} = \frac{A_{R}}{A_{im}} = \frac{d_{R}^{2}}{(d_{T}+\theta L)^{2}} \tag{4.14}$$

以 dB 为单位的几何损耗变为

$$L_{Geom} = -20\log\left[\frac{d_{R}}{(d_{T}+\theta L)}\right] \tag{4.15}$$

由于无衍射限制情况下的光斑尺寸小于衍射限制情况下的光斑尺寸 d_{T}。因此，式(4.13)给出的衍射限制光源的光束扩展损耗预期低于式(4.15)给出的无衍射限制情况。

综上所述，最好选用束散角较窄的的光源。但也应当注意，在短距离 FSO 链路中可以采用较宽的束散角以满足对准的要求，以及补偿建筑物的摇摆和降低对主动跟踪系统的需求。对于没有跟踪和有跟踪的系统，典型的 FSO 收发机分别具有 2～10 mrad 和 0.05～1.0 mrad 范围的光束扩展（相当于 1 km 链路上 2～10 m 和 5 cm～1 m 的光束扩展）。

3）光损耗

光损耗是由发射机、接收机所使用的透镜和其它光学元件中存在缺陷引起的，光学系统中透镜的反射、吸收和散射也会造成光损耗。元件缺陷造成的光损耗 L_0 的值可以从元件制造商那里得到，链路中光损耗取决于设备的特性和所使用透镜的质量。对于安装在窗户后面的 FSO 收发机来说，玻璃窗户会导致光信号衰减，这将造成额外的光功率损耗。光信号在传输过程中还会受到玻璃反射作用的影响，光信号每经过一个无镀膜玻璃窗户，就有约 4% 的反射衰减。而对于镀膜玻璃窗户，光功率的损耗就更高，其损耗值的大小取决于波长。

4）对准误差损耗

当发射机和接收机之间没有精确的对准时，通常会导致链路的额外功率损耗。在计算链路预算时，由此产生的功率损耗叫作对准误差损耗 L_P。对于较短的 FSO 链路（<1 km），其值对链路的影响不大，因此可忽略不计。但对于较长的 FSO 链路来说，其值不能忽略。导致链路未对准的原因可能是建筑物晃动或强风，使 FOS 链路头架的连杆产生偏移。

2. 链路预算

根据前述各项损耗的影响，可以从链路预算公式中推导得到接收光功率（单位为 dBm）：

$$P_R(\lambda, L) = P_T(\lambda, 0) - 4.343L\beta_a(\lambda)L_{Geom} - L_0 - L_p - L_M \qquad (4.16)$$

式中，L_M 为链路余量，可用来弥补链路中损耗的影响，例如更换故障部件时部件规格的变化、激光源老化、雨雪引起的衰减等。图 4-9 描述了一个典型商用 FSO 链路在不同能见度下可用余量的链路范围，并采用 Kim 模型来估算衰减系数。在能见度超过 30 km 的晴空中，5 dB 余量的链路能够可靠地将相距约 3 km 的两个数据节点用 FSO 系统相连接并达到 155 Mb/s 的传输速率，其参数如表 4.6 所示。

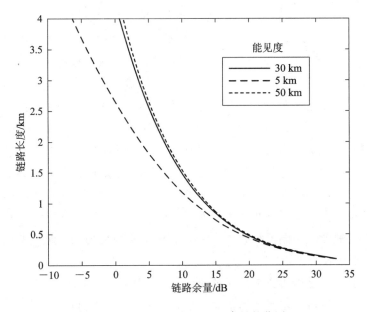

图 4-9　不同能见度下可用余量的范围

表 4.6　典型链路预算参数

参　数	值
接收机孔径(d_R)	8 cm
发射机孔径(d_T)	2.5 cm
光束扩展(θ)	2 mrad
调制技术；比特率	OOK；155 Mb/s
传输能量	14 dB
接收机灵敏度	−30 dB
光损耗(L_0)	1 dB
对准误差损耗(L_p)	1 dB
波长(λ)	850 nm

对于给定灵敏度的接收机，链路预算方程主要是用来确定链路可实现范围的大小。接收机灵敏度表示系统达到规定的性能水平时（例如：误码率为10^{-9}）所需要的最小光功率。接收机的灵敏度取决于所使用的调制技术、噪声特性、衰落/闪烁强度和数据速率。对于高数据速率来说，这意味着其具有较短的光脉冲持续时间，因此能够检测到的光子数量非常少。噪声可能是由背景辐射、检测过程/量子散粒噪声、热噪声（接收机元器件中的电子因热扰动而产生）以及它们之间任意组合造成的。

3. 大气湍流

大气温度的不均匀会导致大气折射率发生相应的变化，进而产生大小不等的涡流或气团，通常其尺寸范围为 0.1 cm～10 m。这些气团就像折射率不同的折射棱镜，当传播光束遇到这些气团时，可能会完全或部分偏离原始传播路线，偏转程度取决于光束的相对大小和沿其传播路径的温度不均匀程度。因此，穿过大气湍流的光束在其光强和相位上将经历随机变化或衰减。大气湍流取决于以下三种因素：① 大气压力或高度；② 风速；③ 因温度分布不均匀导致的折射率变化。已知的大气湍流效应包括以下几种：

（1）光束转向：光束偏离其原始 LOS 角度，此影响会导致光束偏离接收机。

（2）图像移动：由于光束到达角的变化，接收到的光束焦点在接收平面上移动。

（3）光束扩散：由于散射而导致光束发散度增加，这会降低接收功率密度。

（4）光束闪烁：由于小尺度相消干涉而引起的接收机平面上空间功率密度的变化。

（5）空间相干性退化：湍流导致的光束波前相位相干性损失。这对光混频会造成极大损害（例如在相干接收机中）。

（6）极化起伏：这是由于光束通过湍流介质后，接收光场的极化状态发生变化而引起的。然而，对于大气湍流中水平传播的光辐射，极化起伏的量可以忽略不计。

1) 大气折射率谱模型

大气湍流是大气折射率 n 沿穿过大气的光波路径随机起伏的结果。折射率起伏是大气温度沿光波路径随机变化的结果，这种随机温度变化是高度 h 和风速 v 的函数。闪烁会造成远距离（>1 km）大气光通信系统的损坏和性能下降。大气温度与其折射率之间的关系由下式给出：

$$n(R)=1+77.6\times10^{-6}(1+7.52\times10^{-3}\lambda^{-2})\frac{P(R)}{T(R)}\cong1+79\times10^{-6}\frac{P(R)}{T(R)} \quad (4.17)$$

式中，λ 是波长，单位为 μm；P 是以 mPa 为单位的大气压强；T 是开尔文温度；$R=(x,y,z)$ 是向量空间变量的随机函数。

大气湍流可以用包含不同尺寸和折射率的松散排列的涡旋或棱镜来描述。最小的涡旋尺寸 l_0 称为湍流内尺度，其数值为几毫米；而湍流外尺度 L_0 的尺寸可达到几米。根据泰勒冻结模型，大气湍流的统计特性随时间的变化是由气团随机运动引起的。此外，湍流涡旋是固定的，并且只随垂直于横波方向移动的风而变化。大气湍流的相干时间 τ 为毫秒量级。与典型数据的持续时间相比，该相干时间值非常大。

在假设大气为统计均匀且具有各向同性的条件下，可用三维傅里叶变换将折射率起伏的空间功率谱密度与协方差函数联系起来，即

$$\Phi_n(\kappa)=\frac{1}{2(\pi)^3}\iiint_{-\infty}^{\infty}B_n(R)\exp(-iK\cdot R)d^3R=\frac{1}{2\pi^2\kappa}\int_0^{\infty}B_n(R)\sin(\kappa R)RdR$$

$$(4.18)$$

其中，最后一个积分可利用球形积分区域的对称性来求解，K 是矢量空间波数，$\kappa=|K|$ 是标量波数，Φ_n 为功率谱密度，B_n 为协方差函数。根据反傅里叶变换的性质可得出

$$B_n(R)=\frac{4\pi}{R}\int_0^{\infty}\kappa\Phi_n(\kappa)\sin(\kappa R)d\kappa \quad (4.19)$$

因此，功率谱密度函数与结构函数之间的关系可以用下式表示：

$$D_n(R)=2[B_n(0)-B_n(R)]=8\pi\int_0^{\infty}\kappa\Phi_n(\kappa)\left(1-\frac{\sin\kappa R}{\kappa R}\right)d\kappa \quad (4.20)$$

其中，D_n 为结构函数。

(1) Kolmogorov 谱模型。

对于光波传播，折射率起伏几乎完全是由温度的小扰动引起的。也就是说，湿度和压强的变化通常可以忽略不计。因此，人们普遍认为，折射率起伏与温度的空间功率谱密度函数形式相同，并且温度起伏与速度起伏遵循相同的谱律。根据结构函数在惯性子范围的 2/3 幂律谱，在惯性子区折射率起伏的相关功率谱密度定义为

$$\Phi_n(\kappa)=0.033C_n^2\kappa^{-11/3}, \quad \frac{1}{L_0}\ll\kappa\ll\frac{1}{l_0} \quad (4.21)$$

式(4.21)是著名的 Kolmogorov 幂律谱，C_n^2 为折射率结构常数。由于其数学形式相对简单，因而被广泛应用于理论计算。然而，如式(4.21)所示，该谱模型理论上仅在惯性子范围 $1/L_0\ll\kappa\ll1/l_0$ 有效。为了证明该模型可应用在所有波数的特定计算中，通常假设外尺度是无限大的（$L_0=\infty$），而内尺度可以忽略不计（$l_0=0$）。然而，若将式(4.21)的有效性推广

到所有波数，可能在某些情况下会导致积分发散。因此，必须谨慎使用这个谱模型时。

（2）Tatarskii 谱、von Karman 谱以及指数谱模型。

在不能忽略内尺度或外尺度效应的情况下，可以提出其它谱模型用于计算。若将公式（4.21）中幂律谱扩展到耗散范围 $\kappa > 1/l_0$，则需要引入一个在高波数时用于截断频谱的函数。为了计算方便，Tatarskii 建议使用高斯函数，从而得到谱模型：

$$\Phi_n(\kappa) = 0.033 C_n^2 \kappa^{-11/3} \exp\left(-\frac{\kappa^2}{\kappa_m^2}\right),\ \kappa \gg \frac{1}{L_0},\ \kappa_m = \frac{5.92}{l_0} \tag{4.22}$$

实际上，被广泛称为 Tatarskii 谱的公式（4.22）最初是由 Novikov 提出并用于计算速度变化的，后来才被 Tatarskii 用来计算折射率起伏。

与 Kolmogorov 谱类似，Tatarskii 谱在极限情况 $1/L_0 = 0(L_0 \to \infty)$ 下的 $\kappa = 0$ 处具有奇点。这意味着，可以计算出结构函数 $D_n(R)$，但不能计算出协方差函数 $B_n(R)$。虽然大气湍流几乎总是局部均匀且具有各向同性，但空间功率谱仅在满足 $\kappa < 1/l_0$ 的惯性子范围或耗散范围内具有各向同性。当输入范围为 $\kappa < 1/L_0$ 时，常认为该谱具有各向异性且其具体形式未知。

在实际应用中常对 Kolmogorov 和 Tatarskii 谱模型进行修正，使其在波数 $\kappa < 1/l_0$ 的情况下具有各向同性，此时相应的结构函数和协方差函数均存在。在修正 Tatarskii 谱的过程中，将湍流建模为对于所有波数均满足统计均匀且具有各向同性。在这种情况下经常使用的谱模型是：

$$\Phi_n(\kappa) = \begin{cases} \dfrac{0.033 C_n^2}{(\kappa^2 + \kappa_0^2)^{11/6}} & 0 \leqslant \kappa \ll \dfrac{1}{l_0} \\ 0.033 C_n^2 \dfrac{\exp(-\kappa^2/\kappa_m^2)}{(\kappa^2 + \kappa_0^2)^{11/6}} & 0 \leqslant \kappa \leqslant \infty,\ \kappa_m = \dfrac{5.92}{l_0} \end{cases} \tag{4.23}$$

其中 $\kappa_0 = 2\pi/L_0$（有时取 $\kappa_0 = 1/L_0$）。公式（4.23）上方的表达式中仅包含外尺度参数 κ_0，是 von Karman 谱模型的原始形式。表达式分子中的 Gaussian 函数内尺度项是后人引入的，目的是把 Tatarskii 和 von Karman 谱结合起来，从而同时包含内尺度和外尺度效应。因此该式称为修正 von Karman 谱。然而，通常把这两种形式都简单地称为 von Karman 谱。在惯性子范围 $\kappa_0 \ll \kappa \ll \kappa_m$ 内，公式（4.22）和式（4.23）都可化简为由等式（4.21）定义的 Kolmogorov 幂律谱。

另一个具有外尺度参数的谱模型由指数谱给出，即

$$\Phi_n(\kappa) = 0.033 C_n^2 \kappa^{-11/3} [1 - \exp(-\kappa^2/\kappa_0^2)],\ 0 \leqslant \kappa \ll \frac{1}{l_0} \tag{4.24}$$

外尺度参数 κ_0 与外尺度的关系常表示为 $\kappa_0 = C_0/L_0$，根据实际应用可以选择不同的度量常数 C_0。例如，为了近似 von Karman 谱可以设置 $C_0 = 4\pi$，而在闪烁模型中取 $C_0 = 8\pi$。但由于外尺度本身没有精确的定义，所以很难用外尺度参数 κ_0 声明任何特定的常数 C_0。

（3）修正大气谱模型。

功率谱模型式（4.22）～式（4.24）是相对容易处理的模型。因此，它们在光波传播的理论研究中得到了广泛的应用。然而，严格地说，这些谱模型只有在惯性范围内才具有正确的特性。也就是说，在惯性范围之外使用这些功率谱的数学形式，是为了数学上的便利性，

而不是出于物理原因。例如，在高波数情况下接近 $1/l_0$ 处，没有一个谱模型具有小上升（或凸起），这导致功率谱下降的速度低于 Obukhov 和 Corrsin 预测的 $\kappa^{-11/3}$ 幂律速度。

　　Champagne、Williams 和 Paulson 等人测得的温度数据清楚地显示了这种所谓的凸起。由于折射率遵循与温度相同的谱规律，因此在折射率起伏谱中也必然出现凸起。Hill 进行了水动力分析，得出了在高波数上升时的数值谱模型，该模型与 Champagne、Williams 和 Paulson 的实验数据精确吻合。Hill 和 Clifford 很快指出了 Hill 数值谱对光波传播的影响。一般认为，在折射率谱中存在一个凸起会在其它测量参数（例如在结构函数和闪烁指数中）中产生一个相应的凸起。在 Dubovikov 以及 Tatarskii 中可以找到关于凸起谱的基础理论。

　　Andrews 对 Hill 谱进行了解析近似，其中包括外尺度参数，该参数在理论上与 von Karman 谱具有相同的理论结果。这个近似值又称为修正大气谱（或简称为修正谱），由下式给出：

$$\Phi_n(\kappa)=0.033C_n^2\left[1+1.802\left(\frac{\kappa}{\kappa_l}\right)-0.254\left(\frac{\kappa}{\kappa_l}\right)^{7/6}\right]\frac{\exp(-\kappa^2/\kappa_l^2)}{(\kappa^2+\kappa_0^2)^{11/6}},\ 0\leqslant\kappa<\infty,\ \kappa_l=\frac{3.3}{l_0}$$

(4.25)

其中，与 von Karman 谱相似，$\kappa_0=2\pi/L_0$（或 $\kappa_0=1/L_0$），κ_l 为内尺度波数参数。可以看到，除了方括号内表示高波数谱凸起的项外，公式(4.25)与公式(4.23)的函数形式非常相似。与 von Karman 谱中采用的引入外尺度参数的方法不同，可将修正谱写成以下形式：

$$\Phi_n(\kappa)=0.033C_n^2\left[1+1.802\left(\frac{\kappa}{\kappa_l}\right)-0.254\left(\frac{\kappa}{\kappa_l}\right)^{7/6}\right]\left[1-\exp\left(-\frac{\kappa^2}{\kappa_0^2}\right)\right]\frac{\exp(-\kappa^2/\kappa_l^2)}{\kappa^{11/3}}$$

(4.26)

$$0\leqslant\kappa<\infty,\ \kappa_l=\frac{3.3}{l_0},\ \kappa_0=\frac{4\pi}{L_0}$$

其中，在一些情况下，可以定义 $\kappa_0=2\pi/L_0$ 或 $\kappa_0=8\pi/L_0$。

图 4-10 中绘制了 Kolmogorov 谱、von Karman 谱和修正大气谱在同一波数范围内

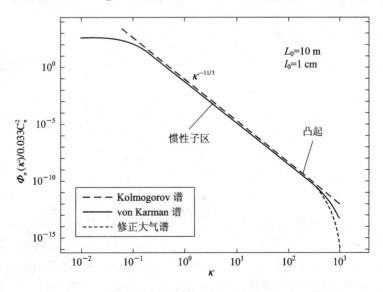

图 4-10　折射率起伏的谱模型

的曲线，表明了由外尺度和内尺度波数定义的惯性子区的边界。图 4-10 中还显示了在耗散范围（被对数尺度大大抑制）之前出现的高波数凸起。非零内尺度降低了高波数（$\kappa > l_0$）的谱值，使其小于 Kolmogorov 谱的预测值。在低波数（$\kappa < 1/L_0$）处，类似的谱值衰减则由有限外尺度引起。图 4-11 表明了 Hill 数值谱以及由公式（4.22）和公式（4.25）给出的谱模型（$\kappa_0 = 0$）均可由 Kolmogorov 幂律谱进行缩放，在图中可以更清楚地显示功率谱的凸起特征。Churnside 和 Frehlich 研究了 Hill 谱的其它分析近似值。

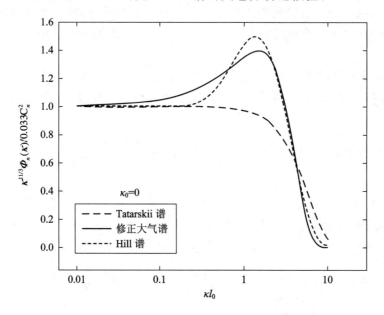

图 4-11　折射率起伏的标度谱模型与 κl_0 的函数图像

通过对折射率结构函数的研究，可以分析出修正谱对各种统计量的影响。也就是说，基于 Tatarskii 谱（式（4.22））的折射率结构函数的解析形式由下式给出：

$$D_n(R) = 1.685 C_n^2 \kappa_m^{-2/3} \left[{}_1F_1\left(-\frac{1}{3}; \frac{3}{2}; -\frac{\kappa_m^2 R^2}{4}\right) - 1 \right], \quad 0 \leqslant R \ll L_0 \qquad (4.27)$$

式中，${}_1F_1(a; c; x)$ 是合流超几何函数，κ_m 为内尺度波数参数。基于修正谱模型 $\kappa_0 = 0$ 可得到

$$D_n(R) = 1.685 C_n^2 \kappa_l^{-2/3} \left\{ {}_1F_1\left(-\frac{1}{3}; \frac{3}{2}; -\frac{\kappa_l^2 R^2}{4}\right) - 1 + \right.$$

$$2.470 \left[1 - {}_1F_1\left(\frac{1}{6}; \frac{3}{2}; -\frac{\kappa_l^2 R^2}{4}\right) \right] -$$

$$\left. 0.071 \left[1 - {}_1F_1\left(\frac{1}{4}; \frac{3}{2}; -\frac{\kappa_l^2 R_2}{4}\right) \right] \right\}, \quad 0 \leqslant R \ll L_0 \qquad (4.28)$$

如图 4-12 所示，图中绘制了结构函数 $D_n(R)/C_n^2 l_0^{2/3}$ 与 R/l_0 之间的函数关系，采用了修正谱模型，其中实线对应公式（4.28），虚线代表由 Tatarskii 谱得出的公式（4.27）。在这里，可以观察到在高波数下，修正谱中的凸起将导致结构函数在距离 $R \approx 2l_0$ 处产生相应的凸起。当用修正谱计算其它统计量时，与传统谱模型的结果相比，也发现了相似的差异。

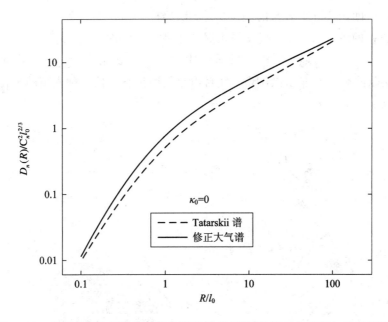

图 4-12　折射率的比例结构函数与距离 R 的函数（R 根据内尺度 l_0 进行缩放）
关系曲线（假设外尺度无穷大（即 $\kappa_0 = 0$））

2）光束漂移

（1）弱大气湍流下的光束漂移。

当激光光束在自由空间传播直径为 $2W_0$ 时（W_0 为发射机发射的光束半径），其远场发散角以 $\lambda/2W_0$ 增长。在存在光学湍流的情况下，有限的光束将在其传播过程中发生随机偏折，大气中大尺度不均匀湍流的存在将进一步导致光束的扩展。因此在很短的时间内，接收端光束会随机偏离视轴和光束剖面，使光束由原本呈现的高斯特性变得高度扭曲（如图 4-13(a)所示）。从而导致光束的瞬时中心（最大光强点或"热点"）在接收平面上随机移动，产生光束漂移的现象。这种现象可以采用沿一个轴的最大光强点的位移方差大小来表征。光束漂移在（光束直径）/（风速）的阶数上有一个时间常数，因此可以使用快速跟踪发射机来减小这种效应。

众所周知，光束漂移主要是由发射端的大尺度湍流引起，所以往往基于几何光学方法对光束漂移进行分析，常忽略衍射对其的影响。例如 Chernov 和 Beckmann 在分析时都使用了几何光学方法，但没有考虑光束的有限尺度。Chiba 在相关研究中采用了有限尺度的准直光束，Churnside 和 Lataitis 利用几何光学方法分析了准直和聚焦光束的光束漂移方差表达式，利用马尔可夫逼近方法对光束漂移方差及衍射效应对其的影响进行了一个较为全面的推导，在该方法中引入了一个空间滤波器来抑制比光束尺寸小的湍流的影响。Fante 建立了长期的光斑尺寸、短期的光斑尺寸以及用四阶统计矩表示的位移方差之间的关系。Tavis 和 Yura 还研究了一个短期光束分布，但它们的分析是基于湍流的小尺度效应。

① 光束漂移的基础模型。

可以将接收平面上的光束漂移建模为发射平面上的随机倾斜角，类似于反向传播波的到达角起伏，接收直径由发射光束直径代替。图 4-13(b)中圆形阴影区域所描绘的短期光束运动在一段时间内会导致较大的光斑尺寸，因此称之为长期光斑尺寸 W_{LT}。为了建立光束漂移起伏方差的解析表达式，将使用长期光斑尺寸，其平方公式为

$$W_{LT}^2 = W^2(1+T) = W^2(1+1.33\sigma_R^2)\Lambda^{5/6} \tag{4.29}$$

式中，Λ 为接收波束的菲涅尔比，W 为在自由空间中接收端接收到光束的半径，σ_R^2 为平面波的 Rytov 方差。

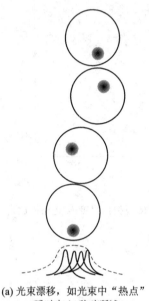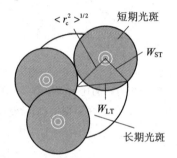

(a) 光束漂移，如光束中"热点"　　　　(b) 长期光斑尺寸是光束漂移、光束呼吸和衍射的结果
　　(瞬时中心)移动所述　　　　　　　　(阴影圆圈表示接收平面中的短期光束的随机运动)

图 4 - 13　光束漂移模型

基于短期和长期光斑尺寸的概念，可以将其表示为

$$W_{LT}^2 = \underbrace{W^2}_{\text{衍射效应}} + \underbrace{W^2 T_{SS}}_{\text{小尺度扩展}} + \underbrace{W^2 T_{LS}}_{\text{大尺度光束漂移}} \tag{4.30}$$

其中，将 $T = T_{SS} + T_{LS}$ 分为小尺度(T_{SS})和大尺度(T_{LS})的总和。公式(4.30)中的第一项是由于仅由衍射引起的光斑尺寸扩展，第二项定义为"光束呼吸"和短期光束半径 W_{ST}，最后一项表示由大尺度湍流引起的"光束漂移"，一般用光束在接收平面($z=L$)的瞬时中心的方差表示。光束漂移方差表达式为

$$\langle r_c^2 \rangle = W^2 T_{LS}$$

$$= 4\pi^2 k^2 W^2 \int_0^L \int_0^\infty \kappa \Phi_n(\kappa) H_{LS}(\kappa, z) \left[1 - \exp\left(-\frac{\Lambda L \kappa^2 \xi^2}{k}\right)\right] dz d\kappa \tag{4.31}$$

其中，$\xi = 1 - z/L$，引入大尺度滤波器函数为

$$H_{LS}(\kappa, \xi) = \exp[-\kappa^2 W^2(z)] = \exp\left\{-\kappa^2 W_0^2\left[\left(1-\frac{z}{F_0}\right)^2 + \left(\frac{2z}{k W_0^2}\right)^2\right]\right\} \tag{4.32}$$

其中，F_0 为相位前波束在发射机中的曲率半径，k 为光束波数，W_0 为发射机发射光束的半径。公式(4.32)中的高斯滤波器函数仅允许导致光束漂移的与光束大小相等或更大的随机不均匀湍流通过，从而消除导致式(4.30)中第二项 $W^2 T_{SS}$ 的小尺度效应。在式(4.32)中，$W(z)$ 是距离发射器可变距离 $z(0<z<L)$ 处的自由空间光束半径。当然，湍流外尺度 L_0

在不均匀尺寸上会有一个上限，这可能导致光束漂移。内尺度效应在这里可以忽略不计，所以谱模型中只包括外尺度参数。通过分析，采用指数谱模型引入外尺度效应，即

$$\Phi_n(\kappa)=0.033C_n^2\kappa^{-11/3}\left[1-\exp\left(-\frac{\kappa^2}{\kappa_0^2}\right)\right],\ \kappa_0=\frac{C_0}{L_0} \tag{4.33}$$

外尺度参数 κ_0 所对应的标度常数 C_0 通常在 $1\leqslant C_0\leqslant 8\pi$ 范围内选择。

为了便于积分，使用归一化距离变量 $\xi=1-z/L$ 以及输入平面光束参数 Θ_0 和发射端光束的菲涅尔比 Λ_0 来以更方便的形式描述滤波器函数，即

$$H_{\mathrm{LS}}(\kappa,\xi)=\exp\{-\kappa^2W_0^2[(\Theta_0+\overline{\Theta}_0\xi)^2+\Lambda_0^2(1-\xi)^2]\} \tag{4.34}$$

其中，Θ_0 为发射机发射光束的曲率参数，$\overline{\Theta}$ 为归一化发射机发射光束的曲率参数。

为了强调光束漂移的折射效应，在式（4.34）中去掉最后一项，并使用几何光学近似得到

$$1-\exp\left(-\frac{\Lambda L\kappa^2\xi^2}{k}\right)\approx\frac{\Lambda L\kappa^2\xi^2}{k},\ \frac{L\kappa^2}{k}\ll 1 \tag{4.35}$$

在这种情况下，光束漂移方差简化为

$$\langle r_c^2\rangle=1.303C_n^2kL^2W^2\Lambda\int_0^1\int_0^\infty\xi^2\kappa^{-2/3}\left[1-\exp\left(-\frac{\kappa^2}{\kappa_0^2}\right)\right]\exp\left[-\kappa^2W_0^2(\Theta_0+\overline{\Theta}_0\xi)^2\right]\mathrm{d}\kappa\,\mathrm{d}\xi$$

$$=7.25C_n^2L^3W_0^{-1/3}\int_0^1\xi^2\left\{\frac{1}{|\Theta_0+\overline{\Theta}_0\xi|^{1/3}}-\left[\frac{\kappa_0^2W_0^2}{1+\kappa_0^2W_0^2(\Theta_0+\overline{\Theta}_0\xi)^2}\right]^{1/6}\right\}\mathrm{d}\xi \tag{4.36}$$

公式（4.36）适用于准直、发散或会聚（聚焦）高斯光束，因此可以表示弱光强起伏和常数 C_n^2 下光束漂移位移变化的一般表达式。积分项第二项 $\kappa^{-2/3}\left[1-\exp\left(-\frac{\kappa^2}{\kappa_0^2}\right)\right]\exp[-\kappa^2W_0^2(\Theta_0+\overline{\Theta}_0\xi)^2]$ 表示了有限外尺度对总光束漂移方差的限制作用。

② 光束漂移的特殊情况。

对于无限外尺度（$\kappa_0=0$）的情况，公式（4.36）的积分可简化为

$$\langle r_c^2\rangle=2.42C_n^2L^3W_0^{-1/3}{}_2F_1\left(\frac{1}{3},1;4;1-|\Theta_0|\right) \tag{4.37}$$

当式（4.37）中的光束参数 Θ_0 满足 $\Theta_0\geqslant 0$ 时（即准直、发散和会聚高斯光束情况，其中 $F_0\geqslant L$），则无须绝对值符号。除了常数的微小差异外，式（4.37）与 Churnside 和 Lataitis 使用几何光学方法获得的结果相同。对于准直光束（$\Theta_0=1$），式（4.37）中的超几何函数为 1，并且表达式可简化为

$$准直光束（\kappa_0=0）：\langle r_c^2\rangle=2.42C_n^2L^3W_0^{-1/3} \tag{4.38}$$

由此，本小节通过令 $W_G\cong W_0$ 来推导 $\langle r_c^2\rangle\cong L^2\langle\beta_a^2\rangle$。对于在接收平面的聚焦光束（$\Theta_0=0$）可得到

$$聚焦光束（\kappa_0=0）：\langle r_c^2\rangle=2.72C_n^2L^3W_0^{-1/3} \tag{4.39}$$

因此，对于发射端相同尺寸的光束，聚焦光束导致的光束漂移方差比准直光束稍大。

当外尺度有限时（$\kappa_0\neq 0$），在这种情况下考虑到准直光束（$\Theta_0=1$，$\overline{\Theta}_0=0$）的光束漂移

方差可简化为

$$\text{准直光束}(\kappa_0 \neq 0): \langle r_c^2 \rangle = 2.42 C_n^2 L^3 W_0^{-1/3} \left[1 - \left(\frac{\kappa^2 W_0^2}{1 + \kappa^2 W_0^2} \right)^{1/6} \right] \tag{4.40}$$

对于外尺度有限时的聚焦光束，设公式(4.36)中的参数为 $\Theta_0 = 0$，$\overline{\Theta}_0 = 1$。结果简化为

$$\langle r_c^2 \rangle = 2.72 C_n^2 L^3 W_0^{-1/3} \left[1 - \frac{8}{3} (\kappa_0 W_0)^{1/3} \int_0^1 \frac{\xi^2}{1 + \kappa_0^2 W_0^2 \xi^2} \mathrm{d}\xi \right] \tag{4.41}$$

在不显著影响计算精度的情况下，可以进一步将式(4.41)简化为简单的代数形式近似聚焦光束($\kappa_0 \neq 0$)的光束漂移方差，即

$$\langle r_c^2 \rangle = 2.72 C_n^2 L^3 W_0^{-1/3} \left[1 - \frac{8}{9} \left(\frac{\kappa_0^2 W_0^2}{1 + 0.5 \kappa_0^2 W_0^2} \right)^{1/6} \right] \tag{4.42}$$

尽管在理论分析中经常把有限外尺度忽略，但是其对于实际中光束漂移方差有很大的影响。为了说明这种效应在准直光束情况下的影响，绘制了图4-14。最初，在外尺度存在时，光束漂移方差显著下降，随着发射机光束尺寸接近外尺度($\kappa_0 W_0 \approx 1$)，光束漂移方差几乎消失。事实上，即使 $\kappa_0 W_0 = 0.1$，光束漂移也小于用无限外尺度预测的70%。

图4-14中还给出了聚焦光束(虚线)的归一化光束漂移方差，它取式(4.42)与式(4.39)之比。与准直光束的情况一样，在有限的外尺度存在时，聚焦光束的均方根漂移大大减小。

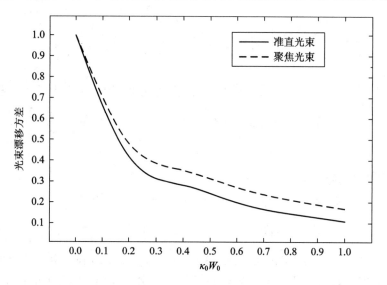

图4-14　具有有限外尺度的光束漂移方差与具有无限外尺度的光束漂移方差之比

③ 短期光束扩展。

公式(4.29)描述了高斯光束的长期光束扩展。如果用 W_{ST} 表示短期光束半径，那么 Fante 所提出的长期光束半径、短期光束半径和光束漂移方差之间的关系为

$$W_{LT}^2 = W_{ST}^2 + \langle r_c^2 \rangle \tag{4.43}$$

可以看到公式(4.43)与公式(4.30)相等，一般情况下，通过 $W_{ST} = W \sqrt{1 + T_{SS}}$ 来确定短期光束半径。因此，基于公式(4.38)、式(4.39)和式(4.43)，在无限大的外尺度情况下，准直光束或聚焦光束的短期光束半径可以表示为

$$W_{ST} = \begin{cases} W\sqrt{1+1.33\sigma_R^2\Lambda^{5/6}\left[1-0.66\left(\dfrac{\Lambda_0^2}{1+\Lambda_0^2}\right)^{1/6}\right]} & \text{(准直光束)} \\[2em] W\sqrt{1+0.35\sigma_R^2\Lambda^{5/6}} & \text{(聚焦光束)} \end{cases} \qquad (4.44)$$

由公式(4.44)可见，光束的短期光斑尺寸总是小于长期光斑尺寸。事实上，在某些弱起伏条件下，短期光斑尺寸与完全由衍射引起的自由空间光斑尺寸近似。在其它应用中，短期光束在后期处理技术中很重要，可用于克服成像中的大气退化效应。

（2）强大气湍流下的光束漂移。

在弱起伏理论中，已经建立了几个与波束中心瞬时运动相关的光束漂移方差模型，模型的建立标准取决于其适用的光束（准直光束或聚焦光束）以及是否考虑湍流外尺度效应。为了推广在弱起伏理论中的一些表达式，本部分使用相关的有效光束参数，使它们可以适用于中到强湍流区的光强起伏情况。

首先，中到强湍流区的滤波函数可以表示为

$$\begin{aligned} H_{LS}(\kappa,z) &= \exp[-\kappa^2 W_{LT}^2(z)] \\ &= \exp\{-\kappa^2 W^2(z)[1+1.63\sigma_R^{12/5}(z)\Lambda(z)]\} \\ &\cong \exp\left\{-\kappa^2 W_0^2\left[\left(1-\frac{z}{F_0}\right)^2+1.63\sigma_R^{12/5}(L)\Lambda_0(L)\left(\frac{z}{L}\right)^{16/5}\right]\right\} \end{aligned} \qquad (4.45)$$

采用自由空间光束半径 W 来代替长期光束半径 W_{LT}，并利用几何光学对该表达式进行简化，将公式(4.45)结合公式(4.35)，按照公式(4.36)的推导方法，获得的光束漂移方差公式可以表示为

$$\begin{aligned} \langle r_c^2 \rangle &= 1.30 C_n^2 k L^2 W^2 \Lambda \int_0^1 \xi^2 \int_0^\infty \kappa^{-2/3}\left[1-\exp\left(-\frac{\kappa^2}{\kappa_0^2}\right)\right] \times \\ &\quad \exp\{-\kappa^2 W_0^2[(\Theta_0+\overline{\Theta}_0\xi)^2+1.63\sigma_R^{12/5}\Lambda_0(1-\xi)^{16/5}]\}\,\mathrm{d}\kappa\,\mathrm{d}\xi \\ &= 7.25 C_n^2 L^3 W_0^{-1/3} \int_0^1 \xi^2\left[\frac{1}{[(\Theta_0+\overline{\Theta}_0\xi)^2+1.63\sigma_R^{12/5}\Lambda_0(1-\xi)]^{1/6}} - \right. \\ &\quad \left. \frac{(\kappa_0 W_0)^{1/3}}{\{1+\kappa_0^2 W_0^2[(\Theta_0+\overline{\Theta}_0\xi)^2+1.63\sigma_R^{12/5}\Lambda_0(1-\xi)^{16/5}]\}^{1/6}}\right]\mathrm{d}\xi \end{aligned} \qquad (4.46)$$

通常情况下，光束漂移方差公式(4.46)适用于所有光强起伏场景。但在强光强起伏下，公式(4.46)趋于零，而在近地弱光强起伏（$\sigma_R^2 \ll 1$）下，它会近似于弱起伏场景中的公式(4.36)。

在此基础上，Klyatkin 和 Kon 推导出了在弱起伏理论和强起伏理论下都有效的总光束漂移方差的表达式。Mironov 和 Nosov 分别建立了光束漂移方差的渐近关系，这些渐进关系同时适用于弱起伏区域和强起伏区域。Mironov 和 Nosov 将实验所得渐近公式与相关文献中获得的各种聚焦光束的实验数据进行了比较。此外，因为实验数据是基于多个不同的聚焦光束获得的，所以本小节进一步绘制了由公式(4.46)推导出的聚焦光束（$\Theta_0=0$，$\overline{\Theta}_0=1$）均方根角位移（$\alpha_c=\sqrt{\langle r_c^2\rangle/L^2}$）与结构函数（$D_S(\sqrt{2}W_0)=1.09C_n^2 k^2 L(\sqrt{2}W_0)^{5/3}$）平方根之间的函数关系图。在图 4-15(a)中，采用外尺度参数 $\kappa_0=1.92$；在图 4-15(b)中，采用外尺度参数 $\kappa_0=1.43$。图 4-15(a)和图 4-15(b)的工作波长皆为 $\lambda=0.63~\mu\text{m}$，传输路径长度皆为 $L=1750~\text{m}$，波束半径分别为 11.6 cm 和 21.35 cm，其中折射率结构参数是允许变化

的。通过实验验证，发现上述理论模型(公式(4.46))在这两种场景下都与相关实验数据吻合良好。

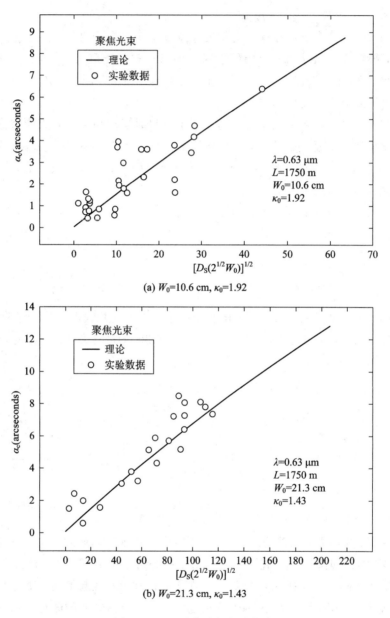

(a) $W_0=10.6$ cm, $\kappa_0=1.92$

(b) $W_0=21.3$ cm, $\kappa_0=1.43$

图4-15　理论曲线与实验数据

3）光强闪烁

（1）弱起伏理论下的光强闪烁。

① 闪烁指数。

由大气湍流引起的光强起伏称为闪烁。闪烁包括接收信号光强在时间上的随机起伏（例如星闪烁），也包括接收信号束宽在空间上的随机变化（例如激光散斑）。在弱起伏区，由于光信号的对数振幅服从高斯分布，所以早期的研究大多数集中在对数振幅方差上而不

是振幅方差本身上。此外，光波的对数振幅与大气湍流导致的复杂相位扰动有关，即

$$\chi(r, L) = \frac{1}{2} \big[\psi(r, L) + \psi^*(r, L) \big] \tag{4.47}$$

其中，$\psi(r, L) = \psi_1(r, L) + \psi_2(r, L)$ 包括一阶和二阶相位扰动。然而，只有一阶对数振幅扰动 χ_1 对于计算对数振幅方差起主要作用，也就是说，在接下来的数值统计中对于对数振幅扰动只保留不超过二阶的项即可，对数振幅方差可定义为

$$\begin{aligned} \sigma_\chi^2(r, L) &= \langle \chi_1^2(r, L) \rangle - \langle \chi_1(r, L) \rangle^2 \\ &= \frac{1}{2} \mathrm{Re} \big[\langle \psi_1(r, L) \rangle \psi_1^*(r, L) + \langle \psi_1(r, L) \psi_1(r, L) \rangle \big] \\ &= \frac{1}{2} \mathrm{Re} \big[E_2(r, r) + E_3(r, r) \big] \end{aligned} \tag{4.48}$$

对于水平传播路径，有

$$\begin{aligned} E_2(r_1, r_2) = 4\pi^2 k^2 L \int_0^1 \int_0^\infty &\kappa \Phi_n(\kappa) \mathrm{J}_0 \big[\kappa \mid (1 - \overline{\Theta}\xi)\, \boldsymbol{p} - 2i\Lambda\xi r \mid \big] \times \\ &\exp\Big(-\frac{\Lambda L \kappa^2 \xi^2}{k} \Big) \mathrm{d}\kappa \,\mathrm{d}\xi \end{aligned} \tag{4.49}$$

$$\begin{aligned} E_3(r_1, r_2) = -4\pi^2 k^2 L \int_0^1 \int_0^\infty &\kappa \Phi_n(\kappa) \mathrm{J}_0 \big[(1 - \overline{\Theta}\xi - i\Lambda\xi)\kappa\rho \big] \times \\ &\exp\Big(-\frac{\Lambda L \kappa^2 \xi^2}{k} \Big) \exp\Big[-\frac{iL\kappa^2}{k}\xi(1 - \overline{\Theta}\xi) \Big] \mathrm{d}\kappa \,\mathrm{d}\xi \end{aligned} \tag{4.50}$$

其中，$\xi = 1 - z/L$，$\boldsymbol{p}$ 为两个观测点之间的横向矢量，J_0 为 0 阶贝塞尔函数，ρ 为两个观测点之间的标量分离值。

基于公式 (4.49) 和公式 (4.50)，当经历具有均匀各向同性的湍流时，高斯光束的对数振幅方差可表示为

$$\begin{aligned} \sigma_\chi^2(r, L) = 2\pi^2 k^2 L \int_0^1 \int_0^\infty &\kappa \Phi_n(\kappa) \exp\Big(-\frac{\Lambda L \kappa^2 \xi^2}{k} \Big) \times \\ &\Big\{ \mathrm{I}_0(2\Lambda r \kappa \xi) - \cos\Big[\frac{L\kappa^2}{k}\xi(1 - \overline{\Theta}\xi) \Big] \Big\} \mathrm{d}\kappa \,\mathrm{d}\xi \end{aligned} \tag{4.51}$$

其中 $\mathrm{I}_0(x)$ 为第一类修正贝塞尔函数，r 为观测点的横向位置。

当对数振幅方差足够小时，闪烁指数可以表示为

$$\sigma_{\mathrm{I}}^2(r, L) = \exp\big[4\sigma_\chi^2(r, L) \big] - 1 \cong 4\sigma_\chi^2(r, L) \tag{4.52}$$

而且也可以进一步将其写为

$$\begin{aligned} \sigma_{\mathrm{I}}^2(r, L) = 8\pi^2 k^2 L \int_0^1 \int_0^\infty &\kappa \Phi_n(\kappa) \exp\Big(-\frac{\Lambda L \kappa^2 \xi^2}{k} \Big) \times \\ &\Big\{ \mathrm{I}_0(2\Lambda r \kappa \xi) - \cos\Big[\frac{L\kappa^2}{k}\xi(1 - \overline{\Theta}\xi) \Big] \Big\} \mathrm{d}\kappa \,\mathrm{d}\xi \end{aligned} \tag{4.53}$$

为便于理解，可将闪烁指数公式 (4.53) 表示为径向分量与纵向分量之和：

$$\begin{aligned} \sigma_{\mathrm{I}}^2(r, L) &= \sigma_{\mathrm{I}, r}^2(r, L) + \sigma_{\mathrm{I}, 1}^2(L) \\ &= 4\sigma_r^2(r, L) + \sigma_{\mathrm{I}, 1}^2(L) \end{aligned} \tag{4.54}$$

根据公式 (4.53) 和公式 (4.54)，可以得

$$\sigma_{\mathrm{I,r}}^2(r,L)=8\pi^2 k^2 L\int_0^1\int_0^\infty \kappa\Phi_n(\kappa)\exp\left(-\frac{\Lambda L\kappa^2\xi^2}{k}\right)\times$$

$$\{\mathrm{I}_0(2\Lambda r\kappa\xi)-1\}\,\mathrm{d}\kappa\,\mathrm{d}\xi \tag{4.55}$$

$$\sigma_{\mathrm{I,l}}^2(L)=8\pi^2 k^2 L\int_0^1\int_0^\infty \kappa\Phi_n(\kappa)\exp\left(-\frac{\Lambda L\kappa^2\xi^2}{k}\right)\times$$

$$\left\{1-\cos\left[\frac{L\kappa^2}{k}\xi(1-\overline{\Theta}\xi)\right]\right\}\,\mathrm{d}\kappa\,\mathrm{d}\xi \tag{4.56}$$

公式(4.55)定义的分量 $\sigma_{\mathrm{I,r}}^2(r,L)=4\sigma_r^2(r,L)$，称为闪烁指数的径向分量，与径向项 $\sigma_r^2(r,L)$ 直接相关。径向项描述的是湍流引起的离轴平均光强变化，当在光束中心 $r=0$ 时或当 $\Lambda=0$ 时，闪烁指数的径向分量就会消失。其中 $\Lambda=0$ 对应于无限波模型，如平面波或球面波光束模型。公式(4.56)定义的分量 $\sigma_{\mathrm{I,l}}^2(L)$，称为闪烁指数的纵向分量。在任意横向平面的光束横截面上，闪烁指数纵向分量都是恒定的。此外，为了强调纵向分量对应于轴上闪烁指数的事实，有时也将其写成 $\sigma_{\mathrm{I}}^2(0,L)$。

基于 Kolmogorov 幂律谱闪烁指数的径向分量公式(4.55)可以写为

$$\sigma_{\mathrm{I,r}}^2(r,L)=2.64\sigma_{\mathrm{R}}^2\Lambda^{5/6}\left[1-{}_1\mathrm{F}_1\left(-\frac{5}{6};\,1;\,\frac{2r^2}{W^2}\right)\right] \tag{4.57}$$

其中，${}_1\mathrm{F}_1(a;c;x)$ 是合流超几何函数。相应的闪烁指数纵向分量(即公式(4.56))所对应的表达式为

$$\sigma_{\mathrm{I,l}}^2(L)=3.86\sigma_{\mathrm{R}}^2\mathrm{Re}\left[i^{5/6}{}_2\mathrm{F}_1\left(-\frac{5}{6},\,\frac{11}{6};\,\frac{17}{6};\,\overline{\Theta}+i\Lambda\right)-\frac{11}{6}\Lambda^{5/6}\right] \tag{4.58}$$

其中，${}_2\mathrm{F}_1(a,b;c;x)$ 是高斯超几何函数。Rytov 方差 $\sigma_{\mathrm{R}}^2=1.23C_n^2k^{7/6}L^{11/6}$ 又被叫作平面波的光强闪烁系数，广泛应用于衡量湍流强度。例如，在实验中通常采用 $\sigma_{\mathrm{R}}^2\ll 1$ 来描述弱光强起伏。此外，对于平面波($\Theta=1$，$\Lambda=0$)和球面波($\Theta=\Lambda=0$)，闪烁指数径向分量(公式(4.57))会消失，闪烁指数纵向分量(公式(4.58))可以简化为

$$\begin{cases}\sigma_{\mathrm{I,pl}}^2(L)=\sigma_{\mathrm{R}}^2=1.23C_n^2k^{7/6}L^{11/6} & \text{（平面波）}\\ \sigma_{\mathrm{I,sp}}^2(L)=0.4\sigma_{\mathrm{R}}^2=0.5C_n^2k^{7/6}L^{11/6} & \text{（球面波）}\end{cases} \tag{4.59}$$

为了表示方便，可将球面波的闪烁系数表示为 $\beta_0^2=0.4\sigma_{\mathrm{R}}^2$。$\beta_0^2$ 又被称为球面波 Rytov 方差，通常存在函数关系：$\sigma_{\mathrm{I,sp}}^2(L)=\beta_0^2$。通过合并公式(4.57)和公式(4.58)，闪烁指数公式(4.53)的一般表达式可以写为

$$\sigma_{\mathrm{I}}^2(r,L)=3.86\sigma_{\mathrm{R}}^2\mathrm{Re}\left[i^{5/6}{}_2\mathrm{F}_1\left(-\frac{5}{6},\,\frac{11}{6};\,\frac{17}{6};\,\overline{\Theta}+i\Lambda\right)\right]-$$

$$2.64\sigma_{\mathrm{R}}^2\Lambda^{5/6}{}_1\mathrm{F}_1\left(-\frac{5}{6};\,1;\,\frac{2r^2}{W^2}\right) \tag{4.60}$$

实践中，有些情况下有必要对闪烁指数公式(4.60)进行简单的解析近似。例如，在一些光谱模型中大多数高斯光束波的精确近似分量已经得到了很好的研究。基于 Kolmogorov 幂律谱，闪烁指数径向分量公式(4.57)可近似为

$$\sigma_{\mathrm{I,r}}^2(r,L)\cong 4.42\sigma_{\mathrm{R}}^2\Lambda^{5/6}\frac{r^2}{W^2},\ r<W \tag{4.61}$$

此式由合流超几何函数的小参量近似推导出。在准直光束或发散光束的情况下，需要为公式(4.61)加上纵向分量的近似项，利用简单的代数方法可以将总闪烁指数近似为

$$\sigma_I^2(r, L) \cong 4.42\sigma_R^2\Lambda^{5/6}\frac{r^2}{W^2} + 3.86\sigma_R^2\left\{0.40\left[(1+2\Theta)^2 + 4\Lambda^2\right]^{5/12}\times\right.$$

$$\left.\cos\left[\frac{5}{6}\arctan\left(\frac{1+2\Theta}{2\Lambda}\right)\right] - \frac{11}{16}\Lambda^{5/6}\right\}, \quad k < W \tag{4.62}$$

图 4-16 绘制了沿光轴(光束中心，即 $r=0$)和在衍射光束边缘($r=W$)处闪烁指数与菲涅尔参数 Λ_0 之间的函数关系。离轴闪烁对光束直径的影响最大，光束直径的尺寸一般与菲涅尔区($\Lambda_0\sim1$)相当，在近地($\Lambda_0\ll1$)和远地($\Lambda_0\gg1$)环境时离轴闪烁会大幅度减小。在受衍射限制光束的光斑范围内($r<W$)，通过联合条件 $\sigma_R^2\ll1$ 和 $\sigma_R^2\Lambda_0^{5/6}\gg1$，公式(4.62)始终成立。

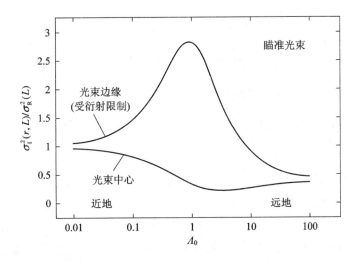

图 4-16　弱光强起伏下准直光束的闪烁指数与菲涅尔参数 $\Lambda_0 = 2L/kW_0^2$ 的函数关系

② 内尺度模型。

研究结果表明：有限大的内尺度通常对闪烁指数有显著的影响，尤其是在弱到中等光强起伏的情况下。例如对比于传统的 Tatarskii 光谱，对于无量纲参数 $Q_l = 10.89L/kl_0^2$ 中的某些参数而言，基于修正大气谱的有限尺寸的内尺度会导致闪烁指数中对应的凸起。

为建立实验结果如图 4-18～图 4-22 所示的闪烁指数分析模型，本节采用由公式(4.56)描述的无线平面波模型($\Theta=1$，$\Lambda=0$)，即

$$\sigma_{I,\,pl}^2(L) = 8\pi^2k^2L\int_0^1\int_0^\infty \kappa\Phi_n(\kappa)\left[1 - \cos\left(\frac{L\kappa^2\xi}{k}\right)\right]d\kappa\,d\xi \tag{4.63}$$

为方便计算，本节在此对 von Karman 幂律谱进行简单说明：

$$\Phi_n(\kappa) = 0.033C_n^2\frac{\exp(-\kappa^2/\kappa_m^2)}{(\kappa^2+\kappa_0^2)^{11/6}}, \quad \kappa_m = \frac{5.92}{l_0}, \quad \kappa_0 = \frac{2\pi}{L_0} \tag{4.64}$$

如果将公式(4.63)中的余弦公式改为欧拉公式，即将它写为 $\cos x = \mathrm{Re}(e^{-ix})$，再将公式(4.64)带入公式(4.63)，可得到

$$\sigma_{\mathrm{I,\,pl}}^2(L) = 2.61 C_n^2 k^2 L \operatorname{Re} \int_0^1 \int_0^\infty \frac{\kappa}{(\kappa^2 + \kappa_0^2)^{11/6}} \times$$

$$\left\{ \exp\left(-\frac{\kappa^2}{\kappa_{\mathrm{m}}^2}\right) - \exp\left[-\frac{\kappa^2(1 + iQ_{\mathrm{m}}\xi)}{\kappa_{\mathrm{m}}^2}\right] \right\} \mathrm{d}\kappa \, \mathrm{d}\xi \tag{4.65}$$

其中 $Q_{\mathrm{m}} = 3.05 L / k l_0^2$，接下来将公式（4.65）进一步简化，可得到

$$\sigma_{\mathrm{I,\,pl}}^2(L) = 1.30 C_n^2 k^2 L \operatorname{Re} \int_0^1 \left\{ \frac{1}{\kappa^{5/3}} U\left(1;\ \frac{1}{6};\ \frac{\kappa_0^2}{\kappa_{\mathrm{m}}^2}\right) - \right.$$

$$\left. \frac{1}{\kappa_0^{5/3}} U\left(1;\ \frac{1}{6};\ \frac{\kappa_0^2(1 + iQ_{\mathrm{m}}\xi)}{\kappa_{\mathrm{m}}^2}\right) \right\} \mathrm{d}\xi \tag{4.66}$$

其中 $U(a;\ c;\ x)$ 是第二类合流超几何函数。由于 $\kappa_0^2 / \kappa_{\mathrm{m}}^2 \sim l_0^2 / L_0^2 \ll 1$，可以采用合流超几何函数的小参量近似理论将公式（4.66）简化为

$$\sigma_{\mathrm{I,\,pl}}^2(L) = 8.70 C_n^2 k^2 L \kappa_{\mathrm{m}}^{-5/3} \operatorname{Re} \int_0^1 \left[(1 + iQ_{\mathrm{m}}\xi)^{5/6} - 1\right] \mathrm{d}\xi$$

$$= 8.70 C_n^2 k^2 L \kappa_{\mathrm{m}}^{-5/3} \frac{6}{11} \operatorname{Re}\left[\frac{(1 + iQ_{\mathrm{m}})^{11/6}}{iQ_{\mathrm{m}}} - \frac{1}{iQ_{\mathrm{m}}} - \frac{11}{6}\right] \tag{4.67}$$

通过简化公式（4.67），获得的最终结果可以表示为

$$\sigma_{\mathrm{I,\,pl}}^2(L) = 3.86 \sigma_{\mathrm{R}}^2 \left[\left(1 + \frac{1}{Q_{\mathrm{m}}^2}\right)^{11/12} \sin\left(\frac{11}{6} \arctan Q_{\mathrm{m}}\right) - \frac{11}{6} Q_{\mathrm{m}}^{-5/6}\right] \tag{4.68}$$

在上述分析中，通过参数 κ_0 引入外尺度效应，但在弱起伏条件下，该参数对平面波闪烁指数（即公式（4.68））的影响很小。如果允许内尺度的大小趋近于零（即 $Q_{\mathrm{m}} \to 0$），则公式（4.68）可以简化为 $\sigma_{\mathrm{I,\,pl}}^2(L) = \sigma_{\mathrm{R}}^2$。

通常情况下，公式（4.68）已经是一个非常精确的结果了。在采用球面波或高斯光束的情况下如果要解得类似的表达式，则在计算过程中必须采用一些附加近似。例如，在采用高斯光束情况下，基于 von Karman 谱的闪烁指数可被近似表示为

$$\sigma_{\mathrm{I}}^2(r,\ L) = 3.93 \sigma_{\mathrm{R}}^2 \Lambda^{5/6} \left[\left(\frac{\Lambda Q_{\mathrm{m}}}{1 + 0.52\Lambda Q_{\mathrm{m}}}\right)^{1/6} - 1.29(\Lambda Q_0)^{1/6}\right] \frac{r^2}{W} +$$

$$3.86 \sigma_{\mathrm{R}}^2 \left\{ 0.40 \frac{\left[(1 + 2\Theta)^2 + (2\Lambda + 3/Q_{\mathrm{m}})^2\right]^{1/12}}{\left[(1 + 2\Theta)^2 + 4\Lambda^2\right]^{1/2}} \sin\left(\frac{11}{6}\varphi_1 + \varphi_2\right) - \right.$$

$$\left. \frac{6\Lambda}{Q_{\mathrm{m}}^{11/6}\left[(1 + 2\Theta)^2 + 4\Lambda^2\right]} - \frac{11}{6}\left(\frac{1 + 0.31\Lambda Q_{\mathrm{m}}}{Q_{\mathrm{m}}}\right)^{5/6} \right\} \tag{4.69}$$

公式（4.69）中的闪烁指数径向分量保留了外尺度效应 $Q_0 = L k_0^2 / k$，其中，

$$\varphi_1 = \arctan\left[\frac{(1 + 2\Theta) Q_{\mathrm{m}}}{3 + 2\Lambda Q_{\mathrm{m}}}\right],\ \varphi_2 = \arctan\left(\frac{2\Lambda}{1 + 2\Theta}\right) \tag{4.70}$$

对于公式（4.69），当满足条件 $\Theta = 1$，$\Lambda = 0$ 时，即可以简化为平面波表达式（4.68）。通过设置 $\Theta = \Lambda = 0$，也可以很容易地推导出球面波极限情况时的相应表达式。一般来说，使用其它常用光谱模型所需计算量实际上与使用 von Karman 谱时所需的计算量相差无几。

③ 数值结果。

在弱起伏条件下，内尺度对闪烁指数起着决定性作用，在这一条件下无限平面波和

球面波的外尺度效应并不明显。图 4 - 17 中绘制出了球面波的闪烁指数与 Rytov 参数 $\beta_0 = (0.5C_n^2 k^{7/6} L^{11/6})^{1/2}$ 之间的函数关系，图中内尺度参数 l_0 为变化值。对应于 $l_0 = 0$ 的曲线是以 Kolmogorov 谱为基础的，而其它内尺度非零值对应的曲线则是基于修正大气谱的。可以看到，当内尺度参数较大（即 $l_0 = 5 \sim 10$ mm）时，预测的闪烁指数要比基于 Kolmogorov 谱（$l_0 = 0$）时预测的闪烁指数更小，这是因为采用了修正大气谱作为内尺度函数。此外，尽管 $\beta_0 > 1$ 是衡量开始进入中到强光强起伏的标准，但是在有些情况下其对应的闪烁指数也会小于 1。

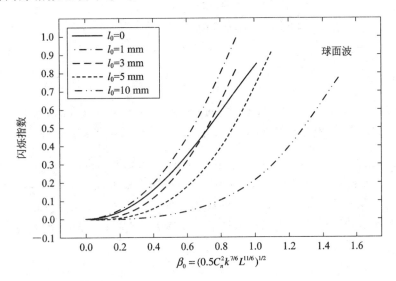

图 4 - 17　球面波的闪烁指数随湍流强度和内尺度参数变化而变化的函数

Miller 等人对光谱模型在预测高斯光束闪烁指数 $\sigma_I^2(r, L)/\sigma_R^2$ 中的作用进行了数值研究。图 4 - 18 ~ 图 4 - 21 展示了对几个不同光谱的研究结果，其路径长度固定为 $L = 250$ m，工作波长为 $\lambda = 1.06$ μm。在这种情况下，菲涅尔系数 $\Lambda_0 = 2L/kW_0^2$ 的所有变化都对应于发射光束半径 W_0 的变化。假设内尺度参数 $l_0 = 3.9$ mm，外尺度参数 $L_0 = 1.7$ m，即为典型近地水平链路。每一幅图中处于下面的一组曲线描述的是轴上（$r = 0$）闪烁情况，处于上面的一组曲线描述的是具有衍射限制的光束边缘（$r = W$）闪烁情况。

在图 4 - 18 中，Tatarskii 幂律谱与 von Karman 谱预测得到的轴上闪烁结果基本相同，同时它们的闪烁结果都小于采用 Kolmogorov 谱时所预测的闪烁结果。一般情况下，光轴上的外尺度效应并不明显。然而，对比于光轴上的闪烁情况，在衍射限制的光束边缘处的三种光谱模型预测的闪烁结果相差很大。在 $\Lambda_0 = 1$ 附近，即离轴闪烁达到峰值时，Kolmogorov 模型和 Tatarskii 模型预测的闪烁水平几乎相同，这表明了基于 Tatarskii 谱的内尺度效应在光束边缘附近（即 Λ_0 趋近于 1）时的影响明显减小。但是，von Karman 谱预测的闪烁值在这个峰值附近会减少，这意味着外尺度效应会显著降低光束尺寸在 $0.1 < \Lambda_0 < 10$ 范围内的离轴闪烁水平。一般情况下，离轴跃迁发生在 $r = 0$ 与之 $r = W$ 间。当 $\Lambda_0 \to 0$（近地）时所有模型预测到的闪烁都接近于无界平面波的闪烁，当 $\Lambda_0 \to \infty$（远地）时预测到的闪烁都接近于球面波的闪烁。

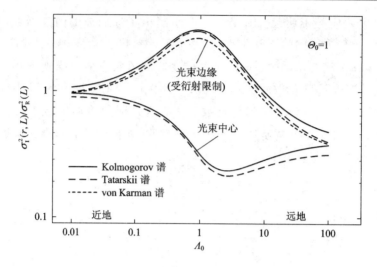

图 4-18　不同光谱模型下准直光束的标度闪烁指数与 Λ_0 之间的函数关系
（其中路径长度固定为 $L=250$ m，内尺度参数 $l_0=3.9$ mm，外尺度参数 $L_0=1.7$ m）

图 4-19 包含了基于 Hill 数值谱和修正大气谱的数值结果，以及图 4-18 中涉及的 Kolmogorov 谱数值结果。由图 4-19 可知：对于高斯光束来说，Hill 谱和修正大气谱预测到的轴上闪烁结果几乎相同，而 Hill 谱的离轴闪烁远大于 Kolmogorov 谱的离轴闪烁，但 Hill 谱和修正大气谱预测到的离轴闪烁结果相差很大。这明显是外尺度效应的作用，因为 Hill 谱只涉及内尺度参数。

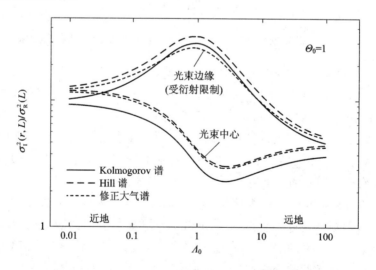

图 4-19　与图 4-18 相同但采用了不同的光谱模型

图 4-20 和图 4-21 展示的会聚光束（$\Theta_0=0.1$）的数值结果与图 4-18、图 4-19 中的准直光束的数值结果基本相同。同样可以看到，在远离光束中心线的情况下，外尺度效应更加显著，但此时外尺度效应作用的光束尺寸范围更宽（对比于准直光束）。此外，处于衍射限制的 $\Lambda_0\sim0.1$ 光束边缘附近的外尺度效应比内尺度效应和光谱凸起的影响更加显著。

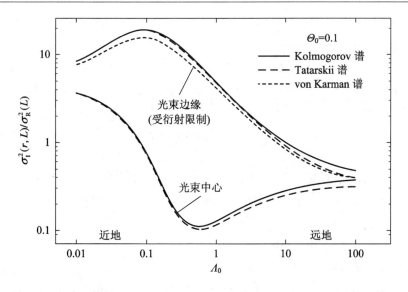

图 4-20　不同光谱模型下会聚光束的标度闪烁指数与 Λ_0 之间的函数关系
（其中路径长度固定为 $L=250$ m，内尺度参数 $l_0=3.9$ mm，外尺度参数 $L_0=1.7$ m）

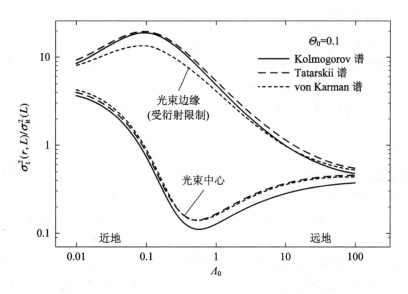

图 4-21　与图 4-20 相同但采用了不同的光谱模型

（2）光束漂移和光强闪烁。

上一部分中所得出的结论都是基于一阶 Rytov 理论的。然而，尽管相关研究人员在闪烁模型领域已经取得了较大的进展，可仍有一些问题没有得到很好的解决，特别是在会聚光束和完全聚焦光束方面。例如，在弱起伏理论下预测的聚焦光束的闪烁指数纵向分量随着激光发射机孔径尺寸的增加而减小，与此同时，理论预测的闪烁指数径向分量也会不受约束地增加。针对在地面-卫星上行链路经历弱湍流的准直光束，也曾被预测到存在类似的轴上行为。由于这种现象在现实中是不可能存在的，因此可以得出结论：一阶 Rytov 理论在某些情况下是不适用的。

在早期的实验研究中，Kerr 和 Dunphy 推导出：在有明显光束漂移的情况下，在近地场处预测到的聚焦光束轴上闪烁的减少可能无法实现。为解决光束漂移导致的功率降低问题，早期曾存在一些理论研究，如 Esposito、Fried 和 Titterton 等人的相关研究。这些研究建立了一个概率密度函数模型以描述在没有大气湍流情况下的指向抖动统计问题。此外，Kiasaleh 和 Steinvall 研究了指向抖动结合光束闪烁对于光强概率密度函数（Probability Density Function，PDF）的影响，并使用了几种 PDF 模型进一步研究光强起伏。Banakh 和 Smalikho 等人也开始了对聚焦光束的 Rytov 理论的关注。然而，这些研究都没有产生一个一致且易于处理的闪烁模型，以将光束漂移效应与传统闪烁理论有效地结合。

高斯光束的长期光斑尺寸 W_{LT}、短期光斑尺寸 W_{ST} 与光束漂移方差之间的关系由以下表达式给出：

$$W_{LT}^2 = W^2 + W^2 T_{SS} + \langle r_c^2 \rangle = W_{ST}^2 + \langle r_c^2 \rangle \tag{4.71}$$

其中 SS 代表小尺度。长期光斑尺寸 W_{LT} 是由各种尺寸的大气湍流或"涡旋"造成的。当湍流涡旋大于光束直径时，会产生折射效应（例如光束漂移），它可以由短期光斑尺寸瞬时中心位置的随机位移方差 $\langle r_c^2 \rangle$ 来描述。当湍流尺度小于光束直径时会产生衍射效应，从而导致由 $W^2 T_{SS}$ 描述的"波束呼吸"现象。

望远镜性能可根据大气湍流中的有效相干半径测量得出，不管它是作为发射机的一部分还是作为接收机的一部分，互易原理对它的性能测量都适用。通过引用互易原理，在接收平面上的光束漂移如果是由发射平面上传输光束的波前随机倾斜引起的，则它可以模拟为由发射孔径代替接收孔径的互易传播波。

为方便表述，可以将准直高斯光束的光束漂移位移表示为以下形式：

$$\sqrt{\langle r_c^2 \rangle} = 0.69 L \left(\frac{\lambda}{2W_0} \right) \left(\frac{2W_0}{r_0} \right)^{5/6} \tag{4.72}$$

其中，$\lambda / 2W_0$ 是发射光束的衍射角，$r_0 = (0.16 C_n^2 k^2 L)^{-3/5}$ 是在距离为 L 处的接收端互易传播光源的 Fired 参数或大气相干宽度。对比于聚焦光束的光束漂移位移表达式，只有常数量部分与准直光束的相关表达式是不同的。因此，大部分的光束漂移是由在发射机孔径上平均值为 $(2W_0/r_0)^{5/3}$ 的倾斜相位起伏引起的。

光束漂移描述的是瞬时光束中心（热点）的"跳动"，这种"热点"是由空气扰动或折射率不均匀引起的，其大小被外尺度参数 L_0 所限制。同样，本节将光束抖动定义为：整个短期光束围绕接收平面上的不受位置扰动而移动的行为。光束抖动类似于发射机的有效波前倾斜，但其明显小于与热点"跳动"相关的波前倾斜。光束的总漂移（包括热点跳动和光束抖动）会导致接收孔径附近的长期光束截面扩大，从而导致如图 4-22(a) 所示的一个略微"平坦"的光束，图中虚线表示由 Rytov 理论推导出的一个传统的高斯光束截面。其中，短期光束抖动在光束轴上的平坦部分具有一个光束中心，此平坦部分对应于图 4-22(b) 所示的阴影圆内半径为 σ_{pe} 的圆周内区域。图 4-22(b) 中的中心实线小圆表示光束的有效均方根对准误差范围，虚线圆表示均方根短期光斑范围。对于未跟踪光束来说，平坦光束截面代表着产生了一个有效对准误差 σ_{pe}，它导致纵向闪烁指数的增加，然而这一情况在一阶 Rytov 理论中并没有被考虑到。

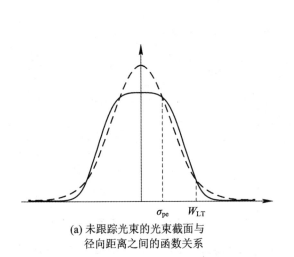

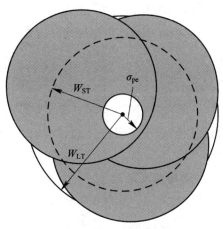

(a) 未跟踪光束的光束截面与
径向距离之间的函数关系

(b) 长期光斑尺寸 W_{LT}、短期光斑尺寸
W_{ST}、有效对准误差 σ_{pe} 示意图

图 4 - 22　光束漂移模型

当光束直径满足 $2W_0 < r_0$ 时，短期光斑跳动引起的闪烁是由在发射光束直径和大气相干宽度 r_0 之间的涡旋造成的。与上一小节提出的光束漂移模型类似，本小节进一步引入空间频率滤波器函数，即

$$H(\kappa,\xi)_{\text{jitter}}=\exp\Big[-\kappa^2 W_0^2(\Theta_0+\overline{\Theta}_0\xi)^2\Big]\Big[1-\exp\Big(-\frac{\kappa^2}{\kappa_{\mathrm{r}}^2}\Big)\Big] \tag{4.73}$$

其中 $\xi=1-z/L$，并且有

$$\kappa_{\mathrm{r}}=\frac{C_{\mathrm{r}}}{r_0} \tag{4.74}$$

其中，参数 C_{r} 是度量常数，典型取值为 $C_{\mathrm{r}}\cong 2\pi$。对于 $2W_0\geqslant r_0$ 的光束，也可采用相同的滤波器函数，但在这种情况下当相干宽度 r_0 逐渐减小时，滤波器的振幅也逐渐趋向于零。

光束漂移引起的对准误差的方差 σ_{pe}^2 可由下式计算：

$$\sigma_{\mathrm{pe}}^2=4\pi^2 k^2 L W^2\int_0^1\int_0^{\infty}\kappa\Phi_n(\kappa)H(\kappa,\xi)_{\text{jitter}}(1-\mathrm{e}^{-\Lambda L\kappa^2\xi^2/k})\mathrm{d}\kappa\,\mathrm{d}\xi$$

$$\cong 7.25 C_n^2 L^3 W_0^{-1/3}\int_0^1\xi^2\left\{\frac{1}{|\Theta_0+\overline{\Theta}_0\xi|^{1/3}}-\left[\frac{\kappa_{\mathrm{r}}^2 W_0^2}{1+\kappa_{\mathrm{r}}^2 W_0^2(\Theta_0+\overline{\Theta}_0\xi)^2}\right]^{1/6}\right\}\mathrm{d}\xi \tag{4.75}$$

其在推导过程中再次使用了近似公式 $1-\exp(-\Lambda L\kappa^2\xi^2/k)\cong\Lambda L\kappa^2\xi^2/k$。在采用准直光束的情况下，公式(4.75)可以表示为

$$\sigma_{\mathrm{pe}}^2=0.48\Big(\frac{\lambda L}{2W_0}\Big)^2\Big(\frac{2W_0}{r_0}\Big)^{5/3}\left[1-\Big(\frac{C_{\mathrm{r}}^2 W_0^2/r_0^2}{1+C_{\mathrm{r}}^2 W_0^2/r_0^2}\Big)^{1/6}\right] \tag{4.76}$$

同理，在采用聚焦光束的情况下，对应表达式可表示为

$$\sigma_{\mathrm{pe}}^2\cong 0.54\Big(\frac{\lambda L}{2W_0}\Big)^2\Big(\frac{2W_0}{r_0}\Big)^{5/3}\left[1-\frac{8}{9}\Big(\frac{C_{\mathrm{r}}^2 W_0^2/r_0^2}{1+0.5C_{\mathrm{r}}^2 W_0^2/r_0^2}\Big)^{1/6}\right] \tag{4.77}$$

根据 $2W_0/r$ 的比值，很容易推导出以下公式：

$$\sigma_{pe}^2 \cong \begin{cases} \left(\dfrac{\lambda L}{2W_0}\right)^2 \left(\dfrac{2W_0}{r_0}\right)^{5/3}, & 2W_0/r_0 \ll 1 \\[3mm] \left(\dfrac{\lambda L}{2W_0}\right)^2 \left(\dfrac{r_0}{2W_0}\right)^{1/3}, & 2W_0/r_0 \gg 1 \end{cases} \tag{4.78}$$

公式（4.78）既适用于准直光束，又适用于聚焦光束。因此，即使在某些可能存在明显光束漂移的情景下，根据公式（4.78）中的两种渐近情况，相关对准误差的方差也将趋近于零。

① 未跟踪光束。

虽然光束漂移效应包含在光束穿过长期光斑半径的轴上行为中，但这并不适用于按均值归一化的轴上光强，即 $\hat{I}(0, L) = I(0, L)/\langle I(0, L)\rangle$。因此，光束漂移效应不包括在任何归一化光强 $\langle \hat{I}_n\rangle$ 的轴上分量中，即闪烁指数为 $\sigma_I^2(0, L) = \langle \hat{I}^2(0, L)\rangle - 1$。从而可以推断出，闪烁指数公式（4.58）的纵向分量仅在不存在任何"由光束漂移引起的对准误差"的情况下可以用来描述光强起伏。

鉴于上文所述，本部分需要重新定义闪烁指数的组成部分，闪烁指数还取决于光束是否采用了跟瞄技术。由于 σ_{pe} 表示位于接收端的高斯光束的明显对准误差位移，所以在本小节中将进一步定义：对于没有采用跟瞄技术的系统，其纵向闪烁分量可表示为

$$\sigma_{I,1}^2(L)_{untracked} = 4.42\sigma_R^2 \Lambda^{5/6} \left(\frac{\sigma_{pe}}{W}\right)^2 +$$

$$3.86\sigma_R^2 \mathrm{Re}\left[i \frac{5/6}{2} \mathrm{F}_1\left(-\frac{5}{6}, \frac{11}{6}; \frac{17}{6}; \overline{\Theta} + i\Lambda\right) - \frac{11}{16}\Lambda^{5/6}\right]$$

$$\tag{4.79}$$

式中的第一项是由光束漂移引起的轴上闪烁，它是当均方根误差位移 $r = \sigma_{pe}$ 时得出的闪烁指数常规径向项。在准直光束情况下有 $\Lambda \leq 0.5$，且对于任一孔径尺寸来说，比值 σ_{pe}^2/W^2 都很小，因此由光束漂移引起的对准误差对于准直光束的影响很小。在采用聚焦光束的情况下，随着孔径半径增长将引起 Λ 的增长，并造成自由空间光斑半径 W 的尺寸显著下降。因此，在此时即使比值有一点点的变化，对于一个较大的聚焦光束而言，公式（4.79）中的对准误差项都会导致闪烁数值的巨大变化。为了将径向项纳入考虑，此处将整个光束截面的闪烁指数定义为

$$\sigma_I^2(r, L)_{untracked} = 4.42\sigma_R^2 \Lambda^{5/6} \left(\frac{r - \sigma_{pe}}{W}\right)^2 U(r - \sigma_{pe}) + \sigma_{I,1}^2(L)_{untracked} \tag{4.80}$$

其中 $0 < r < W$，且 $U(x)$ 是单位阶跃函数：

$$U(x) = \begin{cases} 1, & x > 0 \\ 0, & x < 0 \end{cases} \tag{4.81}$$

尽管在真实情况下光束截面的闪烁指数并不是阶跃函数，但为方便计算，一般规定在对准误差诱导的闪烁模型中，假设它为阶跃函数并假定离轴闪烁等于圆形区域 $0 \leq r \leq \sigma_{pe}$ 的纵向分量。

② 跟踪光束。

对于不同光通信系统，发射光束采用跟瞄技术的方法不尽相同，通常采用追踪光束中的热点（最大光强点）或消除波前倾斜等方法。因此跟踪光束的方法多取决于具体的跟瞄技术。在下面建立的模型中，定义了一种基于消除所有光束漂移效应的跟踪光束，这对于常数 C_n^2 来说，相当于消除了均方根（Root Meam Square，RMS）波前倾斜。在这个模型中，跟踪光束的作用即等效于在光轴附近产生了一个平坦的光强截面，该截面向外延伸到均方根光束漂移半径位置处，从而在光束中心部分的整个圆内产生了几乎恒定的闪烁指数。

由于光束漂移效应不包括在传统的一阶 Rytov 理论中，此处进一步假设跟踪光束的纵向分量表达式为

$$\sigma_{I,1}^2(L)_{\text{tracked}} = 3.86\sigma_R^2 \text{Re}\left[i^{5/6}\,{}_2F_1\left(-\frac{5}{6},\frac{11}{6};\frac{17}{6};\overline{\Theta}+i\Lambda\right) - \frac{11}{16}\Lambda^{5/6}\right] \qquad (4.82)$$

然而，通过完全跟瞄技术来消除光束漂移效应，会在离轴处产生一个与传统 Rytov 理论并不相符的结果。尤其是径向分量的均方根光束漂移位移的消除，会导致离轴处闪烁指数的数值小于一阶 Rytov 理论所预测的值。此处通过将径向项公式（4.61）中的 r 替换为 $r-\sqrt{\langle r_c^2\rangle}$，以消除光束漂移效应带来的影响：

$$\sigma_I^2(r,L)_{\text{tracked}} = 4.42\sigma_R^2\Lambda^{5/6}\left[\frac{r-\sqrt{\langle r_c^2\rangle}}{W}\right]^2 U(r-\sqrt{\langle r_c^2\rangle}) + 3.86\sigma_R^2 \times$$

$$\text{Re}\left[i^{5/6}\,{}_2F_1\left(-\frac{5}{6},\frac{11}{6};\frac{17}{16};\overline{\Theta}+i\Lambda\right) - \frac{11}{16}\Lambda^{5/6}\right] \qquad (4.83)$$

其中 $0 \leqslant r < W$。由公式（4.83）可知，只有当 r 超过均方根光束漂移位移时，径向闪烁指数才会发生变化。目前，针对宽聚焦光束的公式（4.82）和公式（4.83）的有效性仍在研究中。

图 4-23 说明了弱光强起伏情况下准直光束在路径长度为 1000 m 的链路中传播时光束漂移诱导的闪烁产生的影响。图中，假设 $\lambda = 1.55\ \mu m$，$C_n^2 = 10^{-14}\ m^{-23}$，以 Kolmogorov 光谱为基础，采用了公式（4.79）、公式（4.80）、公式（4.82）、公式（4.83）所得出的结果。图中实线描述的是由公式（4.79）、公式（4.80）得出的未跟踪链路闪烁指数，虚线描述的分别是由公式（4.82）预测得到的轴上闪烁情况以及由公式（4.83）得出的（$r=W$）光束漂移被完全消除时（即光束被完全跟踪时）的离轴闪烁情况。

图 4-24 中给出了路径长度为 10 km 且 $C_n^2 = 1.39 \times 10^{-16}\ m^{-23}$ 时跟踪光束和未跟踪光束的仿真结果与理论曲线。类似于理论曲线，轴上闪烁指数结果在两种光束情景下差别很小。也就是说在这种情况下，即使均方根光束漂移位移为 2~4 cm，对准误差对于闪烁指数的影响也可以忽略。此外，根据传统 Rytov 理论推导出的闪烁指数适用于沿水平路径传播的未跟踪准直光束的整个光束截面。在图 4-24 中可以发现，跟踪光束会导致光束中心以外的点闪烁减少。虽然光束漂移理论与未跟踪光束的仿真结果吻合较好，但跟踪光束的理论曲线预测出的离轴闪烁值一般大于相应的仿真结果。这是比较不同跟瞄技术得出的结论——在每次模拟结果的实现中，需要将光束中心移动到中心点，然后再进行平均处理。因此，与先平均后去除均方根光束漂移位移而得到的闪烁值相比，仿真过程中产生的闪烁

值可能与理论值有一定的偏差。

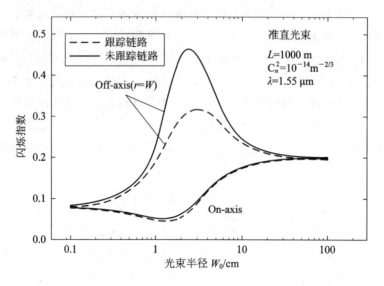

图 4 - 23 准直光束在 1 km 传播路径上时闪烁指数的理论曲线与发射端光束半径的函数关系

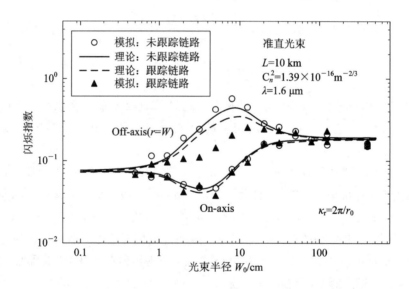

图 4 - 24 跟踪光束和未跟踪光束的仿真结果和理论曲线(路径长度为 10 km)

图 4 - 25 和图 4 - 26 中举例说明了采用聚焦光束的理论曲线和仿真结果,从而与准直光束形成对比。跟踪聚焦光束和未跟踪聚焦光束的理论曲线如图 4 - 25 所示,未跟踪聚焦光束的仿真结果以及理论曲线对比如图 4 - 26 所示。一阶 Rytov 理论预测,当发射光束半径增大时,轴上闪烁会显著减小(如图 4 - 25 中的虚线所示)。然而,只有当所有的光束漂移效应完全消除时,理论预测结果才可能实现,但是这一般是不可能做到的。对于未跟踪光束,与较大束宽跟踪光束相关联的轴上闪烁的大幅度减少并不会发生。也就是说,对于未跟踪光束,中等束宽光束的轴上闪烁最小,大束宽光束的抖动引起的轴上闪烁会随着光束直径的增加而增加,且随着传输光束束宽的持续增长最终趋于饱和。

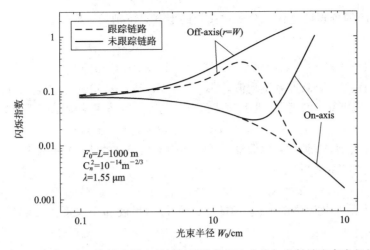

图 4 - 25　聚焦光束在 1 km 传播路径上时闪烁指数的理论曲线与发射端光束半径的函数关系

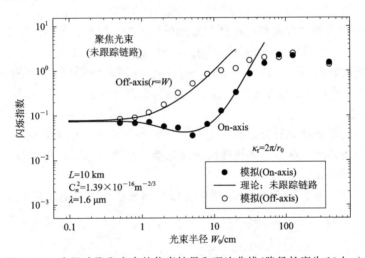

图 4 - 26　未跟踪聚焦光束的仿真结果和理论曲线(路径长度为 10 km)

　　最终,如图 4 - 26 中的仿真结果所示,轴上闪烁和离轴闪烁的数值随着发射光束尺寸的增加逐渐接近饱和。由于相应的理论曲线(如图 4 - 26 中实线所示)是基于弱起伏理论的,所以此轴上闪烁理论只对半径 20 cm 以内的光束有效,离轴闪烁理论只对半径 10 cm以内的光束有效。

　　(3) 强起伏理论下的光强闪烁。

　　① 闪烁指数模型。

　　根据扩展的 Rytov 理论可知,场的光强可以表示为

$$\hat{I} = \frac{I}{\langle I \rangle} = XY \tag{4.84}$$

其中,X 产生于大尺度涡流效应,而 Y 产生于统计独立的小尺度涡流效应。公式(4.84)所描述的用一个随机过程调制另一个随机过程的概念是比较陈旧的,但它在诸多应用领域中仍占据重要地位。在某些情况下,可将调制过程描述为非平稳过程,例如,可将均值作为一个随机变量。另外,也可将调制过程视作多重随机过程。本节将瞬时光源在散射介质中的传播过程等效为调制过程来研究光的传播特性。

下文给出的闪烁理论遵循了公式(4.84)的形式。特别地,根据公式(4.84)可以将光强二阶矩写为

$$\langle \hat{I}^2 \rangle = \langle X^2 \rangle \langle Y^2 \rangle = (1+\sigma_X^2)(1+\sigma_Y^2) \tag{4.85}$$

假设式中的 X 和 Y 具有单位均值,即 $\langle X \rangle = \langle Y \rangle = 1$,$\sigma_X^2$ 和 σ_Y^2 分别是 X 和 Y 的归一化方差。由公式(4.85)可知,可用大、小尺度光强起伏的归一化方差来表示闪烁指数,即

$$\sigma_I^2 = (1+\sigma_X^2)(1+\sigma_Y^2) - 1 = \sigma_X^2 + \sigma_Y^2 + \sigma_X^2 \sigma_Y^2 \tag{4.86}$$

根据 Rytov 近似,光波的对数振幅与随机场的光强 A_0 之间的关系为 $\chi = (1/2)\ln(I/A_0^2)$,对数振幅方差与闪烁指数的关系为

$$\sigma_I^2 = \exp(4\sigma_\chi^2) - 1 = \exp(\sigma_{\ln I}^2) - 1, \ \sigma_\chi^2 \ll 1 \tag{4.87}$$

其中,$\sigma_{\ln I}^2 = 4\sigma_\chi^2$ 是对数光强的方差。类似地,可将大尺度和小尺度光强起伏的归一化方差定义为

$$\sigma_X^2 = \exp(\sigma_{\ln X}^2) - 1$$
$$\sigma_Y^2 = \exp(\sigma_{\ln Y}^2) - 1 \tag{4.88}$$

其中,$\sigma_{\ln X}^2$ 和 $\sigma_{\ln Y}^2$ 分别为大尺度和小尺度对数光强的方差。因此,总闪烁指数可表示为

$$\sigma_I^2 = \exp(\sigma_{\ln I}^2) - 1 = \exp(\sigma_{\ln X}^2 + \sigma_{\ln Y}^2) - 1 \tag{4.89}$$

仅在光强起伏较弱($\sigma_{\ln I}^2 \ll 1$)的情况下,$\sigma_{\ln I}^2 = \sigma_{\ln X}^2 + \sigma_{\ln Y}^2$ 才与对数光强的方差相等。此时由公式(4.88)和公式(4.89)可得 $\sigma_X^2 \cong \sigma_{\ln X}^2$,$\sigma_Y^2 \cong \sigma_{\ln Y}^2$ 以及 $\sigma_I^2 \cong \sigma_{\ln I}^2 = \sigma_{\ln X}^2 + \sigma_{\ln Y}^2$。

② 渐近理论。

本节给出的闪烁指数计算方法利用了强起伏和弱起伏中的已知表达式。前文中已经推导出了弱起伏的表达式,本小节则根据渐近理论推导饱和状态下闪烁指数的表达式。

a. 平面波和球面波。

在饱和状态下,基于 Kolmogorov 谱的无限平面波或球面波的闪烁指数可以表示为

$$\sigma_I^2(L) = 1 + 32\pi^2 k^2 L \int_0^1 \int_0^\infty \kappa \Phi_n(\kappa) \sin^2\left[\frac{L\kappa^2}{2k}w(\xi,\xi)\right] \times$$
$$\exp\left\{-\int_0^1 D_S\left[\frac{L\kappa}{k}w(\tau,\xi)\right]d\tau\right\}d\kappa\,d\xi, \ \sigma_R^2 \gg 1 \tag{4.90}$$

其中,τ 是归一化距离变量,指数函数的作用相当于低通空间滤波器,该滤波器由平面波相位结构函数 $D_S(\rho)$ 定义。函数 $w(\tau,\xi)$ 定义为

$$w(\tau,\xi) = \begin{cases} \tau(1-\overline{\Theta}\xi), & \tau < \xi \\ \xi(1-\overline{\Theta}\tau), & \tau > \xi \end{cases} \tag{4.91}$$

当波为平面波时 $\overline{\Theta} = 1 - \Theta = 0$,为球面波时 $\overline{\Theta} = 1$。

公式(4.90)中的低通空间滤波器可满足几何光学近似条件 $L\kappa^2/k \ll 1$。如果先考虑平面波($\overline{\Theta} = 0$),并假设湍流内尺度小于光波的空间相干半径,那么根据 Kolmogorov 谱以及 $D_S(\rho) = 2.91 C_n^2 k^2 L \rho^{5/3}$,可得到

$$\int_0^1 D_S\left[\frac{L\kappa}{k}w(\tau,\xi)\right]d\tau = 2.37\sigma_R^2\left(\frac{L}{k}\right)^{5/6}\kappa^{5/3}\xi^{5/3}\left(1-\frac{5}{8}\xi\right) \tag{4.92}$$

另外,公式(4.90)中的 sin 函数可近似等于它的首项,即

$$\sin^2\left(\frac{L\kappa^2\xi}{2k}\right) \cong \frac{L^2\kappa^4\xi^2}{4k^2} \tag{4.93}$$

因此可将公式(4.90)写成

$$\sigma_{\mathrm{I,\,pl}}^2(L) = 1 + 2.12\sigma_{\mathrm{R}}^2 \left(\frac{L}{k}\right)^{7/6} \int_0^1 \xi^2 \int_0^\infty \kappa^{4/3} \times$$

$$\exp\left[-2.37\sigma_{\mathrm{R}}^2\left(\frac{L}{k}\right)^{5/6}\kappa^{5/3}\xi^{5/3}\left(1-\frac{5}{8}\xi\right)\right]\mathrm{d}\kappa\,\mathrm{d}\xi$$

$$= 1 + \frac{0.34}{\sigma_{\mathrm{R}}^{4/5}}\int_0^1 \frac{\xi^{-1/3}}{\left(1-\dfrac{5}{8}\xi\right)^{7/5}}\mathrm{d}\xi,\ \sigma_{\mathrm{R}}^2 \gg 1 \tag{4.94}$$

最后对公式(4.94)进行整合,可得到如下表达式:

对于平面波:

$$\sigma_{\mathrm{I,\,pl}}^2(L) = 1 + \frac{0.86}{\sigma_{\mathrm{R}}^{4/5}},\ \sigma_{\mathrm{R}}^2 \gg 1 \tag{4.95}$$

对于球面波$(\overline{\Theta}=1)$:

$$\sigma_{\mathrm{I,\,sp}}^2(L) = 1 + \frac{2.73}{\sigma_{\mathrm{R}}^{4/5}},\ \sigma_{\mathrm{R}}^2 \gg 1 \tag{4.96}$$

b. Gaussian 光束波。

参照对平面波和球面波的渐近分析,可先将饱和状态下 Gaussian 光束波的轴上闪烁指数表示为

$$\sigma_{\mathrm{I}}^2(0,\,L) = 1 + 32\pi^2 k^2 L \int_0^1\!\!\int_0^\infty \kappa \Phi_n(\kappa)\sin^2\left[\frac{L\kappa^2}{2k}\xi(1-\overline{\Theta}\xi)\right] \times$$

$$\exp\left(-\frac{\Lambda L\kappa^2\xi^2}{k}\right)\exp\left\{-\int_0^1 D_{\mathrm{S}}\left[\frac{L\kappa}{k}w(\tau,\,\xi)\right]\mathrm{d}\tau\right\}\mathrm{d}\kappa\,\mathrm{d}\xi,\ \sigma_{\mathrm{R}}^2 \gg 1 \tag{4.97}$$

其中 $D_{\mathrm{S}}\left[\dfrac{L\kappa}{k}w(\tau,\xi)\right]$ 是平面波相位结构函数,函数 $w(\tau,\xi)$ 由公式(4.91)给出。对于 Gaussian 光束波来说,除了聚焦光束外,参数 $\overline{\Theta}$ 的取值范围均为 0~1。

根据几何光学近似$(L\kappa^2/k \ll 1)$,可以根据波结构函数近似表示相位结构函数。此时可得到

$$\sin^2\left[\frac{L\kappa^2}{2k}\xi(1-\overline{\Theta}\xi)\right] \cong \frac{L^2\kappa^4}{4k^2}\xi^2(1-\overline{\Theta}\xi)^2,\ \exp\left(-\frac{\Lambda L\kappa^2\xi^2}{k}\right)\cong 1 \tag{4.98}$$

公式(4.98)中的第一个近似式与公式(4.93)相似。从物理上来讲,式(4.98)中的第二个等式说明,由于饱和状态下光波的尺寸较大,以至于闪烁指数的纵向分量表现出振幅均匀的大直径光波(例如球面波)入射时所具有的特性。为了方便理解,注意到公式(4.98)表示 $\dfrac{\Lambda L\kappa^2}{k} \sim \left(\dfrac{L\kappa}{kW}\right)^2 \ll 1$,因此,对于满足 $\kappa \ll kW/L$ 的任何尺寸的光束,都可以使用几何光学近似模型。

当湍流内尺度小于光波的空间相干半径,即 $l_0 < \rho_0$ 时,对平面波的分析以及对传统 Kolmogorov 谱(相位结构函数为 $D_{\mathrm{S}}(\rho) = 2.91 C_n^2 k^2 L \rho^{5/3} \begin{pmatrix} a_{11} & a_{12} & a_{13} \\ a_{21} & a_{22} & a_{23} \\ a_{31} & a_{32} & a_{33} \end{pmatrix}$)的计算可以同时进行。此时公式(4.97)简化为

$$\sigma_{\mathrm{I}}^2(0,\,L) = 1 + \frac{1.33\overline{\Theta}^{7/5}}{\sigma_{\mathrm{R}}^{4/5}}\int_0^1 \frac{(1-\overline{\Theta}\xi)^2}{\xi^{1/3}\left[(1-\overline{\Theta}\xi)^{5/3}-(1-\overline{\Theta})^{8/3}\right]^{7/5}}\mathrm{d}\xi$$

$$= 1 + \frac{C(\overline{\Theta})}{\sigma_{\mathrm{R}}^{4/5}},\ \sigma_{\mathrm{R}}^2 \gg 1 \tag{4.99}$$

其中 $C(\overline{\Theta})$ 的精确形式未知，可以用 $\overline{\Theta}$ 的二次多项式来近似。但在本小节中，用一个简单的线性函数来近似 $C(\overline{\Theta})$，其结果为

$$\sigma_{\mathrm{I}}^2(0, L) = 1 + \frac{0.86 + 1.87\overline{\Theta}}{\sigma_{\mathrm{R}}^{4/5}}, \quad \sigma_{\mathrm{R}}^2 \gg 1 \tag{4.100}$$

分别令公式（4.100）中 $\overline{\Theta} = 0$ 和 $\overline{\Theta} = 1$，便可推导出平面波和球面波的表达式（式（4.95）和式（4.96））。

当考虑湍流内尺度效应时，对纵向分量的计算结果将更加通用，即

$$\sigma_{\mathrm{I}}^2(0, L) = 1 + \frac{2.39 + 5.26\overline{\Theta}}{(\sigma_{\mathrm{R}}^2 Q_{\mathrm{l}}^{7/6})^{1/6}}, \quad \sigma_{\mathrm{R}}^2 Q_{\mathrm{l}}^{7/6} \gg 100 \tag{4.101}$$

其中 $Q_{\mathrm{l}} = 10.89 L / k l_0^2$。分别令公式（4.101）中 $\overline{\Theta} = 0$ 和 $\overline{\Theta} = 1$，即可推导出类似的平面波和球面波表达式。

③ 闪烁理论：平面波模型。

根据 Rytov 近似，无限平面波对数光强的方差可定义为

$$\sigma_{\ln \mathrm{I}, \mathrm{pl}}^2(L) = 8\pi^2 k^2 \int_0^L \int_0^\infty \kappa \Phi_n(\kappa) \left[1 - \cos\left(\frac{\kappa^2 z}{k}\right) \right] \mathrm{d}\kappa \, \mathrm{d}z \tag{4.102}$$

根据 Kolmogorov 幂律谱以及参数关系 $\xi = z/L$、$\eta = L\kappa^2/k$，公式（4.102）可进一步简化为

$$\sigma_{\ln \mathrm{I}, \mathrm{pl}}^2(L) = 1.06\sigma_{\mathrm{R}}^2 \int_0^1 \int_0^\infty \eta^{-11/6} (1 - \cos\eta\xi) \mathrm{d}\eta \, \mathrm{d}\xi \tag{4.103}$$

对公式（4.103）进行整理，并将 $\sigma_{\mathrm{I}}^2 \cong \sigma_{\ln \mathrm{I}}^2$、$\sigma_{\mathrm{R}}^2 \ll 1$ 代入，可得到经典的弱起伏结果：

$$\sigma_{\mathrm{I}, \mathrm{pl}}^2(L) \cong \sigma_{\ln \mathrm{I}, \mathrm{pl}}^2(L) = \sigma_{\mathrm{R}}^2, \quad \sigma_{\mathrm{R}}^2 \ll 1 \tag{4.104}$$

在另一种极端情况下，根据渐近理论的预测，饱和状态下的闪烁指数可用公式（4.95）表示。此处的求解思路是推导出一个在弱光强起伏下可化简为公式（4.104），而在强起伏下接近公式（4.95）的闪烁指数表达式。

a. 零内尺度模型。

在内、外尺度效应均可忽略不计的情况下，可利用公式（4.86）和式（4.87）定义的有效功率谱以及条件 $f(\kappa l_0) = g(\kappa l_0) = 1$ 进行分析。因此，如果引用扩展 Rytov 理论，那么闪烁指数可表示为

$$\sigma_{\mathrm{I}}^2(L) = \exp(\sigma_{\ln X}^2 + \sigma_{\ln Y}^2) - 1 \tag{4.105}$$

其中 $\sigma_{\ln X}^2$ 和 $\sigma_{\ln Y}^2$ 分别是大尺度和小尺度对数光强方差，定义为

$$\sigma_{\ln X}^2 = 8\pi^2 k^2 \int_0^L \int_0^\infty \kappa \Phi_n(\kappa) G_X(\kappa) \left[1 - \cos\left(\frac{\kappa^2 z}{k}\right) \right] \mathrm{d}\kappa \, \mathrm{d}z \tag{4.106}$$

$$\sigma_{\ln Y}^2 = 8\pi^2 k^2 \int_0^L \int_0^\infty \kappa \Phi_n(\kappa) G_Y(\kappa) \left[1 - \cos\left(\frac{\kappa^2 z}{k}\right) \right] \mathrm{d}\kappa \, \mathrm{d}z \tag{4.107}$$

公式（4.106）和式（4.107）中出现的大尺度和小尺度滤波函数分别定义为

$$G_X(\kappa) = \exp\left(-\frac{\kappa^2}{\kappa_X^2}\right) \tag{4.108}$$

$$G_Y(\kappa) = \frac{\kappa^{11/3}}{(\kappa^2 + \kappa_Y^2)^{11/6}} \tag{4.109}$$

κ_X 和 κ_Y 表示在中-高强度起伏下能够消除中尺度效应的空间截止频率。

由于滤波函数式（4.108）和式（4.109）中出现的高、低通空间截止频率与传播光波的相

关带宽直接相关，因此可以假设光波在任意距离 L 处进入随机介质时，均存在 L/kl_X 和有效的相关带宽 l_Y，两者与截止波数的关系分别为

$$\frac{L}{kl_X}=\frac{1}{\kappa_X}\sim\begin{cases}\sqrt{\dfrac{L}{k}}\,,\ \sigma_R^2\ll1\\[2mm]\dfrac{L}{k}\rho_0\,,\ \sigma_R^2\gg1\end{cases}\tag{4.110}$$

$$l_Y=\frac{1}{\kappa_Y}\sim\begin{cases}\sqrt{\dfrac{L}{k}}\,,\ \sigma_R^2\ll1\\[2mm]\rho_0\,,\ \ \ \ \sigma_R^2\gg1\end{cases}\tag{4.111}$$

在接下来建立闪烁模型的过程中，所采用的理论基础是由假定的渐近特性确定截止频率 κ_X、κ_Y 以及渐近状态下的闪烁指数特性。特别地，在强起伏和弱起伏下，公式(4.105)中的闪烁指数可简化为

$$\sigma_I^2(L)\cong\begin{cases}\sigma_{\ln X}^2+\sigma_{\ln Y}^2\,,\ \sigma_R^2\ll1\\[1mm]1+2\sigma_{\ln X}^2\,,\ \sigma_R^2\gg1\end{cases}\tag{4.112}$$

其中第二个表达式来自于饱和状态下的极限值 $\sigma_Y^2=\exp(\sigma_{\ln Y}^2)-1\to1$ 或 $\sigma_{\ln Y}^2\to\ln2$。为此需要确定大尺度和小尺度对数光强方差：

$$\begin{cases}\sigma_{\ln X}^2+\sigma_{\ln Y}^2=\sigma_R^2\,,\ \sigma_R^2\ll1\\[2mm]\sigma_{\ln X}^2=\dfrac{0.43}{\sigma_R^{4/5}}\,,\ \sigma_R^2\gg1\end{cases}\tag{4.113}$$

对于公式(4.106)给出的大尺度对数方差，可以使用几何光学近似来计算，即

$$1-\cos\left(\frac{\kappa^2z}{k}\right)\cong\frac{1}{2}\left(\frac{\kappa^2z}{k}\right)^2,\ \kappa\ll\kappa_X\tag{4.114}$$

因此，利用公式(4.114)给出的近似式，并再次使用参数关系 $\xi=z/L$ 及 $\eta=L\kappa^2/k$，大尺度对数光强方差可简化为

$$\begin{aligned}\sigma_{\ln X}^2&=8\pi^2k^2\int_0^L\int_0^\infty\kappa\Phi_n(\kappa)G_X(\kappa)\left[1-\cos\left(\frac{\kappa^2z}{k}\right)\right]\mathrm{d}\kappa\,\mathrm{d}z\\&\cong0.53\sigma_R^2\int_0^1\xi^2\,\mathrm{d}\xi\int_0^\infty\eta^{1/6}\exp\left(-\frac{\eta}{\eta_X}\right)\mathrm{d}\eta\\&\cong0.16\sigma_R^2\eta_X^{7/6}\end{aligned}\tag{4.115}$$

其中 $\eta_X=L\kappa_X^2/k$。利用公式(4.110)和式(4.111)中的渐近结果便可确定截止波数 κ_X，即

$$\frac{1}{\kappa_X^2}=\frac{c_1L}{k}+c_2\left(\frac{L}{k\rho_0}\right)^2=\frac{0.38L}{k}+0.35\left(\frac{L}{k\rho_0}\right)^2\tag{4.116}$$

由公式(4.35)和式(4.113)给出的渐近特性可以求出公式(4.116)中的比例常数 c_1 和 c_2。特别地，在弱起伏下，大尺度效应将造成公式(4.113)中总闪烁指数值的大幅变化。根据公式(4.116)可得

$$\eta_X=\frac{L\kappa_X^2}{k}=\frac{1}{0.38+0.35L/k\rho_0^2}=\frac{2.61}{1+1.11\sigma_R^{12/5}}\tag{4.117}$$

因此，公式(4.106)中的大尺度对数光强方差可改写为

$$\sigma_{\ln X}^2=\frac{0.49\sigma_R^2}{(1+1.11\sigma_R^{12/5})^{7/6}}\sim\begin{cases}0.49\sigma_R^2\,,\ \sigma_R^2\ll1\\[2mm]\dfrac{0.43}{\sigma_R^{4/5}}\,,\ \sigma_R^2\gg1\end{cases}\tag{4.118}$$

对于公式(4.107)给出的小尺度对数光强方差，可利用以下表达式近似表示：

$$\int_0^L \int_0^\infty \frac{\kappa}{(\kappa^2 + \kappa_Y^2)^{11/6}} \left[1 - \cos\left(\frac{\kappa^2 z}{k}\right) \right] d\kappa \, dz$$

$$\cong \int_0^L \int_0^\infty \frac{\kappa}{(\kappa^2 + \kappa_Y^2)^{11/6}} d\kappa \, dz, \quad \kappa_Y \gg \sqrt{\frac{k}{L}} \quad (4.119)$$

也就是说，当波数较高($\kappa > \kappa_Y \gg \sqrt{k/L}$)时，令公式(4.119)中 cos 项对于 z 积分，可得出 $\sin\eta/\eta$ 的形式，当 $\eta = L\kappa^2/k$ 较大时该值趋于零。因此，利用公式(4.119)可将公式(4.107)中小尺度对数光强方差表示为

$$\sigma_{\ln Y}^2 = 8\pi^2 k^2 \int_0^L \int_0^\infty \kappa \Phi_n(\kappa) G_Y(\kappa) \left[1 - \cos\left(\frac{\kappa^2 z}{k}\right) \right] d\kappa \, dz$$

$$\cong 1.06\sigma_R^2 \int_0^\infty (\eta + \eta_Y)^{-11/6} d\eta$$

$$\cong 1.27\sigma_R^2 \eta_Y^{-5/6} \quad (4.120)$$

其中 $\eta_Y = L\kappa_Y^2/k$。与大尺度情况类似，可得到

$$\kappa_Y^2 = \frac{c_3 k}{L} + \frac{c_4}{\rho_0^2} = \frac{3k}{L} + \frac{1.7}{\rho_0^2} \quad (4.121)$$

$$\eta_Y = \frac{L\kappa_Y^2}{k} = 3 + \frac{1.7L}{k\rho_0^2} = 3(1 + 0.69\sigma_R^{12/5}) \quad (4.122)$$

所以公式(4.120)可表示为

$$\sigma_{\ln Y}^2 = \frac{0.51\sigma_R^2}{(1 + 0.69\sigma_R^{12/5})^{5/6}} \sim \begin{cases} 0.51\sigma_R^2, & \sigma_R^2 \ll 1 \\ \ln 2, & \sigma_R^2 \gg 1 \end{cases} \quad (4.123)$$

将公式(4.118)和式(4.123)结合起来，可以看到，在不计内外尺度效应的情况下，公式(4.105)中平面波的闪烁指数为

$$\sigma_{I,pl}^2(L) = \exp\left[\frac{0.49\sigma_R^2}{(1 + 1.11\sigma_R^{12/5})^{7/6}} + \frac{0.51\sigma_R^2}{(1 + 0.69\sigma_R^{12/5})^{5/6}} \right] - 1, \quad 0 \leq \sigma_R^2 < \infty \quad (4.124)$$

公式(4.124)是在忽略内外尺度效应时得到的一般化结果，且无论 Rytov 方差 σ_R^2 取何值，该式均成立。也就是说，尽管公式(4.115)和式(4.120)是利用公式(4.114)和式(4.119)近似得来的，且仅在光强起伏较强($\eta_X \ll 1$ 和 $\eta_Y \gg 1$)时才严格成立，但又因用公式(4.117)和式(4.122)中的方式定义了归一化滤波器截止波数，所以在强、弱光强起伏下由公式(4.124)均可推导出正确结果。

在图 4-27 中分别给出了大尺度(实线)和小尺度(虚线)起伏 σ_X^2、σ_Y^2 与平面波的湍流强度参数 σ_R 之间的关系。可以看到聚焦区域(此时闪烁首先达到峰值，然后下降)仅存在于大尺度起伏中，约在 $\sigma_R = 1$ 处出现。随着 σ_R 的增加，小尺度起伏也单调增加并趋于极限值 1；此外，当 $\sigma_R > 1$ 时，小尺度起伏明显高于大尺度起伏。图 4-28 说明了公式(4.124)给出的大、小尺度起伏对平面波闪烁指数的联合效应，并再次将闪烁指数作为湍流强度参数 σ_R 的函数。最后，为了便于比较，图 4-28 中的两段虚线分别基于弱光强起伏下由公式(4.104)给出的渐近理论近似以及强光强起伏下由公式(4.95)给出的渐近理论近似。在两种条件下，在 $\sigma_R < 1$ 和 $\sigma_R > 6$ 的范围内，公式(4.124)给出的一般模型均与已存在的渐近特性相吻合。

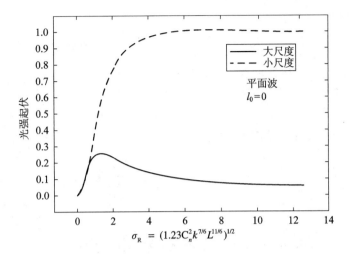

图 4 - 27　大、小尺度光强起伏相对于湍流强度的变化(不计内/外尺度效应)

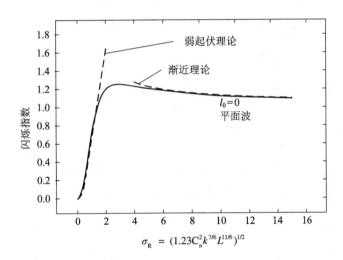

图 4 - 28　平面波的闪烁指数相对于湍流强度的变化(不计内/外尺度效应)

b. 内尺度和外尺度效应。

当把内尺度和外尺度效应均考虑在内时，可利用谱模型来推导大尺度和小尺度闪烁。在弱光强起伏下，基于修正大气谱的平面波闪烁指数近似等于

$$\sigma_{pl}^2 = 3.86\sigma_R^2 \left\{ \left(1+\frac{1}{Q_l^2}\right)^{11/12} \left[\sin\left(\frac{11}{6}\arctan Q_l\right) + \right. \right.$$

$$\frac{1.51}{(1+Q_l^2)^{1/4}}\sin\left(\frac{4}{3}\arctan Q_l\right) - \qquad \sigma_R^2 < 1 \qquad (4.125)$$

$$\left. \left. \frac{0.27}{(1+Q_l^2)^{7/24}}\sin\left(\frac{5}{4}\arctan Q_l\right)\right] - \frac{3.50}{Q_l^{5/6}} \right\}$$

其中 $Q_l = 10.89L/kl_0^2$。在饱和状态下，由公式(4.101)推导出的表达式为

$$\sigma_{I, pl}^2(L) = 1 + \frac{2.39}{(\sigma_R^2 Q_l^{7/6})^{1/6}},\ \sigma_R^2 Q_l^{7/6} \gg 100 \qquad (4.126)$$

此时大尺度滤波函数可表示为

$$G_X(\kappa, l_0, L_0) = f(\kappa l_0) \left[\exp\left(-\frac{\kappa^2}{\kappa_X^2}\right) - \exp\left(-\frac{\kappa^2}{\kappa_{X0}^2}\right) \right] \tag{4.127}$$

其中 $f(\kappa l_0) \exp(-\kappa^2/\kappa_1^2) [1+1.802(\kappa/\kappa_1)-0.254(\kappa/\kappa_1)^{7/6}]$, $\kappa_1 = 3.3/l_0$, 且 $\kappa_{X0}^2 = \kappa_X^2 \kappa_0^2/(\kappa_X^2 + \kappa_0^2)$。因此，大尺度闪烁可表示为两者之差，即

$$\sigma_{\ln X}^2(l_0, L_0) = \sigma_{\ln X}^2(l_0) - \sigma_{\ln X}^2(L_0) \tag{4.128}$$

公式(4.128)中等式右边的第一项可表示为

$$\begin{aligned}
\sigma_{\ln X}^2(l_0) &= 1.06\sigma_R^2 \int_0^1 \int_0^\infty \eta^{-11/6} \exp\left(-\frac{\eta}{Q_1} - \frac{\eta}{\eta_X}\right) \times \\
&\quad \left[1 + 1.80\left(\frac{\eta}{Q_1}\right)^{1/2} - 0.25\left(\frac{\eta}{Q_1}\right)^{7/12}\right] (1-\cos\eta\xi) \mathrm{d}\eta\,\mathrm{d}\xi \\
&\cong 0.53\sigma_R^2 \int_0^1 \xi^2\,\mathrm{d}\xi \int_0^\infty \eta^{1/6} \exp\left(-\frac{\eta}{Q_1} - \frac{\eta}{\eta_X}\right) \times \\
&\quad \left[1 + 1.80\left(\frac{\eta}{Q_1}\right)^{1/2} - 0.25\left(\frac{\eta}{Q_1}\right)^{7/12}\right] \mathrm{d}\eta
\end{aligned} \tag{4.129}$$

对公式(4.129)的简化应用了几何光学近似。进一步计算可得

$$\sigma_{\ln X}^2(l_0) = 0.16\sigma_R^2 \left(\frac{\eta_X Q_1}{\eta_X + Q_1}\right)^{7/6} \left[1 + 1.75\left(\frac{\eta_X}{\eta_X + Q_1}\right)^{1/2} - 0.25\left(\frac{\eta_X}{\eta_X + Q_1}\right)^{7/12}\right] \tag{4.130}$$

在中-强光强起伏下，可以采用与零内尺度类似的方法对公式(4.130)中的无量纲量 η_X 进行近似，也即

$$\eta_X = \frac{1}{0.38 + 0.17L/k\rho_0^2} = \frac{2.61}{1 + 0.45\sigma_R^2 Q_1^{1/6}} \tag{4.131}$$

其中，当 $\rho_0 \ll l_0$ 时，有 $L/k\rho_0^2 = 1.02\sigma_1^2 Q_1^{1/6}$。将公式(4.131)代入式(4.130)中，那么包含内尺度参数的大尺度对数光强闪烁可由以下形式给出：

$$\begin{aligned}
\sigma_{\ln X}^2(l_0) &= 0.16\sigma_R^2 \left(\frac{2.61Q_1}{2.61 + Q_1 + 0.45\sigma_R^2 Q_1^{7/6}}\right)^{7/6} \times \\
&\quad \left[1 + 1.75\left(\frac{2.61}{2.61 + Q_1 + 0.45\sigma_R^2 Q_1^{7/6}}\right)^{1/2} - 0.25\left(\frac{2.61}{2.61 + Q_k + 0.45\sigma_R^2 Q_1^{7/6}}\right)^{7/12} - \right. \\
&\quad \left. 0.25\left(\frac{2.61}{2.61 + Q_1 + 0.45\sigma_R^2 Q_1^{7/6}}\right)^{7/12}\right]
\end{aligned} \tag{4.132}$$

通过类似的计算可得，包含外尺度参数的大尺度对数光强闪烁为

$$\sigma_{\ln X}^2(L_0) = 0.16\sigma_R^2 \left(\frac{\eta_{X0} Q_1}{\eta_{X0} + Q_1}\right)^{7/6} \left[1 + 1.75\left(\frac{\eta_{X0}}{\eta_{X0} + Q_1}\right)^{1/2} - 0.25\left(\frac{\eta_{X0}}{\eta_{X0} + Q_1}\right)^{7/12}\right] \tag{4.133}$$

其中，

$$\eta_{X0} = \frac{\eta_X Q_0}{\eta_X + Q_0} = \frac{2.61Q_0}{2.61 + Q_0 + 0.45\sigma_R^2 Q_0 Q_1^{1/6}} \tag{4.134}$$

式中，

$$Q_0 = \frac{L\kappa_0^2}{k} = \frac{64\pi^2 L}{kL_0^2}$$

此时，小尺度对数光强闪烁的滤波函数形式与内尺度为零时的情况相同，因此该闪烁又可以写为

$$\sigma_{\ln Y}^2(l_0) \cong 1.27 \sigma_R^2 \eta_Y^{-5/6} \tag{4.135}$$

然而，在弱起伏中常令 $\sigma_{\ln Y}^2(l_0) \sim 0.51\sigma_{pl}^2$，则根据 $\eta_Y \sim 3(\sigma_R^2/\sigma_{pl}^2)^{6/5}$，参数 η_Y 现取决于内尺度。

在强起伏下内尺度效应将会减小，故有 $\eta_Y \sim 2.07\sigma_R^{12/5}$，$\sigma_R^2 \gg 1$，与公式(4.122)一致。因此可假设

$$\eta_Y = 3\left(\frac{\sigma_R}{\sigma_{pl}}\right)^{12/5} + 2.07\sigma_R^{12/5} = 3\left(\frac{\sigma_R}{\sigma_{pl}}\right)^{12/5}(1+0.69\sigma_{pl}^{12/5}) \tag{4.136}$$

那么公式(4.135)可写为

$$\sigma_{\ln Y}^2(l_0) = \frac{0.51\sigma_{pl}^2}{(1+0.69\sigma_{pl}^{12/5})^{5/6}} \tag{4.137}$$

可以看到，尽管公式(4.109)中的小尺度滤波器不像公式(4.127)中的大尺度滤波器那样明确地包含内尺度因子，但小尺度滤波器的空间截止频率 κ_Y 确实由内尺度决定(参照公式(4.136))。因此，公式(4.137)给出的小尺度闪烁也取决于内尺度，尤其是在弱起伏状态下，此时可将外尺度效应忽略。最后将公式(4.132)、式(4.133)和式(4.137)结合起来，对于存在有限(非零)内尺度和外尺度的平面波来说，其闪烁指数为

$$\sigma_{I,pl}^2(L) = \exp\left[\sigma_{\ln X}^2(l_0) - \sigma_{\ln X}^2(L_0) + \frac{0.51\sigma_{pl}^2}{(1+0.69\sigma_{pl}^{12/5})^{5/6}}\right] - 1, \quad 0 \leqslant \sigma_R^2 < \infty \tag{4.138}$$

图 4-29 说明了内尺度和外尺度效应对平面波闪烁指数的影响。虚线是根据公式(4.138)绘制的，在 $L_0 = \infty$ 的条件下分别令内尺度值 $l_0 = 3$ mm 和 $l_0 = 5$ mm，说明了内尺度对闪烁指数的单独影响。实线对应的内尺度值与虚线相同但 $L_0 = 1$ m，这是近地水平路径传播中的典型外尺度值。图 4-29 中，在弱起伏下 $(\sigma_R < 1)$，外尺度效应对闪烁指数的影响可忽略不计，这与传统弱起伏理论相符合。然而，从聚焦区域附近，即 $\sigma_R > 2$ 处开始，有限外尺度对闪烁模型产生了非常明显的影响，即与无限外尺度(虚线)相比，有限外尺度效应会使闪烁指数的值以更快的速率降低，并趋于极限值1。当外尺度满足 $L_0 < 1$ 时，它对闪烁指数的影响将更加显著。

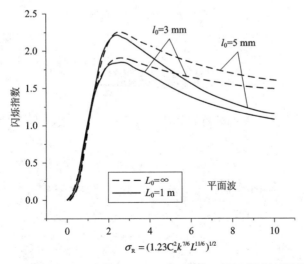

图 4-29　在外尺度分别为 $L_0 = \infty$(虚线)和 $L_0 = 1$ m(实线)时平面波闪烁指数相对于 σ_R 的变化

④ 闪烁理论：球面波模型。

对球面波闪烁理论的研究将参照前文中对平面波的分析方法，根据弱起伏理论，对数光强的方差定义为

$$\sigma_{\ln I,\,sp}^2(L) = 8\pi^2 k^2 \int_0^L \int_0^\infty \kappa \Phi_n(\kappa) \left\{ 1 - \cos\left[\frac{\kappa^2}{k} z \left(1 - \frac{z}{L} \right) \right] \right\} \mathrm{d}\kappa \, \mathrm{d}z \qquad (4.139)$$

根据 Kolmogorov 谱可得

$$\sigma_{I,\,sp}^2(L) \cong \sigma_{\ln I,\,sp}^2(L) = 0.4\sigma_R^2, \quad \sigma_R^2 \ll 1 \qquad (4.140)$$

在一些分析中常引入球面波 Rytov 方差 β_0^2，β_0^2 与平面波参数的关系为

$$\beta_0^2 = 0.4\sigma_R^2 \qquad (4.141)$$

与平面波情况类似，球面波 Rytov 方差是基于传统 Kolmogorov 谱的弱起伏闪烁指数。

a. 零内尺度模型。

对球面波的分析首先从内尺度为零、外尺度无限大的特殊情况开始，此时大尺度和小尺度对数光强方差分别定义为

$$\sigma_{\ln X}^2 = 8\pi^2 k^2 \int_0^L \int_0^\infty \kappa \Phi_n(\kappa) G_X(\kappa) \left\{ 1 - \cos\left[\frac{\kappa^2 z(1 - z/L)}{k} \right] \right\} \mathrm{d}\kappa \, \mathrm{d}z \qquad (4.142)$$

$$\sigma_{\ln Y}^2 = 8\pi^2 k^2 \int_0^L \int_0^\infty \kappa \Phi_n(\kappa) G_Y(\kappa) \left\{ 1 - \cos\left[\frac{\kappa^2 z(1 - z/L)}{k} \right] \right\} \mathrm{d}\kappa \, \mathrm{d}z \qquad (4.143)$$

其中滤波函数与式（4.108）和式（4.109）给出的形式相同。利用几何光学近似对公式（4.142）进行计算，可得

$$\begin{aligned}
\sigma_{\ln X}^2 &= 8\pi^2 k^2 \int_0^L \int_0^\infty k \Phi_n(\kappa) G_X(\kappa) \left\{ 1 - \cos\left[\frac{\kappa^2 z(1 - z/L)}{k} \right] \right\} \mathrm{d}\kappa \, \mathrm{d}z \\
&\cong 0.53\sigma_R^2 \int_0^1 \xi^2 (1 - \xi)^2 \mathrm{d}\xi \int_0^\infty \eta^{1/6} \exp\left(-\frac{\eta}{\eta_X} \right) \mathrm{d}\eta \\
&\cong 0.016\sigma_R^2 \eta_X^{7/6}
\end{aligned} \qquad (1.144)$$

其中对于平面波，有

$$\eta_X = \frac{L\kappa_X^2}{k} = \frac{8.56}{1 + 0.19\sigma_R^{12/5}} \qquad (4.145)$$

式（4.145）中利用了等式关系 $L/k\rho_0^2 = 1.22\sigma_R^{12/5}$。因此，大尺度对数光强方差可写为

$$\sigma_{\ln X}^2 = \frac{0.20\sigma_R^2}{(1 + 0.19\sigma_R^{12/5})} \sim \begin{cases} 0.20\sigma_R^2, & \sigma_R^2 \ll 1 \\ \dfrac{1.37}{\sigma_R^{4/5}}, & \sigma_R^2 \gg 1 \end{cases} \qquad (4.146)$$

在对小尺度对数光强方差的计算过程中，可得

$$\begin{aligned}
\sigma_{\ln Y}^2 &= 8\pi^2 k^2 \int_0^L \int_0^\infty \kappa \Phi_n(\kappa) G_Y(\kappa) \left\{ 1 - \cos\left[\frac{\kappa^2 z(1 - z/L)}{k} \right] \right\} \mathrm{d}\kappa \, \mathrm{d}z \\
&\cong 1.06\sigma_R^2 \int_0^\infty (\eta + \eta_Y)^{-11/6} \mathrm{d}\eta \\
&\cong 1.27\sigma_R^2 \eta_Y^{-5/6}
\end{aligned} \qquad (1.147)$$

其中，

$$\eta_Y = \frac{L\kappa_Y^2}{k} = 9(1 + 0.23\sigma_R^{12/5}) \qquad (4.148)$$

那么公式(4.147)写为

$$\sigma_{\ln Y}^2 = \frac{0.20\sigma_R^2}{(1+0.23\sigma_R^{12/5})^{5/6}} \sim \begin{cases} 0.20\sigma_R^2, & \sigma_R^2 \ll 1 \\ \ln 2, & \sigma_R^2 \gg 1 \end{cases} \quad (4.149)$$

将式(4.146)和式(4.149)结合起来得到的闪烁指数为

$$\sigma_{I,\,sp}^2(L) = \exp\left[\frac{0.20\sigma_R^2}{(1+0.19\sigma_R^{12/5})^{7/6}} + \frac{0.20\sigma_R^2}{(1+0.23\sigma_R^{12/5})^{5/6}}\right] - 1, \quad 0 \leqslant \sigma_R^2 < \infty \quad (4.150)$$

图 4-30 绘制了公式(4.150)中的闪烁指数与湍流强度参数 σ_R 的函数关系曲线。为了方便比较，同时绘制了平面波闪烁指数曲线。从图中可知，平面波模型中闪烁峰值出现在 $\sigma_R = 2$ 附近，而球面波模型的闪烁峰值则出现在 $\sigma_R = 4$ 附近。虚线分别代表着球面波的大尺度和小尺度闪烁。

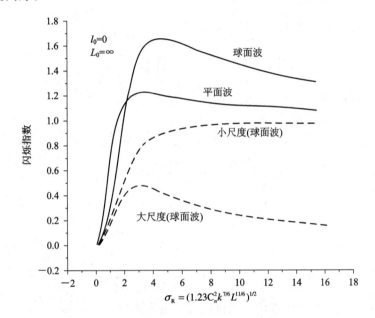

图 4-30　闪烁指数与湍流强度参数的函数关系曲线

最后，利用球面波 Rytov 方差 $\beta_0^2 = 0.4$，公式(4.150)可写为

$$\sigma_{I,\,sp}^2(L) = \exp\left[\frac{0.49\beta_0^2}{(1+0.56\beta_0^{12/5})^{7/6}} + \frac{0.51\beta_0^2}{(1+0.69\beta_0^{12/5})^{5/6}}\right] - 1, \quad 0 \leqslant \beta_0^2 < \infty \quad (4.151)$$

由此可见，用 Rytov 方差 β_0^2 表示的公式(4.151)与用 Rytov 方差表示 σ_R^2 的公式(4.124)之间有较强的数值相似性。

b. 内尺度和外尺度效应。

在弱光强起伏下，基于修正大气谱的闪烁指数近似为

$$\sigma_{sp}^2 \cong 9.65\beta_0^2 \left\{ 0.40\left(1+\frac{9}{Q_I^2}\right)^{1/12} \left[\sin\left(\frac{11}{6}\arctan\frac{Q_1}{3}\right) + \right.\right.$$

$$\frac{2.61}{(9+Q_I^2)^{1/4}}\sin\left(\frac{4}{3}\arctan\frac{Q_1}{3}\right) - \qquad\qquad \beta_0^2 < 1 \qquad (4.152)$$

$$\left.\left.\frac{0.52}{(9+Q_I^2)^{7/24}}\sin\left(\frac{5}{4}\arctan\frac{Q_1}{3}\right)\right] - \frac{3.50}{Q_I^{5/6}}\right\}$$

其中，$Q_1 = 10.89L/kl_1^2$。在饱和状态下，由公式（4.101）推导出的闪烁指数近似为

$$\sigma_1^2(L) = 1 + \frac{7.65}{(\beta_0^2 Q_1^{7/6})^{1/6}}, \quad \beta_0^2 Q_1^{7/6} \gg 100 \tag{4.153}$$

与平面波类似，假设大尺度滤波函数由公式（4.127）给出，且其中包含了内尺度和外尺度参数。那么根据几何光学近似，可利用对数光强方差来表示仅由内尺度效应引起的大尺度闪烁，表达式如下：

$$\sigma_{\ln X}^2(l_0) = 2.65\beta_0^2 \int_0^1 \int_0^\infty \eta^{-11/6} \exp\left(-\frac{\eta}{Q_1} - \frac{\eta}{\eta_X}\right) \times$$

$$\left[1 + 1.80\left(\frac{\eta}{Q_1}\right)^{1/2} - 0.25\left(\frac{\eta}{Q_1}\right)^{7/12}\right] \{1 - \cos[\eta\xi(1-\xi)]\} \mathrm{d}\eta \mathrm{d}\xi$$

$$\cong 1.33\beta_0^2 \int_0^1 \xi^2(1-\xi)^2 \mathrm{d}\xi \int_0^\infty \eta^{1/6} \exp\left(-\frac{\eta}{Q_1} - \frac{\eta}{\eta_X}\right) \times$$

$$\left[1 + 1.80\left(\frac{\eta}{Q_1}\right)^{1/2} - 0.25\left(\frac{\eta}{Q_1}\right)^{7/12}\right] \mathrm{d}\eta \tag{4.154}$$

通过整合，最后的表达式可简化为

$$\sigma_{\ln X}^2(l_0) = 0.04\beta_0^2 \left(\frac{8.56 Q_1}{8.56 + Q_1 + 0.20\beta_0^2 Q_1^{7/6}}\right)^{7/6} \times$$

$$\left[1 + 1.75\left(\frac{8.56}{8.56 + Q_1 + 0.20\beta_0^2 Q_1^{7/6}}\right)^{1/2} - \right.$$

$$\left. 0.25\left(\frac{8.56}{8.56 + Q_1 + 0.20\beta_0^2 Q_1^{7/6}}\right)^{7/12}\right] \tag{4.155}$$

其中利用了下式：

$$\eta_X = \frac{8.56}{1 + 0.08L/k\rho_0^2} = \frac{8.56}{1 + 0.20\beta_0^2 Q_1^{1/6}} \tag{4.156}$$

类似地，由外尺度效应引起的大尺度闪烁可表示为

$$\sigma_{\ln X}^2(L_0) = 0.04\beta_0^2 \left[\frac{8.56 Q_0 Q_1}{8.56(Q_0 + Q_1) + Q_0 Q_1(1 + 0.20\beta_0^2 Q_1^{1/6})}\right]^{7/6} \times$$

$$\left\{1 + 1.75\left[\frac{8.56 Q_0}{8.56(Q_0 + Q_1) + Q_0 Q_1(1 + 0.20\beta_0^2 Q_1^{1/6})}\right]^{1/2} - \right.$$

$$\left. 0.25\left[\frac{8.56 Q_0}{8.56(Q_0 + Q_1) + Q_0 Q_1(1 + 0.20\beta_0^2 Q_1^{1/6})}\right]^{7/12}\right\} \tag{4.157}$$

式（4.147）给出的小尺度对数光强方差的表达式如下：

$$\eta_Y = 9\left(\frac{\beta_0}{\sigma_{\mathrm{sp}}}\right)^{5/12} (1 + 0.69\sigma_{\mathrm{sp}}^{5/12}) \tag{4.158}$$

其中利用了等式 $\sigma_R^2 = 2.5\beta_0^2$。因此，小尺度对数光强可表示为

$$\sigma_{\ln Y}^2(l_0) = \frac{0.51\sigma_{\mathrm{sp}}^2}{(1 + 0.69\sigma_{\mathrm{sp}}^{12/5})^{5/6}} \tag{4.159}$$

将公式（4.155）、式（4.157）和式（4.159）结合起来可得，存在有限内尺度和外尺度效应时，球面波的闪烁指数为

$$\sigma_{\mathrm{I,sp}}^2(L)=\exp\left[\sigma_{\ln X}^2(l_0)-\sigma_{\ln X}^2(L_0)+\frac{0.51\sigma_{\mathrm{sp}}^2}{(1+0.69\sigma_{\mathrm{sp}}^{12/5})^{5/6}}\right]-1 \qquad (4.160)$$

在图 4 - 31 中，将公式(4.160)给出的闪烁指数作为 Rytov 参数 $\beta_0=(0.5\mathrm{C}_n^2k^{7/6}L^{11/6})^{1/2}$ 的函数并绘制了相应曲线，在 $L_0=\infty$ 的条件下，内尺度 l_0 分别取若干个不同的值。β_0 中的参数 $\lambda=2\pi/k=0.488~\mu\mathrm{m}$，$\mathrm{C}_n^2=5\times10^{-13}~\mathrm{m}^{-2/3}$ 是固定的，因此，β_0 的变化是由传播距离 L 引起的。从图 4 - 31 中可以看到，球面波对内尺度的变化是非常敏感的，使得闪烁指数在峰值处达到 6 甚至更高。当闪烁值由处于 8～10 mm 范围内的内尺度决定时，其值与测试数据相吻合。正如图 4 - 29 所示，对于平面波，当存在有限外尺度时，聚焦区域之外的闪烁值将急剧下降。

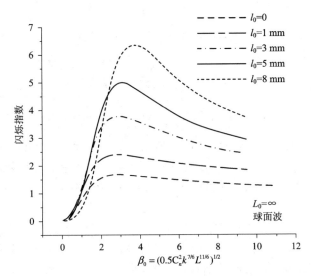

图 4 - 31　在 $\lambda=0.488~\mu\mathrm{m}$，$\mathrm{C}_n^2=5\times10^{-13}~\mathrm{m}^{-2/3}$ 以及距离 L 变化的条件下，球面波闪烁指数关于 β_0 和不同内尺度值的变化

然而，即使内尺度 l_0 以及 β_0 为给定值，也不能把图 4 - 31 中的曲线解释为通用曲线。因为即便内尺度 l_0 和 β_0 相同，但若改变波长 λ、传播距离 L 或结构常数 C_n^2，也将产生不同的闪烁指数值。也就是说，若传播条件为传播距离和波长固定而 C_n^2 变化，与传播距离和 C_n^2 固定而波长变化的情况相比，闪烁值将有所不同。

c. 实验数据比较。

1993 年，Consortini 等人发表了对同步闪烁、内尺度以及折射率结构参数 C_n^2 等相关测量数据的文章，这些数据足以说明参数与沿路径传播的球面波有关。在这些实验所涉及的通信系统中，发射机是一台工作波长为 0.488 mm 的氩离子激光器，发射的光束在离地面大约 1.2 m 的高度射入大气层中，折射率结构参数通过总传播路径后半部分的数据推算出来，而内尺度值则是通过位于接收机前方 150 m 的路径中测量得到的。实验中的数据均是在内尺度的区间绘制的。

图 4 - 32 和图 4 - 33(开环)绘制了两个数据集，开环代表了根据相关资料在传播距离固定为 1200 m 时所获取的闪烁数据。内尺度 l_0 分别分布在 3～4 mm 和 5～6 mm 之间，这是许多近地水平路径传播的典型示例，图中的虚线是通过公式所预测的理论值。

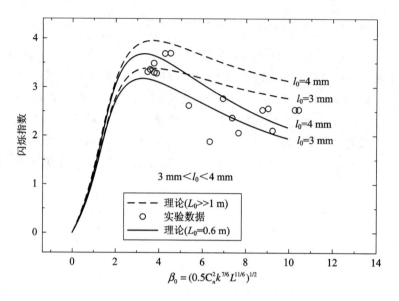

图 4-32　在开环中,内尺度为 3 mm$<l_0<$4 mm 时的闪烁指数值

在外尺度 $L_0 \gg 1$ 的条件下,图 4-32 中所描绘的 l_0 分别为 3 mm 和 4 mm,而图 4-33 中所描绘的 l_0 分别为 5 mm 和 6 mm。图 4-32 和图 4-33 中的实线表示由公式(4.153)计算得到的理论值。当外尺度 L_0 的值为 0.6 m,即地面激光源高度的一半时,通过图可以清楚地看到当参数 β_0 的值大于 4 时有限外尺度对数据造成的影响。虽然强闪烁指数在图 4-32 和图 4-33 两幅图中都有很大的散度,但 $L_0=0.6$ m 条件下的理论曲线与大多实验数据相符,而在 L_0 远大于 1 的情况下与实测数据相差很远。一般来说,数据中的垂直偏移量是由内尺度的改变造成的,而水平偏移量与参数 C_n^2 相关。在图 4-34 中描绘了内尺度 l_0 为 3 mm 和 6 mm 的渐进理论的计算结果,并与图 4-32 和图 4-33 的实验数据进行了对比。

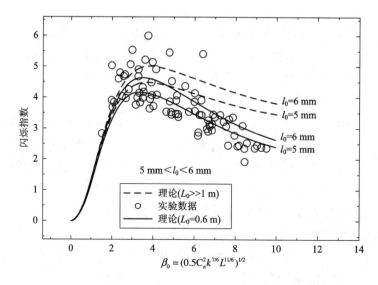

图 4-33　在开环中,内尺度为 5 mm$<l_0<$6 mm 时的闪烁指数值

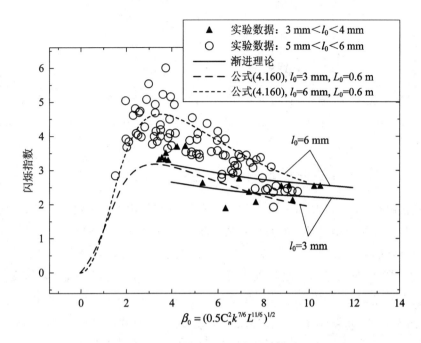

图 4 - 34　由渐进理论与 β_0 预测的闪烁指数

　　为了便于比较，图 4 - 34 中还展示了 l_0 为 3 mm 和 6 mm、L_0 为 0.6 m 时的情况。从这些数据可以看出渐进理论与所得到的数据并不符合。根据饱和状态下的闪烁模型，就可推出包含外尺度的修正表达式：

$$\sigma_{I,sp}^2(L) \cong 1 + 2\sigma_{\ln X}^2(l_0) - 2\sigma_{\ln X}^2(L_0), \quad \beta_0^2 \gg 1 \qquad (4.161)$$

　　除了 $\beta_0 > 8$ 的情况外，仍无法得到良好的近似结果。在用式(4.160)建立闪烁模型时，渐进理论主要用于选择强涨落区的大尺度空间。

　　研究人员指出，渐进理论不能正确匹配 β_0 的数值。尤其是对于 Flatte 和 Gerber 所提出的公式(4.153)，通过分析球面波的模拟结果和不同的内尺度值，就能够发现由表达式得到的数据与模拟结果不吻合。渐进理论之所以存在不足，是因为在理论研究中没有考虑到在近地传播中的外尺度效应。然而，即使包含外尺度效应，如式(4.161)中，所得到的渐进理论仍具有严格的局限性，只适用于饱和状态的闪烁模型。

　　⑤ 闪烁理论及高斯光束波模型。

　　在本小节中，将提出高斯光束波闪烁指数的表达式，该表达式与前面关于平面波和球面波的闪烁指数相一致。然而，不同的是此时将会存在径向分量和光束漂移效应，且这两种效应需要分开讨论。

　　a. 径向分量。

　　在推导大尺度干扰下的径向分量表达式时，主要依赖 Miller 等人所提的方法，同时使用了有效光参数这个概念。在前几节中已经讲述了对波结构函数（Waveform Structure Function，WSF）和空间相干半径的附加衍射效应，因此有效光参数可以在以下的表达式中使用：

$$\Theta_{\mathrm{e}}=1+\frac{L}{F_{\mathrm{LT}}}=\frac{\Theta-0.81\sigma_{\mathrm{R}}^{12/5}\Lambda}{1+1.63\sigma_{\mathrm{R}}^{12/5}\Lambda}, \ \overline{\Theta}_{\mathrm{e}}=1-\Theta_{\mathrm{e}} \tag{4.162}$$

$$\Lambda_{\mathrm{e}}=\frac{2L}{kW_{\mathrm{LT}}^2}=\frac{\Lambda}{1+1.63\sigma_{\mathrm{R}}^{12/5}\Lambda} \tag{4.163}$$

Λ_{e} 是有效束流参数，Θ_{e} 为有效光参数。当忽略光束漂移效应时，闪烁的径向分量在光轴上消失($r=0$)，在使用 Kolmogorow 功率谱的弱起伏中，它与径向对数方差十分接近，即

$$\sigma_{\mathrm{I,r}}^2(r,L)\cong 4.42\sigma_{\mathrm{R}}^2\Lambda^{5/6}\frac{r^2}{W^2}, \ r<W, \ \sigma_{\mathrm{R}}^2<1 \tag{4.164}$$

其中，W 是接收端光束的自由空间光斑半径，在较强的起伏中，闪烁的径向分量会随着光束趋近于饱和状态而减小，但是可能与光轴有较大的径向距离($r\gg W$)。

当直径有限的光波经过不均匀传播时，就会发生随机偏转，这种现象被称为光束漂移。因此，"短期"光斑尺寸将在接收机平面上随机移动形成"长期"光斑，它的尺寸为 W_{LT}。自由空间光束的光斑尺寸 W 的特征由参数 $\Lambda=2L/kW^2$ 表征。然而，由大尺度扰动导致光束漂移引起的"长期"光斑尺寸的特征体现在参数 $\Lambda_{\mathrm{e}}=2L/kW_{\mathrm{LT}}^2$ 中。因此，必须遵循 Miller 等人的工作成果来进一步展开新的理论研究，将径向分量中的有效束流参数 Λ 默认替换为基于公式(4.163)的有效束流参数 Λ_{e}，因此有

$$\sigma_{\mathrm{L,r}}^2(r,L)\cong 4.42\sigma_{\mathrm{R}}^2\Lambda^{5/6}\frac{r^2}{W^2}, \ 0\leqslant r<W \tag{4.165}$$

然而，当光束漂移存在时，就会导致产生指向误差 σ_{pe}，其表达式为

$$\sigma_{\mathrm{pe}}^2=7.25C_n^2L^3W_0^{-1/3}\int_0^1\xi^2\left\{\frac{1}{|\Theta_0+\overline{\Theta}_0\xi|^{1/3}}-\left[\frac{\kappa_{\mathrm{r}}^2W_0^2}{1+\kappa_{\mathrm{r}}^2W_0^2(\Theta_0+\overline{\Theta}_0\xi)}\right]^{1/6}\right\}\mathrm{d}\xi \tag{4.166}$$

式中，$\kappa_{\mathrm{r}}=2\pi/r_0$，$r_0$ 是大气相干长度。因此，在弱到强的辐射干扰下，用于未被跟踪和跟踪(非聚焦)光束的径向分量为

$$\sigma_{\mathrm{I,r}}^2(r,L)_{\mathrm{untracked}}\cong 4.42\sigma_{\mathrm{R}}^2\Lambda_{\mathrm{r}}^{5/6}\left(\frac{r-\sigma_{\mathrm{pe}}}{W_{\mathrm{LT}}}\right)^2, \ \sigma\leqslant r\leqslant W \tag{4.167}$$

$$\sigma_{\mathrm{I,r}}^2(r,L)_{\mathrm{tracked}}\cong 4.42\sigma_{\mathrm{R}}^2\Lambda_{\mathrm{e}}^{5/6}\left(\frac{r-\sqrt{\langle r_{\mathrm{c}}^2\rangle}}{W_{\mathrm{LT}}}\right)^2, \ \sqrt{\langle r_{\mathrm{c}}^2\rangle}\leqslant r\leqslant W \tag{4.168}$$

其中 $\sqrt{\langle r_{\mathrm{c}}^2\rangle}$ 是光束漂移的位移方差。

在弱辐射干扰的情况下，有效光束参数从 Λ_{e} 减小到 Λ。在闪烁光轴上，未传播的准直光束和基于一阶 Rytov 理论的光束之间几乎没有差异，即便在较强的辐射干扰的条件下也不会发生改变。此外，未跟踪光束的径向分量式(4.167)与基于一阶 Rytov 理论(当 $\sigma_{\mathrm{pe}}=0$)下的径向分量基本一致。因此，在分析了径向分量之后提出的结论中，应当忽略光束漂移效应。内尺度效应虽然可以增加径向分量中的闪烁水平，但这种影响相对较弱，往往可以忽略。

b. 零内尺度效应。

在内尺度和外尺度效应都可以忽略的弱辐射干扰区，可以通过基于传统的

Kolmogorov谱进行计算，利用该谱模型和无量纲参数 $\xi=1-z/L$ 和 $\eta=L\kappa^2/k$，闪烁指数的纵向分量可转换为波束的 Rytov 方差，即

$$\sigma_{\mathrm{B}}^2=3.86\sigma_{\mathrm{R}}^2\mathrm{Re}\left[i^{5/6}\,_2\mathrm{F}_1\left(-\frac{5}{6},\frac{11}{6};\frac{17}{6};\overline{\Theta}+i\Lambda\right)-\frac{11}{16}\Lambda^{5/6}\right],\ \sigma_{\mathrm{R}}\ll1 \tag{4.169}$$

公式中 Re 表示实部，$_2\mathrm{F}_1(a,b;c;x)$ 是超几何函数。然而，对于准直或发散的光束来说，Rytov 方差(4.169)可以通过更简单的表达式来近似，即

$$\sigma_{\mathrm{B}}^2\cong3.86\sigma_{\mathrm{R}}^2\left\{0.40[(1+2\Theta)^2+4\Lambda^2]^{5/12}\times\cos\left[\frac{5}{6}\arctan\left(\frac{1+2\Theta}{2\Lambda}\right)\right]-\frac{11}{16}\Lambda^{5/6}\right\} \tag{4.170}$$

根据大尺度的滤波函数，可定义光束的大尺度对数光强方差，即

$$\sigma_{\ln X}^2=1.06\sigma_{\mathrm{R}}^2\int_0^1\int_0^\infty\eta^{-11/6}\exp\left(-\frac{\eta}{\eta_X}\right)\exp(-\Lambda\eta\xi^2)\times\{1-\cos[\eta\xi(1-\overline{\Theta}\xi)]\}\mathrm{d}\eta\mathrm{d}\xi \tag{4.171}$$

在近似几何光学的条件下，$\sigma_{\ln X}^2$ 减小，表示为

$$\sigma_{\ln X}^2\cong0.53\sigma_{\mathrm{R}}^2\int_0^1\xi^2(1-\overline{\Theta}\xi)^2\int_0^\infty\eta^{1/6}\exp\left(-\frac{\eta}{\eta_X}\right)\mathrm{d}\eta\mathrm{d}\xi\cong0.49\left(\frac{1}{3}-\frac{1}{2}\overline{\Theta}+\frac{1}{5}\overline{\Theta}^2\right)\sigma_{\mathrm{R}}^2\eta_X^{7/6} \tag{4.172}$$

其中，

$$\frac{1}{\eta_X}=\left(\frac{1}{3}-\frac{1}{2}\overline{\Theta}+\frac{1}{5}\overline{\Theta}^2\right)^{6/7}\left(\frac{\sigma_{\mathrm{R}}}{\sigma_{\mathrm{B}}}\right)^{12/7}+1.12\left[\frac{\frac{1}{3}-\frac{1}{2}\overline{\Theta}+\frac{1}{5}\overline{\Theta}^2}{1+2.17\overline{\Theta}}\right]^{6/7} \tag{4.173}$$

$$\sigma_{\mathrm{R}}^{12/5}\cong\left(\frac{1}{3}-\frac{1}{2}\overline{\Theta}+\frac{1}{5}\overline{\Theta}^2\right)^{6/7}\left(\frac{\sigma_{\mathrm{R}}}{\sigma_{\mathrm{B}}}\right)^{12/7}[1+0.56(1+\Theta)\sigma_{\mathrm{B}}^{12/5}]$$

在公式(4.172)和式(4.173)中，其结果是通过已有的结论和式(4.172)的渐进特性以及表达式 $1.12/(1+2.17\overline{\Theta})^{6/7}\cong0.56(1+\Theta)(\sigma_{\mathrm{B}}/\sigma_{\mathrm{R}})^{24/35}$ 得出的。值得注意的是，在大光束条件下，公式(4.173)会发生变化。将式(4.173)代入式(4.172)后，可以得到

$$\sigma_{\ln X}^2=\frac{0.49\sigma_{\mathrm{B}}^2}{[1+0.56(1+\Theta)\sigma_{\mathrm{B}}^{12/5}]^{7/6}} \tag{4.174}$$

对于小尺度的滤波函数，根据一定的理论基础做了微小的调整，即

$$G_Y(\kappa,z)=\frac{\kappa^{11/3}}{(\kappa^2+\kappa_Y^2)^{11/6}}\exp\left[\frac{\Lambda L^2(1-z/L)^2}{k}\right],\ \kappa_Y\gg1 \tag{4.175}$$

式中 κ_Y 是高通空间截止频率。为了证明公式(4.175)的正确性，研究人员发现，通过结合衍射效应与光学湍流，发射机中有限的光束在较长的传播路径上的影响会减小，而光束较长的传播路径上的作用等效于球面波。因此，小尺度滤波器应该包含一个与传播距离 z 有关的因子，从而在根本上消除有限波束的特性。在这种情况下，小尺度的对数光强扰动导致其对数光强方差为

$$\sigma_{\ln Y}^2\cong1.06\sigma_{\mathrm{R}}^2\int_0^1\int_0^\infty(\eta+\eta_Y)^{-11/6}\mathrm{d}\eta\mathrm{d}\xi\cong1.27\sigma_{\mathrm{R}}^2\eta_Y^{-5/6} \tag{4.176}$$

方程(4.91)具有与之前平面波和球面波型相同的数学表达形式。在这里，定义

$$\eta_Y=\frac{L\kappa_Y^2}{k}=3\left(\frac{\sigma_{\mathrm{R}}}{\sigma_{\mathrm{B}}}\right)^{12/5}+2.07\sigma_{\mathrm{R}}^{12/5} \tag{4.177}$$

根据所定义的式子以及公式(4.99)，可以推出

$$\sigma_{\ln Y}^2 = \frac{0.51\sigma_B^2}{(1+0.69\sigma_B^{12/5})^{5/6}} \tag{4.178}$$

将公式(4.174)和式(4.178)相结合，得到

$$\sigma_{I,1}^2(L) = \exp\left\{\frac{0.49\sigma_B^2}{[1+0.56(1+\Theta)\sigma_B^{12/5}]^{7/6}} + \frac{0.51\sigma_B^2}{(1+0.69\sigma_B^{12/5})^{5/6}}\right\} - 1 \tag{4.179}$$

但要注意，式(4.179)实际上与式(4.150)描述的球面波闪烁指数相同，如果考虑了非跟踪光束情况下的光束漂移效应，就会发现离轴点的闪烁指数可以被描述为

$$\sigma_I^2(r, L)_{\text{untracked}} = \exp\left\{\frac{0.49\sigma_B^2}{[1+0.56(1+\Theta)\sigma_B^{12/5}]^{7/6}} + \frac{0.51\sigma_B^2}{(1+0.69\sigma_B^{12/5})^{5/6}}\right\} - 1 +$$

$$4.42\sigma_R^2\Lambda_e^{5/6}\left(\frac{\sigma_{pe}}{W_{LT}}\right) + 4.42\sigma_R^2\Lambda_e^{5/6}\left(\frac{r-\sigma_{pe}}{W_{LT}}\right)^2, \quad \sigma_{pe} \leqslant r \ll W \tag{4.180}$$

然而，对于准直或发散光束，公式(4.180)与设置 $\sigma_{pe}=0$ 所得到的闪烁指数实际上没有区别。公式(4.180)表示在有辐射干扰的条件下，高斯光束波在接收面($\sigma_{pe} \leqslant r \leqslant W$)横向位置的近似闪烁指数。

图 4-35 中将闪烁指数公式(4.179)绘制成了 σ_R 的函数。假设高斯光束波在光斑半径 $W_0 = 1$ cm 的发射机处进行准直，且结构常数 C_n^2 固定，并允许传播距离变化。图 4-36 在与图 4-35 相同的条件下，绘制了从公式(4.180)得出的轴上与轴外的结果。可以观察到，当光束通过聚焦区时(峰值闪烁的位置)，闪烁指数几乎不存在径向分量。然而，随着湍流强度的不断增大，$r=W$ 和 $1<\sigma_R<2$ 曲线形状就会发生突变。这是因为有效光参数出现了异常，并不属于光束特征。

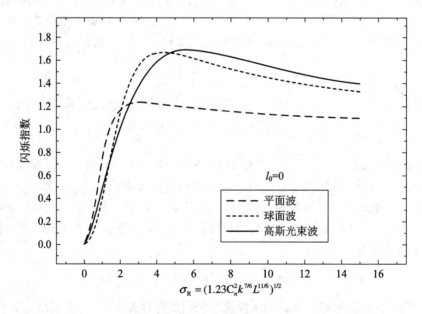

图 4-35　以 Rytov 方差的平方根函数来绘制的平面波、球面波和准直光束的
闪烁指数(均基于 Komlogorov 光谱)

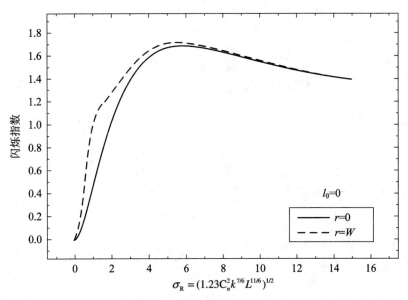

图 4-36　以 Rytov 方差的平方根函数表示的准直光束在轴(实线曲线)和
离轴(虚线曲线)上的指数(基于 Komlogorov 光谱)

c. 内外尺度效应。

当内尺度和外尺度效应均不被忽略时，可根据已有的频谱模型来得出相应的结果。在弱扰动的情况下，高斯光束波闪烁指数的纵向分量可用公式近似表示为

$$\sigma_G^2 = 3.86\sigma_R^2\left\{0.40\,\frac{[(1+2\Theta)^2+(2\Lambda+3/Q_1)^2]^{11/12}}{[(1+2\Theta)^2+4\Lambda^2]^{1/2}}\times\right.$$

$$\left[\sin\left(\frac{11}{6}\varphi_2+\varphi_1\right)+\frac{2.61}{[(1+2\Theta)^2Q_1^2+(3+2\Lambda Q_1)^2]^{1/4}}\sin\left(\frac{4}{3}\varphi_2+\varphi_1\right)-\right.$$

$$\left.\frac{0.52}{[((1+2\Theta)^2Q_1^2)+(3+2\Lambda Q_1)^2]^{7/24}}\sin\left(\frac{5}{4}\varphi_2+\varphi_1\right)\right]-\frac{13.40\Lambda}{Q_1^{11/6}[(1+2\Theta)^2+4\Lambda^2]}-$$

$$\left.\frac{11}{6}\left[\left(\frac{1+0.31\Lambda Q_1}{Q_1}\right)^{5/6}+\frac{1.10(1+0.27\Lambda Q_1)^{1/3}}{Q_1^{5/6}}-\frac{0.19(1+0.24\Lambda Q_1)^{1/4}}{Q_1^{5/6}}\right]\right\}$$

$$(4.181)$$

其中 φ_1 和 φ_2 定义为

$$\varphi_1=\tan^{-1}\left(\frac{2\Lambda}{1+2\Theta}\right),\ \varphi_2=\tan^{-1}\left[\frac{(1+2\Theta)Q_1}{3+2\Lambda Q_1}\right] \qquad (4.182)$$

在中等到强的光强扰动下，使用扩展的 Rytov 理论为光波的大尺度和小尺度扰动总结出了一个合理的表达式。在为平面波和球面波的情况下，高斯光束波的大尺度闪烁可以用作差的形式来表示，即

$$\sigma_{\ln X}^2(l_0,L_0)=\sigma_{\ln X}^2(l_0)-\sigma_{\ln X}^2(L_0) \qquad (4.183)$$

公式(4.183)中包含了内尺度效应和外尺度效应，在近似几何光学条件下，与纵向分量相关的大尺度对数光强表达式为

$$\sigma_{\ln X}^2(l_0) = 1.06\sigma_R^2 \int_0^1 \int_0^\infty \eta^{-11/6} \exp\left(-\frac{\eta}{Q_1} - \frac{\eta}{\eta_X} - \Lambda\eta\xi^2\right) \times$$

$$\left[1 + 1.80\left(\frac{\eta}{Q_1}\right)^{1/2} - 0.25\left(\frac{\eta}{Q_1}\right)^{7/12}\right] \times$$

$$\{1 - \cos[\eta\xi(1 - \overline{\Theta}\xi)]\} \mathrm{d}\eta\mathrm{d}\xi$$

$$\cong 0.53\sigma_R^2 \int_0^1 \xi^2(1 - \overline{\Theta}\xi)^2 \int_0^\infty \eta^{1/6} \exp\left(-\frac{\eta}{Q_1} - \frac{\eta}{\eta_X}\right) \times$$

$$\left[1 + 1.80\left(\frac{\eta}{Q_1}\right)^{1/2} - 0.25\left(\frac{\eta}{Q_1}\right)^{7/12}\right] \mathrm{d}\eta\mathrm{d}\xi \tag{4.184}$$

对上式进行整理后，可以化简为

$$\sigma_{\ln X}^2(l_0) = 0.49\sigma_R^2\left(\frac{1}{3} - \frac{1}{2}\overline{\Theta} + \frac{1}{5}\overline{\Theta}^2\right)\left(\frac{\eta_X Q_1}{\eta_X + Q_1}\right)^{7/6} \times$$

$$\left[1 + 1.75\left(\frac{\eta_X}{\eta_X + Q_1}\right)^{1/2} - 0.25\left(\frac{\eta_X}{\eta_X + Q_1}\right)^{7/12}\right] \tag{4.185}$$

其中，

$$\eta_X = \left[\frac{0.38}{1 - 3.21\overline{\Theta} + \overline{\Theta}^2} + 0.47\sigma_R^2 Q_1^{1/6}\left[\frac{\frac{1}{3} - \frac{1}{2}\overline{\Theta} + \frac{1}{5}\overline{\Theta}^2}{1 + 2.20\overline{\Theta}}\right]^{6/7}\right]^{-1} \tag{4.186}$$

大尺度起伏中的外尺度效应可以用如下公式描述

$$\sigma_{\ln X}^2(L_0) = 0.49\sigma_R^2\left(\frac{1}{3} - \frac{1}{2}\overline{\Theta} + \frac{1}{5}\overline{\Theta}^2\right)\left(\frac{\eta_{X0} Q_1}{\eta_{X0} + Q_1}\right)^{7/6} \times$$

$$\left[1 + 1.75\left(\frac{\eta_{X0} Q_1}{\eta_{X0} + Q_1}\right)^{1/2} - 0.25\left(\frac{\eta_{X0} Q_1}{\eta_{X0} + Q_1}\right)^{7/12}\right] \tag{4.187}$$

式中，$\eta_{X0} = \eta_X Q_0/(\eta_X + Q_0)$，$Q_0 = 64\pi L/kL_0^2$。

小尺度对数光强方差 $\sigma_{\ln Y}^2(l_0)$ 再次由式(4.176)描述，但在此处定义

$$\eta_Y = 3(\sigma_R/\sigma_G)^{12/5}(1 + 0.69\sigma_G^{12/5}) \tag{4.188}$$

弱辐射闪烁指数 σ_G^2 由等式(4.180)给出，因此，小尺度闪烁指数可写为

$$\sigma_{\ln Y}^2(l_0) = \frac{0.51\sigma_G^2}{(1 + 0.69\sigma_G^{12/5})^{5/6}} \tag{4.189}$$

由于径向分量对内尺度的影响不大，因此，内尺度效应只包含在纵向分量中。然而，当使用 Ricklin 提出的径向分量外尺度模型时，高斯光束中闪烁指数的径向分量表示为

$$\sigma_{I,r}^2(r, L) = 4.42\sigma_R^2\Lambda_e^{5/6}\left[1 - 1.15\left(\frac{\Lambda_e L}{kL_0^2}\right)^{1/6}\right]\frac{r^2}{W_{LT}^2}, \quad 0 \leqslant r < W \tag{4.190}$$

通过结合式(4.185)、式(4.187)、式(4.189)和式(4.190)，可以得到强光强起伏情况下高斯光束的闪烁模型：

$$\sigma_I^2(r, L)_{\text{untracked}} = 4.42\sigma_R^2\Lambda_e^{5/6}\left[1 - 1.15\left(\frac{\Lambda_e L}{kL_0^2}\right)^{1/6}\right]\frac{r^2}{W_{LT}^2} +$$

$$\exp\left[\sigma_{\ln X}^2(l_0) - \sigma_{\ln X}^2(L_0) + \frac{0.51\sigma_G^2}{(1 + 0.69\sigma_G^{12/5})^{5/6}}\right] - 1, \quad 0 \leqslant r < W$$

$$\tag{4.191}$$

　　公式(4.191)中忽略了由于光束漂移及指向误差效应引起的径向和纵向分量的微小偏差。因此，通常情况下要限制公式(4.191)适用于非跟踪准直或发散光束。但是，在光束直径较小的情况下，公式(4.191)也适用于一些收敛光束。在图 4-37 中，描绘了由公式(4.191)推导出的准直光束 $r=0$、内尺度分别为 2 mm 和 8 mm 情况下的纵向成分。图 4-37 中的参数为 $\lambda=1.06\ \mu m$、$L_0=1\ m$ 且 $C_n^2=5\times10^{-13}\ m^{-2/3}$。从图中可以看出，外尺度对弱扰动下闪烁纵向分量的影响可以忽略不计，但是当 $\sigma_R>4$ 时，它将使闪烁减小的速度加快。与图 4-35、图 4-36 对比，外尺度扰动对准直光束、平面波和球面波的影响不同。

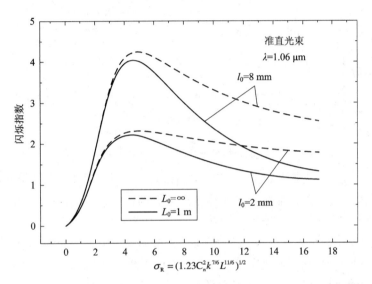

图 4-37　准直光束的纵向成分 σ_R 与外尺度 $L_0=\infty$ 和 $L_0=1\ m$ 的闪烁指数的纵向分量

图 4-38 和图 4-39 中绘制了大尺度起伏和小尺度起伏的结果。σ_X^2 和 σ_Y^2 为在发

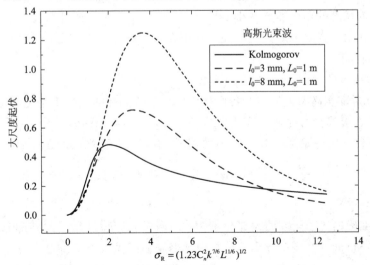

图 4-38　相对湍流强度下的大尺度起伏

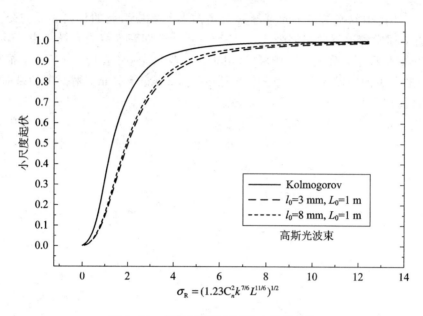

图 4-39　相对湍流强度下的小尺度起伏

射端波长为 $\lambda = 1\ \mu m$、半径为 $0.5\ cm$ 的准直高斯光束的光轴处 Rytov 方差的函数。研究人员采用修正后的大气光谱来描述大气条件，修正后的内尺度为 $3\ mm$ 和 $8\ mm$，外尺度为 $1\ m$，折射率结构参数 $C_n^2 = 0.75 \times 10^{-13}\ m^{-2/3}$，此时 Rytov 方差的变化仅与传播路径的长度变化有关。为了便于比较，文中以基于 Komlogorov 谱的大尺度和小尺度起伏为例说明。在这里，注意到基于 Komlogorov 谱大小尺度的本质类似于图 4-27 描述的平面波。然而，在这些模型中，内尺度的存在显著增加了聚焦区附近的大尺度起伏（图 4-38）。闪烁明显增强的原因是内尺度在散射区域的作用，当 $\rho_0 \ll l_0$ 时，就意味着 $L/k\rho_0 \sim C_n L^{3/2} l_0^{-1/6}$。此外，由于有限外尺度的存在，导致 Rytov 方差在较大值下的大规模闪烁会下降得更快。同时，在强起伏条件下，内尺度的存在能够减小小尺度起伏（图 4-39），而外尺度对小尺度起伏的影响不明显。这证明了本章中所讨论的高斯光束在一般情况下内尺度和外尺度行为与平面波和球面波基本相同。

d. 与模拟结果的对比。

Belmonte 对准直高斯光束波在各向均匀同性湍流的传播条件下进行了数值模拟研究，得到了包括闪烁指数在内的各种统计量结果。对轴上和离轴的闪烁分别进行处理，从而分离出径向分量和纵向分量。在 Belmonte 的分析中，提出了修正的 Karman 谱，功率谱为 $\Phi_n(\kappa) = 0.033 C_n^2 \dfrac{\exp[-(\kappa l_0/2\pi)^2]}{(\kappa^2 + 1/L_0^2)^{11/6}}$。该谱建立了折射率的起伏模型，且固有的外尺度为 $3\ m$，虽然修正的 Karman 模型与修正的大气光谱所预测的闪烁值存在不一致部分，但 Karman 光谱准确描述了光波的大部分行为。当两个光谱模型用于同样的分析时，在弱光强起伏下，从 Karman 光谱中导出的闪烁值比修正后的大气光谱得出的闪烁值略低。

在图 4-40 中，模拟结果（开环）用于波长为 $\lambda = 2\ \mu m$ 的准直高斯光波的纵向成分，所选发射机处的光束半径 $W_0 = 7\ cm$。在这个研究中所采用的大气条件为 $C_n^2 = 10^{-12}\ m^{-2/3}$、$L_0 = 3\ m$，$l_0 = 1\ cm$。此外，图中还绘制了基于未跟踪光束的相应理论曲线，该曲线适用于

$r=0$ 和 $L_0=3$ 的情况。

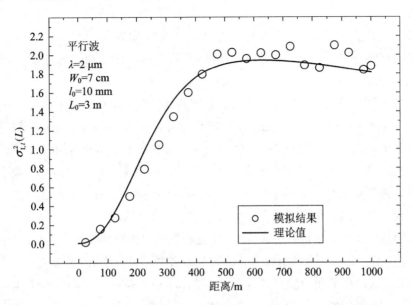

图 4-40　高斯光束波闪烁指数与传播距离(其中开环表示模拟结果,实线来源于理论计算)

图 4-41 描绘出了开环的模拟结果,对于准直光束的径向分量 $\sigma_{\mathrm{I},r}^2(r,L)$,可看作是由有效半径缩放的径向距离函数。在此图中,距离固定在 3 km 处的结构常数 $C_n^2=10^{-14}\,\mathrm{m}^{-2/3}$。具有无限外尺度(虚线)的理论曲线基本遵循模拟结果的趋势,但实际结果还是略高一些。然而,$L_0=3$ m(实线)的理论曲线完全遵循模拟结果,这就意味径向分量对有限外尺度的变化非常敏感。尽管通常的理论模型限制在 $r<W$ 的径向距离内,但是图 4-41 中的理论曲线在 $L_0=3$ m时提供了合适的径向距离。其中 $r=W_{\mathrm{LT}}$,比理论值略高一点。

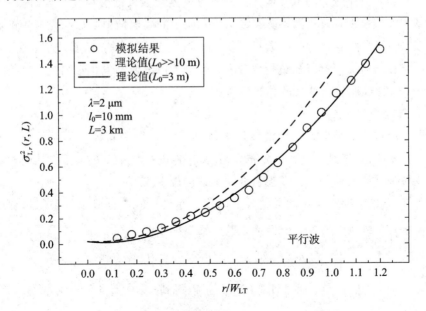

图 4-41　高斯光束波闪烁指数的离轴分量与有效光束半径的径向距离

⑥ 光强闪烁分布。

多年来，科学界一直对雷达和 FSO 通信中使用的高数据速率光发射机进行着研究。虽然一些设备的应用在 FSO 通信系统或者激光系统中发挥了重要作用，但这些设备受应用场景和自身的限制，不仅需要很高的链路传输条件，且必须在光纤链路处于弱势的场景下运行。

光束经过大气传播后，大气湍流会增加光束的光强闪烁，从而导致接收到的信号强度衰落，最终导致接收机处光功率的损耗。采用激光雷达或者 FSO 通信系统可以有效缓解由于大气湍流所引起光强闪烁的影响。工作于这种环境中的光学系统的可靠性可以从随机衰落光强信号的概率密度函数模型中推导出来。因此，研究光束在光学湍流中的目标之一是确定在所有光强起伏条件下光强的概率密度函数。这些年来，研究人员已经提出了多种光强概率密度函数的模型，并应用于实际。

在前面的内容中引入了弱辐射起伏模型，这种模型用改进的线性分布和对数正态分布来表示，修正后的 Rician 概率密度函数是 Born 的近似结果，而对数正态模型是一阶 Rytov 近似的结果。虽然在低阶标准化 $\langle I^n \rangle / \langle I \rangle^n$，$n=1$，$2$，$3$，…中室外测量与对数正态分布模型所预测的结果一致，但与修正后的 Rician 概率密度函数则不同。尽管如此，经观测，幅度的对数正态分布概率密度函数可以用来估计概率密度函数的峰值，也可以用来比较尾部的实测数据。如果忽略概率密度函数末端的分布情况，那么会对雷达和通信系统产生严重的影响，这是因为概率密度函数的末端分布可用来计算检测衰落的概率。值得注意的是，衰减概率是在区间 $0 \leqslant I \leqslant I_T$ 中进行计算的，其中 I_T 是指定阈值。

为了解决强起伏与多次散射的问题，在 20 世纪的七八十年代，乃至九十年代，统计模型都在不断发展，但各种统计模型均存在一定的缺点。运用最为广泛的模型是基于实验数据而得出的模型，这样光场的振幅或光强的概率密度函数值能够与实验数据相一致。这些分布通常基于大气模型，大气模型能够将湍流介质中的离散散射区域与光波中的相位不均匀性联系起来。如果离散散射区的数目足够大，则该光束的辐射场服从零均值高斯分布。此外，该光场的光强统计量服从负指数分布，但这种情况通常发生在离饱和状态很远的地方。下面介绍两种被业界所认可的分布模型。

a. K 分布模型。

早期被广泛接受的强散射机制模型是 K 分布模型，该分布模型最初是作为非瑞利的海回声模型提出来的，后来发现 K 分布模型也能够用来作为预测光强统计的模型，且 K 分布模型在各种预测实验中均涉及湍流介质散射的辐射。

虽然 K 分布模型通常是用离散统计的角度表示的，但它也可以从调制过程中推导得出，推导过程中光强的概率密度函数服从负指数分布：

$$p_1(I, b) = \frac{1}{b} \exp\left(-\frac{I}{b}\right), \quad I > 0 \tag{4.192}$$

式中，平均光强 b 为随机量，通过计算期望值可以得到

$$p(I) = \int_0^\infty p_1(I \mid b) p_2(b) \mathrm{d}b, \quad I > 0 \tag{4.193}$$

式中，$p_2(b)$ 是起伏平均光强的分布函数，通常假定为伽马分布

$$p_2(b) = \frac{\alpha(\alpha b)^{\alpha-1}}{\Gamma(\alpha)} \exp(-\alpha b),\ b > 0 \tag{4.194}$$

式中，$\Gamma(\alpha)$ 是伽马函数，α 是一个与离散散射体有效数目相关的正参数；同时，为了方便起见，假设 b 的平均值是固定的，最终得到

$$p(I) = \frac{2\alpha}{\Gamma(\alpha)} (\alpha I)^{(\alpha-1)/2} K_{\alpha-1}(2\sqrt{\alpha I}),\ I > 0 \tag{4.195}$$

式中，$K_p(x)$ 是第二类型修正的 Bessel 函数。由于这个特殊的 Bessel 函数的存在，公式(4.195)被称为 K 分布。当 $\alpha \to \infty$ 时，K 分布趋于负指数分布（即伽马分布公式(4.194)，接近于冲激函数）。

由 K 分布所预测的闪烁指数形式假设为 $\sigma_I^2 = 1 + 2/\alpha$，$\alpha$ 接近于无穷大。因此，K 分布仅适用于强起伏区。将 K 分布推广后可得到包含闪烁指数的弱起伏区，即 $I-K$ 分布。然而，K 分布和 $I-K$ 分布作为概率密度函数模型，都存在一定的局限性，这些局限性在 Churnside 和 Frehlich 所写的相关文章中均有提及，并且将这两种分布的概率密度函数模型与长时间湍流中测量到的光强数据进行了比较。

b. 对数正态分布。

模型是由假定的调制过程产生的，因此对数正态分布模型服从对数调制的指数分布（仅在强起伏情况下有效）和常见的对数线性分布，对数正态分布在其它书籍中也被称作 Beckman 概率密度函数。对数正态概率密度函数是从线性振幅和对数正态调制因子的乘积演化而来的，因而可以表示为

$$p(I) = \frac{(1+r)\mathrm{e}^{-r}}{\sqrt{2\pi}\sigma_z} \int_0^\infty I_0\left[2\sqrt{\frac{(1+r)rI}{z}}\right] \exp\left[-\frac{(1+r)I}{z} - \frac{(\ln z + \frac{1}{2}\sigma_z^2)^2}{2\sigma_z^2}\right] \frac{\mathrm{d}z}{z},\ I > 0 \tag{4.196}$$

式中，r 是相干参数或功率比，σ_z^2 是正态调制因子的方差，$I_0(x)$ 是第一类修正因子的 Bessel 函数。公式中积分的闭合解是未知的，且由于某些参数值具有收敛性，因此会加大公式(4.196)的计算难度。此外，对数正态分布与 K 分布和 $I-K$ 分布一样，无法把对数正态分布中的参数 r 和 σ_z^2 直接与大气条件联系在一起。

4.4　噪　声　源

背景噪声是来自天空(扩展源)和太阳(局部源)的辐射产生的。而来自其它天体(例如：恒星)微弱的背景辐射和反射背景辐射对近地 FSO 链路中背景噪声的影响不大，但是对深空 FSO 系统中的背景噪声有着较大影响。扩展源和局部源背景的辐射照度(单位面积接收到的功率)表达式为

$$I_{\mathrm{sky}} = \frac{N(\lambda)\Delta\lambda\pi\Omega^2}{4} \tag{4.197}$$

$$I_{\mathrm{sun}} = W(\lambda)\Delta\lambda \tag{4.198}$$

式中，$N(\lambda)$ 为天空的光谱辐亮度，$W(\lambda)$ 为太阳的光谱辐射率，$\Delta\lambda$ 为接收机处光学 BPF 的带宽，Ω 为接收机 FOV。根据上式，为了降低背景噪声的影响，可选择具有较窄的 FOV 和 $\Delta\lambda$ 的接收机。

背景噪声是一种散粒噪声，其方差表达式为

$$\sigma_{Bg}^2 = 2qB\Re(I_{sky} + I_{sun}) \tag{4.199}$$

式中，B 为系统的电带宽，$\Re = \eta q\lambda/hc$ 为检测器的响应度（其中的 η 为检测器量子效率），q 为电子电荷，h 为普朗克常数，c 为真空中的光速。

量子噪声是光检测过程中产生的散粒噪声。值通常较小，其方差表达式为

$$\sigma_{Qtm}^2 = 2qB\Re I \tag{4.200}$$

热噪声是在接收机的电路中由于电子的热运动引起的，其方差表达式为

$$\sigma_{Th}^2 = \frac{4KT_eB}{R_L} \tag{4.201}$$

式中，R_L 为等效电阻，T_e 为温度。

暗流噪声和相对强度噪声通常很小，可以忽略不计。所以总的噪声方差表达式为

$$\sigma = \sigma_{Qtm}^2 + \sigma_{Bg}^2 + \sigma_{Th}^2 \tag{4.202}$$

表 4.7 总结了无线光通信系统面临的挑战。

表 4.7　无线光通信面临的挑战

挑　战	原　因	影　响	缓解措施	室内/FSO
码间干扰（ISI）	多径传播	传输质量差（误码率高）	信道均衡	室内
			前向纠错（FEC）	
			扩频技术	
		多径失真或色散	多载波调制（比单载波系统具有更高的带宽）	
		降低数据数率	OFDM，MSM	
			多波束发射机	
			FOV 目标控制	
安全性	激光辐射	对眼睛和皮肤有害	有效功率调制方案：PPM、DPIM 等	两者
			使用 LED，1 级激光器，波长为 1550 nm	
噪声	暗流噪声	低信噪比，高误码率	光电滤波器	两者
	散粒噪声			
	背景噪声		前置放大	
	热噪声		FEC	
	相对强度噪声			

续表

挑　战	原　因	影　响	缓解措施	室内/FSO
噪声	过量噪声（APD）	低信噪比，高误码率	低噪声后置检测放大器	两者
	放大器自发辐射（Amplifier Spontaneous Emission，ASE）噪声（只有在光放大器情况下使用）		光滤波器	
			低 FOV 激光器	
湍流影响	随机湍流中折射率的变化	相位和强度扰动（闪烁）	FEC（LDPC 码、Turbo 码）	FSO
		图像晃动	鲁棒调制：SIM、PPM	
		空间相干性退化	MIMO	
		光束扩展	多样性接收（时空）	
			自适应光学	
反射率	不同的材料	表面反射造成的损失增加	高传输功率	室内
阻塞	设备	临时链路中断	漫射链路	两者
	物体移动		蜂窝系统	
	墙体		多波束	
	飞鸟		混合 FSO/RF	
气候影响	雾，雨，烟雾，气溶胶	衰减，散射链路中断	高传输功率	FSO
			混合 FSO/RF	
对准、捕获、跟踪（Pointing，Acquisition and Tracking，PAT）	移动链路接头	临时/永久链路中断	混合 FSO/RF	FSO
	建筑物晃动	功率损耗	主动跟踪自适应光学（波束控制和跟踪）	

4.5　调制技术

无线光通信系统中的调制方案有不同的类型，如图 4-42 所示是与脉冲调制相关的一系列技术。由于平均发射光功率是有限的，因此对不同调制技术的性能比较通常根据平均接收光功率来进行，以达到给定的数据速率下所期望的误码率。为了使峰值与平均功率的比率最大化，需要利用有效的功率调制方案。在本节中将着重分析开关键控、脉冲位置调制和副载波强度调制等信道调制技术对 FSO 系统性能的影响。

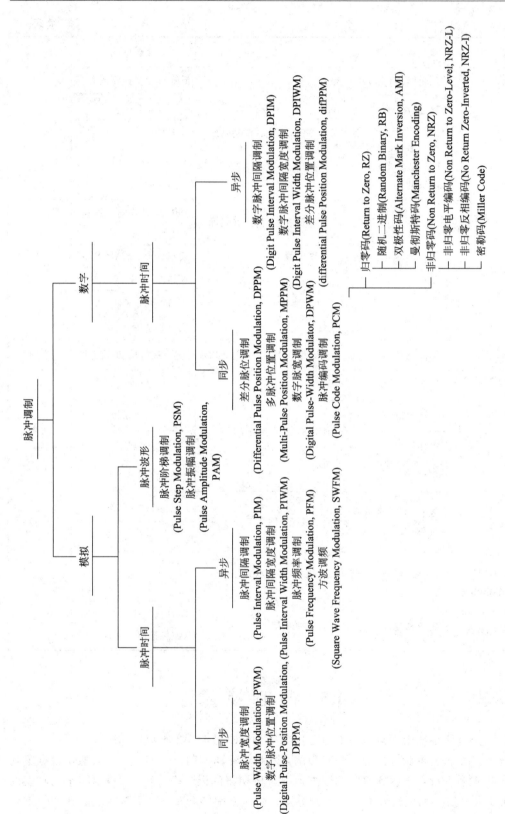

图4-42　脉冲调制树

4.5.1　OOK

开关键控（OOK）调制是近地无线光通信系统中采用的主要调制方案。其原因在于 OOK 调制方案实现简单并且对激光器的非线性效应有一定的消除作用。OOK 可以使用非归零（NRZ）或归零（RZ）两种脉冲格式。在 NRZ-OOK 中，峰值功率为 $\alpha_e P_T$ 的光脉冲代表数字符号"0"，而峰值功率为 P_T 的光脉冲代表数字符号"1"。α_e 表示光源消光比，其值为 $0 \leqslant \alpha_e < 1$。在 NRZ-OOK 中，光脉冲的持续时间有限且和符号持续时间 T 相同，但在 RZ-OOK 中，脉冲持续时间要低于符号持续时间。与 NRZ-OOK 相比，RZ-OOK 提高了功率效率，但对带宽的需求却增加了。在不失一般性的前提下，可以对接收机的光源接收面积进行归一化，以便光学功率可以由光学强度 I 表示。如果用 $\Re$ 代表 PIN 光检测器的响应度，则 OOK 调制的 FSO 系统的接收信号写为

$$i(t) = \Re I \left[1 + \sum_{j=-\infty}^{\infty} d_j g(t-jT) \right] + n(t) \tag{4.203}$$

其中，$n(t) \sim N(0, \sigma^2)$ 是加性高斯白噪声，$d_j = [-1, 0]$，$g(t)$ 是脉冲整形函数。在随后进行的所有分析中，除非另有说明，否则假定消光比 α_e 为零。

在接收机中，将接收到的信号输入阈值检测器，阈值检测器将接收到的信号与预先确定的阈值电平进行比较。如果接收信号电平高于阈值电平，则假定接收数字符号为"1"，否则为"0"。因此出错概率为

$$P_e = p(0) \int_{i_{th}}^{\infty} p\left(\frac{i}{0}\right) \mathrm{d}i + p(1) \int_0^{i_{th}} p\left(\frac{i}{1}\right) \mathrm{d}i \tag{4.204}$$

其中，边缘概率定义如下：

$$p\left(\frac{i}{0}\right) = \frac{1}{\sqrt{2\pi\sigma^2}} \exp\left(-\frac{i^2}{2\sigma^2}\right) \tag{4.205}$$

$$p\left(\frac{i}{1}\right) = \frac{1}{\sqrt{2\pi\sigma^2}} \exp\left(\frac{-(i-\Re I)^2}{2\sigma^2}\right) \tag{4.206}$$

对于等概率符号，即 $p(0) = p(1) = 0.5$，此时的最佳阈值点在 $i_{th} = 0.5\Re I$。并且误差的条件概率减小为

$$P_{ec} = Q\left(\frac{i_{th}}{\sigma}\right) \tag{4.207}$$

其中 $Q(x) = 0.5 \mathrm{erfc}(x/\sqrt{2})$。但由于大气湍流的存在，阈值电平不再固定地用符号"0"和"1"电平的中间值表示。因此需要将公式（4.206）对闪烁统计量进行平均，因而边缘概率 $p(i/1)$ 修正为下式：（注意，当没有脉冲传输时不会发生闪烁）

$$p\left(\frac{i}{1}\right) = \int_0^{\infty} p\left(\frac{i}{1}, I\right) \mathrm{d}I \tag{4.208}$$

假设符号等概率传输，采用最大后验逐符号检测，则得到的似然函数为

$$\Lambda = \int_0^{\infty} \exp\left[\frac{-(i-\Re I)^2 - i^2}{2\sigma^2}\right] p(I) \mathrm{d}I \tag{4.209}$$

式（4.209）中令 $\Lambda = 1$，可得阈值电平 i_{th}。图 4-43 为基于对数正态湍流模型下不同湍流水平的 i_{th}。当闪烁电平接近零时，观察到阈值电平接近 0.5。

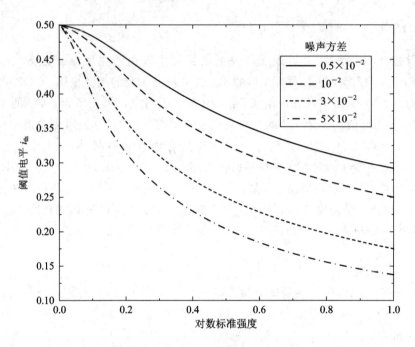

图 4-43　不同湍流水平下对数强度标准偏差的 OOK 阈值电平

　　以辐照度方差（即湍流或闪烁的大小）$\sigma_l^2 = 0.2$ 为例，由式（4.204）、式（4.205）和式（4.208）组合得到误码率为 P_e 和归一化 SNR$=(\Re E[I])^2/\sigma^2$ 的关系，如图 4-44 所示。从图 4-44 中可以看出，在衰落信道中的误码率存在下限。误码率的大小取决于固定阈值的电平和湍流引起的强度衰落。使用自适应阈值就不存在这样的误码率下限，因此自适应阈具有更广泛的适用性。

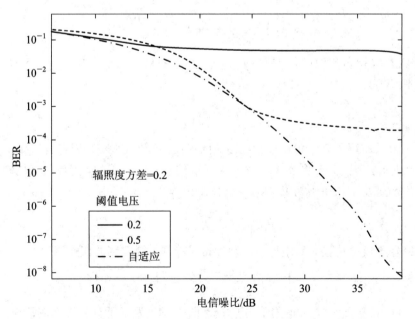

图 4-44　$\sigma_l^2 = 0.2$ 时基于 FSO 的 OOK 调制在大气湍流中的误码率性能

　　图 4-45 为不同辐照度方差下固定阈值(为 0.5)和自适应阈值中误码率与信噪比的对比。当使用固定阈值时,误码率值具有一个远大于 10^{-4} 的下限,这意味着在指定的辐照度方差下无法实现较低的误码率。从图中可以推断:① 大气湍流会导致 SNR 减小,这是因为在非常微弱的辐照度方差 $\sigma_l^2 = 0.25^2$ 的条件下,需要约 26 dB 的 SNR 才能使误码率达到 10^{-6},然而随着辐照度方差增加到 $\sigma_l^2 = 0.7^2$,对 SNR 需求的增加将超过 20 dB;② 为了避免系统性能中误码率下限过高,需要采用自适应阈值。

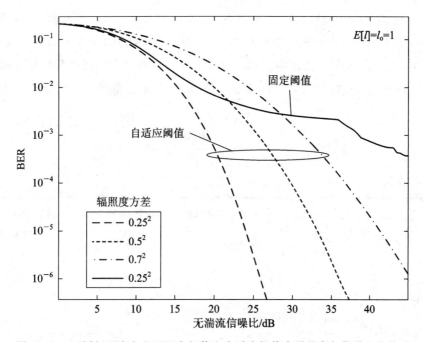

图 4-45　不同辐照度方差下固定阈值和自适应阈值中误码率与信噪比的关系

　　本小节结果表明,为了使 OOK 调制的 FSO 通信系统发挥其最佳性能,接收机需要具有处理衰落强度和噪声的能力。但是,实现这一点并不容易,因此商业 FSO 设计师还是倾向于采用固定阈值方法,并在预算中包含足够大的链路余量,以便处理大气湍流引起的衰落。

4.5.2　PPM

　　脉冲位置调制(PPM)是一种正交调制技术,并且属于脉冲调制系列中的一种。PPM 调制技术在 OOK 的基础上提高了功率效率,但也增加了带宽需求的花费和实现复杂度。在 PPM 中,每块 $\mathrm{lb}M$ 个数据位被映射到 M 个符号中的任意一个。通常,用 M-PPM 来表示符号的顺序。每个符号由占用一个时隙的恒定功率为 P_T 的脉冲和 $M-1$ 个空隙组成。脉冲的位置对应 $\mathrm{lb}M$ 个数据位的十进制值。因此,信息可以通过脉冲位置进行编码而不需要符号。时隙的持续时间 T_s 的表达式为

$$T_s = \frac{T\,\mathrm{lb}M}{M} \tag{4.210}$$

　　PPM 接收机需要时隙和符号同步来解调经过脉冲位置编码的信息。由于功率效率较

高，PPM 调制技术在 FSO 通信系统中应用广泛，特别是在深空激光通信应用方面具有很强的吸引力。假设发射机和接收机间始终保持完全同步，光接收机可通过随机检测来确定每个时隙中可能传输的信号。在直接光检测中，这相当于"计数"每个 T_s 间隔中释放的电子数。因而每个 PPM 时隙的光子数为

$$K_s = \frac{\eta \lambda P_R T_s}{hc} \tag{4.211}$$

式中，P_R 是时隙持续时间内的接收光功率，h 为普朗克常数，c 为光速，η 为量子效率。APD 可用于增加每个 PPM 时隙的光子数。但是控制二次电子生成的光倍增过程是一个随机过程，这就意味着较大的光倍增过程的增益最终将导致较大的噪声系数和差错概率。对于一个中到高强度的接收信号，如在商业和短程 FSO 通信系统中，基于 K_s 的误码率条件为

$$P_{ec} = Q\left(\sqrt{\frac{(gq)^2 K_s^2}{(\bar{g}q)^2 F(K_s + 2K_{Bg}) + 2\sigma_{Th}^2}}\right) \tag{4.212}$$

参数定义如下：

$K_{Bg} = \eta P_{Bg} T_s / hc$	在功率为 P_{Bg} 的背景辐射下每个 PPM 时隙的平均光子数
$\bar{g}$	平均 APD 增益
q	电子电荷
$F \approx 2 + \zeta \bar{g}$	APD 的噪声系数
ζ	APD 电离因子
$\sigma_{Th}^2 = (2\kappa T_e q / R_L)(T_s)$	在 PPM 槽持续时间内的等效热噪声计数
$R_b = 1/T$	比特速率
κ	博尔兹曼的常数
R_L	等效负载电阻

在对数正态大气湍流存在的情况下，由公式（4.212）可推导出二元 PPM 调制 FSO 的无条件误码率近似为

$$P_e = \frac{1}{\sqrt{\pi}} \sum_{i=1}^{n} w_i Q\left[\frac{\exp(2(\sqrt{2}\sigma_k x_i + m_k))}{F \exp(\sqrt{2}\sigma_k x_i + m_k) + K_n}\right] \tag{4.213}$$

式中，w_i 和 x_i 是一个 n^{th} 阶 Hermite 多项式的权因子和零点。$K_n = (2\sigma_{Th}^2 / (\bar{g}q)^2) + 2FK_{Bg}$ 并且 $\sigma_k^2 = \ln(\sigma_N^2 + 1)$。值得注意的是，平均计数 K_s 的起伏是由大气湍流引起的，其均值由下式给出

$$E[K_s] = \exp\left(\frac{\sigma_k^2}{2} + m_k\right) \tag{4.214}$$

对于 PPM 系统，P_e^M 表示的误码率有一个上限，即

$$P_e^M \leqslant \frac{M}{2\sqrt{\pi}} \sum_{i=1}^{n} w_i Q\left[\frac{\exp(2(\sqrt{2}\sigma_k x_i + m_k))}{F \exp(\sqrt{2}\sigma_k x_i + m_k) + K_n}\right] \tag{4.215}$$

因而不同闪烁水平（即不同的 $E[K_s]$ 值）下的二元 PPM 调制 FSO 的误码率如图 4-46 所示。其中：$K_{Bg} = 10$，$T_e = 300$ K，$\zeta = 0.028$，$R_b = 155$ Mb/s，$\bar{g} = 150$。

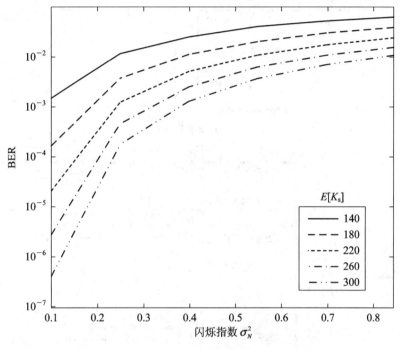

图 4-46 二元 PPM 以闪烁指数为函数的误码率

正如预期结果，大气闪烁的增加，导致信号为达到给定误码率所需的电平增加了。增加信号强度可以减轻闪烁的影响，但由于湍流强度的增强，误码率趋向于一个较高的渐进值。

4.5.3 SIM

在副载波强度调制（Subcarrier Intensity Modulation，SIM）中，利用源数据 $d(t)$ 预调制的射频副载波信号对激光二极管光载波的光强进行调制。图 4-47 为带有 N 副载波的 SIM-FSO 的系统框图。通过串/并联转换器将传入的数据分布在 N 个副载波上。每个副载波的符号速率的总和与 $d(t)$ 的符号速率相同。在调制激光辐照度之前，把源数据 $d(t)$ 调制到射频副载波上。同时说明了 M-PSK 相移键控（Phase-Shift Keying，PSK）副载波调制中，编码器将每个副载波符号映射到与所使用星座对应的符号幅度 $\{a_{ic}, a_{is}\}_{i=1}^{N}$ 上。副载波信号 $m(t)$ 为正弦信号，同时具有正负值，因此在它直接驱动激光二极管前应加上一个直流电平 b_0，这就能够确保偏置电流等于或高于阈值电压。

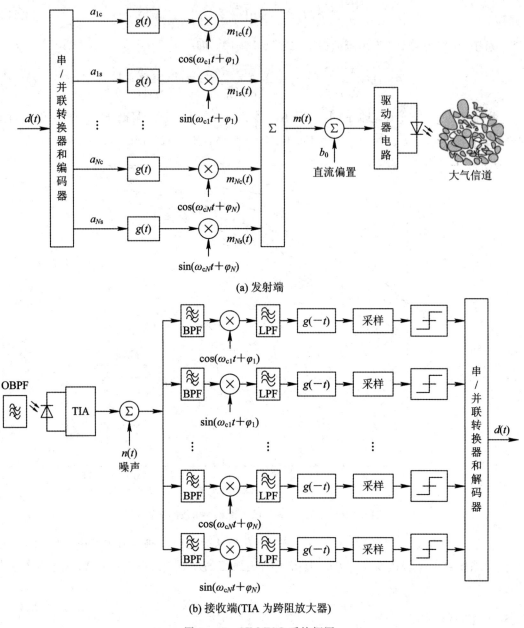

(a) 发射端

(b) 接收端(TIA 为跨阻放大器)

图 4-47　SIM-FSO 系统框图

N-SIM-FSO 系统 $m(t)$ 的一般表达式为

$$m(t) = \sum_{i=1}^{N} m_i(t) \tag{4.216}$$

在符号持续期间，每个射频副载波信号可以大致表示为

$$m_i(t) = g(t)a_{ic}\cos(\omega_{ci}t + \varphi_i) + g(t)a_{is}\sin(\omega_{ci}t + \varphi_i) \tag{4.217}$$

式中，$g(t)$ 是脉冲整形函数，$[\omega_{ci}, \varphi_i]_{i=1}^{N}$ 表示子载波的角频率和相位。因此每个副载波可以被任意标准的数字/模拟射频调制技术调制，例如正交振幅调制（Quadrature Amplitude Modulation，QAM）、M-PSK、M-FSK 频移键控（Frequency Shift Keying，FSK）和

M-ASK 移幅键控。随着射频调制/解调器、稳定振荡器和窄带滤波器的不断发展，SIM 的适用性越来越强。

在接收机中可采用直接检测将传入的光辐射转换为电信号。随后利用射频解调器来恢复如图 4-47 所示的传输符号。接收信号被建模为

$$i(t) = \Re I [1 + \xi m(t)] + n(t) \tag{4.218}$$

式中，ξ 是调制深度/指数。

图 4-47 中的带通滤波器（Band Pass Filter，BPF）可实现以下功能：选择单个副载波进行解调，降低噪声功率，抑制接收信号中存在的慢变 RI 分量。对于在 ω_{ci} 处的副载波，接收到的信号为

$$i(t) = I_{comp} + Q_{comp} \tag{4.219}$$

式中，

$$I_{comp} = \Re I \xi g(t) a_{ic} \cos(\omega_{ci+} \varphi_i) + n_I(t) \tag{4.220}$$
$$Q_{comp} = -\Re I \xi g(t) a_{is} \sin(\omega_{ci+} \varphi_i) + n_Q(t) \tag{4.221}$$

其中，$n_I(t)$ 和 $n_Q(t)$ 是相互独立的 AWGN，均值为零且方差为 σ^2。通过参考信号 $\cos\omega_{ci}t$ 和 $\sin\omega_{ci}t$ 向下转换正交分量 I_{comp} 和 Q_{comp}，获得条件误码率表达式(4.222)。

BPSK：

$$P_{ec} = Q(\sqrt{\gamma(I)}) \tag{4.222a}$$

M-PSK，$M \geqslant 4$：

$$P_{ec} = \frac{2}{\mathrm{lb}M} Q\left(\sqrt{(\mathrm{lb}M)\gamma(I)} \sin\frac{\pi}{M}\right) \tag{4.222b}$$

DPSK：

$$P_{ec} = 0.5\exp(-0.5\gamma(I)) \tag{4.222c}$$

M-QAM，$\mathrm{lb}M$ 分量：

$$P_{ec} = \frac{2(1-1/\sqrt{m})}{\mathrm{lb}M} Q\left(\sqrt{\frac{3\mathrm{lb}M\gamma(I)}{2(M-1)}}\right) \tag{4.222d}$$

每比特 SNR 和平均功率分别为

$$\gamma(I) = \frac{(\xi\Re I)^2 P_m}{\sigma^2} \tag{4.223}$$

$$P_m = \frac{A^2}{2T}\int_0^T g^2(t)\mathrm{d}t \tag{4.224}$$

此处用 BPSK-SIM 来说明系统在大气湍流中的性质。由于每个副载波分别独立解调，因此利用辐照度波动统计量对公式(4.222a)求平均，可得到每个副载波的无条件误码率：

$$P_e = \int_0^\infty Q(\sqrt{\gamma(I)}) p(I)\mathrm{d}I \tag{4.225}$$

$$P_e = \frac{1}{\sqrt{\pi}}\sum_{i=1}^n w_i Q\left[\sqrt{K_0}\exp\left(K_1\left(\sqrt{2}\sigma_l x_l - \frac{\sigma_l^2}{2}\right)\right)\right] \tag{4.226}$$

其中，$[w_i]_{i=1}^n$ 和 $[x_i]_{i=1}^n$ 是一个 n^{th} 阶 Hermite 多项式的权因子和零点。不同噪声限值条件下 K_1 和 K_0 的值如表 4.8 所示。

表 4.8　不同噪声限值条件下 K_1 和 K_0 的值

	性能限值条件			
	量子极限	热噪声	背景噪声	热噪声和背景噪声
K_0	$\dfrac{\xi^2 \Re I_o P_m}{2qR_b}$	$\dfrac{(\xi \Re I_o)^2 P_m R_L}{4kT_e R_b}$	$\dfrac{(\xi I_o)^2 \Re P_m}{2qR_b(I_{sky}+I_{sun})}$	$\dfrac{(\xi \Re I_o)^2 P_m}{(\sigma_{Bg}^2+\sigma_{Th}^2)}$
K_1	0.5	1	1	1

为使连续波激光器保持在其动态范围内，必须满足条件 $|\xi m(t)| \leqslant 1$。这个条件对给定的 ξ 值的每个副载波的幅度设置了一个上限。这同样表明使用多用户 SIM（副载波多路复用）导致 $\gamma(I)$ 减少了 $20\log N$(dB)。因此，只有当增加容量的需求超过相应的功率损失时，才应该考虑使用多个副载波。

基于表 4.9 的仿真参数，在 $\xi = N = 1$ 且不同噪声条件下，式(4.226)中定义的误码率与接收灵敏度的关系如图 4-48 所示。图 4-48 表明，对于有合适带通滤波和窄 FOV 检测器的 FSO 链路，系统的性能受限于热噪声。此外，在此热噪声限值条件下，与理论量子极限相比，SIM-FSO 仍然需要约 30 dB 的 SNR。

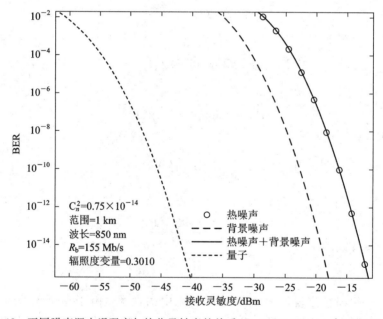

图 4-48　不同噪声源中误码率与接收灵敏度的关系（$R_b = 155$ Mb/s，$\sigma_I^2 = 0.3$ 和 $\xi = 1$）

表 4.9　仿真参数

参　数	值
符号速率 R_b	155 Mb/s
天空光谱 $N(\lambda)$	10^{-3} W/cm² μmSr
太阳光谱范围 $W(\lambda)$	0.055 W/cm² μm

续表

参　数	值
光带通滤波器带宽 $\Delta\lambda@\lambda=850$ nm	1 nm
PIN 光检测器视场角	0.6 rad
辐射波长 λ	850 nm
副载波个数 N	1
链路范围	1 km
折射率结构参数 C_n^2	0.75×10^{-14}
负载电阻 R_L	50 Ω
PIN 光检测器响应度 R	1
工作温度 T_e	300 K

本 章 小 结

　　本章从近地 FSO 通信系统的基本原理出发，基于 OOK、PPM 和 SIM 调制方案，讨论了近地 FSO 通信系统的误差性能。同时也在信道衰落和闪烁方面介绍了大气信道的特性。近年来，FSO 通信系统越来越多地应用于民用领域中，并且 FSO 通信技术也逐渐发展成为一项强有力的接入网补充技术。然而，提供覆盖数公里、在所有天气条件下可用性均达 99.999% 的远程 FSO 通信链路仍然是一项艰巨的挑战。

第 5 章　空间无线光通信

5.1　概　　述

5.1.1　空间无线光通信的发展

　　随着空间无线光通信技术和空间仪器的不断发展，空间无线光通信也迈进了崭新的篇章。由于人们对高数据速率和高信道容量需求的增加，研究人员正致力于构建全光通信网络体系结构，其中包括与卫星光网络相连的地面-卫星光通信链路和卫星-地面光通信链路，如图 5-1 所示。

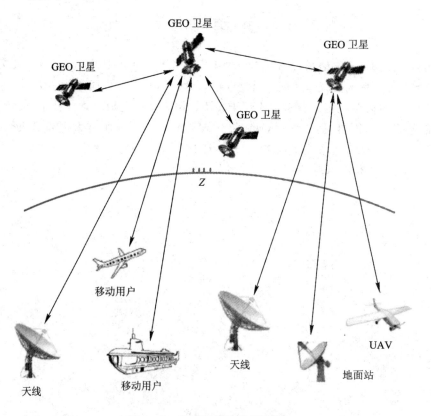

图 5-1　空间无线光通信链路

　　1967 年，Fried 首次对地面-卫星的上行光通信链路传输进行了理论研究。几年后，Minott 演示了在地面站利用氩激光器发射连续波（Continuous Wave，CW），并通过上行链路将光信号传输到大地测量地球轨道卫星Ⅱ（Geodetic Earth Orbiting Satellite-Ⅱ，GEOS-Ⅱ）。

在基本 Fried 和 Minott 理论和实验的基础上，研究者不断推进理论研究和实验演示，现已成功进行了多项地面-卫星和星间光通信的实验。例如，1990 年年初，Paul A. Lightsey 利用从地面-卫星传播的三束激光束进行了中继卫星反射镜实验（Relay Mirror Experiment，RME），这些激光束由运行在 350 km 高空轨道上的 RME 航天器反射回来，在反射的途中测量光束强度和光束直径，该实验可以用来探究大气湍流对光束传输质量的影响。1992 年 12 月 9 日到 16 日，喷气推进实验室（Jet Propulsion Laboratory，JPL）进行了伽利略光学实验（Galileo OPtical EXperiment，GOPEX），该实验由安装在加利福尼亚州和新墨西哥州的两个光学地面站（Optical Ground Station，OGS）发射脉冲激光信号到深空飞行器（伽利略探测器）上的立体成像相机，作为光信号的接收机，以演示深空激光通信链路的运行情况。该实验结果表明：大气湍流会导致上行链路波束失真。到了 1995 年，在地面/轨道激光通信演示（Ground/Orbiter Lasercom Demonstration，GOLD）中使用氩离子激光器演示了世界上首个地面-空间双向光通信链路，并在 GOLD 演示中对多个上行链路波束的理论和实验数据进行了比较。此外，欧洲航天局（European Space Agency，ESA）在两颗卫星 SPOT-4 和 ARTEMIS 之间进行了世界上首次星间激光通信试验并获得成功，传输速率为 50 Mb/s，并且还建造了一个 OGS 和可在太空中进行半导体星间链路实验（Semiconductor Inter-satellite Link EXperiment，SILEX）的终端。后来，在 2005 年日本的 KIRARI 卫星（官方称为光学轨道间通信工程试验卫星（Optical Inter-orbit Communications Engineering Test Satellite，OICETS））和 ESA 的 ARTEMIS 之间成功实现了双向光链路。2008 年，在相距 5500 km 时速 25 000 km 的两颗 LEO 轨道卫星 Terra SAR-X 和 NFIRE 之间建立了一条光通信链路，并以 5.5 Gb/s 的数据传输速率实现了双向通信。

在其他军事实验室和航空航天实验室也完成了多个实验，这些实验室演示了地面-卫星、卫星-卫星和卫星-地面的光通信链路，例如：① 机载飞行试验系统（Airborne Flight Test System，AFTS）——在新墨西哥州，建立飞机和地面站之间的链路；② 激光交叉链路系统（Laser Cross Link System，LCLS）——建立地球同步系统的全双工空间-空间链路；③ 光通信演示机（Optical Communication Demonstrator，OCD）——用于演示卫星-地面的高速数据传输的实验；④ 平流层光学有效载荷实验 STROPEX（CAPANINA 项目）——建立从机载站到可传输光学地面站的高比特率下行光通信链路；⑤ 火星激光通信演示（Mars Laser Communications Demonstration，MLCD）系统——在地球和火星之间建立高达 10 Mb/s 数据传输速率的光通信链路；⑥ 机载激光光学链路演示器（其法语缩写为 LOLA）——首次演示了在高空飞机和 GEO 卫星（ARTEMIS）之间的双向光通信链路。2017 年，美国宇航局进行了激光通信中继演示（Laser Communication Relay Demonstration，LCRD），演示了地球同步轨道卫星与地面接收站的高速双向通信，并利用 GEO 卫星实现了地面两个接收站之间的激光中继通信。

本章将对空间 FSO 通信进行全面介绍，重点介绍地面-卫星光通信链路、卫星-地面光通信链路和星间光通信链路。在研究空间 FSO 通信时，需考虑激光上行链路与下行链路或星间链路所涉及问题的不同。其原因有两方面：一方面，由于激光从地面-卫星的上行链路进行通信时，光束会先经历大气，再经历非大气路径到达接收端，因而激光从地面-卫星的上行链路进行通信时的主要挑战为大气折射率的时空变化将导致光束失真和光束与接收端之间未对准；另一方面，当激光从卫星-地面的下行链路通信时，会导致光束几何扩散（主要由束散角损耗引起）和较小的扩散（由大气湍流或光束转向变化引起），但是当光束通过非大气路径到达距离地球表面约 30 km 时，大气湍流对下行链路传播的影响一般非常小，因而激光从卫星-地面的下行链路进行通信时的主要挑战为光束的几何扩散。此外，对于星间链路，其主要挑战是激光束的对准问题或收发机的移动性问题。因此，为了使光束稳定地到达接收机，需要一个非常精准的 ATP 系统。与此同时，本章还将介绍空间光通信链路面临的各种挑战及其缓解技术。

5.1.2 FSO 通信较 RF 通信的优势

与传统空间通信系统采用 RF 技术相比，FSO 技术有许多优点。FSO 通信和 RF 通信之间的主要区别在于两者的波长相差很大。对于 FSO 通信，在晴朗的天气条件下（能见度大于 10 英里），其大气传输窗口位于 $700\sim1600$ nm 之间的近红外波长范围内，而 RF 系统的传输窗口介于 30 mm 到 3 m 之间。可以看出，RF 通信波长比 FSO 通信波长大数千倍。正是由于这种高波长比，导致两个系统之间存在一些差异性。FSO 通信的优势如下：

（1）高带宽。众所周知，通信系统的信息承载能力随载频的增加而增加。在 RF 和微波通信系统中，允许带宽为载频的 20%（$\approx10^9$ Hz）。而在 FSO 通信中，允许带宽为载频的 1%（$\approx10^{14}$ Hz），允许带宽为 100 THz。因此，这使得 FSO 载波的可用带宽以 THz 为单位，并且大约是传统 RF 载波的 10^5 倍。

（2）功率和质量要求低。由于束散角与 λ/D_R 成正比，其中 λ 是载波波长，D_R 是接收机的孔径，因而 FSO 载波的束散角要比 RF 载波的束散角窄。因此，在同样发射功率的条件下，从 FSO 通信中获得的接收机信号强度要比在 RF 中的大。图 5-2 所示为从火星传回地球时 FSO 信号和 RF 信号束散角的对比。为实现较小的 FSO 载波波长，需设计出比 RF 系统更小的天线系统，以实现相同的增益（天线增益与工作波长的平方成反比）。例如，FSO 系统天线的典型尺寸为 0.3 m，而 RF 航天器天线的典型尺寸为 1.5 m。表 5.1 给出了 FSO 和 RF 通信系统之间功率和质量的比较。

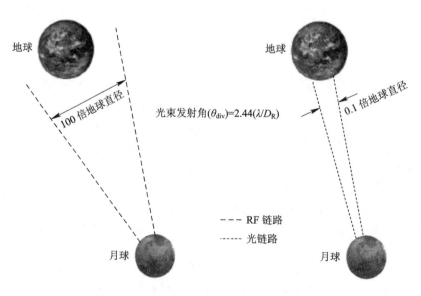

图 5-2　从火星传回地球时 FSO 信号和 RF 信号束散角的对比

表 5.1 使用光通信和 RF 通信系统的 GEO 和 LEO 链路功率和质量的比较

链 路	FSO		RF	
GEO-LEO				
天线直径	10.2 cm	(1.0)	2.2 m	(21.6)
质量	65.3 kg	(1.0)	152.8 kg	(2.3)
功率	93.8 W	(1.0)	213.9 W	(2.3)
GEO-GEO				
天线直径	13.5 m	(1.0)	2.1 m	(15.6)
质量	84.6 kg	(1.0)	145.8 kg	(1.7)
功率	124.2 W	(1.0)	204.2 W	(1.6)
LEO-LEO				
天线直径	3.6 cm	(1.0)	0.8 m	(22.2)
质量	23.0 kg	(1.0)	55.6 kg	(2.4)
功率	33.1 W	(1.0)	77.8 W	(2.3)

注：括号内的归一化值为光学参数。

（3）高定向性。天线的定向性与其增益密切相关。FSO 载波相对于 RF 载波的优势可以从天线增益的比值中看出，如下式：

$$\frac{\text{Gain}_{(\text{FSO})}}{\text{Gain}_{(\text{RF})}} \approx \frac{4\pi/\theta_{\text{div(FSO)}}^2}{4\pi/\theta_{\text{div(RF)}}^2} \tag{5.1}$$

式中：$\text{Gain}_{(\text{FSO})}$ 和 $\text{Gain}_{(\text{RF})}$ 分别为 FSO 载波和 RF 载波的天线增益；$\theta_{\text{div(optical)}}$ 和 $\theta_{\text{div(RF)}}$ 分别为 FSO 的束散角和 RF 的束散角。由于 FSO 波长非常小，因此 FSO 可获得非常高的定向性以改善增益。

（4）无须频谱许可。在 RF 系统中，来自相邻载波的干扰是频谱拥塞的主要问题，这需要监管机构对频谱进行许可。在 FSO 系统中，频谱许可至今都是可以免费使用的，这就降低了初始成本和研究开发的时间。

（5）安全性高。由于 FSO 激光束具有很强的定向性和较窄的束散角，因此使用频谱分析仪或 RF 测量仪是无法检测到 FSO 通信信号的。此外，任何形式和方法对 FSO 通信信号拦截都是非常困难的。并且 FSO 信号与 RF 信号不同，FSO 信号不能穿透墙壁进行传输，因此其可以防止窃听。

FSO 通信除了上述优势外，还具有以下优势：① 易于扩展和减少网段的大小；② 设备重量轻、体积小；③ 部署简单快速；④ 能够在不能使用光纤电缆的地方使用。

然而，FSO 通信系统虽然具有许多优势，但相对于 RF 通信系统，还是存在一些缺点：其一，FSO 通信系统激光的定向性虽然很好，但是波束还是会随距离的增加而慢慢变宽，因此需要使用精确的 ATP 系统；其二，FSO 通信传输质量除了受天气影响大外，太阳相对于激光发射机和接收机位置也会对 FSO 通信传输质量产生影响，因为在特定的传输线路中，当太阳光的背景辐射增加时，会导致 FSO 通信系统的性能变差。

5.1.3 FSO 通信系统波长选择

FSO 通信系统波长是影响系统链路性能和检测器灵敏度的一个非常重要的设计参数。

由于天线增益与工作波长成反比，因此 FSO 链路在较低的波长下工作更有利。但是，较高的波长可提供更好的链路质量和较低的信号衰减（由未对准引起），因此在 FSO 链路的设计中，对工作波长进行优化，有助于实现更好的性能。波长的选择在很大程度上取决于大气效应、衰减和背景噪声功率等因素。此外，在 FSO 设计过程中，发射机和接收机组件的可用性、人眼的安全规则和成本对波长的选择也有重要的影响。表 5.2 总结了在实际运用中各空间无线光系统所使用的波长。

国际照明委员会将光辐射分为三类，即 IR-A(700～1400 nm)、IR-B(1400～3000 nm) 和 IR-C(3000 nm～1 mm)。它们可以细分为以下几种：

(1) 近红外（NIR）：是一种低衰减窗口，波长范围为 750～1450 nm，主要用在光纤中。

(2) 短波长红外（SIR）：波长范围为 1400～3000 nm，其中 1530～1560 nm 为长距离通信的主要光谱范围。

(3) 中波长红外（MIR）：波长范围为 3000～8000 nm，主要用在导弹制导的军事应用中。

(4) 长波长红外（LIR）：波长范围为 8000 nm～15 μm，主要用在红外热成像中。

(5) 远红外（FIR）：波长范围为 15 μm～1 mm，主要用在医疗保健方面。

市场上，几乎所有的商用 FSO 通信系统波长均在 NIR 和 SIR 的波长范围内，因为这些波长除了可以用于 FSO 系统中，也可用于光纤通信系统中，因而构建通信系统的相关器件易于获得。

对于空间无线光通信的应用，其工作波长的选择取决于接收机的灵敏度和由地球表面热变化引起的对准偏差。一般来说，首选较长的工作波长，因为它们会减少太阳背景光的影响和地球表面太阳光的散射。目前，研究者正在研发用于空间无线光通信的激光器的波长范围为 500～2000 nm。

表 5.2　用于实际 FSO 通信系统的波长

任务	激光器	波长/nm	其它参数	应用
半导体星间链路实验（Semiconductor Inter-satellite Link EXperiment，SILEX）	AlGaAs 激光二极管	830	发射功率为 60 mW，望远镜孔径为25 cm，传输速率为50 Mb/s，散度为 6 μrad，直接检测	星间光通信链路
地面/轨道激光通信演示（Ground/Orbiter Lasercomm Demonstration，GOLD）	氩离子激光器/GaAs 激光器	上行链路：514.5 下行链路：830	发射功率为 13 W，发射机望远镜孔径为 0.6 m，接收机望远镜孔径为 1.2 m，传输速率为1.024 Mb/s，散度为 20 μrad	地面-卫星光通信链路
Aurora 射频光学系统（Radio frequency Optical System for Aurora，ROSA）	二极管泵浦 Nd：YVn4 激光器	1064	发射功率为 6 W，发射机望远镜孔径为 0.135 m，接收机望远镜孔径为 10 m，传输速率为 320 kb/s	深空任务

任　务	激光器	波长/nm	其它参数	应　用
深空光链路通信实验（Deep space Optical Link Communications Experiment，DOLCE）	主振荡器功率放大器（Master Oscillator Power Amplifier，MOPA）	1058	发射功率为 1 W，传输速率为 10～20 Mb/s	星间/深空任务
火星轨道器激光高度计（Mars Orbiter Laser Altimeter，MOLA）	Q 开关二极管泵浦 Cr：Nd：YAG	1064	发射功率为 32.4 W，散度为 420 μrad，脉冲速率为 10 Hz，传输速率为 618 b/s，接收机的 FOV 为 850 μrad	测高仪
通用原子航空系统公司（General Atomics Aeronautical Systems Inc.，GA-ASI）	Nd：YAG	1064	传输速率为 2.6 Gb/s	遥控飞机（Remotely Piloted Aircraft，RPA）到 LEO
"牵牛星"无人机到地面激光通信演示	激光二极管	1550	发射功率为 200 mW，传输速率为 2.5 Gb/s，抖动误差为 19.5μrad，上行链路望远镜孔径为 10 cm，下行链路望远镜孔径为 1 m	UAV 到地面光通信链路
"火星极地登陆者"号检测器	AlGaAs 激光二极管	880	在 100 nsec 脉冲中能量为 400 nJ，传输带宽为 2.5 kHz，传输速率为 128 kb/s	光谱学
云气溶胶激光雷达和红外探路者卫星观测（Cloud-Aerosol Lidar and Infrared Pathfinder Satellite Observation，CALIPSO）	Nd：YAG	532/1064	能量为 115 mJ，传输带宽为 20 Hz，脉冲为 24 ns	测高仪
Kirari 和 Oberpfaffenhofen 的光学下行链路（KIrari's Optical Downlink to Oberpfaffenhofen，KIODO）	AlGaAs 激光二极管	847/810	传输速率为 50 Mb/s，发射机望远镜孔径为 40 cm，接收机望远镜孔径为 4 m，散度为 5 μrad	卫星-地面下行光通信链路
机载激光器光链路激光高度计 LOLA	Lumics 光纤激光二极管	800	发射功率为 300 mW，传输速率为 50 Mb/s	飞机和 GEO 卫星光通信链路

任　务	激光器	波长/nm	其它参数	应　用
对流层辐射光谱仪（Tropospheric Emission Spectrometer，TES）	Nd：YAG	1064	发射功率为 360 W，望远镜孔径为 5 cm，传输速率为 6.2 Mb/s	干涉量度分析法
伽利略光学实验（GOPEX）	Nd：YAG	532	能量为 250 mJ，脉冲宽度为 12 ns，散度为110 μrad，主发射机望远镜孔径为 0.6 m，次发射机望远镜孔径为 0.2 m，12.19 nm×12.19 mm 电荷耦合器件（Charge Coupled Device，CCD）阵列变换器	深空任务
工程测试卫星 VI（Engineering Test Satellite VI，ETS-VI）	AlGaAs 激光二极管（下行链路）、氩离子激光器（上行链路）	上行链路：510 下行链路：830	发射功率为 13.8 mW，双向链路传输速率为1.024 Mb/s，直接检测，航天器望远镜孔径为 7.5 cm，地面站望远镜孔径为1.5 m	双向地面-卫星光通信链路
光学轨道间通信工程试验卫星（Optical Inter-orbit Communications Engineering Test Satellite，OICETS）	激光二极管	819	发射功率为 200 mW，传输速率为 2.048 Mb/s，直接检测，望远镜孔径为 25 cm	双向轨道间光通信链路
空间固体激光通信（Solid State Laser Communications in Space，SOLACOS）	二极管泵浦 Nd：YAG	1064	发射功率为 1 W，反向信道为 650 Mb/s；前向信道为 10 Mb/s；望远镜孔径为 15 cm，相干接收	GEO-GEO 链路
短距离光学星间链路（Short Range Optical Inter-satellite Link，SR-OIL）	二极管泵浦 Nd：YAG	1064	发射功率 40 W，传输速率为 1.2 Gb/s，望远镜孔径大小为 4 cm，零差 BPSK 检测	星间光通信链路
火星激光通信演示（Mars Laser Communications Demonstration，MLCD）	光纤激光器	1064/1076	发射功率为 5 W，传输速率为 1～30 Mb/s，发射机望远镜孔径为 30 m，接收机望远镜孔径为 5 m 和 1.6 m，编码方式为 64-PPM	深空任务

　　考虑到某些激光器波长在 400～1500 nm 时可能会对人的眼睛有潜在的危害或损伤到人眼的视网膜，FSO 通信的波长必须选择在对人体安全的范围内，不能伤害到人的眼睛和皮肤。根据国际电工委员会(International Electrotechanical Commission，IEC)的规定，将激光器按照功率和可能存在的危险，分为 4 级，从 1 级到 4 级。大多数的 FSO 系统使用 1 级和 1M 级激光器。对于相同的安全等级，与工作在较短波长(如 750 nm 或 850 nm)的系统相比，工作在 1500 nm 的 FSO 系统可以传输其 10 倍以上的光功率。同时，对于人眼的安全问题来说，波长为 1550 nm 的激光器不会对人的眼睛构成伤害。在最大暴露允许值(Maximum Possible Exposure，MPE)中规定了一个特定的激光器功率标准，在该范围内人可以暴露在激光下而不会对眼睛或皮肤造成任何伤害。

5.1.4　相关研究进展

　　虽然在以往的文献中对 FSO 通信进行了研究，但是这些研究大多以近地 FSO 通信链路为主，而对于空间无线光链路的研究较少。例如：在 Khalighi 和 Uysal 的一篇调查报告中，他们根据通信理论的角度阐述了 FSO 链路中会遇到的各种问题；介绍了近地 FSO 通信中不同类型的损耗，并详细介绍了 FSO 收发器、信道编码、调制和减轻大气湍流衰落影响的方法。Bloom 等人阐述了影响近地 FSO 链路性能的各方面原因——大气衰减、闪烁、对准或建筑物晃动、太阳光干扰和视线障碍等。而 Ghassemlooy、Popoola、Henniger 和 Wilfert 发表了一篇关于近地 FSO 通信的介绍性论文，该论文概述了在 FSO 通信设计中所面临的各种挑战。但是随后的相关研究则关注于 FSO 通信应用，例如 Demers 等人侧重于研究下一代蜂窝网络的 FSO 通信。此外，对于空间无线光链路的研究，Hemmati 等人提出了深空光通信的要求及其未来前景。随后 Cesarone 等人介绍了深空光链路应用的各种发展趋势和关键技术，其中包括光通信的路线图，该路线图可满足深空光链路的未来需求和提高其性能优势。

　　本章将围绕空间无线光通信进行介绍，重点介绍该领域中所面临的挑战、现状和最新研究趋势，同时详细介绍地面-卫星/卫星-地面和星间光通信链路所面临的各种挑战，以及在物理层和其它层(数据链路层、网络层或传输层)上所使用的性能提升技术。由于目前大多数调查报告仅涉及物理层的缓解技术，因此本章不但会介绍物理层中的缓解技术，还会介绍其它层中的缓解技术。最后将介绍近年来研究者提出的一种新方法，即利用轨道角动量(OAM)来改善深空和近地光通信的质量。

5.2　空间无线光信道特性

　　地面-卫星和卫星-地面之间的 FSO 通信经常会受到大气湍流的影响。FSO 通信技术利用大气信道作为传播介质，该传播介质可视为时间、空间的随机函数，即 FSO 通信可被视为一种依赖于天气和地理位置的随机通信场景。各种不可预测的环境因素，如云、雪、雾、雨、霾等，都会造成光信号的强烈衰减和数据传输距离受限。对于星间 FSO 链路而言，也存在很多限制因素，包括对准、背景噪声和链路可靠性等。本节将主要介绍激光上行/下行 FSO 链路以及星间 FSO 链路所面临的各种挑战。

5.2.1　上行/下行 FSO 链路

地面-卫星和卫星-地面之间的 FSO 通信都需要采用大气信道作为传输媒介。在上行 FSO 链路中，由于光信号从地面终端发射出去后，其光束就开始经大气信道传播并逐渐地累积失真值，所以与下行链路相比，上行链路经历的损耗更大。在上行链路中干扰源接近发射机，光信号对应于球面波模型。在下行链路中干扰源接近接收机，光信号对应于平面波模型。光束在大气中传播时，会因各种不同因素的影响而造成功率损耗，系统设计工程师的职能就是仔细检查并完成系统设计要求，以应对随机变化的大气情况。随着高度的变化，大气的温度和气压也会不断变化，并且对光束的传播也具有不同影响。此外，随着海拔高度的变化，各种大气成分和气溶胶颗粒的浓度（在地球表面 1～2 km 处浓度达到最高）分布也在变化。因此，在给定天顶角和光束波长的上行链路中，大气的透射光谱在大气衰减非常高时会产生禁带。在系统设计工程师深入了解随机大气环境中光束的传播及其相关损耗的前提下，利用 MODTRAN 4.0（大气传输模型软件）模拟不同海拔、不同气溶胶分布等条件下大气透过率和背景光辐射的测量方法，有助于实现可靠的 FSO 通信。

1. 大气吸收与散射损耗

当激光束在大气中传播时，它可能会与大气中的各种气体分子、气溶胶粒子产生相互作用。大气信道中光强的损耗主要是由大气吸收和散射过程造成的，在可见光和红外波段中，主要的大气吸收物质是水分子、二氧化碳分子和臭氧分子。大气吸收是一个与光束波长有关的现象。表 5.3 给出了在天气晴朗情况下一些典型波长对应的分子吸收系数值。在 FSO 通信系统中，为了获得最小分子吸收系数值，会选择适宜的光束波长范围，这一波长范围又被称为大气传输窗口。在这个窗口中，各种分子或气溶胶吸收引起的衰减损耗小于 0.2 dB/km。光波在 700～1600 nm 范围内有几个传输窗口，其中大多数 FSO 系统都是在 780～850 nm 和 1520～1600 nm 的传输窗口内工作的。之所以选择这些波段，是因为在这一波段的光信号很容易被光检测器检测到。在 MORTRAN、LOWTRAN 和 HITRAN 等数据库中，通常可以得到不同天气条件下大气衰减相对于波长的依赖关系。此外，光的散射也是制约 FSO 系统性能的因素之一。

表 5.3　几种典型波长值的分子吸收系数值

波长/nm	分子吸收/(dB/km)
550	0.13
690	0.01
850	0.41
1550	0.01

与大气吸收一样，散射损耗也与波长密切相关。如果大气粒子的尺寸远小于光束波长，那么就会产生瑞利散射。这种散射对可见光或紫外波段（即 1 μm 以下的波长）范围内的 FSO 系统的影响非常显著，但在近红外波段的较长波长下，这种散射可以被忽略不计。有一些粒子如空气中分子、雾霭等就会引起瑞利散射。如果大气粒子尺寸与光束波长相当，那么就会产生米氏（Mie）散射。这种散射在近红外波段或更长波长范围内占主导地位。

大气中的气溶胶、雾和霾是造成米氏散射的主要原因。如果大气粒子尺寸远大于光束波长，如在降雨、降雪、冰雹等天气情况下，那么采用几何光学模型可以更好地描述散射情况。信道中总体的大气衰减用大气衰减系数 γ 来表示，它由光的大气吸收和散射损耗情况共同决定。因此，它可以被表示为 4 个独立参数之和：

$$\gamma = \alpha_m + \alpha_a + \beta_m + \beta_a \tag{5.2}$$

其中，α_m 和 α_a 分别是分子吸收和气溶胶吸收引起的衰减系数，β_m 和 β_a 分别是分子散射和气溶胶散射引起的衰减系数。在海平面以上不同高度的地面-卫星间，光信号传播具有不同的透射光谱。大气透过率在海拔较高地带会增加，因为此时大气中气溶胶的影响较弱。在给定天顶角 θ 时，大气透过率可被表示为

$$T_{atm}(\lambda) = \exp\left[-\sec\theta \int_0^H \gamma(\lambda, h)\mathrm{d}h\right] \tag{5.3}$$

其中，γ 是大气衰减系数，积分上限 H 和 h 均表示大气信道的垂直高度，λ 是工作波长。当工作波长为 1000 nm、天顶角为 0° 时可以观察到：当在海平面时大气透过率值为 0.85，当海拔高度为 3 km 时大气透过率值为 0.96，即海拔高度的增加对大气透过率是有所改善的。如表 5.4 所示，采用 MODTRAN 模拟了能见度为 5 km 时，位于东经 77° 的地球同步卫星和位于中国大陆地区中纬度的 5 个地面站之间的大气透过率。不同的雨滴尺寸和降雨速度也会影响 FSO 通信的散射效应。Achour 对于由霾、雾和低地云滴引起的散射衰减进行了模拟计算，验证得知大气液滴的大小及其分布对散射引起的 FSO 衰减起着至关重要的作用。

表 5.4　MODTRAN 模拟视距为 5 km 时不同波长的大气透过率

地面站	高度/m	水平角/(°)	透光率		
			800 nm	1060 nm	1550 nm
长春	211	21	0.15	0.25	0.43
昆明	1899	49	0.63	0.70	0.73
海南	20	45	0.34	0.48	0.60
乌鲁木齐	846	39	0.40	0.60	0.65
阿里	5022	57	0.91	0.93	0.92

下面介绍在 FSO 系统中引起大气吸收和散射损耗的各种因素。

1）雾

导致大气衰减的主要原因是雾，它不仅会导致大气吸收损耗还会导致光的散射损耗。在浓雾条件下，当能见度小于 50 m 时，衰减超过 350 dB/km。这一数据清晰地验证了雾会限制 FSO 链路的可靠性。在这种情况下，使用具有特殊防护技术的极高功率激光器有助于改善链路的可靠性。通常在链路经历严重衰减时，1550 nm 激光器会由于其较高的发射功率而成为系统的首选。由于雾可以垂直延伸到地表 400 m 以上的高度，因此有相关研究已比较了在不同工作波长下雾的衰减特性。根据米氏散射理论，由雾引起的衰减是可以被预测到的。然而，此方法涉及复杂的计算，并且需要雾的详细的参数信息。另一种方法是基于视距范围信息，利用常用的实验模型预测由雾引起的衰减，通常采用 550 nm 的波长作

为考察视距范围的参考波长。式(5.4)定义了由米氏散射常用实验模型给出的雾的衰减率：

$$\beta_{\text{fog}}(\lambda)=\frac{3.91}{V}\left(\frac{\lambda}{550}\right)^{-p} \tag{5.4}$$

其中，V 代表视距范围，单位为 km；λ 代表工作波长，单位为 nm；p 代表散射粒径分布系数。p 的值可以用 Kim 或 Kruse 模型来确定。

2）雨

雨对于光信号的影响并不像雾那么明显，因为雨滴的尺寸比用于 FSO 通信的光束波长大得多（约 $100\sim10\,000\ \mu m$）。当工作波长约为 850 nm 和 1500 nm 时，小雨（2.5 mm/h）至暴雨（25 mm/h）的衰减损耗范围为 $1\sim10$ dB/km。考虑到这个因素，采用混合 RF/FSO 系统可提高链路的可靠性，特别是对于工作频率在 10 GHz 及 10 GHz 以上的系统。这个问题将在后文中详细讨论。国际电信联盟-无线电通信部门（International Telecommunication Union-Radio，ITU-R）为 FSO 通信提出实证研究方法，对雨引起的信号衰减预测进行了建模。FSO 链路在雨天的衰减率 α_{rain} 表达式由下式给出：

$$\alpha_{\text{rain}}=k_1R^{k_2} \quad (\text{dB/km}) \tag{5.5}$$

其中，R 是降雨速度，单位为 mm/hr；k_1 和 k_2 是模型参数，分别取决于雨滴大小和雨温。此外，伴随着低空云的降雨会导致非常高的衰减。为了抑制低空云、暴雨时的巨大功率损耗，应采用高功率激光器，以获得足够且大于 30 dB 的光链路裕度，从而最大化 FSO 通信系统链路的可靠性。此外，高空平台（High Altitude Platform，HAP）互连光链路有助于解决不同地理位置云层造成的链路阻塞问题。在实际应用中，由于卫星和地面站之间的大气情况变化十分迅速，所以系统设计者更倾向于采用自适应编码和调制技术。

3）雪

雪粒的大小介于雾粒和雨粒之间。因此，降雪所造成信号衰减的严重程度一般大于降雨但小于降雾。在大雪期间，传播路径上的雪花密度增加或在玻璃窗上结了冰，都会导致传播路径上的激光信号受到阻碍。此时，降雪引起的衰减相当于衰减范围为 $30\sim350$ dB/km 内的雾，它会明显降低 FSO 系统的链路可靠性。降雪所引起的衰减分为干雪衰减和湿雪衰减。FSO 链路在降雪天气的衰减率 α_{snow} 表达式为

$$\alpha_{\text{snow}}=aS^b \quad (\text{dB/km}) \tag{5.6}$$

其中，S 是降雪速度，单位为 mm/hr；a 和 b 分别为干雪参数值和湿雪参数值，它们的取值分别为

$$\begin{cases} \text{干雪：} a=5.42\times10^{-5}+5.49, b=1.38 \\ \text{湿雪：} a=1.02\times10^{-4}+3.78, b=0.72 \end{cases} \tag{5.7}$$

2. 大气湍流

大气湍流是由于传播路径中大气温度与压力变化而引起的一种不规则随机运动。湍流中存在不同尺度和不同折射率的大气漩涡。这些漩涡就像棱镜或透镜一样，会对光束的传播产生干扰。由大气湍流引入的波前扰动可以通过柯尔莫哥洛夫（Kolmogorov）理论模型进行描述。根据湍流的尺度和发射光束的直径，可以确定以下三种大气湍流效应。

1）湍流引起的光束漂移

当湍流尺度远大于光束直径时，就会产生光束漂移。它会导致光束在其传播路径上发生随机偏转，使通信链路无法工作。光束漂移是上行 FSO 链路中存在的一个主要问题，因

为在上行链路中光束直径通常都是小于漩涡尺度的。有时，光束漂移甚至会导致光束偏转位移达几百米。光束漂移的位移均方根值表达式为

$$\sigma_{BW}^2 \approx 0.54(H-h_0)^2 \sec^2(\theta)\left(\frac{\lambda}{2W_0}\right)^2\left(\frac{2W_0}{r_0}\right)^{5/3} \tag{5.8}$$

其中，H 和 h_0 分别是卫星高度与发射机高度，r_0 是大气相干长度（又称 Fried 参数），λ 是工作波长，θ 是天顶角，W_0 是初始光束束宽大小。

2）湍流引起的束散角

若将光束的扩展也考虑到其中，当湍流尺度远小于光束直径时，入射光束将独立地进行衍射和散射，进而导致接收光信号的波前相位畸变。

3）湍流引起的光强闪烁

当湍流的尺度数量级与光束直径的数量级相当时，漩涡就会像透镜一样对入射光进行聚焦和散焦。但这会引起信号的能量重新分配，从而导致接收信号在时间和空间上呈现光强起伏。接收信号的这些光强起伏又被称为光强闪烁，它们是造成 FSO 系统性能下降的主要原因。大气湍流也会导致初始相干光束的空间相干性的退化。根据相关资料，平面波和球面波的相干度表达式为

$$\gamma = \exp\left[-\left(\frac{|\rho_1-\rho_2|}{\rho_0}\right)^{5/3}\right] \tag{5.9}$$

其中，ρ_0 是相位相干半径。当 $\rho>\rho_0$ 时，随机相位角大于 π，此时波前将失去空间相干性。大气湍流也会导致光的退偏振效应和光脉冲的时间延展。解偏振光会使信号平均功率显著降低。在大气湍流中传输光束偏振角的均方根变化大约为 10^{-9} rad/km，并随传输距离的增加而线性增长。当光束在大气湍流中传播时，由于存在多路径传输情况，所以光束会产生时间延展。它严重限制了光传输链路可达到的带宽和数据速率（相对于上行链路而言）。在卫星-地面的光信号下行链路中，导致信号质量下降的主要原因是湍流引起的束散角、光强闪烁以及波前空间相干性的退化。大气闪烁可以通过闪烁指数（归一化光强起伏方差）来测量，闪烁指数 σ_I^2 的表达式为

$$\sigma_I^2 = \frac{\langle I^2\rangle-\langle I\rangle^2}{\langle I\rangle^2} = \frac{\langle I^2\rangle}{\langle I\rangle^2}-1 \tag{5.10}$$

其中，I 是检测器平面上某个点的光强（强度），尖括号表示一个统计平均。闪烁指数又可以表示为对数强度方差 σ_x^2：

$$\sigma_I^2 \approx 4\sigma_x^2,\ \sigma_x^2 \ll 1 \tag{5.11}$$

闪烁指数是大气折射率结构参数 C_n^2 的函数，此参数决定了大气中湍流的强度，并且会随着时间、地理位置、高度的变化而变化。在近地水平链路中，C_n^2 的取值近似为常数，弱湍流条件下它的取值为 10^{-17} m$^{-3/2}$，强湍流条件下它的取值可以达到甚至高于 10^{-13} m$^{-3/2}$。不同于水平链路中 C_n^2 可以被假定为常数，在垂直链路中它的取值是随高度 h 变化而变化的。随着高度的升高，大气湍流强度也随之减弱，其中 C_n^2 与 $h^{-4/3}$ 成正比关系下降。因此对垂直链路而言，C_n^2 值必须在从海平面以上接收机的位置到大气顶部（大约 40 km）这一完整传播路径上进行积分。正因如此，地面-卫星（上行链路）与卫星-地面（下行链路）之间的大气湍流影响是不同的。已有一些研究人员根据不同地理位置、一天内的不同时间、风速、

地形地貌等因素进行了相关的实验，并得到了测量数据，从而提出了多种 C_n^2 的实验模型来分析估算湍流强度。在表 5.5 中可以看到一些常用的实验模型。

表 5.5 C_n^2 的湍流模型

实验模型	距 离	结 论
PAMELA 模型	长（几十千米）	(1) 不同地形和天气的稳健模型； (2) 对风速敏感； (3) 在海上、海外环境表现欠佳
NSLOT 模型	长（几十千米）	(1) 非常精确的海洋传播模型； (2) 具有逆温现象，即 $(T_{air}-T_{sur}>0)$ 是不确定的
Fired 模型	短（几米）	适用于弱、中等、强湍流场景
Hufnagel 和 Stanley 模型	长（几十千米）	(1) C_n^2 正比于 h^{-1}； (2) 不适用于环境情况多变的场景
Hufnagel Valley 模型	长（几十千米）	(1) 最受欢迎的模型，因为它可以通过改变风速、等平面角和高度等不同的场地参数，来改变昼夜廓线； (2) 最适合大地-卫星上行光通信链路； (3) HV 5/7 通常用于描述白天的 C_n^2。当工作波长为 0.5 μm 时，HV 5/7 的相干长度为 5 cm，等晕角为 7 μrad
Gurvich 模型	长（几十千米）	(1) 适用于所有的湍流区（从弱、中等到强湍流）； (2) C_n^2 取决于高度 h，遵循幂率定律 $C_n^2 \propto h^{-n}$，其中 n 可以为 4/3、2/3 或 0，分别对应于不稳定、中性或稳定这三种大气湍流情况
Von Karman-Tatarsik 模型	中等（几千米）	(1) 充分利用光束的相位扰动评估湍流的内部、外部规模； (2) 对于温差变化敏感
Greenwood 模型	长（几十千米）	山顶天文影像的夜间湍流模型
水下激光通信（Submarine Laser Communication，SLC）模型	长（几十千米）	(1) 非常适用于内陆地区的日间湍流强度； (2) 为夏威夷毛伊岛的 AMOS 天文台开发
Clear 1	长（几十千米）	(1) 非常适合于夜间湍流强度； (2) 从大量气象条件获得无线电探空观测数据的平均值和统计插值
高层大气物理学实验室模型（Aeronomy Laboratory Mosel，ALM）	长（几十千米）	(1) 与雷达测量结果吻合良好； (2) 基于 Tatarski 的关联提出的模型，对无线电探空数据的处理良好
AFRL 无线电探空仪模型	长（几十千米）	(1) 与高层大气物理学实验室模型类似，但是构造更简单，结果更准确，因为对流层和平流层采用了两个不同的模型； (2) 由于热感探测仪的太阳能加热白天的测量结果可能并不准确

在垂直链路中使用最广泛的模型是 HVB(Hufnagel Valley Boundary)模型，在这种模型下 C_n^2 的表达式为

$$C_n^2(h) = 0.00594\left[\left(\frac{V}{27}\right)^2 (10^{-5}h)^{10}\exp\left(-\frac{h}{1000}\right) + \right.$$

$$\left. 2.7\times10^{-16}\exp\left(-\frac{h}{1500}\right) + A\exp\left(-\frac{h}{100}\right)\right]m^{-2/3} \qquad (5.12)$$

其中，V^2 是风速的均方值，单位为 m/s；h 是海拔高度，单位为 m；A 是一个可以根据不同场地条件调整的参数。参数 A 的表达式为

$$A = 1.29\times10^{-12}r_0^{-5/3}\lambda^2 - 1.61\times10^{-13}\theta_0^{-5/3}\lambda^2 + 3.89\times10^{-15} \qquad (5.13)$$

式中，θ_0 是等晕角(大气湍流中基本不变的角距离)，r_0 是大气相干长度。大气相干长度是一个非常重要的大气参数，它取决于工作波长、C_n^2 和天顶角 θ。平面波(下行链路)在大气中从海拔为 h_0 处传输到达 (h_0+L) 处，它的大气相干长度为

$$r_0 = \left[0.423k^2\sec(\theta)\int_{h_0}^{h_0+L}C_n^2(h)\mathrm{d}h\right]^{-3/5} \qquad (5.14)$$

对于球面波(上行链路)，它又可以被表示为

$$r_0 = \left[0.423k^2\sec(\theta)\int_{h_0}^{h_0+L}C_n^2(h)\left\{\frac{L+h_0-h}{L}\right\}^{5/3}\mathrm{d}h\right]^{-3/5} \qquad (5.15)$$

从上述表达式可以清楚地看出，r_0 随 $\lambda^{6/5}$ 的变化而变化，因此，湍流对于较高工作波长下的 FSO 链路的影响小于在较低工作波长下的 FSO 链路。对于上行链路而言，如果发射光束尺寸 W_0 约等于 r_0，就会产生明显的光束漂移。对于下行链路，随着 r_0 的数值下降，到达角起伏现象也会有所增加。在弱湍流情况下，平面波的闪烁指数可以使用折射率结构参数 C_n^2 来表示，表达式为

$$\sigma_I^2 = \sigma_R^2 \approx 2.24k^{7/6}(\sec(\theta))^{11/6}\int_{h_0}^{h_0+L}C_n^2(h)h^{5/6}\mathrm{d}h \qquad (5.16)$$

其中，k 是波数 $(2\pi/\lambda)$，σ_R^2 是 Rytov 方差，L 是链路距离。此外，弱起伏理论并不适用于天顶角较大和工作波长较短的情况。但在这一情况下，弱起伏理论可适用于测量中等湍流到强湍流下的闪烁指数，其表达式为

$$\sigma_I^2 = \exp\left[\frac{0.49\sigma_R^2}{(1+1.11\sigma_R^{12/5})^{7/6}} + \frac{0.51\sigma_R^2}{(1+0.69\sigma_R^{1/5})^{7/6}}\right] - 1 \qquad (5.17)$$

在弱湍流情景下，即 $\sigma_I^2 < 1$ 时，采用光场的对数正态分布即可计算光强度统计值。在强湍流情景下，即 $\sigma_I^2 \geqslant 1$ 时，光场幅度服从瑞利分布，这意味着此时光强度的指数统计值为负数。除了这两种模型以外，也可以采用其它参考模型来描述强湍流区域(K 模型)或其它区域(I-K 模型、M 模型、Gamma-Gamma 模型)的闪烁统计量。另一种适用于所有大气湍流情况的 K 分布广义形式是 I-K 分布，但 I-K 分布很难用闭合形式表达。同样，对数正态分布是一种在强、弱湍流下都能采用的广义分布。它适用于在大气湍流中传播的服从对数正态调制因子的 Rice-Nakagami 统计分布的光场，但它的完整数值计算方法却有一些烦琐。在这种情况下，采用 Gamma-Gamma 分布可以成功地描述在弱到强湍流下的闪烁统计量。在该模型中，归一化光强 I 被定义为两个独立随机变量的乘积，即 $I = I_X I_Y$，其中 I_X 和 I_Y 分别代表大尺度湍流和小尺度湍流，它们各自都服从独立的 Gamma 分布。这进一步形成了 I 的 Gamma-Gamma 分布，它的概率密度函数表达式为

$$f_I(I) = \frac{2(\alpha\beta)^{(\alpha+\beta)/2}}{\Gamma(\alpha)\Gamma(\beta)} I^{((\alpha+\beta)/2)-1} \times K_{\alpha-\beta}(2\sqrt{\alpha\beta I}) , \ I > 0 \qquad (5.18)$$

其中 $K_a(\cdot)$ 是 a 阶第二类修正贝塞尔函数，则 $K_{\alpha-\beta}(\cdot)$ 是 $\alpha-\beta$ 阶第二类修正贝塞尔函数，参数 α 和 β 是散射环境中小尺度和大尺度湍涡的有效值。该模型的闪烁指数定义为

$$\sigma_I^2 = \frac{E[I^2]}{(E[I])^2} - 1 = \frac{1}{\alpha} + \frac{1}{\beta} + \frac{1}{\alpha\beta} \qquad (5.19)$$

　　M 分布是一个通用的统计模型，它统一了现有的几种用于大气湍流的分布模型。通过采用统一的 M 分布模型，可以生成对数正态分布、K 分布、Gamma-Gamma 分布、负指数分布等多种分布模型。尽管 Gamma-Gamma 分布已广泛地用于研究 FSO 系统的性能，但最近在 Chatzidiamantis 等人的一项研究中，提出这一观点：Double-Weibull 分布比 Gamma-Gamma 分布更能精确地描述大气湍流模型，尤其是在中、强湍流情况下。与 Gamma-Gamma 分布模型相似，该分布模型基于双重随机闪烁理论，认为光强起伏是 Weibull 分布的小尺度和大尺度大气起伏的乘积。近期提出了一种新的湍流模型——双重广义 Gamma(Double Generalized Gamma，Double GG)分布，它适用于所有湍流区，并且涵盖了几乎所有现存的光强起伏统计模型。虽然对于一个点接收机而言，Gamma-Gamma 分布模型在所有湍流环境下都是有效的，但当使用孔径平均技术时，它并不能准确地模拟光强统计值。因此，可以采用指数 Weibull(Exponentiated Weibull，EW)分布，用于模拟在孔径平均情况下的光强起伏。已有相关文献验证了在所有湍流条件下的完全相干光和部分相干光在采用孔径平均技术时，EW 分布都是有效的，并且在各个湍流区采用 EW 分布的 non-Kolmogorov 湍流信道上的平均信道容量。

3. 几何损耗

　　当光束在大气中传播时，接收孔径附近的衍射会引起光束发散，使得发射光束范围内某些区域的接收机无法收集到光束，由此造成光束的几何损耗。这种损耗会随着链路长度的增加而增加，除非增加接收机收集孔径或采用接收分集技术。一般情况下，具有较窄束散角的光源更适宜长链路传输。但是如果收发机之间存在轻微的偏差，则窄束散角会导致链路断开连接。因此，选取适当的束散角有助于减少主动跟踪和对准系统的要求，同时减少几何损耗。束散角是地面-卫星上行 FSO 链路的一个非常关键的设计参数，必须足够宽，才能够以高概率使信号到达卫星，同时还需要确保对发射功率的需求在系统可提供范围内。此外，下行链路束散角将决定通信链路的高度控制要求和总体吞吐量。

4. 背景光噪声

　　背景噪声的主要来源于：① 大气中的背景噪声；② 来自太阳和其它恒星(点)物体的背景噪声；③ 接收机收集到的散射光。通过限制接收机的光学带宽，可以抑制背景噪声的影响，例如带宽非常窄(大约为 0.05 nm)的光滤波器就可用于抑制背景噪声。但是在选择窄带光滤波器时，需要考虑信号的到达角、激光的多普勒频移线宽和不同的时间分布模型等设计因素。另外，在通信系统中还会存在其它的噪声源，如检测器暗噪声、信号散粒噪声和热噪声。系统总噪声为背景噪声和其它噪声源的噪声之和。来自太阳、月球或其它发光物体的光会产生散粒噪声，并且它会与检测器噪声互相干扰。检测器噪声和背景噪声共

同构成接收机的总噪声，并导致噪声闪烁和干扰。此外，大量的散射体和杂散的背景噪声会导致检测器和传感器的饱和甚至损坏。为了尽量减少来自背景光源的噪声，FSO 通信系统可以考虑在更高的波长下工作。太阳辐射光谱范围为 300～2000 nm，其峰值在 500 nm 左右，之后峰值随着波长的增加而逐渐降低。需要指出的是，天空背景辐射在白天和夜间都存在，其辐射度由接收机的视线日照角度、接收机的高度、分子和气溶胶浓度以及云层密度所共同决定。接收机可以收集到的天空辐射功率为

$$P_{sky} = S(\lambda, \theta, \varphi)\frac{\pi D_R^2 \Omega \Delta \lambda}{4} \tag{5.20}$$

其中，S 是大气层中所有散射源的总和，D_R 是接收机的直径，Ω 是接收机测量的辐射源立体角（以球面度为单位），$\Delta \lambda$ 是窄带通滤波器的带宽。当接收系统相对于太阳的角距离在 30°以内时，天空辐射主要取决于气溶胶的散射能力。随着同太阳之间角距的增加，分子散射造成的影响（瑞利散射）变得更为显著，即天空背景光的辐射强度在很大程度上取决于由太阳、地球和接收机的几何位置所确定的相位角。

5. 对准误差

在 FSO 通信系统中所使用的光束具有方向性强、束散角小等特点，而且接收机具有窄的 FOV。因此，为了建立 FSO 通信链路，需要在发射机和接收机之间保持恒定的 LOS 连接，微小的角度偏离就会导致 FSO 通信链路中断，因此在整个通信过程中需要保证发射机和接收机之间精确的对准和捕获。

对准误差可能是由于卫星振动、平台抖动或电子、机械设备中存在的各种压力造成的。此外，大气湍流引起的光束漂移效应会使光束偏离原来的传输路径，从而也会产生对准误差。无论是哪种情况，对准误差都将增加链路发生故障的概率，或导致接收端接收到的功率大幅降低，这些将使误码率提高。为了使对准精度达到亚微弧度，必须采取适当的措施消除装置振动，并保证充足的可用带宽，以降低抖动造成的影响。对准误差可由仰角和方位角进行统计描述。径向偏角方差与仰角 θ_V 和方位角 θ_H 之间的关系可表示为 $\theta = \sqrt{\theta_H^2 + \theta_V^2}$。在以下分析中，假设仰角和方位角的标准差相等（$\sigma_H = \sigma_V = \sigma$），且两者都是零均值、独立同分布的，则径向偏角方差可被建模为 Rician 分布函数：

$$f(\theta, \phi) = \frac{\theta}{\sigma^2}\exp\left(-\frac{\theta^2 + \phi^2}{2\sigma^2}\right)I_0\left(\frac{\theta\phi}{\sigma^2}\right) \tag{5.21}$$

其中，I_0 是修正的零阶 Bessel 函数，ϕ 是偏离中心的误差角。当 ϕ 的值为零时，由上式可推导出 θ 的 Rayleigh 分布函数：

$$f(\theta) = \frac{\theta}{\sigma^2}\exp\left(-\frac{\theta^2}{2\sigma^2}\right) \tag{5.22}$$

总对准误差 σ_p 是跟踪误差 σ_{track} 和提前指向误差 σ_{pa} 之和，即 $\sigma_p = \sigma_{track} + \sigma_{pa}$。跟踪误差主要由跟踪传感器产生的噪声或卫星机械振动引起。如果根据提前指向角（Point Ahead Angle, PAA）计算得到的时间小于信号从卫星传输至地面后再返程所需的时间，就会产生提前指向误差。提前指向误差一般由星历表数据的误差、提前指向传感器的误差、校准误差或波形变形等原因造成。此外，由于光束存在固有展宽，因此在可见光波段中对准误差造成的损失更为严重，而随着光波波长的增加，相应的损失将减小。对准误差对 FSO 系统

的 BER 性能有着重要影响。图 5-3 说明了存在随机抖动时 FSO 系统的 BER 性能。

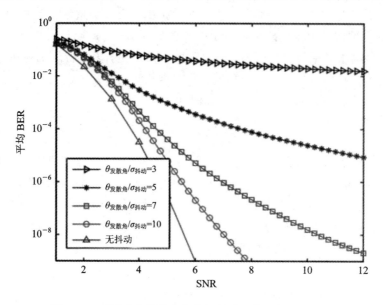

图 5-3　不同光束发散角与随机抖动比值下的 BER 和 SNR

6. 云遮挡

积云会不时地对信号产生干扰，或完全阻断地面-卫星、卫星-地面之间光信号的传输，从而导致 LOS 通信失效。根据地理位置和季节的不同，积云间歇性的阻塞可能持续几秒到几个小时。如果星载系统是通过上行链路的信标信号实现跟踪和对准的，那么阻塞会导致下行链路的信号偏离。积云在距地面 600 m 到 8000 m 的高空可以单个出现，也可以成群出现，会导致空间光通信链路产生高达数十分贝的严重衰减，因此必须采取有效措施来减少因云遮挡造成的信号损失。国际卫星云气候学项目（International Satellite Cloud Climatology Project，ISCCP）为各种地面站的光学站点提供记录天气条件的数据库。位于北卡罗来纳州阿什维尔的国家气候数据中心提供了美国境内 1000 多个站点的云覆盖、能见度和其它参数信息。该数据库可用于空间光网络（Optical Space Network，OSN）站点的选址，指导各种实时动态云行为模型的建立。这些模型可为任何一个站点提供无云视线传输（Cloud-Free Line Of Sight，CFLOS）或无云弧（Cloud-Free ARC，CFARC）传输。为了实现无云视线传输，可将多个地面站放置在低云区，并使其相互间隔 350 km 以上，以保证无云视线传输之间相互独立。这些地面站的基础通信设施足以支撑全世界范围内的中继卫星通信。

7. 大气宁静度

与大气相干长度 r_0 紧密相关的光束扰动被称为大气宁静度效应。当 r_0 远小于接收机孔径 D_R 时，接收信号会变得模糊，该模糊程度也可称为大气宁静度，用 λ/r_0 来表示，λ 为光波波长。对一个理想的光采集系统来说，接收信号在接收机焦平面上形成的光斑大小可表示为 $2.44F\lambda/D_R$，其中 F 是光采集接收机的焦距。当光束在大气中传播时，r_0 将替代 D_R。因此在焦平面上，信号光斑将随比值 D_R/r_0 的增大而增大，并将极大地加强背景噪声。此外，当接收机具有较大 FOV 时，其电带宽将变得有限，从而限制了数据速率。因此，一般需要使用自适应光学或阵列探测器来解决这一问题。

8. 到达角起伏

由于大气中湍流的影响，激光束的波前在到达接收机时会发生畸变。这将导致光斑或接收图像在接收机的焦面上发生偏移，该现象称为到达角起伏。通过使用自适应光学或快速光束转向镜可以减少该现象的发生。到达角起伏的变化 $\langle \beta^2 \rangle$ 可以表示为

$$\langle \beta^2 \rangle = 2.91 \left[\int_{h_0}^{H} C_n^2(h) \, dh \right] D_R^{-1/3} \sec(\theta) \tag{5.23}$$

进一步可简化得到

$$\langle \beta^2 \rangle = 0.182 \left(\frac{D_R}{r_0} \right)^{5/3} \left(\frac{\lambda}{D_R} \right)^2 \tag{5.24}$$

其中，D_R 为接收机孔径，r_0 是大气相干长度。

除了上述因素外，还有其它原因会导致链路故障。例如，由于 FSO 系统需要建立 LOS 通信，那么任何一种物理障碍都可能阻塞波束的传播路径，并造成接收信号的短时中断。然而，通过选择合适的系统设计参数，如束散角、发射机功率、工作波长、发射机和接收机的 FOV 等，可以减少这些不利因素的影响。

5.2.2　星间链路

由于卫星轨道远高于大气层，因此星间 FSO 链路几乎不受天气条件或云层的影响。在这种情况下，当两颗卫星以不同的相对速度移动时，主要技术挑战是捕获和跟踪技术。因为卫星间或轨道间链路必须覆盖较长的距离，所以传输方案必须具有节省功率的特性，而且接收机必须具有较高的灵敏度。在星间 FSO 链路中常使用零差或外差相位相干技术而非直接检测技术。相位相干技术能提供极高的接收机灵敏度并实现高容量链路。在 LEO-LEO 之间采用零差 BPSK 传输时数据速率可达 5.6 Gb/s，这是到目前为止公布的最高速率。由 ESA 开发的欧洲数据中继卫星系统（European Data Relay Satellite system，EDRS）于 2014 年末成功在 GEO 的 Alphasat 卫星和 LEO 的 Sentinel-1 卫星之间建立了速率为 1.8 Gb/s 的链路。空间 FSO 链路虽然不受大气和天气的影响，但也面临提前指向角（PAA）、多普勒频移、捕获和跟踪、背景辐射和卫星平台稳定性等挑战，下面将对这些因素进行介绍。

1. 提前指向角

由于发射机和接收机之间存在相对运动，故允许返回信号相对于信标位置可以存在一定的偏移量，从而可以将信号在适当的位置准确地传输到接收机。该对准偏移量称为提前指向角，它取决于两颗卫星之间的相对速度。此外，提前指向角可减少信号在长距离链路上的传输时间。一般情况下，在深空光通信链路中的提前指向角量级常达数百微弧度，而对于星间或地面-卫星链路来说，其值一般为几十微弧度。图 5-4 进一步对 PAA 的概念做出了解释，在 T 时刻由 LEO 发射光束，并在 $T + \Delta T$ 时刻接收到来自 GEO 的返回光束。为了提高对准精度，常使用链路维护和跟踪算法对发射端及接收端进行校准。一般来说，如果提前指向角比跟踪方向上的等晕角大得多，就会出现提前指向角的非等晕效应。这通常是由于激光束的传播方向与信标路径不匹配导致的。这种不匹配可用角对准误差来表征，而湍流用等晕角来表征，以公式 $\theta_0^{-5/3} = 2.91 k^2 \int_0^L h^{5/3} C_n^2(h) \, dh$ 给出。

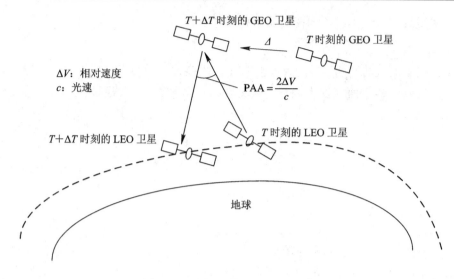

图 5-4　空间通信中 PAA 的概念

2. 多普勒频移

光源与接收机之间的相对运动会使接收信号的频率发生变化，从而产生多普勒效应。多普勒效应通常发生在轨道间的卫星通信场景中，此时较低轨道上卫星的运行速度大于较高轨道上的卫星速度。在数据中继系统的 LEO-GEO 之间进行数据传输时需要补偿的频移量约为 ±7.5 GHz。对于两个朝相反方向运动的 LEO，频移量还将增加。当产生信号的时钟频率为 2 GHz 时，因多普勒效应造成的频移大约为 140 kHz。为此，需要在相干光链路中配备具有较宽调频范围的光输入滤波器或本地振荡器(Local Oscillator，LO)来解决多普勒频移的影响。当相对速度的径向分量达到最大值时，多普勒频移也会达到最大值。另外，忽略多普勒效应会导致接收机出现数据丢失和频率同步的问题。综合使用光锁相环(Optical Phase-Lock Loop，OPLL)技术和 LO 激光器是减少多普勒频移的经典方案。该方案通过在发射机和接收机的 LO 之间实现协同调频，从而克服多普勒频移的影响。当 LO 通过开频控制回路对发射机进行调频时，频率采集过程开始，直到获得一个差频(发射机和 LO 的频率之差)信号时结束。一旦获得差频信号，外差频率控制回路或零差回路就会锁定频率跟踪模式。另一个解决方案是使用光注入锁定(Optical Injection Locking，OIL)技术，然而，其缺点是锁频范围通常局限于 1 GHz 以内甚至更小。此外，也可以将 OPLL 技术和 OIL 技术相结合形成光注入锁相环(Optical Injection Phase-Lock Loop，OIPLL)技术，该技术也可用于锁频和锁相，并且解决多普勒频移问题。

3. 卫星摆动与跟踪

对于卫星间 FSO 链路，需要通过卫星或机载激光通信子组件来捕获、跟踪并接收 LOS 信号，这是星间 FSO 链路建立的一个难点。因为卫星间光通信系统会产生相应的外部干扰，如由太阳能电池板、动量轮、平衡环、推进器等引起的干扰；机载激光通信系统会产生各种噪声，例如相对强度噪声(Relative Intensity Noise，RIN)、热噪声、暗电流噪声、信号散粒噪声和背景散粒噪声。这些卫星的外部干扰与噪声会使发射光束的方向产生偏差，从而导致两颗卫星之间出现对准误差。为有效改善星间 FSO 链路的卫星结构模型和对准预算要求，需借助光束控制反射镜来校正光束的方向。

　　总之，卫星间 FSO 链路的跟踪系统分为两类：① 从通信信号中导出跟踪信息的系统；② 使用单独的信标信号进行跟踪的系统。这两类系统均能够实现星间 FSO 链路的各种跟踪，如直流跟踪、脉冲跟踪、平方律跟踪、相干跟踪、音调跟踪、前馈跟踪和平衡环跟踪等。在这些跟踪中，相干跟踪使用前端 LO 增益来补偿由于接收机灵敏度引起的大背景噪声。而在大光束发散的情况下，通常使用平衡环跟踪，这是因为平衡环的摆动大小足以支撑这种情况。前馈跟踪在发射路径中仅使用一个光束转向器，但在接收检测器上需要较大的线性范围。这就要求跟踪系统具有较大的接收点，以此降低接收机的灵敏度，同时通过增大传输功率来补偿由于灵敏度降低造成的问题。

4. 背景噪声

　　星间链路的噪声源取决于检测技术以及系统是否被光进行预放大。对于直接检测的接收机，其噪声主要来自于检测器（大量的暗电流噪声）、接收机和放大器（前置放大器噪声和热噪声）以及由信号本身引起的散粒噪声。对于相干检测，局部振荡器的散粒噪声相对于其它噪声源在系统中占主导地位。其它的背景噪声源包括恒星和天体的辐射通量，或者是落在光检测器上来自光学体发射出的光。在此基础上，接收端在恒星散射噪声作用下所采集的背景功率的表达式为

$$P_B = \begin{cases} H_B \Omega_{FOV} L_R A_R \Delta\lambda_{filter} & \text{（扩散源）} \\ N_B L_R A_R \Delta\lambda_{filter} & \text{（恒星源或点源）} \\ \gamma I_\lambda \Omega_{FOV} L_R A_R \Delta\lambda_{filter} & \text{（散射噪声源）} \end{cases} \tag{5.25}$$

式中：H_B 和 N_B 分别是大角度扩散源的背景辐射和点源的辐射能量密度，其中 H_B 的单位为 $W/m^2/sr/\text{Å}$，N_B 的单位为 $W/m^2/\text{Å}$；Ω_{FOV} 的决定因素为接收机的 FOV；L_R 是光学接收机的传输损耗；A_R 是接收机的有效区域面积；$\Delta\lambda_{filter}$ 是接收机中光滤波器的带宽。在散射噪声源中，γ 代表大气衰减系数，I_λ 是外大气（地球大气外的空间区域）的太阳常数（$0.074\ W/cm^2\ \mu m$）。当接收机的 FOV 附近有强背景噪声源时，会产生严重的散射现象。除了太阳辐射外，天体辐射引起的衰落通常可以忽略不计。背景噪声主要源于光接收机，这是因为接收机中的光学元件暴露在阳光下时会引起散射。

5.3　扫描、跟踪与瞄准

　　在地面-卫星、星间以及卫星-地面的 FSO 通信链路中，窄束散角和平台摆动均会对光束造成干扰，因此光束的对准和聚焦是实现 FSO 通信的核心问题。跟踪光电检测器产生的噪声和星间机械机制引起的摆动，这两种随机机制会导致指向系统的摆动，造成空间光链路的性能受到限制，从而导致通信链路故障或系统性能降低。本节将主要介绍扫描和跟踪窄光束，目的是使两个终端之间实现稳定的 LOS 通信。

　　建立空间光链路的第一步是扫描，这个过程涉及发射机在不确定的区域中扫描较窄的信标信号。而信标信号应该具有足够大的峰值功率和低脉冲速率，以此来辅助接收机在大背景辐射场景下定位波束，然后在具有大 FOV 的扫描模式期间完成粗略检测。扫描到的信标信号由接收机位置的检测器所检测，同时该信号检测器也在其 FOV 上搜索信标信号，如图 5-5 所示。一旦检测到信标信号，接收终端就会利用光束控制元件将信标信号指向启动端子，该端子通常由固定的 PAA 进行补偿。

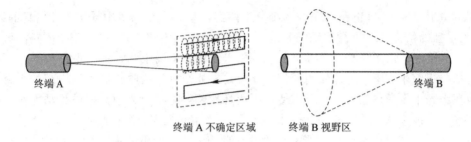

图 5-5 Starte/Scan 采集技术(终端 A 扫描不确定区域，终端 B 通过 FOV 进行扫描)

图 5-6 中介绍了用于空间 FSO 通信系统中 ATP 的概念。通过望远镜就能够采集地面基站中的上行链路信号，并将这些信号分配给光分束器 1 来处理。光分束器 1 将所有传入的信号反射到光分束器 2。光分束器 2 进一步根据输入信号的波长将信号定向送到检测器或者 ATP 子系统中。在具有信标信号的情况下，光分束器 3 将地面站的图像聚焦到 FPA 上的一个点，该点所处的位置代表信标信号相对望远镜的轴心(阵列中心)。由于望远镜的视场角大小由焦平面决定，因此可用来克服在初始瞄准中的一些不确定因素。至此，空间扫描过程的第一部分已经完成，在焦平面中能够映射出地面站相对于宇宙飞船的位置。第二步则是通过一个 LOS 链路将光束从机载激光卫星引导到地面接收机中。

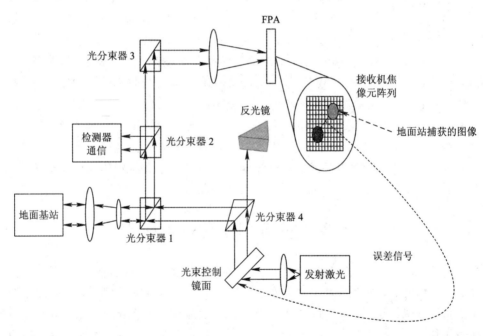

图 5-6 地面站与卫星 ATP 之间的系统框图

在接收到信标信号以后，卫星上的控制器开始逐渐缩小 FOV，直到两个系统均锁定对方的信号为止。因此，必须保证足够的电平信号，以便在遥远的星载卫星上进行初始探测。与此同时，还须保证接收机具有足够的能量来接收信号，并以此来进行闭环跟踪。通常情况下，从扫描到跟踪阶段的时间不会超过 1 s。首先，通过一个控制回路驱动瞄准来进行粗略的跟踪；其次，卫星通过控制器来控制元件，目的是保证在检测器上能够接收信号。这种光束转向镜的角度控制是通过误差信号实现的，所谓的误差信号就是机载激光卫星当前的位置与地面站信标信号之差。该误差信号会持续驱动转向镜转动，直到误差信号达到最小，此时机载激光与地面站激光处于对准状态。同时控制环路的跟踪带宽应大于 1 kHz，如果带宽小于 1 kHz，就无法与卫星摆动相呼应。跟踪传感器通常由电荷耦合器件（Charge-Coupled Device，CCD）、互补金属氧化物半导体（Complementary Metal Oxide Semiconductor，CMOS）或者象限雪崩光电二极管（Quadrants Avalanche Photo Diodes，QADP）制作而成。

发射端与接收端均采用稳定的信标，既可增强它们之间的光信号，也可以增强轨道回路的带宽，以实现提高瞄准精度的目的。其中，如何选择发散光束是最关键的问题，这不仅可以给接收信号提供足够多的能量和在所需的采集时间内对目标进行初始检测，而且还允许向窄波束跟踪过渡。在星间、地面-卫星两种光学链路中，研究人员做了大量的实验，总结了如何提高扫描系统的性能和优化扫描时间的方法。

在空间无线光通信中，通常使用惯性传感器、天体基准和上行链路信标的混合瞄准结构来实现对准。即便在一些特殊的情况下，仅使用无信标瞄准，也可提供所需的瞄准参考。

5.4　空间无线光通信系统性能提升技术

大气信道中环境恶劣的原因，致使接收到光信号的质量较低，从而造成 FSO 系统的误码率性能下降。为了改善 FSO 系统在恶劣天气条件下的可靠性，研究人员引入一些技术来降低大气信道的影响。这些技术在物理层或者其它的 TCP 层中，对减轻大气湍流效应具有重要作用。这些技术包括多波束传输、增加接收机 FOV、自适应光学、中继传输、混合 RF/FSO 等。这几种技术均为物理层中的抑制技术，而分组重传、网络重路由、服务质量（Quality of Service，QoS）控制、重新连接 DTN 是 TCP 层中的其它方法，这些方法均可用来提高 FSO 系统的性能。图 5-7 描绘了用于空间光通信的各种减轻大气湍流效应的技术。

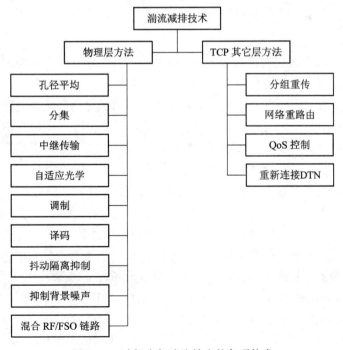

图 5-7　减轻大气湍流效应的各项技术

5.4.1　物理层技术

1. 孔径平均

孔径平均可以通过增加接收机的孔径大小来减轻大气湍流的影响，接收机孔径的大小可以均衡由于小尺度涡流引起的扰动，并且孔径平均还能够减轻信道衰落对信号的影响。衡量孔径平均衰落的参数称为孔径平均因子 A，定义为孔径 R_D 的接收机信号波动方差与具有无限小孔径接收机信号波动方差的比值，即

$$A = \frac{\sigma_1^2(D_R)}{\sigma_1^2(0)} \tag{5.26}$$

在卫星-地面 FSO 链路中，弱湍流中平面波和球面波的孔径平均因子近似为

$$A = \left[1 + 1.1 \left(\frac{D_R^2}{\lambda h_0 \cos\theta} \right)^{7/6} \right]^{-1} \tag{5.27}$$

式中，h_0 是湍流的高度。由公式可以看出，增大孔径面积能够减轻大气闪烁，从而降低系统的误码率。相对以空间为基础的光链路，平面波的传播模型主要适用于卫星-地面之间的传输；而球面波传播模型适用于地面-卫星之间的传输链路。当孔径长度大于大气相干长度时，辐照度的统计结果呈现对数正态分布。除了常见的对数正态分布和 Gamma-Gamma 分布之外，还有 Weibull(EW) 分布，Weibull(EW) 分布与弱、中度湍流下的模拟实验数据具有很高的可比性。此外，研究人员基于空间光通信链路还做了很多实验和理论研究，通过这些实验结果和理论可以分析检测器尺寸对大气湍流的影响。由于卫星的相位相干半径远大于卫星的接收孔径，因此上行链路中卫星通信的孔径优势不明显。但值得注意的是，增加接收机孔径面积的同时也会增大接收机所收集到背景噪声。因此，必须合理选择接收机孔径的直径，才能够提高 FSO 通信系统中的链路效率。

2. 分集

分集技术可以减少大气湍流的影响，该技术能够在时间、频率和空间上发挥作用。在利用分集技术的情况下，不能使用单个大孔径，而要使用较小的接收孔径阵列，以便在时间、频率或空间上发送互不相关的信号副本，并且有助于提高系统链路的可用性和误码率性能，同时也可限制由于激光器对准引起主动跟踪的需求。1998 年的 GOLD 演示表明，四束长度为 514.5 nm 的多光束用于上行链路传输时，闪烁问题得到了明显的改善。数据结果表明，双光束闪烁值为 0.12，而四束光的闪烁值降为 0.045。在地面-卫星的 FSO 上行链路中，观察到强度方差的变化会导致发射天线数量的平方根减小。为了充分发挥空间分集的优势，发射机和接收机的天线长度应该大于大气相干长度，使多波束互相独立或者不相关。此时便可用多个上行链路的高斯光束来分析地面-卫星 FSO 链路的大气闪烁。对于光的束腰而言，可根据光束分离和光束漂移方差的函数导出平均空间的相关性。此外，分集技术可有效提高增益，特别是高湍流条件下比低湍流条件下的效果更加明显。在接收机分集单输入多输出 (Single-Input Multi-Output SIMO) 的情况下，分集增益是通过在独立信号路径上进行平均来实现的。而信号可以由选择合并 (Selection Combining, SC)、等增益合并 (Equal Gain Combining, EGC) 或者最大比合并 (Maximal Ratio Combining, MRC) 三种方式在接收机处组合。与 EGC 和 MRC 相比，SC 更简单，但在这种情况下的增益较低。

通过 MRC 获得的增益略高于 EGC，但需要使用昂贵的仪器，而且实现起来更为困难。由此看出，EGC 的性价比在三种组合方式中最高，故可作为最佳选择。与地面接收机相比，发射和维护轨道空间的接收机价格更昂贵，且接收机被安装在大气层上方的轨道中接收来自深空下行光链路的信号。对于时空编码，比如光学 Alamouti 码，虽然该编码方式仅用于两个发射天线，但可以扩展到多个发射天线。如果波束是独立或不相关的，那么 FSO MIMO（多输入单输出）系统就会顺利地执行命令；否则，FSO 系统的性能就会下降。光 MIMO 和射频 MIMO 的性能基本相同，系统的信道容量几乎与发射天线的数目呈线性关系。在大气湍流较弱的情况下，高斯 FSO 信道的中断概率为 $[\log(SNR)]$，而对于中等强度的湍流，它与 $[\log(SNR)]$ 呈比例关系。虚拟 MIMO（V-MIMO）的概念被应用于多个 HAP，而且还能在云阻塞或大气湍流的情况下提供高宽带容量链路。在 FSO 系统中，无论有没有编码时间分集，都可以减轻 FSO 系统中的信道衰落。这类分集适用于不同相干时间周期内传输重复符号的时间选择性衰落信道，如果数据帧长度超过相干时间长度，则可以通过编码或交织对分集进行利用。当存在时间分集时，卷积码是弱大气湍流中较好的选择，比如 Turbo 码在强湍流条件下能够提供有效的编码增益。对于 FSO 系统中的时间分集，研究人员采用 DVS-S2 和 LDPC 编码相结合的方式来缓解大气湍流。

3. 中继

中继辅助传输是解决 FSO 通信中由湍流造成影响的有效技术，分布式空间分集使多个终端能够通过协作通信来共享资源，从而能够以分布方式构建虚拟天线阵列。其中，一根天线就可以得到巨大的分集增益，而不需要在发射机或接收机端使用多个孔径。当 SNR 较高时，中继传输性能良好，可以使接收信号强度高于信号的散粒噪声和大气衰落。相反，在低 SNR 的情况下，中继传输只会转发收到信息中的噪声。已有研究人员采用放大和正向中继分析了卫星-地面混合 FSO 链路的性能，并使用 M 进制相移键控获得平均符号错误率和分集顺序。此外，研究人员还分析了存在同频干扰情况下的系统性能。通过 HAP 中继可建立 LEO/GEO 卫星-地面站的光下行链路，且互联的 HAP 网络可以在任何天气状况下使用。最近，在有对准误差的 EW 衰落信道中，研究人员对中继辅助多跳 FSO 系统的性能进行了研究。但中继的放置也很关键，比如在利用协作 FSO 通信实现高阶分析增益方面起到了至关重要的作用。此外，为了充分利用光载波的容量优势，研究人员对所有的光中继 FSO 系统进行了分析，发现可利用光再生-转发（ORF）技术或光放大-转发（OAF）中继技术降低全光 FSO 系统中背景光和放大器引起的噪声影响。

4. 自适应光学

自适应光学（Adaptive Optics，AO）可用于减轻大气湍流的影响，并有助于在大气中传输未失真的光束。AO 系统通过在光束传入大气之前，在光束中加入大气湍流的共轭来对传输光束进行闭环控制，实现对光束的预校正。虽然增加发射功率和使用分集也可以提高 FSO 系统的性能，但为了进一步提高信噪比且降低对发射功率的要求，使用 AO 就非常有必要。AO 系统可有效地补偿地-月-地反射器激光链路（Compensated Earth-Moon-Earth Retro-Reflector Laser Link，CEMERLL）的应用，这使接收端 SNR 显著提高。在发射器或接收器等光学器件上，AO 系统采用波前传感器、波前校正器和变形镜来补偿相前波动。

此外，接收信号的一部分被发送到波前传感器，该传感器为波前校正器的驱动器生成控制信号，如图 5 - 8 所示。然而，在非常强的湍流条件下使用传统 AO 系统进行实时波前控制会相当困难。因此，可以使用基于接收端 SNR 或系统性能指标优化 AO 系统。早些时候，这种非常规的 AO 系统因为对带宽有严格的限制，所以未得到研究者的广泛关注。但随着高带宽波前相位控制器的发展（如基于微机电系统（Micro-ElectroMechanical Systems，MEMS）的变形镜）以及新型高效算法的开发，这种系统在如今越来越受欢迎。已经有研究者研究了如何使用 AO 来实现 LEO 或 GEO 卫星-地面接收机的高容量链路。AO 系统的设计要求其闭环频率至少为格林伍德频率的 4 倍（以 Hz 为单位）。格林伍德频率由下式给出：

$$f_G = \left[0.102k^2 \sec(\theta) \int_{h_0}^{h_0+L} C_n^2 \cdot \nu_T(h)^{5/3} \, dh \right]^{3/5} \tag{5.28}$$

式中 $\nu_T(h)$ 是风速的遍历分量，C_n^2 是湍流强度，$k = 2\pi/\lambda$ 表示波数（λ 表示波长），L 是路径长度，h 是位置增量，θ 是仰角大小。格林伍德频率反映了 AO 系统对大气湍流引起的波动的响应速度。

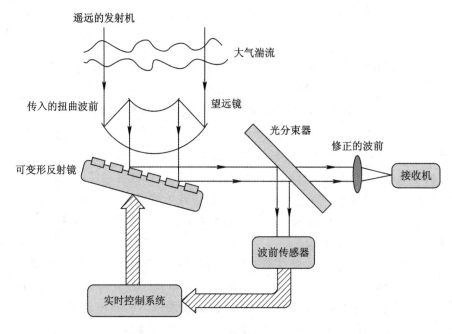

图 5 - 8　传统的自适应光学系统

5. 调制

在 FSO 通信中，调制方案的选择取决于两个主要因素：光功率效率和带宽效率。光功率效率高的调制方案实现起来比较简单，对于低数据速率来说，能有效缓解湍流的影响；带宽效率决定了给定链路长度与特定调制方案的 FSO 系统可达到的最大数据量。通常，FSO 通信支持各种二进制和多进制调制方案。在这两类方案中，二进制调制方案因其简单高效而最为常用，最广为人知的是 OOK 和 PPM。

由于 OOK 调制实现简单，在 FSO 通信系统中得到了广泛的应用，并且 OOK 调制大多采用强度调制直接检测传输和接收机制。但 OOK 调制在大气湍流条件下需要自适应阈值才能获得最佳结果。强度调制信号的占空比选择将影响系统设计参数，如传输比特率和信道间距等。要想在较宽的占空比范围内保持传输效率，就需要在发射机上进行有效的脉冲整形。脉冲整形不仅能提高接收器的灵敏度，而且能使传输速率的选择更加灵活并简化接收机设计方案。除直接检测外，OOK 调制中使用的另一种检测技术是具有完美信道状态信息(Channel State Information，CSI)的最大似然(Maximum Likelihood，ML)检测。最大似然序列检测(Maximum-likelihood Sequence Detection，MLSD)可以在接收机拥有强度波动的联合时间分布直视时采用。然而，由于实现复杂，这种检测技术并没有普及。接收机使用的其它检测技术还有逐符号最大似然检测、盲检测、垂直贝尔实验室分层时空(Vertical Bell laboratories Layered Space Time，V-BLST)检测等。

　　PPM 的基本原理是将每个符号间隔划分为 M 个时隙，并在这些时隙处放置一个非零的光脉冲，而其它时隙为空，利用脉冲位置的不同来传递信息。对于长距离或深空通信，PPM 方案被广泛使用，因为它提供了高峰值平均功率比(Peak to Average Power Ratio，PAPR)，从而提高了其平均光功率效率。此外，与 OOK 调制不同，PPM 不需要自适应阈值。然而，PPM 方案在 M 值较高时带宽效率较差。因此，对于带宽受限的系统，多进制调制方案是首选。此时，传输的数据可以采取多个振幅电平，同时最常用的多级强度调制方案是脉冲振幅调制和正交振幅调制。然而，带宽效率提升的代价是功率利用率的降低。因此，在大气湍流较高的条件下或功率受限系统中，这些调制方案并不是一个好的选择。许多文献指出，在高背景噪声时，PPM 被认为是泊森计数信道的最佳调制方案；并且随着PPM 中 M 值的增加，由于其占空比低和光电二极管集成间隔小，又能够进一步增强对背景辐射的鲁棒性。

　　由于 PPM 在 FSO 通信中具有众多优点，可提高 FSO 通信系统的频谱效率，因而许多研究人员致力于研发 PPM 的各种不同形式。单脉冲 PPM 的自然延伸是在每个信道符号中使用两个或多个脉冲来传递信息，称其为多脉冲 PPM(Multi-Pulse Pulse Position Modulation，MPPM)。这是通过在 M 个时隙之间将多个(记为 K)脉冲以所有可能的方式进行放置，从而信号星座图的大小会随着 M^K(对于大 M)变化，而不是像传统的 PPM 一样与 M 呈线性关系。PPM 的其它形式有差分 PPM(Differential Pulse Position Modulation，DPPM)、差分振幅 PPM(Differential Amplitude Pulse Position Modulation，DAPPM)、脉冲间隔调制(Pulse Interval Modulation，PIM)、双头脉冲间隔调制(Dual Header Pulse Interval Modulation，DHPIM)和重叠 PPM(Overlapping Pulse Position Modulation，OPPM)。这些调制方案都是通过对 PPM 的简单修改获得的，并且可大大提高系统的光功率效率和带宽效率。其中DPPM 的每个符号都以脉冲结束，因此自带同步符号。但是，对于很长的零序列，可能会有时隙同步问题，这可以通过在脉冲消失后立即使用保护间隔来解决。研究发现，在固定平均比特率和固定可用带宽的情况下，与 PPM 相比，DPPM 的带宽以及光功率效率都有所提高。DAPPM 是 DPPM 和 PAM 的组合，因此也是一种多进制调制方案。DAPPM 的符号长度为 M，脉冲振幅为 A，其中 A 和 M 均为正整数。PIM 是一种异步(无固定符号结构)PPM 技术，其中每块数据共 lb$M$ 个数据位，每个数据位的符号有 M 个可能。PIM 的符号长度是可变的，并由符号的信息内容决定，每个符号都以脉冲开头，后跟一系列空时隙，时隙的数量取决于被编码数据块的十进制值。表 5.6 显示了 4-PPM 和 4-PIM 的源数据与传输数据之间的映射。由于 PIM 的每个符号都是以脉冲开头的，因此它只需要时隙同步，不需要码元同步。由于消除了每个符号内未使用的时隙，因此 PIM 具有更高的传输容量。

表 5.6　4-PPM 和 4-DPIM 芯片之间的映射

源数据	4-PPM	4-PIM
00	1000	1(0)
01	0100	1(0)0
10	0010	1(0)00
11	0001	1(0)000

在 DHPIM 中有两个预定义标头，根据输入信息不同选择其中之一，如图 5-9 所示。DHPIM 序列的第 n^{th} 个符号 $S_n(h_n, d_n)$ 由启动符号的标头 h_n 和信息位 d_n 组成。根据输入码的最高有效位（Most Significant Bit，MSB），两个不同的标头被记为 H_0 和 H_1。如果二进制输入字的 MSB 等于 0，则使用 H_0，信息位中 d 用输入二进制字的十进制值表示。但是，如果 MSB=1，则使用 H_1，d 等于输入二进制字 1 的补码的十进制值。对 H_0 和 H_1 来说，脉冲持续时间分别为 $\alpha T_s/2$ 和 αT_s，其中 $\alpha > 0$ 是整数，T_s 是由脉冲和保护间隔组成的时隙持续时间。适当选择 α，可以减小平均符号长度，因此 DHPIM 可以提供更快的传输速率和更低的带宽需求。表 5.7 为对不同形式 PPM 调制方案的带宽需求、峰值平均功率比（Peak to Average Power Ratio，PAPR）和容量的比较。

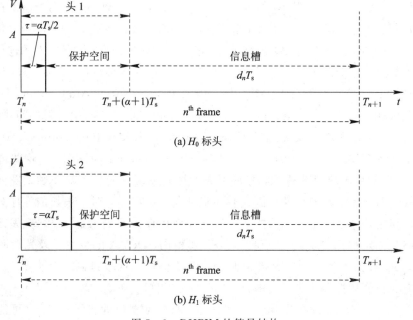

图 5-9　DHPIM 的符号结构

表 5.7 PPM 调制方案变体的比较

调制方式	M-PPM	DPPM	DAPPM	DPIM	DHPIM
带宽/Hz	$\dfrac{MR_b}{\text{lb}M}$	$\dfrac{(M+1)R_b}{2\text{lb}(MA)}$	$\dfrac{(M+A)R_b}{2\text{lb}(MA)}$	$\dfrac{(M+3)R_b}{2\text{lb}M}$	$\dfrac{(2^{\text{lb}M-1}+2\alpha+1)R_b}{2\text{lb}M}$
PAPR	M	$\dfrac{M+1}{2}$	$\dfrac{M+A}{A+1}$	$\dfrac{M+1}{2}$	$\dfrac{2(2^{\text{lb}M-1}+2\alpha+1)}{3\alpha}$
能力	$\text{lb}M$	$\dfrac{2M\text{lb}M}{M+1}$	$\dfrac{2M\text{lb}(M\cdot A)}{M+A}$	$\dfrac{2\text{lb}M}{M+3}$	$\dfrac{2M\text{lb}M}{2^{\text{lb}M-1}+2\alpha+1}$

注：A 为脉冲幅度，R_b 为数据速率，α 为整数。

自适应调制可用于提高空间光链路中信道的光谱效率和鲁棒性。自适应调制的效率取决于通过低速率反馈路径从接收信号中得到信道估计的准确性。反馈路径利用毫秒级范围内的大信道相干时间(由信道的缓慢变化引起)估计信道的状态，并反馈给发射机，以便根据信道情况改变一些传输参数，如功率、编码速率、调制电平等。对于空间无线光链路，可以采用自适应编码技术，并利用无速率编码技术调整码率，如收缩码(穿插奇偶校验位以提高有效编码速率)和喷泉编码(特别是 Raptor 码，通过码字的长度变化来调整速率)，以适应信道条件的缓慢变化。在弱湍流情况下还可以采用可变速率、可变功率或信道反转等自适应调制方案。对于强湍流系统，可以采用截断信道反演方案，根据 FSO 信道条件进行数据速率适配。当 FSO 条件较好时，信号星座大小增大；当信道条件较差时，信号星座大小减小；而当信道强度系数低于阈值时，信号根本不会传输。

光副载波强度调制(Sub-carrier Intensity Modulation，SIM)是另一种调制方案，其中基带信号调制电射频副载波(可以是模拟或数字信号)，随后由光载波进行强度调制。由于副载波信号是正弦的，因此添加了直流偏置来抵消所传输光信号的负值部分。与 OOK 方案不同，SIM 不需要自适应阈值，并且比 PPM 方案有更高的带宽效率。光 SIM 继承了射频系统更加成熟的优势，因此实施过程更简单。SIM 与分集技术相结合，提高了 FSO 系统在存在大气湍流时的性能。当该调制方案用于频率多路频分复用的不同射频副载波时，称为多副载波强度调制(Multiple Sub-carrier Intensity Modulation，MSIM)。在这种情况下每个副载波都是窄带信号，并且在高数据速率下，因符号间干扰而失真较小。SIM 和 MSIM 的主要缺点是光功率效率低于 OOK 或 PPM。

零差 BPSK 作为一种相干调制方案，是卫星间光通信链路的首选，因为它对通信和跟踪都有更高的灵敏度。同时，零差 BPSK 还对太阳背景噪声和干扰完全免疫。另一种相干调制方案，即差分相移键控(Differential Phase Shift Keying，DPSK)可以比 OOK 调制提高 3 dB 的光功率。由于 DPSK 比 OOK 降低了功率需求，并且没有非线性效应，这反过来又使 DPSK 相比于 OOK 调制提高了频谱效率。据相关研究，DPSK 接收机的灵敏度可以接近量子理论极限。但是，由于增加了发射机和接收机的设计复杂度，因此实施基于 DPSK 的 FSO 系统的成本很高。

6. 编码

差错控制编码通过使用不同的前向纠错方案(包括 RS 码、Turbo 码、卷积码、TCM

码和 LDPC 码)来提升 FSO 链路的性能。研究人员对衰减信道中所使用纠错编码的纠错性能研究已持续多年。这些编码在传输的消息中通过添加冗余信息,以便在接收机上检测并纠正由于信道衰减而导致的各种类型的错误。

研究人员针对基于无噪声的泊松 PPM 信道提出了 RS 编码方案。利用 RS(262143、157285、65)编码的 64-PPM 的性能与未编码系统相比有 5.23 dB 的编码增益。RS 编码与 PPM 一起使用,可以实现在存在大气湍流和对准抖动的情况下,从地球到月球的激光通信实验。当存在强大气湍流时,首选的编码为 Turbo、TCM 或 LDPC 码。Turbo 码可以按照并行级联卷积码、串行级联卷积码和混合级联卷积码三种不同配置中的任何一种进行排列。这三种配置中并行级联卷积码是最常用的,它的编码系统是由两个或多个递归卷积编码器通过一个交织器链接组成的。而在高数据速率传输中,由于 LDPC 码比 Turbo 码有更低的解码复杂度和时间复杂度,因此 LDPC 码更为可取。并且可变速率的 LDPC 码可以进一步增加信道容量,并提供较高的编码增益。结果表明,使用 PPM 并进行 LDPC 编码的 MIMO FSO 系统在强大气湍流、背景噪声设置为 -170 dBJ 的情况下,比未编码系统性能更好。在 BER$=10^{-12}$ 处,相比于未编码的系统,LDPC 编码的编码增益为 $10\sim20$ dB。并且 LDPC 编码的 PPM 与串行级联 PPM 比较表明,LDPC 编码的 PPM 在空间无线光链路中具有较低的时延和较好的性能。此外,Djordjevic 提出的位交错编码调制(Bit Interleaved Coded Modulation,BICM)方案在 LDPC 编码的 FSO 系统中使用时具有较好的编码增益。正交频分复用(Orthogonal Frequency Division Multiplexing,OFDM)结合适当的差错控制编码,也被认为是提高 FSO 强度调制直接检测系统的误比特率性能的一种非常好的方案。

接收机的解码方案中也存在许多有效的解码算法。从理论上讲,接收机的 ML 解码更有利于数据恢复,但实现复杂而使用有限。此外,逐符号最大后验(Maximum A Posteriori,MAP)解码算法由于计算复杂,不利于在超大规模集成(Very Large Scale Integration,VLSI)芯片上实现。但是,对数 MAP(log-MAP)算法和软输出维比特算法(Soft Output Viterbi Algorithm,SOVA)通过使用 Turbo 编码可以实现更为实用的解码算法。在这两种算法中,log-MAP 算法提供了最佳性能,但在计算上却非常复杂。简化 log-MAP 算法执行起来非常接近 log-MAP,并且复杂度较低。

7. 抖动隔离与消除

为了在存在平台抖动的情况下实现微弧度的指向精度,需要建立一个专门的对准控制子系统,以确保隔离和消除平台抖动或卫星振动。在未消除平台抖动时,由振动功率光谱密度得出的光束误点损耗可能超过 10 μrad。消除抖动可以通过使用振动隔离器或补偿控制回路实现。其中隔离器分为有源和无源两种基本类型。无源隔离器是机械低通滤波器,可为宽带高频振动提供经济高效且可靠的解决方案。而对于低频振动,使用振动控制系统、强制执行器和位移传感器的有源隔离器是首选。随着智能传感器、执行器和高性能处理器的发展,有源振动隔离器越来越受欢迎。用于抖动抑制的主动控制回路技术包括经典反馈、现代反馈、干扰适应控制、干扰观察、重复控制、自适应控制、自适应逆控、自适应反馈控制和神经网络,这些控制回路的设计取决于振动的幅度和频率大小。用于光束抖动控制的技术包括:

(1)使用线性二次高斯(Linear Quadratic Gaussian,LQG)来设计加速度计到快速转向镜(Fast Steering Mirror，FSM)的前馈，以及使用目标位置传感器反馈给 FSM；

(2) 使用自调谐稳压器(Self-Tuning Regulator，STR)和采用自适应前馈振动补偿 Filtered-X 最小均方(Filtered-X Least Mean Square，FXLMS)控制器；

(3) 使用最小二乘/自适应偏置滤波器和线性二次稳压器的组合来控制正弦抖动和随机抖动。

此外，自适应方法如最小均值二乘(Least Means Squares，LMS)、宽带前馈有源噪声控制、模型参考或自适应晶格滤波器也用于控制抖动。LMS 派生的方法需要事先了解可能随时间而变化的系统动力学。例如，可利用六边形平台进行各种振动隔离算法的实现，如多重 LMS 算法、透明框算法和自适应干扰消除器，其中多重 LMS 需要对相关干扰参考信号进行单独测量，以执行振动补偿。只有当相关干扰信号可用时，它才是一种有效的算法。在时域或频域中实现的透明框算法的性能超过了多重 LMS 算法，而不需要测量相关干扰信号。自适应扰动消除器在抑制静态干扰频率方面效果很好，但需要额外的频率识别算法和扰动测量装置。接收机探测器平面发生抖动的另一个原因是大气湍流引起的随机到达角起伏。使用接收机倾斜校正系统可以极大地改善湍流引起的抖动，该系统包括位于图像平面的双轴 FSM，以补偿大气湍流引起的到达角起伏。同时，使用跟踪反馈回路(Tracking Feedback Loop，TFL)可以显著降低抖动，其特点是查找云台跟踪接口的频率响应，并将对数幅度和相位响应图与 FSM 的对数量级和相位响应图求和。除了使用 FSM 外，液晶束转向装置以及非线性自适应控制器也可以减少平台抖动。

8. 背景光消除

背景噪声的主要来源是日间太阳辐射。而日间背景噪声量在很大程度上取决于工作波长，波长较长时的背景噪声较小。背景噪声可以借助空间滤波器以及具有高峰值平均功率比的调制技术来缓解。选择滤波器时需考虑的重要设计因素包括信号的到达角、多普勒位移激光线宽度和时态模式数。用于消除太阳背景噪声辐射影响最合适的调制方案是 PPM (因为噪声与时隙宽度成正比)。而高阶 PPM 方案更节能，并能有效减小太阳背景噪声，因而可作为星间链路的一种潜在调制方案。

设计具有窄 FOV 的接收器并选择光谱宽度小于 1 nm 的滤波器是降低背景噪声的另一种方法。已经有实验表明，对于自适应光学元件和由一系列执行器组成的变形镜，可以通过降低接收器 FOV 来有效地降低背景噪声的影响。此外，在极端背景噪声和湍流条件下，地球和火星之间的 FSO 链路可利用自适应光学器件和具有 PPM 调制方案的执行器阵列来达到 8.5 dB 的性能改善。但是在中等背景噪声条件下，其性能改善可降至 5.6 dB。

采用 LO 的相干检测方案可提高灵敏度，降低对背景辐射的敏感性。然而，在相干检测方案中，无论是同调(即光信号直接传输到基带)或异调(即 LO 和信号之间存在频率差异)都需要接收信号和 LO 信号的相位完美对齐，但这会导致接收机复杂性增加。在光同调接收机的情况下，可以观察到对背景辐射的显著抑制作用，其证明了它们在高背景辐射环境下实现量子极限性能的特性。

9. 混合 RF/FSO

FSO 通信的性能通常受天气条件和大气湍流的影响，并且这些因素都可能导致 FSO 系统的链路故障或误码率增加。因此，为了提高链路的可靠性和有效性，最佳的方法是将

FSO 系统与 RF 系统配对形成更可靠的系统，这样的系统称为混合 RF/FSO，因而即使在恶劣的天气条件下，利用该方法也能提供高效可靠的链路。影响射频信号传输的主要原因是降雨（因为载波波长与雨滴的大小相当），影响 FSO 通信的主要原因则是雾。因此，当 FSO 链路断开时，可使用低数据速率 RF 链路作为 FSO 的备份链路，这样可以有效提高系统整体的可靠性。

由于云粒子对光造成的衰减和时延扩展，FSO 链路在低云条件下的可用性较差，而当使用混合 RF/FSO 链路后，由于 RF 信号不受积云干扰，可以观察到其通信性能得到显著改善。然而，混合 RF/FSO 的传统方法会导致信道带宽的利用率低，并且 RF 和 FSO 系统之间的连续硬切换可能会降低系统的整体性能。为解决该问题，可采用自适应联合编码方案，使 RF 和 FSO 子系统同时处于运行状态，这样可以节省信道带宽。此外，与固定或自适应速率编码方式相比，无速率编码方式无论信道条件如何，都具有性能优势。这些编码不需要发射端的信道信息，并可根据天气状况自动调整 RF 和 FSO 链路之间的速率，且每个消息都有单比特反馈。混合 RF/FSO 链路在机载飞行器上得到了大量应用；该技术还可以用于改善传统射频通信的容量和干扰问题。

5.4.2 上层技术

目前已经有很多关于物理层中抑制大气湍流性能降低的研究。过去的几年里，为了提高 FSO 系统的通信性能，研究人员已经开始致力于其它层的建模和性能评估，包括数据链路层、网络层和传输层。除了使用物理层方法外，还可以采用各种技术，如重传、重配置、重路由、QoS 控制、不同层之间的交叉连接、延迟容忍网络等，通过这些技术可改善 FSO 系统在各种天气条件下的性能。

1. 重传

自动重传请求（Automatic Repeat Request，ARQ）等重传协议广泛用于数据通信，以实现可靠的数据传输的数据。该协议里，传输的数据以某种帧长度为分组的形式进行。如果由于某种原因，接收机无法在预定的时间帧内确认发送的分组，则重新发送分组。该过程会一直重复，直到发射机接收到从接收机确认过的帧或超过预设的计数器值。这种停止等待和返回 N ARQ 协议，由于重传，导致了较高的延迟、过高的功耗和带宽损失。另一种 ARQ 协议是选择重复 ARQ（SR-ARQ），其中数据分组从发送机连续地发送到接收机，而不需要等待来自接收机的单独确认。接收机将继续接收并确认收到的帧。如果在一段时间后没有确认任何帧，则认为数据分组丢失并进行重新发送。ARQ 协议可以在数据链路层或传输层实现。在任何一种情况下，接收机的终端必须有足够的数据存储能力，至少能够在指定的时间段里使所采用的滑动窗口大小能够缓冲接收来自发送机的数据分组。

早前，研究者通过使用 ARQ 链路层协议中的反馈信息来分析 HAP 间光链路的光学效率性能。由众多研究人员研究的另一种 ARQ 的变形是混合 ARQ（H-ARQ），它是由 FEC 编码和 ARQ 误差控制组合得到的。后来随着研究的不断深入，研究者转向研究具有 ARQ 和 FEC 方案的卫星到地面 FSO 下行链路的性能。与此同时，研究了在强湍流状态下不同 H-ARQ 方案的中断概率，并发现使用该方案可以获得良好的性能增益。近年来，协作分集和 ARQ 的组合（C-ARQ）引起了研究人员的兴趣，它对抗 FSO 信道中湍流引起的衰落具有显著效果。对于具有较小传输延迟和改进能量消耗的 C-ARQ，有着 ARQ

(MC-ARQ)改进的协作分集。这种改进的方案允许中继节点存储帧的副本,以便在因大气湍流造成传输数据分组失败期间可以产生更有效的响应。此外,对于无速率循环协议,其主要用于在重大灾难的情况下提供可靠的 FSO 通信。无速率循环是一种可以在非常强的湍流中,即使信道可用性小于 45%,也能够给实际的 FSO 应用提供有效误差控制的设计。

2. 重配置和重路由

路径重配置和数据重路由用于在 LOS 丢失、大气状况不利或设备故障期间来增加 FSO 链路的可用性和可靠性。通过使用物理层和逻辑控制层机制对 FSO 网络中的节点进行动态重新配置,能够使链路的可用性得到极大的改善。在物理层中,它使用 ATP 实现重新配置;在逻辑控制层中,它使用自主重构算法和启发式算法。在这里,数据分组通过现有的其它链路重新路由,这些链路可以是光链路或低数据速率 RF 链路。自动重新配置用于光学卫星网络,如果当前路径中存在任何链路故障,则该链路动态地切换路由到备用路径上。通过以下方式可以实现拓扑控制和波束重配置:① 拓扑发现和监视过程;② 拓扑变化的决策过程;③ FSO 网路中到新接收节点光束的动态自主重定向(基于算法);④ 这些光束的链路重定向的动态控制。因此,重配置和重路由提高了 FSO 链路的可靠性,但这是以较高的处理延迟为代价的。这要求设计工程师必须通过可重新配置来确保链路的恢复,而不会产生较大的延迟影响并可降低设备成本。为此,在重路由过程期间,优先考虑具有最小延迟或最小跳数的路径。因而所有路由都是在实际需要之前计算出来的,并存储在路由表中。这种路由协议被称为主动路由。然而,这种路由协议不适用于大型网络,因为它给网络带来了高开销,使得带宽效率低下。与主动路由协议相比,产生非常少开销的另一种路由协议称为反应路由,并且仅按需计算新路由。它仅在现有路由失效的情况下建立新的路由,但是这会导致数据传输延迟增加。主动和被动路由协议的组合称为混合路由协议。它将网络划分为群集,并在每个群集中应用主动路由更新,同时在跨越不同群集中应用反应路由。

3. QoS 控制

FSO 通信中的 QoS 是根据数据速率、延迟、延迟抖动、数据丢失、能耗、可靠性和吞吐效率来衡量的。在 FSO 通信系统中,从一个节点到另一个节点的数据传输应满足特殊 QoS 等级给定的要求,否则其所提供的服务不能令用户满意。为此,FSO 网络的主要挑战是要优化通信系统中端到端连接延迟、延迟变化、分组拒绝率、经费开支等方面的性能。可采用基于 QoS 的 10 Gb/s 缓冲器来减轻混合 RF/FSO 网络中强湍流条件下的分组丢失。该缓冲器中包含一个自定义的 IP 数据包检查和调度处理器,它根据链路可用性和 QoS 参数工作,使用该缓冲器的 FSO 链路可以在强大气湍流影响下提供可用的链路,因而使其衰落余量低至 8 dB。一些文献中表明不同层中的改进可以提高 FSO 系统的 QoS。此外,国际电信联盟(ITU)和第三代合作伙伴计划(3GPP)针对各种 FSO 场景(卫星-地面、飞机-飞机、水上移动航行器等)设立的 QoS 要求进行了研究,同时针对网络 QoS 和媒体访问控制(MAC)层路由算法的改善进行了探索。MAC 层 QoS 可以分为信道访问策略、调度和缓冲器管理以及差错控制。因此媒体访问控制层路由算法可提供高效节能的实时 FSO 通信。

4. 其它技术

重播是另一种促进 FSO 链路端到端连接的技术。如果无法重路由或重新传输,则

FSO 网络可以在边缘节点最多存放 5 s 的数据分组。延迟（或中断）容忍网络（Delay Tolerant Networking，DTN）技术适用于具有间歇连接的网络，因此，它是具有极端大气条件下 FSO 通信的良好候选方案。

5.5　轨道角动量系统

角动量是经典量子力学中最基本的物理量之一。角动量分为自旋角动量（Spin Angular Momentum，SAM）和轨道角动量（Orbital Angular Momentum，OAM）。其中自旋角动量和光束的电场矢量的取向有关，而轨道角动量和垂直于光轴的横截面上的光场分布有关。近年来，研究者们关注于 FSO 通信系统中实现信息与 OAM 光束复用技术，但目前 FSO 通信还没有充分利用光载波的太比特容量，为了充分发掘 FSO 通信的潜力，有关的 OAM 多路复用在 FSO 通信链路领域正进行大量研究。携带 OAM 光束的信息能够增加系统容量和频谱效率。因此，这种方法被认为是未来实现深空或近地光通信的高数据返回的首选方法。目前，节能 PPM 方案在长距离或深空光通信中应用最为广泛。但是由于它的频谱效率低下，未来空间链路对高数据速率传输的需求使 PPM 成为弱势候选者。而且，在 PPM 中使用大量时隙以满足高容量需求增加了系统的复杂性和成本。在这种情况下，研究人员认为 OAM 调制能够满足未来太空任务的高带宽要求，同时保持相当低的系统成本和功耗。但是这种方法会使得 OAM 光束在经过大气湍流传输后 OAM 模态之间的正交性遭到破坏，需要使用合适的编码技术、MIMO 或均衡技术，才能让 OAM 光束在大气湍流状态下工作。

5.5.1　OAM 概述

随着数字信息化逐步渗透到人们的日常生活中，人们对移动通信业务和互联网技术容量的需求在急剧增加，这对通信系统的有效性和可靠性带来了一定的挑战。如何在现有通信技术基础上进一步提高系统容量和频谱利用率成为当前通信行业亟待解决的关键问题。为解决日益增长的数据需求与有限频谱资源之间的矛盾，近年来使用光波作为通信载波的 FSO 通信技术得到广泛关注和发展。与传统微波通信技术相比，光通信系统具有可用频谱宽、保密性强、体积小、搭建简便迅速、造价低等优势。并且 FSO 通信在抗震抢险、山火扑救、天然气爆燃等救灾现场具有重要的意义，只要保证 FSO 通信系统的发射端和接收端相互对准，即可进行实时通信，极大缩短了构建通信系统平台耗费的时间和一定的财产损失。此外，由于激光光源自身方向性较好，光束在空间传输过程中发散角极小，窃听者很难对携带信息的光束进行截取窃听，因此 FSO 通信系统具有很高的保密性，在军事和商业贸易等对通信保密性要求较高的场景具有广阔的应用前景。

目前对光波的振幅、相位、频率（波长）、时间及偏振态维度资源已开发殆尽，因而进一步扩展通信系统容量遭遇新瓶颈，同时现有的通信复用方式，如时分、空分、频分以及码分复用等技术方式虽然在一定程度上缓解了信道容量与用户需求之间的矛盾，但是随着用户对带宽和数据速率与日俱增的要求，亟需一种能够进一步提高信道容量和频谱效率的新技术。研究者发现针对光波新维度资源的开发可为解决通信容量和频谱危机提供潜在的方案，轨道角动量（OAM）可作为新的复用维度，其有望大幅度提高频谱效率和信道容量，从而逐渐成为通信领域一个新的研究热点。

1. 奇异性和拓扑电荷

涡旋是自然界普遍存在的现象，从液氦中的量子涡旋到海洋环流和台风涡旋，甚至到银河系中的螺旋星系，都有它的身影。涡旋现象不仅表现在宏观物质中，还表现在电磁学和光学领域中。近年来，光学涡旋(Optical Vortice，OV)和相关科学研究引起了众多研究者的广泛关注。其中，光学涡旋的概念是由法国的 Coullet 等人在 1989 年首次提出的。此外，可以利用激光物理学与流体之间做相关学术研究，如：研究者在 1970 年就发现将激光方程简化为复金兹堡朗道方程，可以构成一类通用模型来描述超导、超流体、玻色-爱因斯坦凝聚等多种现象的产生过程。随后，光学领域的研究者对许多流体动力学特性(如混沌、多稳态和湍流等)进行了研究，并在激光系统中对其进行了观测。在流体动力学的众多效应中，流体涡旋因其独特的奇异性结构而成了研究热点。与流体涡旋中的奇异性相似，光学涡旋孤子的相位奇点表现为一个孤立的暗点，该暗点具有螺旋形相位和拓扑荷数(Topological Charges，TC)。1992 年，英国人 Allen 和他的荷兰同事们发现，光学涡旋在近轴传输时，涡旋光束(Vortex Beam，VB)携带着轨道角动量(OAM)，这无疑揭示了宏观光学和量子效应之间的联系。

在光学涡旋中，涡旋光束携带的轨道角动量为光波的空间域提供了一种新的编码方式，可以实现信息编码。涡旋光束的突出特性表现在其波前相位是螺旋型，光束中心存在相位奇点，因而涡旋光束的中心光强为零，这与它的拓扑相位结构有关。早在 20 世纪 70年代，首次发现涡旋光束之前，相关学者已经开展波相位拓扑结构的研究。Nye 和 Berry证明了带位错的波列可以诱发涡旋结构，该结构中波动方程可以解出一个奇异点，这为研究大气、海洋、光波中的涡旋奠定了基础，推动了光学涡旋的发展。

为了采用简单的形式来理解复杂的拓扑结构，这里引入著名的艺术作品——Escher 的画作《上升与下降》来分析这与拓扑类似的结构。画作中的 Penrose Stairs(彭罗斯阶梯)分为三层，如图 5 - 10(a)所示。最上层的人最多，顺时针的人在排队上楼梯，逆时针的人在排队下楼梯，但仔细观察这些人，就会发现上楼梯的人表面在上楼梯，但实际没有上升，下楼梯的人表面在下楼梯，但实际并没有下降，而且这些人在不断循环。虽然该画作在现实生活中是不可能存在的，但在相位空间中却是存在的，即相位角沿着闭合环从 0 到 $2\pi l$(其中，整数 l 称为拓扑电荷)沿着顺时针方向增大并返回到相位原点。该结构也与著名的莫比乌斯环类似，其也具有类似的拓扑结构，如图 5 - 10(b)、(c)所示。对于封闭圆环轨迹的中心点，其相位不可定义，故被称为相位奇点。数学上，拓扑电荷等于相位梯度的环路积分除以 2π，因此拓扑电荷定义为

$$l = \frac{1}{2\pi} \times \oint_C \nabla \phi(\boldsymbol{r}) \mathrm{d}\boldsymbol{r} \tag{5.29}$$

其中，C 为围绕奇异点的微小闭环，$\nabla \phi$ 为相位梯度。

对于复振幅表达式中含有相位项 $\exp(\mathrm{i}l\theta)$ 的涡旋光束，其中每个光子所携带的轨道角动量为 $l\hbar$，l 为中心相位奇点的拓扑荷数，θ 为方位角，$\hbar$ 为约化普朗克常数(普朗克常数 h 与 2π 的商)。在人们的日常生活中，类似于拓扑结构现象的例子也很常见。例如，地球的时间分布就具有一个"奇异点"，其"拓扑荷数 l"为 24 小时，该值也是地球自转一个周期所需要的时间。对具有一定拓扑电荷的相位奇点，可以理解为一种简单的涡旋孤子，但其在具有混沌、吸引子和湍流的复杂流体动力涡旋中是一个重要元素。它能够沿着闭环的连续相位产生一个整数的拓扑电荷。然而，有一种特殊情况，即非整数(分数)拓扑电荷的产生，

它在光学涡旋中也进行了相关实验和理论的研究，分数阶涡旋光束作为载体传输信息时，较整数阶涡旋光束具有更强的光强分布且有利于信息传输。

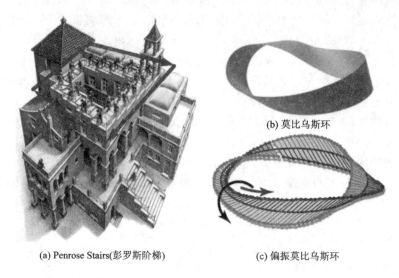

(a) Penrose Stairs(彭罗斯阶梯)　　　　　(b) 莫比乌斯环
　　　　　　　　　　　　　　　　(c) 偏振莫比乌斯环

图 5-10　艺术与科学涡旋的基本拓扑结构

2. 轨道角动量和涡旋光束

随着物理研究的不断深入，人们逐渐认识到光具有波粒二象性，因此研究学者的视线也从波动理论延伸到量子光学中。动量是物理学中的一个基本物理量，与宏观物体相似，光子也具有角动量。光子的角动量(Angular Momentum，AM)由两部分组成，即自旋角动量和轨道角动量。

涡旋光束是一种带有希尔伯特(Hilbert)因子 $\exp(\mathrm{i}l\theta)$ 的傍轴光束，它能够携带光学涡旋沿着传播轴方向进行传播。光学涡旋并不局限于涡旋光束，但涡旋光束作为典型的光学涡旋，由于其携带轨道角动量，因此被称为 OAM 光束。涡旋光束由于其独特的物理性质和应用领域，引起了研究者的广泛关注，特别是涡旋光束的产生、超表面轨道角动量以及基本轨道角动量的理论研究和相关领域的应用。在介绍轨道角动量的基本理论时，以往相关材料通常使用著名的 Poynting(坡印廷)来描述，但这会产生一些困难，例如轨道角动量(OAM)和自旋角动量(SAM)的表达式烦琐、与量子光学不兼容，以及 Abraham-Minkowski(亚伯拉罕-闵可夫斯基)光与动量复杂的关系等问题。本小节将根据 2017 年提出的新理论来介绍轨道角动量的基本性质。典型光场的标准动量密度表达式为

$$P=\frac{g}{2}\mathrm{Im}[\tilde{\varepsilon}E^{*}\cdot(\nabla)E+\tilde{\mu}H^{*}\cdot(\nabla)H] \tag{5.30}$$

其中，E 为电场，H 为磁化场，$g=(8\pi\omega)^{-1}$，$\tilde{\varepsilon}=\varepsilon+\omega\mathrm{d}\varepsilon/\mathrm{d}\omega$ 和 $\tilde{\mu}=\mu+\omega\mathrm{d}\mu/\mathrm{d}\omega$ 为高斯单位。典型的自旋角动量和轨道角动量的密度表达式分别为

$$S=\frac{g}{2}\mathrm{Im}[\tilde{\varepsilon}E^{*}\times E+\tilde{\mu}H^{*}\times H],\ L=r\times P \tag{5.31}$$

其中，S 为自旋角动量的密度，L 为轨道角动量的密度，P 为轨道角动量的密度，r 为径向坐标。对于一束光束，其总的角动量为 $J=S+L$，其偏振旋转会产生自旋角动量，波前旋转会产生轨道角动量。因此，涡旋光束沿着 z 轴传播，其光场表达式为

$$E(r, \theta, z) = A(r, z) \frac{x + my}{\sqrt{1 + |m|^2}} \exp(ikz + il\theta) \tag{5.32}$$

其中，m 为复参数，$A(r, z)$ 为光束的复包络振幅。

平均自旋角动量和轨道角动量的能量密度表达式为

$$\frac{S}{W} = \frac{\sigma}{\omega} \frac{\boldsymbol{k}}{k}, \quad \frac{L}{W} = \frac{l}{\omega} \frac{\boldsymbol{k}}{k} \tag{5.33}$$

其中，$W = \frac{g\omega}{2}(\tilde{\varepsilon}|E|^2 + \tilde{\mu}|H|)$ 和 $\sigma = \frac{2\mathrm{Im}(m)}{1 + |m|^2}$ 为功率密度，$\boldsymbol{k}$ 为波矢量，k 为波数 ω 为频率，$\sigma = +1(-1)$ 和 0 分别对应于左（右）旋圆偏振光和线偏振光。因此，式（5.32）表明：在左（右）旋圆偏振光中，每个光子携带 $+\hbar(-\hbar)$ 的自旋角动量；对于涡旋光束，每个光子携带 $l\hbar$ 的轨道角动量，l 为其拓扑荷数（范围为 $l = 0, \pm 1, \pm 2, \cdots$，"$\pm$"表示涡旋光束的手性）。这与量子光学中角动量的量化是一致的，即光子本征态自旋角动量和轨道角动量的本征值分别为 $\hat{L}_z|\psi\rangle = l\hbar|\psi\rangle$ 和 $\hat{S}_z|\psi\rangle = \sigma\hbar|\psi\rangle$。因此，相位因子 $\exp(il\theta)$ 为涡旋光束提供了一个基本的框架。如图 5 - 11 所示，偏振参数 σ 为自旋量子数，具有 -1 和 $+1$ 两个特征值。当 $\sigma = -1$ 时，表示左旋圆偏振光；当 $\sigma = +1$ 时，表示右旋圆偏振光。l 的绝对值表示涡旋光束中每个光子携带轨道角动量的大小，l 的符号决定了涡旋光束的螺旋相位波前的旋转方向。l 为"$+$"时，表示涡旋光束顺时针旋转；l 为"$-$"时，表示涡旋光束逆时针旋转；$l = 0$ 时，涡旋光束退化为高斯光束。

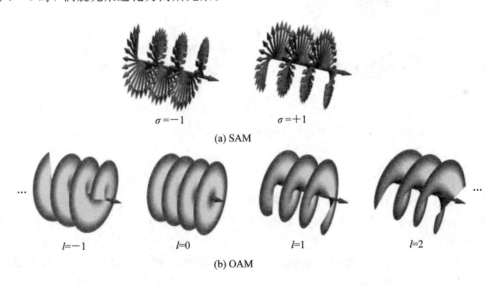

$\sigma = -1$　　　　　　　$\sigma = +1$

(a) SAM

$l = -1$　　　　$l = 0$　　　　$l = 1$　　　　$l = 2$

(b) OAM

图 5 - 11　自旋角动量（SAM）与轨道角动量（OAM）

3. 偏振和矢量涡旋光束

前面部分着重于描述标量光场，其中偏振与空间是可分离的。在标量涡旋中，存在拓扑空间相位结构，但没有偏振的变化，即光场的偏振不随空间变化。如图 5 - 12(a) 所示，圆偏振的光学涡旋可以表示为空间变化的涡旋相位态和圆偏振态的乘积。如果偏振态也具有形成涡旋模式图案空间变化的矢量分布，则对应的光场称为偏振涡旋或矢量涡旋，对应的奇异点称为偏振奇异点或矢量奇异点。根据矢量分布形态，矢量涡旋光场可以细分为多种类型，包括C形、V形、柠檬形、星形、蜘蛛形、蛛网形等。与携带轨道角动量的相位涡旋不同，矢量涡旋总是伴随着复杂的SAM-OAM的耦合作用。如图5-12(b)所示，蜘蛛形矢量涡旋是根据具有相反的相位旋转方向和相反的圆偏振方向的两个涡旋光场相叠加而形成的，其中，由于涉及两个相反的相位变化之和，因此总的轨道角动量为零，并且存在自旋角动量在空间中呈现复杂的分布的现象。

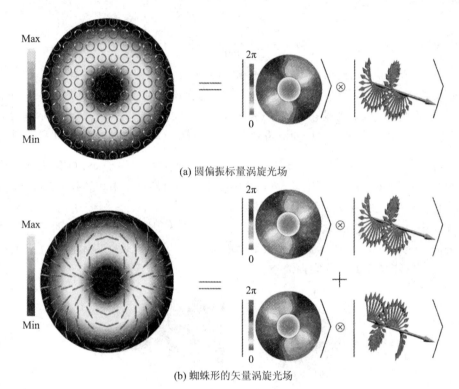

(a) 圆偏振标量涡旋光场

(b) 蜘蛛形的矢量涡旋光场

图5-12　偏振和矢量涡旋光束

5.5.2　涡旋光束的生成

涡旋光束生成的目的是能够获得任意拓扑电荷为 l 的涡旋光束。其中 l 是涡旋光束的特征值，该值决定了涡旋光束中每一个光子所携带轨道角动量的大小。涡旋光束的生成技术一直是国内外研究人员探索的重点之一。由于高质量涡旋光束的生成是研究光束的传输特性、应用场景、市场推广等的重要基础，因此本小节将介绍一些最常见的涡旋光束的产生方法，如直接产生法、模式转换法、螺旋相位板法、计算全息法、光纤产生法等。

1. 直接产生法

直接产生法是指利用激光谐振腔直接产生涡旋光束。在实验中该方法对谐振腔的轴对称性具有严格的要求，但是较难得到稳定的光束输出。

20世纪60年代，首次有人建议进行激光器的高阶横模（拉盖尔-高斯（Laguerre-Gaussian，LG）光束）运转，从此人们在不同的谐振腔设置中进行高阶横模运转的研究。在柱对称稳定谐振腔（包括圆形孔径共焦腔）中，拉盖尔-高斯光束可以由缔合拉盖尔多项式和高斯分布函数进行表示。早期，Tamm C通过在激光谐振腔中对不需要的模式施以高损耗，但对需要的模式施以低损耗，从而实现了拉盖尔-高斯光束的产生。通过在谐振腔内放置相位元件或特殊镜面，可以直接产生拉盖尔-高斯光束。然而，由于在谐振腔内插入额外的元件会造成激光腔内严重的内部损耗，因此输出功率大多是有限的。2001 年，Chen 等人提出并验证了使用环形泵浦的末端二极管泵浦 Nd：YVO₄ 激光器直接产生拉盖尔-高斯光束的方法。图 5 - 13 所示为对称腔激光系统的原理图，其使用的激光增益介质为 1at.％掺杂的 Nd：YVO₄，其尺寸为 2 mm×5 mm×20 mm。泵浦二极管为 55 W 连续波激光二极管阵列，通过一个圆柱形透镜对激光二极管的输出聚焦可使其在泵面上形为一条 0.2 mm×18 mm 的直线。该腔是由高反射平面镜和反射平面（反射率为 85％）输出耦合器形成的。为了在泵浦区域和激光模式之间实现良好的空间重叠，在腔内放置了两个圆柱形透镜($f=50$ mm)。放大器泵浦表面的内部弹跳角约为 10°。激光谐振腔相对于 Nd：YVO₄ 的位置是紧凑和对称的，使得腔体在所有泵浦水平上都是稳定的。光耦合长度为 160 mm($L_1=L_2=80$ mm)，输出呈现典型的多模态分布，最大泵级功率可达到 11.2 W。

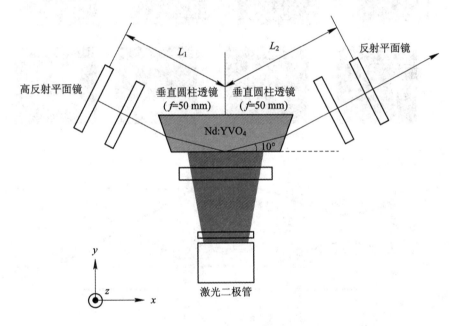

图 5 - 13　对称腔激光系统的原理图

　　直接产生法具有可直接在激光谐振腔内产生涡旋光束的优点，但其很难得到稳定的涡旋光束且难以产生高阶涡旋光束。

2. 模式转换法

　　由柱面镜构成非轴对称光学系统，输入不含轨道角动量的厄米-高斯（Hermite - Gaussian，HG）光束，通过两个柱面透镜构成的模式转换器，就可以将其转换为拉盖尔-高斯光束。此方法最早由 Allen 等研究人员于 1993 年提出。同理，将 LG 光束转换成 HG 光束也是成立的。只需要在 LG 光束基础上引入一个随方位角变化的相位因子 $\exp(il\theta)$，就可以将 HG 光束变成具有轨道角动量的 HG 光束。

　　如图 5 - 14(a)所示，45°高阶 HG 可以分解为多个叠加的低阶 HG，同时一系列低阶 HG 通过模式转换器后，根据古依相移理论（Gouy Pase Shift），能够获得特定拓扑电荷的

LG 光束。如图 5 - 14(b)所示，该部分提出了两种柱面镜模式转换器，即 π/2 转换器和 π 转换器。π/2 转换器可以使入射的 HG 光束为 $HG_{m,n}$ 模式与相邻低阶 $HG_{m,n}$ 模式间产生 π/2 的相位差，从而使其转换为 $LG_{p,l}$ 模式，其径向节点数为 $p = \min(m,n)$（(m,n) 为模式指数），拓扑荷数为 $l = m - n$。同理，π 转换器可以使相邻的低阶 $HG_{m,n}$ 间产生的相位差为 π，从而将 $HG_{n,m}$ 模式变成镜像模式 $HG_{n,m}$ 或将 $LG_{p,l}$ 变成镜像模式 $LG_{p,-l}$，这样的关系具有相反方位角符号的依赖性。π/2 转换器和 π 转换器的功能类似于双折射偏振的 λ/4 和 λ/2 波片，但这两者之间也存在一定的区别：模式转换器产生光子轨道角动量，而波片产生光子自旋角动量。

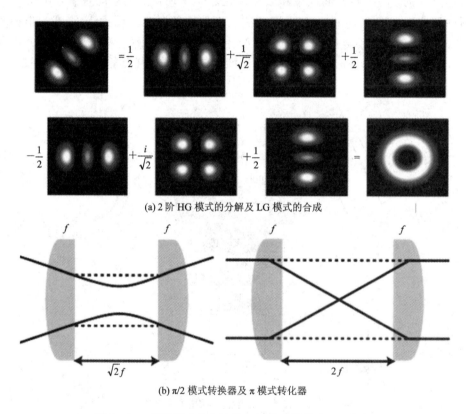

(a) 2 阶 HG 模式的分解及 LG 模式的合成

(b) π/2 模式转换器及 π 模式转化器

图 5 - 14　利用模式转换法将 HG 光束转化为 LG 光束

柱面镜模式转换法具有转换效率高，能够产生高纯度的涡旋光束的优势，但该方法对光学器件的结构精度要求严格，需要对柱面镜的入射视场角进行非常精确的位置和角度调整，同时其灵活性差，只能生成特定拓扑荷数的光束。

3. 螺旋相位板法

螺旋相位板是一种特殊设计的光学衍射元件，其厚度与相对于板中心的旋转方位角 θ 成正比，表面结构类似于一个旋转的台。如图 5 - 15 所示，当一束基模高斯光束通过螺旋相位板时，由于相位板的螺旋形表面使透射光束光程发生角向相位延迟，即螺旋相位波前，继而产生一个具有螺旋特征的相位因子。这样的相位调制器即为螺旋相位板（Spiral Phase Plate，SPP）。

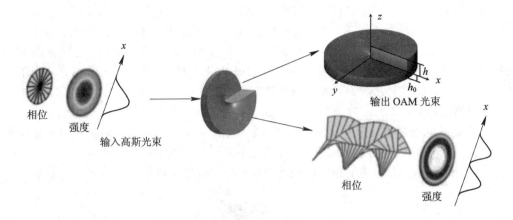

图 5 - 15　螺旋相位板

理论上，在极坐标系下，由相位和光程的关系可得

$$l\theta = (n_{\mathrm{SPP}} - n)k(h - h_0) \tag{5.34}$$

所以螺旋相位板厚度的表达式为

$$h = h_0 + \frac{\lambda l\theta}{2\pi(n_{\mathrm{SPP}} - n)} \tag{5.35}$$

其中：n_{SPP} 为螺旋相位板材料的折射率；n 为螺旋相位板材料表面周围环境的折射率；k 为光束的波数；h 为螺旋相位板的厚度；h_0 为在 $\theta = 0$ 时螺旋相位板的基板厚度；λ 为入射光束的波长；l 为相位板的拓扑荷数；θ 为旋转方位角，其取值范围为 $\theta \in [0, 2\pi]$。

当 $n = 1$ 时，即在真空环境下，螺旋相位板一周的相位变化为

$$\Delta h = \frac{\lambda l}{n_{\mathrm{SPP}} - 1} \tag{5.36}$$

利用螺旋相位板产生涡旋光束的工作原理可解释为直接引入螺旋相位项 $\exp(il\theta)$。该方法具有转化效率高的优势，可用于高功率激光束的传输，具有一定的实用价值。但也存在生产高质量螺旋相位板的工艺要求高且制备困难、不易于控制涡旋光束的种类，以及难以产生多样拓扑荷数的涡旋光束等不足。

4. 计算全息法

计算全息法主要利用计算全息图和空间光调制器，将叉形光栅加载到空间光调制器（Spatial Light Modulator，SLM）上，使高斯平面波直接入射到 SLM 上。

计算全息图是依据光的干涉和衍射原理，利用计算机编程实现目标光与参考光的干涉图样，从而得到涡旋光束。其利用计算机全息图来设计衍射光学元件，而不是通过采用复杂的折射光学元件来产生涡旋光束，衍射光学元件的透射率函数与螺旋相位 $\exp(il\theta)$ 相关。计算全息图就是将叉形光栅制成底片，如菲涅尔螺旋衍射光栅和分阶 l 叉形衍射光栅，通过使用光刻工艺在光涂层基板上记录干涉图案。当高斯光束入射到 l 叉形衍射光栅上，在经过第 n 次衍射后，可以得到具有 nl 拓扑荷数的涡旋光束。计算全息图光栅制作具有相对简单、快速，对单偏振面具有良好的波前平整度和高效率等优势。但随着衍射阶数的增加，涡旋光束的质量严重下降，因此该方法一般只用于产生低阶的涡旋光束。

空间光调制器可以产生不同拓扑荷数的涡旋光束，它是一类能将信息加载于一维或二

维的光学数据场上，以便有效利用光的固有速度、并行性和互连能力的器件；其液晶分子可以通过编程动态改变入射光束的参数，包括横向平面上的光束，从而产生涡旋光束。其中，将生成的透射函数 $\exp(\mathrm{i}l\theta)$ 的相位全息图加载到空间光调制器上，使它根据输入相位全息图的每个像素值来确定一维或二维空间中每个点的相位。如图 5-16 所示，为了产生涡旋光束，加载到空间光调制器上的相位全息图的形式为：(a)螺旋相位全息图，只能产生单一拓扑荷数的涡旋光束，并垂直射出；(b)分阶 l 叉形全息图，可以控制涡旋光束的出射方向；(c)二值化分阶 l 叉形全息图，具有多个衍射级次，在不同的衍射级次会产生不同的拓扑荷数。由于空间光调制器可以控制涡旋光束的各种参数，因此它们是非常灵活的，但是它们的费用相对昂贵且具有能量阈值的限制，导致其无法应用于高功率激光束中。

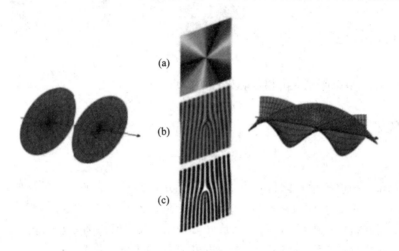

图 5-16　计算全息法

综上所述，计算全息法具有操作性强的特性，表现为对涡旋光束的位置、大小以及参数可以进行控制，因而可以产生具有不同拓扑荷数的涡旋光束。但其也具有一定的局限性，体现为光束入射到全息图中心，需要对光路进行精确的调控。

5. 光纤产生法

为了适应轨道角动量光通信系统的发展和应用要求，研究人员提出了利用光纤产生涡旋光束的方法，主要包括三种方法：光纤耦合器转换法、光子晶体光纤转换法和光波导器件转换法。

1）光纤耦合器转换法

光纤耦合器转换法利用光纤耦合器在光纤上产生涡旋光束。例如，2011 年，美国南加州大学的 Yan Yan 等研究人员提出了一种由一个中心环和四个外部纤芯组成的光纤耦合器，可以产生多达 10 个轨道角动量的模式。四个相干的输入光被发射到外部的核心中，然后耦合到中央环形波导中以产生轨道角动量模式。通过调整输入光的偏振状态和相位，可以提高生成的轨道角动量模式的质量，并且可以选择性地产生中心环中具有奇数电荷数的轨道角动量模式。此光纤耦合器可以扩展为支持全光纤空间模式（解复用）。图 5-17 所示为此种光纤耦合器的结构，其中光纤的玻璃材料分别如下：

(1) 背景部分：Schott LLF1，$n_{\mathrm{L}}=1.53$。

(2) 环部分：SF6，$n_{\mathrm{H1}}=1.76$。

（3）外部核心部分：SF4，$n_{H2}=1.71$（在 1550 nm 处）。

这种光纤耦合器转换法产生涡旋光束的装置非常复杂，不适于市场应用。

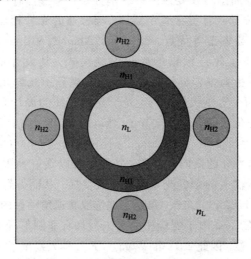

图 5-17　光纤耦合器的结构（1）

文献[14]对文献[13]中的方法进行了改进，利用仿真方法演示了一种在中心正方形区域和环形波导区域，基于光纤轨道角动量发生器的材料和尺寸进行设计，并实现在环中选择性地生成奇数阶轨道角动量模式（从 −3 到 −9 和从 +3 到 +9，总共 8 个模式）。轨道角动量的纯度和产生效率可以达到 96.4% 以上。这种方法可以用于制作空间模式复用系统的集成轨道角动量发射机。图 5-18 所示为此种光纤耦合器的结构，其中光纤的玻璃材料分别如下：

（1）中心正方形部分：Schott SF1，$n_{H1}=1.68$。

（2）环部分：SF57，$n_{H2}=1.80$。

（3）环与正方形之间部分：SF5，$n_{L1}=1.64$。

（4）背景部分：SF2，$n_{L2}=1.62$（在 1550 nm 处）。

这种光纤耦合器转换法有利于在光纤通信领域中应用和推广，突破了以往涡旋光束复杂、烦琐的装置限制，但是波导色散较大，会导致高阶涡旋光束模式的不稳定。

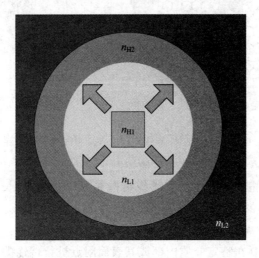

图 5-18　光纤耦合器的结构（2）

2）光子晶体光纤转换法

光子晶体光纤的横截面上有较复杂的折射率分布，通常含有不同排列形式的气孔，这些气孔的直径一般在波长量级且贯穿整个器件。与普通的光纤相比，光子晶体光纤具有低损耗、低色散、传输特性易调节等优点。2012 年，Alan E.Willner 研究组提出了 As_2S_3 环形光子晶体光纤，用于产生超连续谱的光学涡旋模式。其设计的环形光子晶体光纤中 As_2S_3 与气孔之间的材料折射率差异很大，因此与常规环形光纤相比，不同涡旋模式的有效折射率之间的差异有两个数量级的改善。光子晶体光纤的设计自由度可在 522 nm 的光带宽上实现低色散（总变化小于 60 ps / nm / km）。此外，涡旋模式在 1550 nm 处具有 $11.7 \ m^2 /W$ 的大非线性系数，在 2000 nm 以下具有小于 0.03 dB /m 的小限制损耗。图 5-19 所示为光子晶体光纤的横向截面图，其强度可以很好地限制在光子晶体光纤高指数环区域内。该装置根据输入的 HG 光束进行模式变换，从而得到了一系列涡旋本征模（如 $TE_{0,1}$、$TM_{0,1}$、$HE_{2,1}^{EVEN}$、$HE_{2,1}^{odd}$）。此外，可适当地选取轨道角动量的两个特征模进行叠加（如 $OAM_{0,2}=HF_{2,1}^{EVEN}+i * HE_{2,1}^{odd}$）。由于螺旋扭曲可以为具有非圆形导向芯的光纤中光的损耗、色散和偏振态提供更多改善，因此 2012 年 Wong G K L 等人提出了一种螺旋光子晶体光纤模式转换器。图 5-20 所示为螺旋光子晶体光纤，在空心通道的螺旋形晶格引导下，包层光被迫遵循螺旋路径，这会将一部分轴向动量转移到方位角方向上，即对输入的光束进行方位角的调制，因而导致在与扭曲率成线性比例的波长处形成离散的轨道角动量状态。

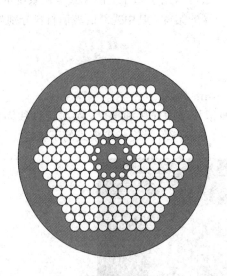

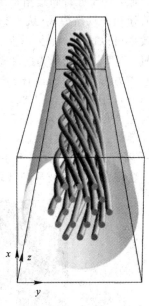

图 5-19　光子晶体光纤的横向截面图　　　图 5-20　螺旋光子晶体光纤

螺旋光子晶体光纤在带阻滤波器和色散控制中具有潜在的应用。此外，螺旋光子晶体光纤中产生涡旋光束的拓扑荷数还随着光纤结构参数（如光纤的长度、光纤的孔径、孔间距、扭曲率等）的变化而发生改变，因而可以产生丰富的涡旋光束。

3）光波导器件转换法

光波导是将光波限制在特定介质内部或其表面附近进行传输的导光通道，简单地说就是约束光波传输的媒介，又称介质光波导。光波导的常用材料有 $LiNbO_3$、Si 基（SiO_2、

SOI）、Ⅱ-Ⅴ族半导体、聚合物等。光波导是集成光学重要的基础性部件，它能够将光波束缚在光波长量级尺寸的介质中，长距离无辐射地进行传输。光波导器件具有体积小、性能稳定可靠、效率高、功耗低、使用方便等特点。图 5-21 所示为硅集成光学涡旋发射器，使用角光栅将涡旋光束限制在回音壁模式中，由于锯齿的存在，光束在环形波导传输时会产生相差，进而使光波矢发生变化，以获取涡旋光束。该设备最小的半径为 3.9 μm。如图 5-22 所示，该发射器发射涡旋光束的拓扑荷数 l 与环形波导中回音壁模式的方位角径向指数 p 和器件的结构参数 q（图中锯齿的个数）有关，其关系表示为 $l = p - q$。该设备具有体积小、模式稳定、可产生多种拓扑荷数可控的涡旋光束等优点。

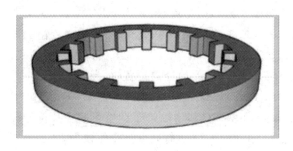
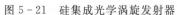

图 5-21　硅集成光学涡旋发射器　　　　　　　图 5-22　发射器组成的阵列

光纤产生法具有便于在光通信系统中推广且产生涡旋光束比较稳定的优点，但是实验上目前仅能实现低阶涡旋光束，高阶涡旋光束很难实现。

5.5.3　涡旋光束的类型

近年来，涡旋光束作为一种新型激光束，由于其具有其它光束所不具备的特性，如正交性、多维性、奇异性等性质，因而受到了研究者的广泛关注。具有螺旋型相位波前的涡旋光束有多种不同的类型，但是不同涡旋光束的横截面光强分布大同小异，均具有共同的特征，其中心存在相位奇异点，会导致光强中心呈现具有中心暗核的环形分布。涡旋光束除了应用于 FSO 通信系统中，还可作为光学镊子（光钳）、光学扳手和原子电动机等，这些都可以用于操控某些微观粒子（包括中性原子或分子等）。因此，本小节中将介绍一些涡旋光束的基本特性，供读者学习，其中包括拉盖尔-高斯光束、厄米-拉盖尔-高斯光束、螺旋-因斯-高斯光束、贝塞尔-高斯光束、马修光束、艾里（Airy）相关涡旋光束、完美涡旋光束。

1. 拉盖尔-高斯光束和厄米-拉盖尔-高斯光束

拉盖尔-高斯光束是最早报道的携带有轨道角动量的涡旋光束。由于拉盖尔-高斯光束是涡旋光束中最典型的一种，因此在涡旋光束中大多数都是围绕它进行拓展与研究的。它也是目前轨道角动量无线光通信系统中应用最为广泛的涡旋光束之一。拉盖尔-高斯光束是在傍轴近似的条件下亥姆霍兹方程在柱坐标中的特解，故该涡旋光束的光场表达式为

$$E_{p,l}(r, \theta, z) = \frac{\sqrt{2p! / \pi(|l|+p)!}}{w(z)} \left(\frac{r\sqrt{2}}{w(z)}\right)^{|l|} L_p^{|l|}\left(\frac{2r^2}{w(z)^2}\right) \exp\left[\frac{-r^2}{w(z)^2}\right]$$

$$\exp\left[\frac{-i\kappa r^2 z}{2(z^2+z_R^2)}\right] \exp\left[i(2p+|l|+1)\arctan\left(\frac{z}{z_R}\right)\right] \exp(-il\theta)$$

$$\text{(5.37)}$$

其中，拉盖尔-高斯光束的参数定义如下：

$$k = \frac{2\pi}{\lambda}$$

$$z_R = \frac{\kappa w_0^2}{2}$$

$$w(z) = w_0 \sqrt{1 + \left(\frac{z}{z_R}\right)^2} \tag{5.38}$$

$$L_p^{|l|}(x) = \sum_{m=0}^{p} (-1)^m \frac{(l|+p)!}{(p-m)!\ (d\ |m|)!\ m!} x^m$$

式中，z 为光束的传播距离；p 和 l 分别为径向模式数和拓扑荷数；θ 为方位角；w_0 为束腰半径；r 为圆柱坐标的径向分量；λ 是波长；κ 是光波数；$w(z)$ 是光束沿 z 方向传输的束径；z_R 是瑞利长度；$(2p+|l|+1)\arctan(z/z_R)$ 是 Gouy 相移；$L_p^{|l|}$ 是广义拉盖尔多项式。

图 5-23 所示为零阶径向拉盖尔-高斯光束和高阶（$p=1$）径向拉盖尔-高斯光束，拓扑荷数 l 分别为 3、4、5。可以看到，当 $p=0$ 时，拉盖尔-高斯光束仅具有单环结构；当 $p \geqslant 1$ 时，拉盖尔-高斯光束具有 $p+1$ 个同心环。拓扑荷数 l 对其相位分布产生影响，其符号和绝对值分别决定了螺旋相位梯度的方向和大小。由图 5-23 可知，当拓扑荷数为 l、径向指数为 p 时，拉盖尔-高斯光束相位分布图有 p 条以相位奇点为圆心的圆截线，每条圆截线环内有 l 条等相位线。对于相同拓扑荷数、不同径向指数的 LG 光束来说，它们的相位分布图中最外层圆截线以外的区域具有相同的相位结构。特别地，当径向指数相差为奇数时，其相位分布图中最内层圆截线以内的区域具有相同的相位结构；当径向指数相差为偶数时，其相位分布图中最内层圆截线以内的区域相位差为 π。

拉盖尔-高斯光束可以归纳为带有椭圆涡旋光束的厄米-拉盖尔-高斯（Hermite-Laguerre-Gaussian，HLG）光束家族中的一员，厄米-高斯光束模式可转变为拉盖尔-高斯光束模式，因而对于厄米-拉盖尔-高斯光束的研究具有重要的意义。厄米-拉盖尔-高斯光束的光场表达式为

$$\mathrm{HLG}_{n,m}(r,z|\alpha) = \frac{1}{\sqrt{2^{N-1} n!\ m!}} \exp\left(-\pi \frac{|r|^2}{w}\right) \mathrm{HL}_{n,m}\left(\frac{r}{\sqrt{\pi w}} \Big| \alpha\right) \times$$

$$\exp\left[\mathrm{i}kz + \mathrm{i}k \frac{r^2}{2R} - \mathrm{i}(m+n+1)\theta\right] \tag{5.39}$$

其中，$\mathrm{HL}_{n,m}(\cdot)$ 是厄米-拉盖尔多项式；

$$r = (x, y)^{\mathrm{T}} = (r\cos\phi, r\cos\phi)^{\mathrm{T}}$$

$$R(z) = \frac{(z_R^2 + z^2)}{z}$$

$$\theta(z) = \arctan\left(\frac{z}{z_R}\right) \tag{5.40}$$

$$k\omega^2(z) = 2\frac{(z_R^2 + z^2)}{z_R}$$

式中，r 为径向坐标，z_R 为瑞利范围，θ 为极角，ω 为束宽。当 $\alpha=0$ 或 $\pi/2$ 时，$\mathrm{HLG}_{n,m}$ 模式变为 $\mathrm{HG}_{n,m}$ 或 $\mathrm{HG}_{m,n}$ 模式。当 $\alpha=\pi/4$ 或 $3\pi/4$ 时，$\mathrm{HLG}_{n,m}$ 模式变为 $\mathrm{LG}_{p,\pm l}$ 模式，其中 $[p=\min(m,n), l=m-n]$，如图 5-24 所示。

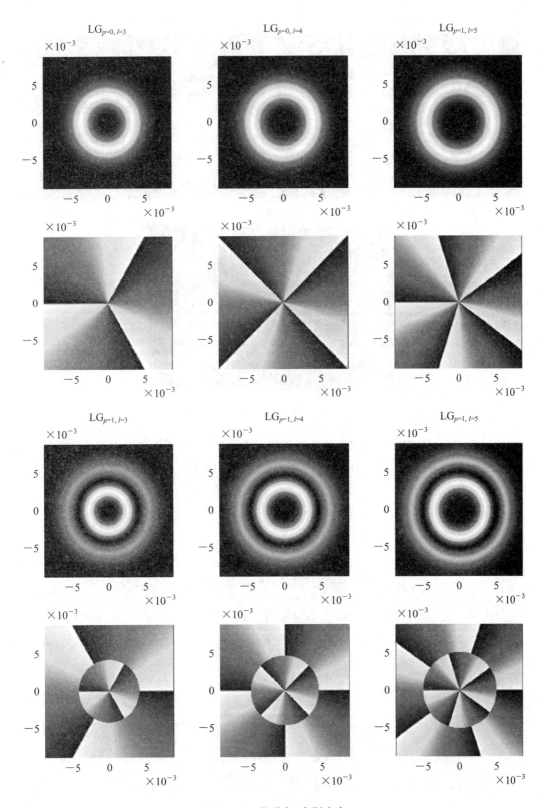

图 5 - 23   拉盖尔-高斯光束

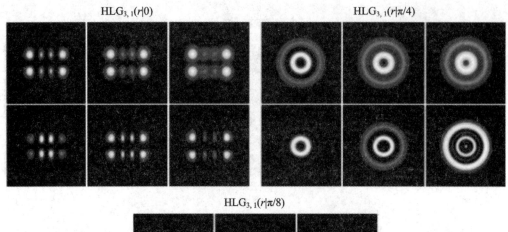

图 5-24 厄米-拉盖尔-高斯光束

由上文可知，拉盖尔-高斯光束还可以理解为若干个厄米-高斯光束的叠加，如图 5-25 所示。因此，对于拉盖尔-高斯光束，其光场表达式又可表示为

$$\mathrm{LG}_{p,\pm l}(x,y,z) = \sum_{K=0}^{m+n} (\pm i)^K b(n,m,K) \cdot \mathrm{HG}_{m+n-K,K}(x,y,z)$$

$$(5.41)$$

其中，

$$b(n,m,K) = \left[\frac{(N-K)!\,K!}{2^N n!\,m!}\right]^{1/2} \frac{1}{K!} \frac{\mathrm{d}^K}{\mathrm{d}t^K}\left[(1-t)^n(1+t)^m\right]\bigg|_{t=0} \qquad (5.42)$$

式中，$N=2n+2m+1$，K 为厄米-高斯光束的个数。

拉盖尔-高斯光束也可以通过像散模式转换器（Astigmatic Mode Converter，AMC）转换为厄米-高斯光束模式。

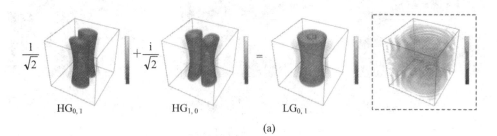

(a)

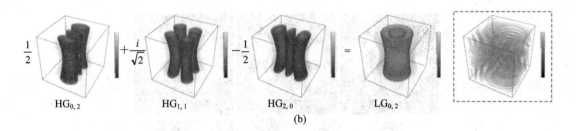

$$\frac{1}{2}\quad \text{HG}_{0,2} \quad +\frac{i}{\sqrt{2}}\quad \text{HG}_{1,1} \quad -\frac{1}{2}\quad \text{HG}_{2,0} \quad = \quad \text{LG}_{0,2}$$

(b)

图 5-25　拉盖尔-高斯光束与厄米-高斯光束之间的转换

2. 螺旋-因斯-高斯光束

因斯-高斯（Ince-Gaussian，IG）光束是在椭圆坐标（ξ，η）中解出的傍轴波动方程（Paraxial Wave Equation，PWE）的本征模式。因斯-高斯光束的光场表达式为

$$\text{IG}_{u,\nu}^{e,o}(x,y,z|\epsilon)=\frac{C^{e,o}}{w}I_{u,\nu}^{e,o}(i\xi,\epsilon)I_{u,\nu}^{e,o}(\eta,\epsilon)\exp\left(-\frac{x^2+y^2}{w^2}\right)\exp\left[ikz+ik\frac{x^2+y^2}{2R}-i(u+1)\theta\right]$$

(5.43)

其中，$C^{e,o}$ 是归一化成化常数（上标 e 和 o 分别表示偶数模态和奇数模态）；$I_{u,\nu}^{e,o}(\cdot,\epsilon)$ 为偶数和奇数因斯多项式，对于偶数情况，$0<\nu<u$ 且 $(-1)^{u-\nu}=1$，对于奇数情况，$0<u<\nu$ 且 $(-1)^{u-\nu}=1$；ϵ 是离心率，其范围为 $(0,\infty)$。图 5-26 所示为因斯-高斯光束的光场和相位变化。

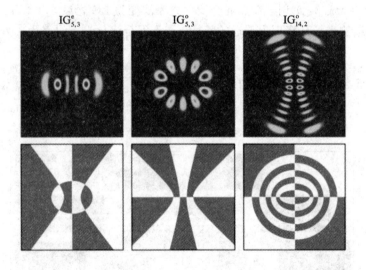

图 5-26　因斯-高斯光束

通过将因斯-高斯光束采用特殊的方法进行叠加，可以形成一个带有轨道角动量且具有多个奇异点的涡旋光束阵列，称之为螺旋-因斯-高斯（Helical-Ince-Gaussian，HIG）光束。图 5-27 所示为螺旋-因斯-高斯光束中 $\text{HIG}_{4,4}^{+}$ 光束的光场和相位分布。螺旋-因斯-高斯光束的光场表达式为

$$\text{HIG}_{u,\nu}^{\pm}(x,y,z|\epsilon)=\text{IG}_{u,\nu}^{e}(x,y,z|\epsilon)\pm i\cdot\text{IG}_{u,\nu}^{o}(x,y,z|\epsilon)$$

(5.44)

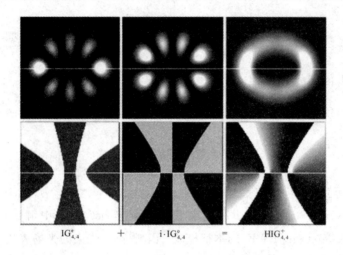

IG$_{4,4}^{\mathrm{e}}$　　　+　　　i·IG$_{4,4}^{\mathrm{o}}$　　　=　　　HIG$_{4,4}^{+}$

图 5 - 27　螺旋-因斯-高斯光束

实际上，无论是螺旋-因斯-高斯光束还是厄米-拉盖尔-高斯光束，都可以归结为奇点混合演化(Singularities Hybrid Evolution Nature，SHEN)光束的一种形态。奇点混合演化光束作为最为普遍的结构化高斯光束，包含了 HG、LG、HLG 和 HIG 等多种光束，并且各个光束之间在满足一定条件时可以相互转换。图 5 - 28 给出了奇点混合演化光束之间的演变过程。当 $\beta = \pm\pi/2$ 时，奇点混合演化光束演变为 HIG 光束；当 $\gamma = 0$ 时，奇点混合演化光束演变为 HLG 光束；当 $(\beta, \gamma) = (0, 0)$ 或 $(\pi, 0)$ 时，奇点混合演化光束演变为 HG 光束；当 $(\beta, \gamma) = (\pm\pi/2, 0)$ 时，奇点混合演化光束演变为 LG 光束。由此可见，奇点混合演化光束在描述结构光场具有更为普适的特性。奇点混合演化光束的表达式为

$$\mathrm{SHEN}_{n,m}(x,y,z \mid \beta,\gamma) = \sum_{K=0}^{N} \mathrm{e}^{\mathrm{i}\beta K} b(n,m,K) \cdot \begin{cases} (-\mathrm{i})^{K} \mathrm{IG}_{N,N-K}^{\mathrm{e}}\left(x,y,z \mid {}_{\epsilon=\frac{2}{\tan^{2}\gamma}}\right), (-1)^{K} = 1 \\ (-\mathrm{i})^{K} \mathrm{IG}_{N,N-K+1}^{\mathrm{o}}\left(x,y,z \mid {}_{\epsilon=\frac{2}{\tan^{2}\gamma}}\right), (-1)^{K} \neq 1 \end{cases}$$

(5.45)

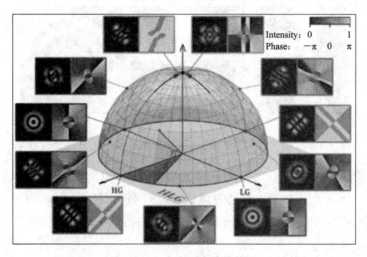

图 5 - 28　奇点混合演化模型

3. 贝塞尔-高斯光束和马修光束

利用无衍射的假设求解近轴波动方程，可以得到一组本征解。在可分离变量的圆柱坐标系中，其光场表现为贝塞尔光束。早在 1987 年，Durnin 发现有一种光束不能发生衍射现象，而这种光束就是贝塞尔光束。贝塞尔光束是一束空心光束，也是一类典型的涡旋光束。目前，较多的研究都是根据理想贝塞尔光束来产生完美涡旋光束。贝塞尔光束的优点为，在近轴条件下，传输一定距离不发生衍射，即涡旋光束的亮环半径不依赖于拓扑荷数的变化。理想情况下，贝塞尔光束光强分布在垂直于传播方向的截面上，并表现为贝塞尔函数形式。然而，由于具有无穷大横截面积的理想贝塞尔光束需要无穷大的能量才能实现，因此在实际的工程应用中，通常对理想贝塞尔光束进行高斯截断来获得近似的贝塞尔光束，即贝塞尔-高斯(Bessel-Gaussian，BG)光束。贝塞尔-高斯光束作为无衍射光束的一种，与同样具有无衍射特性的拉盖尔-高斯光束相比，其具有拉盖尔-高斯光束所不具备的自愈合特性。这使得该光束在环境恶劣的传输信道(如存在微小障碍物)中，即使受到阻挡也能够在经过一段距离的传输后恢复到原来相对稳定的复振幅分布。贝塞尔-高斯光束的光场表达式为

$$E_l(r, \varphi) = J_l \exp\left(-\frac{r^2}{\omega^2}\right) \exp(-il\varphi) \tag{5.46}$$

其中，$E_l(r, \varphi)$ 表示贝塞尔-高斯光束在柱坐标中传输时某一横截面的电场分布，J_l 表示 l 阶贝塞尔函数，w 表示光束半径。当拓扑荷数 $l \geqslant 1$ 时，J_l 表示为高阶贝塞尔函数。图 5-29 所示为拓扑电荷分别为 3、4、5 时贝塞尔-高斯光束的光强和相位分布，其光强中间呈现一个亮圈，外部具有几个不同直径同心旁瓣圆环，相位与其拓扑荷数相关。

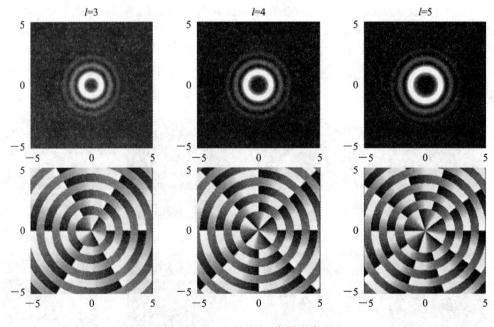

图 5-29　贝塞尔-高斯光束

在无衍射光束提出后的很长一段时间，贝塞尔光束以及近似无衍射的贝塞尔-高斯光束是主要研究对象。2000 年，研究者提出了另外一种无衍射光束——马修(Mathieu)光束，

马修光束是通过在椭圆坐标系下求解亥姆霍兹方程获得的。与此同时，研究者通过采用环形狭缝，根据几何光学的办法首次在实验上获得了零阶的马修光束。偶数马修光束和奇数马修光束的光场表达式分别为

$$M_m^e(x, y, z \mid \varepsilon) = C_m J_{em}(\xi, \varepsilon) c_{em}(\eta, \varepsilon) \exp(\mathrm{i} k_z z) \tag{5.47}$$

$$M_m^o(x, y, z \mid \varepsilon) = S_m J_{om}(\xi, \varepsilon) s_{em}(\eta, \varepsilon) \exp(\mathrm{i} k_z z) \tag{5.48}$$

其中，C_m 和 S_m 为归一化常数；ξ 为径向参数，其范围为 $[0, \infty)$；η 为角向参数，其范围为 $[0, 2\pi)$；$\varepsilon = \dfrac{h^2 k_t^2}{4}$ 为椭圆度参数（h 为对应椭圆的两焦点间的距离，k_t 为马修光束的径向传输分量）；J_{em} 和 J_{om} 分别为偶数径向马修光束和奇数径向马修光束；c_{em} 和 s_{em} 分别为偶数角向马修光束和奇数角向马修光束。图 5-30 所示为马修光束的光场分布。

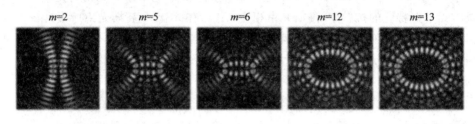

图 5-30　马修光束

虽然偶数马修光束和奇数马修光束本身不携带轨道角动量，但是具有复振幅的偶数马修光束和奇数马修光束之间的线性组合，使得结合后的马修光束携带有轨道角动量。图 5-31 所示为线性组合而成的马修涡旋（Helical Mathieu，HM）光束。马修涡旋光束的光场表达式为

$$\mathrm{HM}_m^{\pm}(x, y, z \mid \varepsilon) = M_m^e(x, y, z \mid \varepsilon) \pm \mathrm{i} \cdot M_m^o(x, y, z \mid \varepsilon) \tag{5.49}$$

将频率空间设置方位角变量 $\phi = \phi + \mathrm{i}\alpha\cos(\phi + \beta)$，其中，$\phi$ 为原始频率空间中的方位角，α 为光束的不对称度，β 为旋转参数。

高阶贝塞尔光束和马修光束统称为无衍射涡旋光束，其已在微粒操控、光通信等众多领域发挥重要作用。

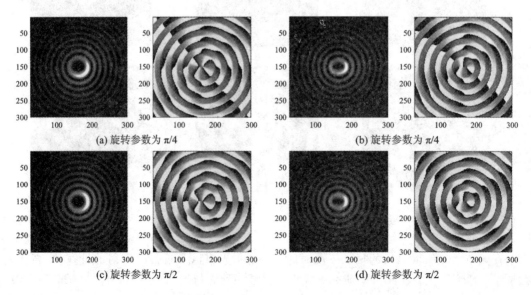

(a) 旋转参数为 $\pi/4$　　　　　　　　　(b) 旋转参数为 $\pi/4$

(c) 旋转参数为 $\pi/2$　　　　　　　　　(d) 旋转参数为 $\pi/2$

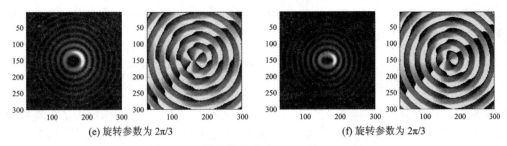

(e) 旋转参数为 2π/3 　　　　　　　(f) 旋转参数为 2π/3

图 5 - 31　马修涡旋光束（$\alpha=0$ 且 $\varepsilon=1$ 时）

4. 艾里相关涡旋光束

艾里（Airy）光束由于其自加速、自聚焦、自愈合和无衍射的独特特性，已成为近年来备受关注的一种新型无衍射光束。艾里光束具有广阔的发展前景，目前该类光束已广泛运用在众多领域中，包括光学的微操作、真空电子加速、表面等离子体极化、光镊、激光医学、激光消融等领域。近年来，有学者提出将光学涡旋引入艾里光束中形成一种新的光束——艾里涡旋光束。因此，下面主要介绍两种艾里涡旋光束，分别为环形艾里阵列涡旋光束和圆形艾里涡旋光束。

1）环形艾里阵列涡旋光束

环形艾里阵列涡旋光束包括艾里涡旋光束和艾里高斯涡旋光束两个阵列。

（1）艾里涡旋光束阵列（Airy Vortex Beam Array，AVBA）。其示意图如图 5 - 32 所示，该涡旋光束阵列中第 j 个艾里涡旋光束的光场可以表示为

$$E_j^{\mathrm{AVBA}}(x,\,y,\,z=0)=\mathrm{Ai}\left(\frac{X}{w}\right)\mathrm{Ai}\left(\frac{Y}{w}\right)\exp\left[a\cdot\left(\frac{X}{w}+\frac{Y}{w}\right)\right]\mathrm{e}^{\mathrm{i}m\frac{2\pi j}{N}} \tag{5.50}$$

其中，$\mathrm{Ai}(\cdot)$ 为艾里函数；$j=1,\,2,\,3,\,\cdots,\,N$，N 是矩阵中的光束个数；w 是横向尺度；$0\leqslant a\leqslant1$ 是指数截止因子；m 为光束的拓扑电荷；d 为横向位移；$(X,\,Y)$ 是线性代换之后的坐标，其坐标表达式为

$$\begin{bmatrix}X\\Y\end{bmatrix}=\begin{bmatrix}\cos\left(\dfrac{j-1}{n}\cdot2\pi+\pi\right) & \sin\left(\dfrac{j-1}{n}\cdot2\pi+\pi\right)\\[2ex] -\sin\left(\dfrac{j-1}{n}\cdot2\pi+\pi\right) & \cos\left(\dfrac{j-1}{n}\cdot2\pi+\pi\right)\end{bmatrix}\begin{bmatrix}x\\y\end{bmatrix}+\begin{bmatrix}d\\d\end{bmatrix} \tag{5.51}$$

最终得到艾里涡旋光束阵列的光场表达式为

$$E^{\mathrm{AVBA}}(x,\,y,\,z=0)=\sum_{j=1}^{n}E_j^{\mathrm{AVBA}}(x,\,y,\,z=0) \tag{5.52}$$

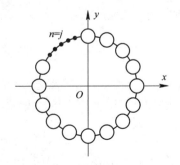

图 5 - 32　艾里涡旋光束阵列示意图

(2) 艾里高斯涡旋光束阵列(Airy Gaussian Vortex Beam Array,AGVBA)。该涡旋光束阵列中第 j 个光束的光场可以表示为

$$E_j^{\text{AGVBA}}(x,y,z=0)=\exp\left(-\frac{X^2+Y^2}{w^2}\right)\times \text{Ai}\left(\frac{X}{bw}\right)\text{Ai}\left(\frac{Y}{bw}\right)\exp\left[a\cdot\left(\frac{X}{bw}+\frac{Y}{bw}\right)\right]\text{e}^{\text{i}m\frac{2\pi j}{N}}$$

(5.53)

其中,N 为构成艾里高斯涡旋阵列中艾里高斯光束的个数;b 为高斯比例因子,能够将初始光束在高斯型和艾里型之间灵活调整。若高斯因子 b 较小,则光束倾向于圆形艾里型分布;若高斯因子 b 较大,则光束倾向于中空高斯型分布。图 5-33 所示为艾里高斯涡旋光束阵列的光场和相位分布图。最终得到艾里高斯涡旋光束阵列的光场表达式为

$$E^{\text{AGVBA}}(x,y,z=0)=\sum_{j=1}^{n}E_j^{\text{AGVBA}}(x,y,z=0)$$

(5.54)

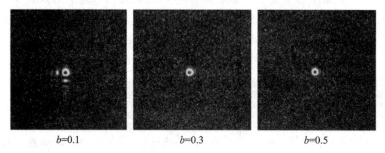

$$b=0.1 \qquad\qquad b=0.3 \qquad\qquad b=0.5$$

图 5-33　不同高斯因子 b 对应艾里光束光强分布

如图 5-34 所示,b 越小,艾里高斯涡旋光束倾向于圆形艾里型分布,副环较多;b 越大,光束倾向于中空高斯型分布,大部分能量集中于主环上。

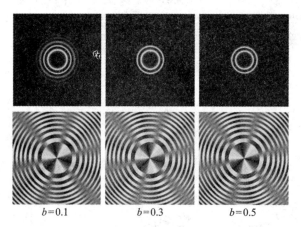

$$b=0.1 \qquad\qquad b=0.3 \qquad\qquad b=0.5$$

图 5-34　不同高斯因子 b 对应 AGVBA 的光强和相位分布

2) 圆形艾里涡旋光束

圆形艾里涡旋光束(Ring Airy Vortex Beam,RAVB)的光场表达式为

$$E^{\text{RAVB}}(r,\varphi,z=0)=\text{Ai}\left(\frac{r_0-r}{w}\right)\exp\left(a\frac{r_0-r}{w}\right)(\text{e}^{\text{i}m\varphi})$$

(5.55)

其中,(r,φ) 是极坐标;r_0 表示圆形艾里涡旋光束的初环半径。图 5-35 所示为圆形艾里涡旋光束、艾里涡旋光束阵列和艾里高斯涡旋光束阵列中源平面光强、相位分布。

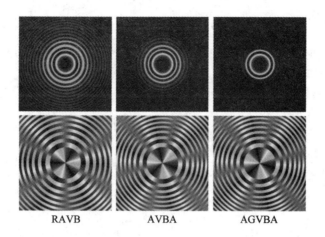

图 5-35　圆形艾里涡旋光束、艾里涡旋光束阵列和艾里高斯涡旋光束阵列中源平面光强、相位分布

5. 完美涡旋光束

　　传统涡旋光束的拓扑荷数的绝对值越大，涡旋光束的光斑直径也就越大，且中空区域亦越大。与传统的涡旋光束不同，完美涡旋光束（Perfect Optical Vortex，POV）横截面光斑的直径大小与涡旋光束拓扑荷数的绝对值大小无关。因此，完美涡旋光束在微粒操纵及量子通信中具有广泛的应用和研究价值。2013 年，Ostrovsky 等人通过使用振幅相位的光学元件生成完美涡旋的光场，并提出其复振幅为

$$E_0(\rho, \theta) = \delta(\rho - \rho_0)\exp(\mathrm{i}l\theta) \tag{5.56}$$

其中，(ρ, θ) 为极坐标系，$\delta(\cdot)$ 为建立在该极坐标系下的狄拉克函数，该函数用来限制涡旋光束直径；ρ_0 为完美涡旋的光环半径；i 为虚数单位；l 为拓扑荷数。从该式可以看出，完美涡旋是半径为 ρ_0 的无限窄的环，且 ρ_0 与拓扑荷数 l 之间没有关系。

　　由于狄拉克函数只能在理想的状态下实现，在实验室环境下生成符合式(5.56)的完美涡旋光束是非常困难的。因此，研究者通常选用合适的函数来替代狄拉克函数，以获得近似的完美涡旋光束，在该方式下得到的完美涡旋光束仍然可以保持理想状态下完美涡旋的特性。此外，对理想状态下的贝塞尔光束进行傅里叶变换，得到的复振幅分布仅与式(5.56)相差一个比例系数，因而使用近似的贝塞尔光束傅里叶变换即可得到类似于式(5.56)的光场分布。

　　实验中通常采用对理想贝塞尔光束进行高斯截断的方法获得一种近似的贝塞尔光束，再根据傅里叶光学的相关理论，光场的傅里叶变换可以由焦距为 f 的薄凸透镜来实现。因此，其复振幅为

$$
\begin{aligned}
E(r, \varphi) &= \int_0^\infty \int_0^{2\pi} \rho E_l(\rho, \theta)\exp[-\mathrm{i}2\pi\rho r\cos(\varphi - \theta)]\mathrm{d}\rho\mathrm{d}\theta \\
&= \frac{k}{f}\mathrm{i}^{l-1}\exp(\mathrm{i}l\varphi)\int_0^\infty J_l(k_r\rho)J_l\left(kr\frac{\rho}{f}\right)\exp\left(-\frac{\rho^2}{w_\mathrm{g}^2}\right)\rho\mathrm{d}\rho_0
\end{aligned} \tag{5.57}
$$

其中，k 为波数；$J_l(\cdot)$ 为第一类 l 阶的贝塞尔函数；w_g 为高斯项的束腰，用于截断该贝塞尔函数；k_r 为波矢量的径向分量。

　　利用贝塞尔函数积分表进行积分，可以得到

$$E(r, \varphi) = \mathrm{i}^{l-1}\frac{w_\mathrm{g}}{w_0}\exp(\mathrm{i}l\varphi)\left(-\frac{r^2 + R^2}{w_0^2}\right)I_l\left(\frac{2Rr}{w_0^2}\right) \tag{5.58}$$

式中，w_0 为半环宽（环宽的一半），$w_0 = \dfrac{2f}{kw_g}$；R 为环半径，$R = \dfrac{k_r f}{k}$；$I_l(\cdot)$ 为第一类 l 阶修正贝塞尔函数。可以看出，在该式中，除常数项与涡旋项外，剩余的两项在 w_0 较小时近似为环形的高斯分布。

$I_l(x)$ 和 l 阶第一类贝塞尔函数 $J_l(x)$ 满足

$$I_l(x) = \mathrm{i}^{-1} J_l(\mathrm{i}x) = \exp\left(-\frac{\mathrm{i}l\pi}{2}\right) J_l\left[x \exp\left(\frac{\mathrm{i}\pi}{2}\right)\right] \tag{5.59}$$

当 $R \gg w_0$ 时，$I_l\left(\dfrac{2Rr}{w_0^2}\right)$ 可以近似为 $\exp\left(\dfrac{2Rr}{w_0^2}\right)$，将该近似式带入式(5.58)，可得

$$\begin{aligned} E(r,\varphi) &= \mathrm{i}^{l-1} \frac{w_g}{w_0} \exp(\mathrm{i}l\varphi) \exp\left(-\frac{r^2+R^2}{w_0^2}\right) \exp\left(\frac{2Rr}{w_0^2}\right) \\ &= \mathrm{i}^{l-1} \frac{w_g}{w_0} \exp(\mathrm{i}l\varphi) \exp\left(-\frac{(r-R)^2}{w_0^2}\right) \end{aligned} \tag{5.60}$$

其横截面强度为

$$I(r,\varphi) = |E(r,\varphi)|^2 = \frac{w_g^2}{w_0^2} \exp\left(-\frac{2(r-R)}{w_0^2}\right) \tag{5.61}$$

从式(5.61)中可以看出，完美涡旋光束的横截面光斑尺寸大小与拓扑荷数无关。图5-36给出了不同拓扑荷数下完美涡旋光束的光场分布，从该图中也能够清晰地观察到拓扑荷数的大小不会对完美涡旋光束的横截面光斑尺寸产生影响。其光斑半径 R 仅与径向波数 k_r、光波数 κ 和薄凸透镜的焦距 f 有关。

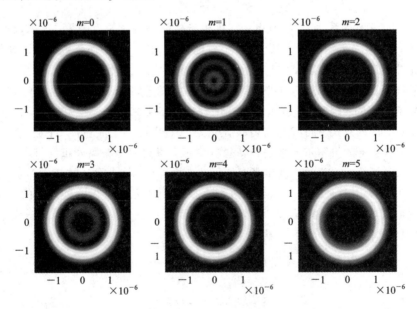

图 5-36　完美涡旋光束

5.5.4　涡旋光束的应用

角动量是电磁波所具有的基本物理性质，它能够使微粒发生旋转，自旋角动量使微粒绕自身旋转，轨道角动量使微粒绕光束中心旋转，具有螺旋相位的圆偏振光可以作为光学扳手

操控微粒。光子可以携带轨道角动量，这一科学发现推动了多个学科新的发展，如非线性光学、量子光学、原子光学、微观力学、生物科学和天文学等。本节主要介绍涡旋光束的应用。涡旋光束自发现以来，因其独特的空间相位结构，已被广泛应用于多个不同的领域。

1. 光通信

目前的通信系统中通过采用时分复用、空分复用、频分复用和码分复用来实现多路信号间的相互独立传输，但是这些技术还是无法满足人们对通信系统的容量和数据速率的高要求，因此亟需一种能够进一步提高信道容量和频谱效率的新技术。近年来，研究者发现轨道角动量在改善光通信系统方面具有潜力，其在不增加光谱带宽的前提下，能够显著地提升信道的信息容量。研究者发现提升通信容量最有效的方法是在该系统中采用模分复用（Mode Division Multiplexing，MDM）技术。模分复用系统被认为是空分复用系统的子集。在该系统中，只需要将多路信号分别加载到多个相互正交的不同模态中，就能在系统发射端和接收端实现不同模态的有效复用和分离。与传统的空分复用系统不同的是，模分复用系统可以在同一频率或同一频段下对不同 OAM 信号进行调制，从而同时实现多个信道同时传输，且无须进行信道对角化等复杂的信号处理，这不仅极大地提升了无线通信系统的容量和抗干扰能力，而且还降低了复杂度。同时，模分复用还可以与其它复用方式进行结合，从而可以在传统的复用方式上进一步提升信道容量和数据速率。此外，还可以对轨道角动量进行编码设计，假设有 N 路不同模态的涡旋光束，该涡旋光束可以通过数据符号（"0""1""2""3"…"$N-1$"）分别对 N 路不同模态的涡旋光束进行编码，从而使系统发射端发射的时变涡旋光束携带数据信息。在接收端对涡旋光束进行解码，则可恢复出所传输的信息。

下面介绍 FSO 与涡旋光束的应用实例。

2004 年，Padgett 和他的同事最早将轨道角动量用于自由空间通信中，他们在一定传输范围的光学链路中利用轨道角动量构建了编/解码的通信系统，该系统能够精确地测量传输距离为 15 m 的轨道角动量模态。在该系统中，发射端通过使用空间光调制器在每一时刻制备并发送 8 种不同的轨道角动量（l 分别为 -16，-12，-8，-4，4，8，12，16）状态中的任意一种，接收端将不同模态的轨道角动量在电荷耦合器件（Charge Coupled Device，CCD）上分开排布，其固有的光学测量效率为 1/8，通过观察亮斑出现的位置来确定发送轨道角动量的模态，然后依据约定的信息比特与轨道角动量模态之间的映射关系解码发送的信息。随后，Fabrizio 等人使用两束非相干的无线电波，以相同的频率传输，但以不同的轨道角动量模态编码，同时传输两个独立的无线电信道；通过使用螺旋抛物面天线，能够有效解码出轨道角动量模态，从而可以显著提高频带中信息传输的容量，因此，在每一个新的涡旋无线电信道中使用密集编码技术能够有效提高通信容量。该技术解决了无线电通信中带宽饱和的问题。虽然他们提出的利用轨道角动量为多路复用提供了潜在的应用，但是该技术存在一定的局限性。尽管有这些早期的演示实验，但是直到 Willner 和他的同事将轨道角动量与他们在实际通信系统中的专业知识结合起来，轨道角动量多路复用方面的潜在应用才受到重视。2012 年，王健等人设计了一套四路偏振复用轨道角动量的多路复用/解复用的光通信系统，实验演示了利用拉盖尔-高斯光束携带的轨道角动量模式复用技术在自由空间中的传输，实现了频谱效率为 95.7 (b/s)/Hz，系统容量为 2.56 Tb/s，传输距离为 1 m 的大容量数据传输链路。这一高频谱效率、大容量传输的成功演示，是研究基于轨道角动量的自由空间光通信系统的一个重大突破，引起了各研究学者对于轨道角动量在自由空间中传输的广泛关注。2013 年，Huang 等人通过将轨道角动量模分复用与波分复用相结合，实现了高数据传输速率的自由空间光通信链路。轨道角动量模分复用采用螺旋相位图将高斯模式转换为强度呈环形的 OAM 模态，且将多路复用的 OAM 模态形成一组同心环。在 Huang 等人做的实验中利用 12 种轨道角动量模态和 42 个波长建立了 24×42 独立的数据信道，实现了数据传输速率高达 100 Tb/s 的自由空间光通信链路。为了提高通信系统的容量，许多研究者提出将空分复用技术或模分复用技术与轨道角动量相结合引入到光通信应用中。例如，Yan Yan 等人采用切片相位模式，在基于 OAM 的空间复用系统中实现了多播功能；通过对相位模式进行设计，使得多播信道的功率损耗降低，在实验中演示了将 5 模态和 7 模态的涡旋光束通过利用四相移相控键技术，实现了 100 Gb/s 的通信速率。2014 年，Yan 等人在 28 GHz 的毫米波频段下，通过使用四种不同的模态轨道角动量和两种偏振态组建了自由空间通信系统，实现了通信速率为 32 Gb/s、频谱效率为 16 (b/s)/Hz 的信号传输，该系统在 OAM 信道之间具有串扰低的特点，因而接收机分离不同的数据流信息处理相对简单。同年，Ahmed 等人使用两束复用的贝塞尔-高斯光束作为信息载波在自由空间中进行光传输，实现了信息的编译码传输，并讨论了传播路径中障碍物对通信性能的影响。该课题组还探索了同时利用轨道角动量、偏振态与波长三种维度的复用通信方式，演示了 1008 个数据信道在 12 个涡旋光束、2 个偏振态和 42 个波长下的多路复用/解复用，通信速率达到了 100 Tb/s，频谱效率为 22.3 (b/s)/Hz。2016 年，Zeilinger 研究小组在相距 143 km 的两个岛屿之间搭建了一套基于轨道角动量叠加态编译码的光通信系统。在通信系统发射端，利用不同轨道角动量的叠加态对灰度值信息进行一一映射编码；在接收端，结合叠加态光斑的识别技术，实现了总误码率为 8.33% 的编译码通信。华中科技大学通过复用两个轨道角动量模态，建立了通信链路长度达 260 m 的光通信系统，并通过实验验证了信息传输的有效性。2018 年，Pang 等人同时采用四种模式复用的厄米特-高斯光束和拉盖尔-高斯光束进行信息传输，实现了通信容量为 400 Gb/s 的通信系统。Zhu 等人在 224 个独立的传输信道上结合轨道角动量和波分复用技术，在 18 km 距离内进行长距离低串扰信号传输，通信容量达 8.4 Tb/s。2019 年，哈尔滨工业大学和山西大学合作研究大气湍流信道中利用分数阶轨道角动量复用对物理层安全性的影响，通过数值分析发现与轨道角动量取整数阶相比，有如下结论：在弱湍流和中等强度湍流条件下，分数阶轨道角动量复用技术具有更高的物理层安全性。同年，Mphuthi 等研究人员使用不同阶数的贝塞尔光束，在户外 150 m 距离实现了编码通信，并讨论了不同湍流强度环境对轨道角动量模式串扰的影响。2020 年，Zhang 等人将自适应波前整形技术应用到轨道角动量复用通信中，以减小大气湍流对通信性能的影响，实验测得，在较弱和较强湍流情况下，复用的两种轨道角动量模式串扰分别减小了至少 10 dB 和 5.8 dB。Wiedemann 等人在赛汶河搭建了一条 890 m 的通信链路，通过测量不同大气湍流环境下高斯光束和结构光场的闪烁指数，发现增大拓扑荷数可以在一定程度上减小闪烁指数。

在远距离传输中，发射端和接收端望远镜的孔径大小决定了光束发射的效率。从早期的研究中可以总结出，对于固定的瑞利范围，螺旋相控光束的最大强度半径随轨道角动量模态绝对值的增大而增大（例如，对于单环（$p=0$）的拉盖尔-高斯光束，它的最大强度半径与$\sqrt{l}$成线性关系）。这种关系也适用于携带轨道角动量光束的发散。因此，对于支持不同轨道角动量模态且具有相同束腰的低损耗系统，随着轨道角动量模态绝对值的增大，发射端和接收端光学器件的孔径都必须增加，即发射端和接收端孔径的尺寸与l成线性关系。一般来说，可以通过相关光学系统的菲涅尔系数以低损耗耦合的正交模态产生轨道角动量模态，这是一个适用于所有可能模态集的限制范围。基于轨道角动量的模态集光束形状均具有汇聚性的潜在特征，因此可以匹配典型的望远镜孔径；相对于检测而言，旋转不变，具有可用于有效模式分离的分量，并且在特定情况下保持其正交模态集的特性（即使受到孔径限制）。使用空间模态时，需要特别关注时变大气像差的影响，以及它们如何导致模态之间的串扰。

然而，无论存在何种限制，基于 OAM 通信系统的性能具有诸多优势，包括在光纤、城域网链路、毫米波操作以及在自由空间中所实现的高数据速率。

2. 量子纠缠

随着涡旋光子理论的日渐成熟，基于轨道角动量的量子纠缠技术在许多领域中都开展了相关应用。例如，高维量子密钥分发（Quantum Key Distribution，QKD）可根据轨道角动量光子之间相互无偏基进行设计，它促进了高维量子安全通信和量子密码学的发展。近年来提出的轨道角动量光子比特的量子存储技术为未来的网络信息存储提供了有力的条件。由于轨道角动量的维度是无限大的，因此光子的轨道角动量可以在原子系统、稀土离子掺杂晶体等多种系统中实现量子存储，同时高维轨道角动量的纠缠技术也成功地应用于高效率数字螺旋成像中。科学家还提出了新型量子克隆技术，利用轨道角动量光子的洪-欧-曼德尔干涉（Hong-Ou-Mandel Interference）克隆未知的量子态。由于矢量涡旋光束操控的不断发展，自旋角动量和轨道角动量可以共同应用于量子通信中，因而进一步提高了通信容量和数据速率。基于轨道角动量的量子隐形传态能够显著地提高可扩展和复杂量子系统的操控性能。迄今为止，产生最高量子比特（6 光子实现 18 个量子比特）的光子纠缠系统中，轨道角动量是其中的一个纠缠自由度。最近一项突破性进展是在超材料中实现了自旋角动量和轨道角动量之间的量子纠缠。图 5-37 为 OAM 量子纠缠对示意图。

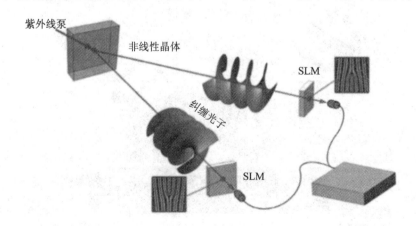

图 5-37　OAM 量子纠缠对示意图

除了标量相位型的光学涡旋外，矢量偏振的光学涡旋也具有丰富的量子特性。矢量光学涡旋中,偏振与空间的不可分离性与光子纠缠态的不可分离性相似,被称为经典纠缠态。量子层析、贝尔参数、并发计数、线性熵等量子测量及评价方法都可以在矢量光学涡旋中使用。利用不可分离态的高维特性,矢量光学涡旋可实现量子行走,拓展了应用范围。矢量光学涡旋中产生的纠缠拍频,可用于控制自由空间中的自旋-轨道角动量耦合。高维量子纠缠也可应用于量子通信编码中,进一步提高光通信的容量。为 OAM 量子纠缠对示意图。

3. 显微和成像

近年来,随着对光学涡旋研究的不断深入,越来越多的新型显微镜和成像技术均实现了高分辨率的突破(目前,使用 OAM 成像已达到了超衍射极限分辨率)。例如,等离子体结构照明显微技术采用光学涡旋诱发表面等离子体驻波,实现了高分辨率的宽场成像。该技术又通过完美涡旋光(具有可控环形半径的涡旋光束)的引入得到了进一步优化,提升了激励效率的同时又降低了背景噪声。

涡旋光束独特的螺旋相位属性不仅可用于相衬显微镜实现高分辨率的显微成像,还可以用于新型数字螺旋成像技术中,将 OAM 分析方法应用于成像中改善图像质量。随着多奇点光束技术的发展,利用涡旋阵列调控点扩散函数,可实现高分辨率的远场显微成像,尤其是分数阶涡旋光束的应用,可实现低于 100 nm 的分辨率。与此同时,利用矢量涡旋光束的特殊偏振结构,可进一步提高超衍射极限成像的分辨率。利用涡旋光束的量子特性,可将量子鬼成像(Ghostimaging)与涡旋光子相结合,这项技术开辟了成像技术的新方向。值得注意的是,被授予 2014 年诺贝尔化学奖的受激发射损耗显微(STimulated Emission Depletion,STED)技术就是基于光学涡旋显微技术的标志性成果,该技术采用涡旋相位调制 STED 光束实现超分辨率成像。

4. 生物医学和化学

光学涡旋光镊能够操纵和组装某些蛋白质和生物分子,这极大地推动了结构化学和生物医学的发展。值得注意的是,涡旋光束和某些有机分子都具有手性,而且涡旋相位的手性可以与生物分子的手性相互作用,从而推动涡旋光在生物医学和化学领域的应用。例如,通过手性耦合效应,涡旋光束可用于组装 DNA 和解析对映体,如图 5-38 所示。

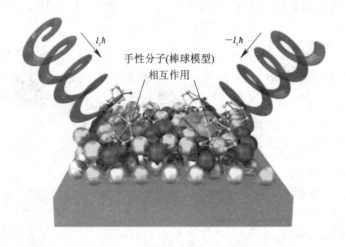

图 5-38　基于涡旋光束组装 DNA 和解析对映体

在图 5-38 所示的应用原理图中,位于左、右两边的螺旋分别为左螺旋的拉盖尔-高斯光束和右螺旋的拉盖尔-高斯光束，与吸附在纳米颗粒聚集物上的手性分子(棒球模型)相互作用。这项技术已运用于手性超材料中，以检测多种对映体和生物分子，如氨基酸、核糖和核苷酸等。与此同时，涡旋光镊还具有运输亚细胞器、降低对捕获粒子光损伤的功能，因而广泛应用于精密的单细胞纳米手术中。此外，基于涡旋光束的先进显微技术也广泛用于观察高分辨率的生物细胞结构。近期研究表明，有机材料可直接产生涡旋输出。随着有机发光材料和化学检测技术的进一步发展，光学涡旋将发挥越来越重要的作用。

5. 光镊

光镊又称为光束梯度光阱，能够捕获微小粒子的光镊是一个特殊的光场，这个光场与微小粒子相互作用时，整个微粒子会受到光的作用，从而达到被钳的效果，然后可以通过移动光束来实现对粒子捕获、操纵的目的。光镊可通过光学力捕获粒子，这项技术由 2018 年诺贝尔物理学奖得主 Ashkin 提出，这离不开他对 OAM 与物质相互作用的研究。此外，光学涡旋最早运用于光镊是在 1995 年，随后光镊这项应用又拓展至光学扳手的应用场景中(被捕获的粒子绕奇点旋转)。

涡旋可调谐性的提升，进一步推动了光学涡旋光镊的应用研究，使得新型涡旋光镊不断出现。新型涡旋光镊不仅可以方便地控制粒子所处的空间位置，还可以操纵粒子的多个自由度，极大地拓展了自动引导、组装和分选技术。例如：分数阶涡旋光镊采用多种新技术，通过对多奇点涡旋光束的控制来捕获多个粒子；飞秒涡旋光镊利用特殊的非线性特性，可以操纵光学瑞利粒子；飞秒矢量涡旋光束通过非线性诱导产生复用光阱，可以灵活地控制光阱的数目和取向。除了操纵介质粒子之外，新型涡旋光镊还可以将矢量涡旋光束聚焦于金属薄膜表面产生等离激元，进而操控金属粒子。

5.6 FSO 回传通信

网络时代对高数据速率的需求越来越大，研究人员正在寻找各种技术来解决千兆容量、低成本的回传通信等问题。对于空间无线光链路，通常使用卫星或无人机链路，用于提供没有地面链路的高速连接。截至 2016 年，由于数据需求的快速增长，美国的移动回传通信增长了 9.7 倍。这一现象要求构建一个具有高数据速率、低成本的可重构宽带通信网络。此外，随着移动通信数量的增加，建设了大量蜂窝小区站点，同样这些站点需要更高的带宽以及大量回传网络。传统的回传网络技术可以使用铜线、光纤或射频通信。但使用铜线会导致数据速率较低，且价格随通信容量呈线性增长，因此无法满足未来的回传通信需求而逐渐被淘汰。对于适用于长距离高容量链路的光纤通信，其部署时间较长、物料投资巨大。在这种情况下，可以考虑无线电波，但由于 RF 信道带宽有限，其容量约为 400 Mb/s。多年来，在 2G 和 3G 网络中，RF 在回传通信中发挥着重要作用。与此同时，5G 移动网络的发展，对数据速率提出了更高的要求，从而推动了高容量回传链路需求的增长。为了应对不断增长的数据速率需求，可以使用多个 RF 链路进行多个信号的传输，但这将导致电子设备和获取频谱许可成本的增加。尽管当频率上升到毫米波范围(60/80 GHz)时，可以使用短程高容量链路，但是这需要非常大的频谱(10 GHz)，高达 1 Gb/s 的数据速率，于此同时还需要一组非常紧密的平行光束。然而该链路难以保证降雨场景下通信的可靠性。

与传统的 RF 或光纤回传技术相比，FSO 通信成本更低且部署简单，因此引起了研究人员对其提供千兆容量回传链路的关注。这项研究的重点是 HAP，即卫星和地面接收机之间的光学回传通信。HAP 是一种准静止的交通工具，如氦气填充的飞艇或在平流层的航空器，它们处在 17～25 km 的高空，大气对光束的影响不像地面那么严重。由于这些 HAP 位于无云大气层，它们能够在不同 HAP 之间、HAP 与飞行器之间、HAP 与卫星之间可靠地进行连接。相对于地面和卫星系统，HAP 具有覆盖面积大（3～7 km²）、部署灵活、波束易调整、维护成本低、宽带能力强等优点。此外，由于 HAP 远离大气区域，具有比卫星更好的信道条件。在所有覆盖区域，HAP 能够提供较好的可视条件，比地面系统具有更少的遮挡。它们还可以充当中继站，将大容量的光学数据通过大气层传送到地面。HAP 的回传光链路能够通过地面网关与核心网络相连接。当 HAP 网络覆盖范围远远大于云朵面积时，可以使用地面站分集技术来提高系统的可靠性。通过使用具有较高效率的频率复用的单一HAP，多波束天线可以覆盖大型用户地面站。此外，采用舰载再生 HAP 可以将星地链路分为两部分：弥补由自由空间引起衰减损失的卫星- HAP 链路和受大气衰减影响的 HAP-地面链路。这不仅能够提供大容量的回传光学链路，还能够降低对卫星前端的要求，减少其机载处理时间。如图 5-39 所示，HAP 可以与其它卫星或地面基站构成集成通

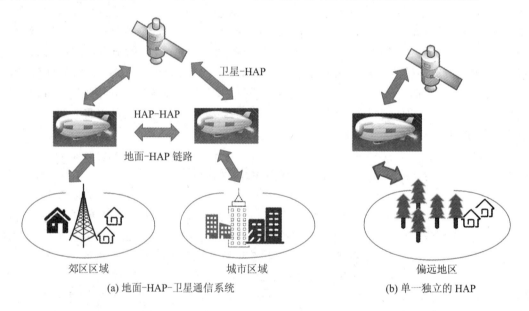

(a) 地面-HAP-卫星通信系统   (b) 单一独立的 HAP

图 5-39　HAP 系统构架

信系统，其也可以单独工作。一个完整的地面- HAP -卫星通信系统可以提供覆盖范围更广的广播和宽带服务。每个 HAP 携带的多个光学有效平台可以作为一个大的固态存储器（几乎是 TB 级大小），不但可以存储从卫星收集的数据，还能不受卫星可见时间限制地将数据随时转发到地面站。HAP 也可以作为一个独立系统，因其成本低、高容量、覆盖范围广的特点，从而可为农村或偏远地区提供通信服务。

　　在致力于为所有人提供宽带通信的空中平台网络"欧洲 CAPANINA"项目中，采用HAP 作为其中一部分，搭建了一条高比特率的光学回传下行链路。这也是在平流层中实现通信的第一条 FSO 链路。图 5-40 为 CAPANINA 光学回程链路演示。在此平流层光学有效载荷实验（STRatospheric Optical Payload EXperiment，STROPEX）中，一个自由空间实验激光终端（Free space Experimental Laser Terminal，FELT）安装在距地约 22 km

处，并搭建了一条从 FELT 到可运输光学地面站（Transportable Optical Ground Station，TOGS）的大容量下行链路。该链路不但可以为农村地区提供专用固定 BWA，还能对移动火车提供 120 Mb/s 的传输链路。此外，FELT 能够以 270 Mb/s、622 Mb/s 和 1.25 Gb/s 三种不同的速率进行通信。利用 IM/DD 和标准的 APD 检测器，在接收前端的灵敏度检测达每比特 168 光子。STROPEX 还应用了 ATP 系统，以确保在平流层条件下进行良好的跟踪。对于在 20 km 处的两个平流层 HAP，使用 1550 nm 光束进行强度调制，其高容量链路可达到近 600 km，数据速率可高达 384 Mb/s，发射功率仅为 800 mW，BER 为 10^{-6}。虽然大气湍流对 HAP-卫星链路性能有一定影响，但是采用归零（RZ）强度调制并结合 FEC 技术，可以在 HAP 和 GEO 卫星之间建立高达 10.7 Gb/s 的光学回传通信链路。HAP 与 LEO 之间的网络互联涉及多普勒频移、ATP、光发射机设计等物理层问题。对于一个 HAP-GEO 与 HAP-LEO 的光学链路，使用 DPSK 调制方案比 OOK 的信噪比多出 3 dB。此外，HAP-LEO 的系统设计要求与 HAP-GEO 链路有很大的不同。

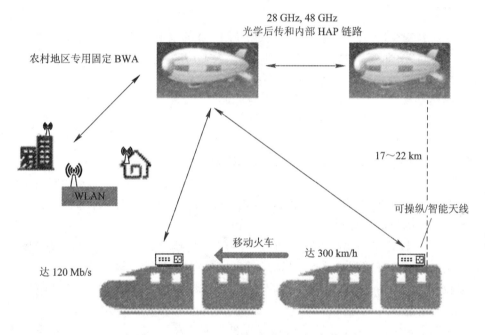

图 5-40　CAPANINA 光学回程链路演示

　　这里通过混合毫米波/光学回传链路对非线性激光和大气湍流中光学 HAP-地面链路性能进行分析。其中，前端毫米波载波信号采用 OFDM 技术，该技术直接对回传光载波进行调制，保证了在任何天气条件下系统具有较好的可靠性。OFDM 传输的特点是偶尔会出现非常高的峰值功率，当作用于激光时会导致信号失真。使用大动态范围放大器或调制削波失真信号都可以使失真最小化。即使在恶劣的天气条件下，当与射频载波相结合时，光学回传和 HAP 链路是一个较好的解决方案。利用混合 RF/FSO 技术，针对解决回传网络问题已经提出了许多模型。

　　HAP 在平流层的地理位置是非常关键的，因为气候条件和平流层的风速决定了系统链路的可用性，其中风速主要决定 HAP 定位精度。平流层的风速在纬度为 60°左右更强，这使得基站位置很难保持不变。因此，在纬度为 30°左右的地理位置设置 HAP 更加合适。

表 5.8 给出了 HAP 在一些光通信项目中高度和数据速率的例子。

表 5.8　光通信项目中使用 HAP 的例子

光通信项目	数据速率	海拔高度/km	通信链路
CAPANINA	1.25 Gb/s	25	HAP -地面
Cost 297(WG2)	384 Mb/s	20	HAP - HAP
Helinet	120 Mb/s	17	HAP - HAP
ATENNA	100 Mb/s	18	卫星 - HAP 和 HAP - HAP

5.7　发展方向

近年来,尽管全球市场出现了多种危机,但 FSO 通信业务仍持续增长。这项技术展现了投资少、时间短、回报高的特点,这主要是因为:① 组件容易获得;② 部署迅速(因为它进行街道的挖掘不需要征求市政公司的许可来);③ 无须许可证费用。FSO 通过在基站之间提供回传链路来满足其大带宽和多媒体的需求,为使用 4G/5G 技术的移动运营商提供了一个较优的解决方案。FSO 通信使用超短脉冲(Ultra Short Pulse,USP)激光,无须部署光纤电缆即可提供高达 10 Gb/s 的回传通信。此外,在现有调制方案的帮助下,无线回传容量可进一步提高,甚至超过 100 Gb/s,能够满足 5G 蜂窝网络的需求。第五代 Internet 系统的体系结构通过光学链路与带有空-地接收的卫星连接组成,这些光链路由位于同步高度的太比特宽的激光骨干支撑。未来,混合光纤- FSO 系统可能取代混合光纤- COAX 系统,满足终端用户对高带宽和高数据速率的需求。

FSO 技术允许连接到物理上难以访问 4G 或 5G 信号的偏远地区。在 HAP/UAV 的帮助下,通过向需要高带宽和可达性的敏感地区(如救灾、战场等)提供网络连接,可以集成地面和空间网络。例如,Facebook 已推出一个类似项目,该项目将通过 FSO 链路为用户提供空中连接,从而允许互联网接入郊区或偏远地区。此项目可应用于有限的副城区,通过 FSO 链路使用太阳能高空无人机便可以提供可靠的互联网通信。而对于部署无人机不经济或不切实际的地方(比如人口密度较低的地区),LEO 和 GEO 卫星可以通过 FSO 链路向地面提供互联网接入。

FSO 技术还可以在移动平台上使用,如部署在武装部队中,以确保在战场上信息安全地传输。情报、监视和侦察(Intelligence,Surveillance,and Reconnaissance,ISR)平台也可以应用这种技术,为作战部队传播大量实时图像和视频信息。近地观测航天器/无人机可以利用合成孔径雷达(Synthetic Aperture Radar,SAR)和激光雷达(LIght Detection And Ranging,LIDAR)提供高分辨率的表面轮廓图像。在安全监控系统应用场景中,飞艇或直升机可以在幅员辽阔的边境地区上空盘旋,传感器收集到的数据将使用 FSO 技术通过机载卫星通信子系统传输到指挥中心。此外,该技术需要集成一个完整的地基、天基和机载平台系统,以用于对天基空间目标的探测和识别。在这个过程中,一个高能激光脉冲从一个陆地基站发射到一个天基反射镜,该反射镜用来扫描特定的海洋区域以寻找水下航行器的返回信号。返回信号随后被 LEO 卫星、飞机或 HAP 接收，然后被发送到指挥中心。

地球与月球或火星之间的行星光通信是 NASA(美国国家航空航天局)的一项重要任务。它的月球激光通信示范(Lunar Laser Communication Demonstration，LLCD)项目成功地实现了在月球和地球之间利用激光进行双向通信。此项目构建了 20 Mb/s 传输速率的上行链路(支持高密度视频)并以 622 Mb/s 下行速率打破了纪录。LLCD 任务的历史性成功为 NASA 继续探索深空光通信提供了新的动力。在未来发展中，关于月球和火星通信、火星和地球之间的双向高速数据通信研究在深空任务中是极具潜力的。然而，深空光通信还面临着来自 LLCD 项目的其它难题，如千瓦级激光束、航天器上用于观测上行光束的光子计数探测器阵列、地面上更大的接收孔径、下行光束较大提前瞄准角以及稳定的波束指向系统。此外，NASA 的激光通信中继演示(LCRD)项目将是第一个长期的天基光通信项目，将用于近地和深空任务，预计它的数据传输速度将比任一射频系统快 10～100 倍，并将用于传输来自太阳系不同行星的高分辨率图像或视频信息。

据了解，另一项即将实现的支持第五代移动网络的技术是在一个重量小于 20 磅的纳米卫星或小于 3 磅微微卫星上部署导航激光收发器(Steered Laser Transceiver，SLT)。由于其具有体积小、发射成本低等优势，利用 FSO 技术预计可以将约 1000 颗小型卫星送入 LEO 轨道，用于地球探测、数据成像、跟踪、天气感知等研究。根据此项目实验数据速率，拟定功耗约为 0.5～5 W。SALT 或高级 SALT(Advanced SALT，ASALT)系统将用于飞机与地面站或卫星间通信，通信距离可达 1000 km。

本 章 小 结

本章首先介绍了无线光通信在空间中的应用实例以及 FSO 通信相比于 RF 通信的优势。这主要是由于近年来多媒体用户逐渐增加，互联网需求量也在急剧增长，对以低数据速率运行的射频通信系统带来了巨大的压力，因而信息技术的迅猛发展推动信息业务向更高的数据速率发展，因此通信系统有必要从射频领域转向光学领域。

本章中提到 FSO 通信能够为具有非常高带宽的远程站点之间提供 LOS 无线连接，从而可以发现该技术是一种极具发展前景的通信技术，能够满足如今通信市场高速、大容量的需求。为了充分利用 FSO 系统理论，使其可以达到兆兆位通信能力，研究人员正在努力攻克大气信道中存在的异质性所带来的各种挑战。本章分析了 FSO 系统容易受到光的吸收和散射、大气湍流和恶劣天气环境等多种大气现象的影响，从而导致大气信道链路的通信性能下降。

此外，本章还分析了分集技术、自适应光学、编码和调制技术等，以提高 FSO 通信链路的性能。

本章还介绍了轨道角动量的相关内容，OAM 为提高 FSO 通信性能提供了更为有效的方法，从而达到更高的容量和更高的频谱效率。

本章最后介绍了 FSO 回传通信，可以为 FSO 系统实现千兆容量以及较低的通信成本提供解决方案。

第6章　水下无线光通信

6.1　概　　述

　　水下无线信息传输在军事、工业、科学界等领域中发挥着重要的作用，包括战术监视、污染监测、石油管道输出控制和维护、近海勘探、气候变化监测和海洋学研究等。为了能在这些领域扩展更多应用，部署在水下的无人航行器和设备的数量将不断增加，这就需要高带宽和高容量的水下信息传输方式。虽然水下声学通信技术已经相对成熟，但其却受到带宽的限制而不能满足水下通信的需求。相比于传统的声学通信系统，水下无线光通信技术能够提供更高的数据速率、更低的功耗，并且短距离无线链路的计算复杂度也更低，这些特性都促使了它的发展，使其从深海到沿海水域中被广泛应用。

　　近年来，由于无线光通信能够提供低功耗和高质量的高数据速率通信，因此它在近地、空间和水下环境中被广泛应用。许多科研人员已经开展了近地和空间链路的研究并取得一定成果，但水下无线光链路相比于空间链路更具挑战性，相关研究较少。从浅海到深海或大洋的水下环境更为复杂，这对建立可靠的水下通信形成了巨大的阻碍。水下声波通信应用广泛且技术成熟，但受到低带宽、高传输损耗、时变多径传播、高延迟和多普勒效应等因素的影响，致使通信性能受限，这些因素都会导致声学信道的时空变化，从而限制了可用带宽。目前可用的水声通信可支持远距离（以千米为单位）传输，但数据速率只有几十 kb/s，短距离（几米）传输的数据速率也只能达到数百 kb/s。根据传输距离的不同，声学链路分为特长距离、长距离、中距离、短距离、特短距离链路。表 6.1 展示了不同范围的各种水声通信链路的典型带宽。

表 6.1　水声链路不同范围的典型带宽

距离	范围/km	带宽/Hz	数据速率*/(b/s)
特长	1000	<1	~600
长	10~100	2~5	~5 k
中等	1~10	≈10	~10 k
短	0.1~1	20~50	~30 k
特短	<0.1	>100	~500 k

　　注："＊"表示取决于水的类型、范围、水平/倾斜传输。

　　然而，各种水下航行器、传感器和天文台的通信链路需要达到几 Mb/s 到几十 Mb/s 的数据速率。虽然大型和固定的设备通常使用光纤或铜缆来实现具有较高数据速率的传输，但却要面临大量的工程建设和维护问题。具有更高速率的无线链路对于移动平台来说是一个良好的替代方案。在这种情况下，可采用射频范围内的电磁波进行短距离、高数据传输速率的水下无线通信。电磁波的速度主要取决于渗透率(μ)、介电常数(ε)、电导率(σ)和体积电荷密度(ρ)，这些参数会随水下条件和电磁波频率的改变而变化。研究表明，射频波的衰减随着频率的增加而增加，在海水中衰减现象更为严重。另一方面，虽然光波具有较高的带宽，但其传输过程中会受到温度波动、散射、色散和光束转向等因素的影响，且水对光波具有极高的吸收率以及水中的悬浮粒子对光波造成严重的背景散射，因而 UOWC 的通信范围较小。然而，水下光谱的蓝绿光窗口衰减相对较低，因此蓝绿光源更适用于水下通信。经证明，蓝绿光能够在中等范围(高达 100 m)内实现高带宽通信。表 6.2 所示为不同水下无线技术之间的比较。

表 6.2　不同水下无线技术的比较

参　数	声　学	射　频	光　学
衰减	与距离和频率有关 (0.1~4 dB/km)	与频率和电导率有关 (3.5~5 dB/m)	0.39 dB/m(海洋)~ 11 dB/m(浊水)
速度	1500 m/s	$\approx 2.255 \times 10^8$	$\approx 2.255 \times 10^8$
数据速率	~kb/s	~Mb/s	~Gb/s
延迟	高	适中	低
距离	最高可到几千米	最高约为几十米	约为几十到几百米
带宽	与距离有关: 1000 km<1 kHz 1~10 km≈10 kHz <100 m≈100 kHz	$\approx$MHz	10~150 MHz
频带	10~15 kHz	30~300 Hz(ELF)(对直接水下通信系统)或 MHz(浮力通信系统)	$10^{12} \sim 10^{15}$ Hz
传输功率	数十瓦(典型值)	几毫瓦到几百瓦(取决于距离)	几瓦
天线尺寸	0.1 m	0.5 m	0.1 m
效率	$\approx$100 bit/J		$\approx$30000 bit/J
性能参数	温度、盐度、压力	电导率和介电常数	吸收,散射/浊度,有机物

6.2　光在海水中的传播特性

本节主要讨论各种用于水下无线光通信的物理媒介，并对所有主要媒介包括声波、电磁波和光波进行概述。

6.2.1　声波、电磁波和光波的比较

近几十年来，各种水下网络无线信息传输技术不断发展，如自主水下航行器、无人水下航行器(Unmanned Underwater Vehicle，UUV)或传感器网络等。本小节将介绍各种波(声波、电磁波和光波)的背景，并基于水下无线通信应用场景对它们的优、缺点进行比较。

1. 声波

在声波、电磁波和光波中，声波以其相对较少的吸收和较长的覆盖距离，成为了水下无线光通信的主要媒介。世界上第一个水下音频通信系统由美国研发，该系统在8~15 kHz载波频率之间使用了简单的音频带滤波器和脉冲整形滤波器，且运用了单边带(Single SideBand，SSB)抑制载波调幅技术。但是水下音频通信接收到的信号质量较差，并且需要对失真语音进行检测和处理。

随着数字通信的发展，1960年数据传输速率和通信业务范围都有了较大的改善。为了提供更有效的水声通信，许多研究人员提出了复杂的信道估计方法并设计了相应的算法。在不需要复杂均衡器的情况下，为了实现高数据速率传输，正交频分复用在水声通信中得到了广泛的应用。然而，尽管水声通信技术取得了一定的成效，但它仍然难以克服水下信道对有效通信的各种影响。这是因为水下环境复杂多变，充满未知因素，不存在任何一种典型的水声信道，换句话说，一个被设计用于某种环境(如浅水)的系统不能应用于另一种环境(如深海)。此外，声波主要有以下三个特性：频率依赖衰减、时变多径传播和高延迟。多径效应导致的延迟传播时间，最大范围可达50 ms。这些延迟扩展值导致了码间串扰(ISI)，原本每秒传输2~1000个码元，现在最多传输20~300个码元，影响了数据传输速率。

2. 电磁波

电磁波在水下环境中传播带宽更高、速度更快，因此在如何提高数据速率方面吸引了大量学者。根据系统设计架构的不同，电磁波使用的范围为几十Hz至GHz。像30~300 Hz这样极低频(Extremely Low Frequency，ELF)工作的电磁波，可以广泛应用于军事领域，或在近地和水下作业平台之间建立通信信道。它们通常被用于长距离传播，并经实验，可成功地部署于海军潜艇通信。

电磁波通信链路系统需要在水下和地面链路之间建立收发机，可以实现在MHz到GHz频率范围的通信。如图6-1(a)所示，这种通信系统被称为基于浮标的射频通信系统，它们并不是真正的水下通信。水面的浮标作为中间节点，分别连接着水下收发机和其它通信终端，以建立RF-轮船、RF-GPS、RF-飞机等通信链路。图6-1(b)所示的系统被称为直接射频通信系统，它利用极低频(ELF)或低频(LF)进行通信。

(a) 基于浮标的射频通信系统

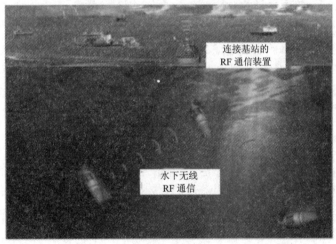

(b) 直接射频通信系统

图 6-1　水下射频系统设计架构

通过对电磁波通信和声波通信的比较，这里列出了几个电磁波频率范围的最大传播距离：当电磁波频率为 100 kHz 时，最大传播距离为 6 m，为 10 kHz 时最大传播距离为 16 m，为 1 kHz 时最大传播距离为 22 m。此外，采用多输入多输出（MIMO）技术方案可以提高射频通信中的数据速率，例如，采用配置 4 根发射天线和 QPSK 调制方案，在 2 km 以内的距离实现了 23 kHz 的带宽通信，传输速率达到了 48 kb/s。对于水下通信，由于海水的导电性，水下电磁波通信会有很高的损耗。但学术界仍然对电磁波频率进行了大量的研究。海水的平均电导率为 4 mhos/m，比淡水电导率高出了几乎两个数量级。如图 6-2 所示，射频信号在海水高频段衰减度更高。值得注意的是，海水的吸收系数与电导率有关：

$$\alpha_{\text{sea water}} \approx \sqrt{\pi f \mu \sigma} \qquad (6.1)$$

式中，α 是吸收系数，f 为工作频率，μ 为磁导率，σ 为电导率。为支持远距离通信，大部分工作均是在低频状态下进行的。

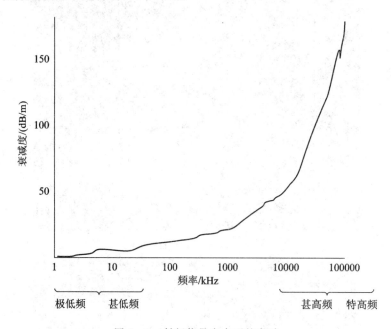

图 6-2　射频信号在水下的衰减

相反，淡水的吸收系数本质上与频率无关，为

$$\alpha_{\text{fresh water}} \approx \frac{\sigma}{2}\sqrt{\frac{\mu}{\epsilon}} \qquad (6.2)$$

式中，ϵ 为介电常数。因此，在淡水环境中电磁波通信是很好的选择，但它需要非常大的天线尺寸（频率为 30 kHz 时，波长为 10 km）。此外，为了补偿天线的高损耗，需要更大的发射机功率。

3. 光波

由于电磁波信号天线尺寸巨大，因此需要较大的发射机功率。为了实现水下高数据速率通信，可以使用光波信号。由于光学载流子的高频特性，水下无线光通信在几百米的距离内能够实现 Gb/s 级别的数据传输速率。在水下环境，由于悬浮粒子引起海水的吸收、散射或太阳的强扰动等因素，光信号面临着极大的挑战，但目前仍有许多数据表明，在水下中等距离仍可以进行光通信，且能够实现高容量无线光传输。例如，1992 年，有学者在 9 m 的距离范围内以 50 Mb/s 速率使用 514 nm 氩离子激光器完成了一项实验。1995 年，以 LED 为基础进行了水下无线光通信的理论分析，结果表明在 20 m 范围内，数据传输速率可达到 10 Mb/s，在 30 m 范围内可达到 1 Mb/s。2005 年，研究者测试实现了一种能够用于水下传感器网络的单向光无线链路，它的最大传输距离为 2.2 m，能够以 320 kb/s 的速率发送数据。2006 年，海底天文台测试了一种基于 LED 的全向光通信链路，研究人员利用 FM 调制技术建立了一个速率达 10 Mb/s、范围达 5 m 的短程水下无线光通信链路。表 6.3 汇总了截至 2015 年各类水下无线光通信的实验内容。

表 6.3　关于传输距离、功率和数据速率的水下无线光通信规范概况

距　离	功　率	光　源	数据速率
30～50 m	1 W	LD	1 Gb/s
20～30 m	平均为 500 mW	蓝色 LED	≈kb/s
2 m	10 mW	LD	1 Gb/s
31 m(深海) 18 m(干净海水) 11 m(沿海海岸)	0.1 W	LED	1 Gb/s
30 cm 水槽(浑浊)	6 W	半导体激光器	5～20 Mb/s
30 m(水池) 3 m(海洋)	5 W	LED	1.2 Mb/s 0.6 Mb/s
64 m(干净海水) 8 m(海港)	3 W	LD	5 Gb/s 1 Gb/s
7 m(沿海海岸)	12 mW	LD	2.3 Gb/s
20～30 m	30 mW	LED	1 Mb/s(30 m) 10 Mb/s(20 m)
200 m	5 mW	LED	1.2 Mb/s
4.8 m	40 mW	LD	1.45 Gb/s
5.4 m	15 mW	LD	4.8 Gb/s

6.2.2　海水对光波的吸收与散射

造成水下光波信号强度减弱或方向变化的主要原因是光吸收和散射。为了了解吸收系数和散射系数，图 6-3 给出了一个厚度为 Δr、单位体积为 ΔV 的海水固有光学特性的几何模型。

当采用功率为 P_i、波长为 λ 的入射光照射海水时，入射光功率的一小部分 P_a 被水吸收，另一部分光功率 P_s 被散射。剩余的正常传播的光功率 P_t 将不受影响。因此，根据能量守恒定律，它可以表示为

$$P_i(\lambda) = P_a(\lambda) + P_s(\lambda) + P_t(\lambda) \qquad (6.3)$$

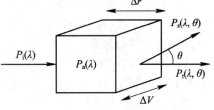

图 6-3　海水固有光学特性的几何模型

基于式(6.3)，定义吸收功率与入射功率之间的比值 A 作为吸光度。类似地，定义散射功率与入射功率之间的比值 B 为散射度：

$$A(\lambda)=\frac{P_a(\lambda)}{P_i(\lambda)},\ B(\lambda)=\frac{P_s(\lambda)}{P_i(\lambda)} \tag{6.4}$$

以海水厚度 Δr 为无穷小时的吸收和散射极限来计算吸收系数和散射系数，定义为

$$a(\lambda)=\lim_{\Delta r\to0}\frac{\Delta A(\lambda)}{\Delta r}=\frac{dA(\lambda)}{dr} \tag{6.5}$$

$$b(\lambda)=\lim_{\Delta r\to0}\frac{\Delta B(\lambda)}{\Delta r}=\frac{dB(\lambda)}{dr} \tag{6.6}$$

在水下光学中，总衰减效应可以用消光系数 c 来描述。c 为吸收和散射系数的线性组合，表示为

$$c(\lambda)=a(\lambda)+b(\lambda) \tag{6.7}$$

典型的吸收和散射系数值详见表 6.4。传播损耗因子 L_p 是波长 λ 和距离 z 的函数，表示为

$$L_p(\lambda,z)=\exp^{-c(\lambda)z} \tag{6.8}$$

表 6.4　吸收和散射系数的典型值

水域类型	$a(m^{-1})$	$b(m^{-1})$	$c(m^{-1})$
纯净海水/清澈海洋	0.114	0.037	0.151
沿海	0.179	0.220	0.339
浑浊港口	0.366	1.829	2.195

从表中可知，光在浑浊港口水域中的传播远比在清澈海洋中更困难。海水的整体吸收是由于无机物质的固有吸收（如水分子、悬浮粒子和溶解盐）和有机吸收（浮游植物（即具有叶绿素的微小植物）、腐烂状的有色可溶性有机海洋物质或破碎的植物组织中的黄色物质）构成的。因此，海水的总吸收系数可以进一步分解为四个因子的总和：

$$a(\lambda)=C_w a_w(\lambda)+C_{phy}a_{phy}(\lambda)+C_g a_g(\lambda)+C_n a_n(\lambda) \tag{6.9}$$

式中，C 是无机粒子和有机粒子的浓度，$a_w(\lambda)$ 为纯海水吸收，$a_{phy}(\lambda)$ 为浮游植物吸收，$a_g(\lambda)$ 表示有色可溶性有机物的吸收，$a_n(\lambda)$ 为非藻类物质悬浮体吸收。

纯海水由许多溶解盐组成，如氯化钠、氯化钾、氯化钙等，由于它们会吸收光谱，因而导致吸收光谱在 $400\sim500$ nm 的蓝绿光区域出现缺口。浮游植物属于微生物，它们生活在阳光可以到达的部分海洋区域中，比如在沿海水域能达到 15 m 深。浮游植物含有叶绿素、类胡萝卜素、脱镁叶绿素、脱植基叶绿素、脱镁叶绿酸素等吸收大量光的色素。叶绿素是重要的吸收源，在蓝绿光区域附近出现峰值，并在更远的 670 nm 处呈现另一个峰值。在赤道沿线、海岸线（特别是东海岸线）和高纬度海洋中可以观察到高浓度的叶绿素植物。出于此原因，因而像沿海等有机物含量高的水域常呈现黄绿色。开放海域的叶绿素浓度在 $0.01\sim4.0$ Mg/m³ 范围内变化，而近岸水域可能高达 60 mg/m³。此外，浮游植物的分布随着阳光照射的深度而发生变化，这意味着衰减系数会随着深度、地理位置、时间和季节而发生变化。除浮游植物外，影响吸收光谱的另一个因素为"Gelbstoff"，又称有色可溶性有机物（Color Dissolved Organic Material，CDOM），含有植物的凋零组织或腐烂的有机物，

因此，它会产生使光谱蓝色区域附近表现出较高吸收峰值的腐殖酸和富里酸，从而导致黄红色光谱吸收较低，蓝色光谱占据吸收光谱的主导地位。

图 6 - 4 所示为开放海域和沿海水域的联合吸收光谱。由于开放海域叶绿素、腐殖酸和富里酸浓度较低，所以吸收光谱主要受纯水衰减的影响。在这种情况下，最小衰减窗口在 400～500 nm 左右的可见光蓝绿色区域。对于沿海地区，叶绿素和 Gelbstoff 的浓度要高得多，因此最小吸收窗口在 520～570 nm 的黄绿色区域移动。由于影响水下吸收的因素不同，固此不同类型水域的最小衰减窗口也会不同。表 6.5 列出了不同类型水域的理想透射波长。

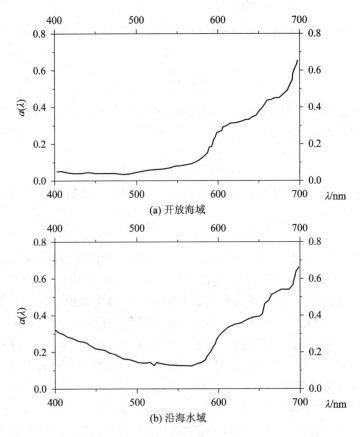

图 6 - 4　开放海域和沿海水域的联合吸收光谱

表 6.5　适用于不同类型水域的理想透射波长

水域类型	叶绿素浓度	腐殖酸和富里酸浓度	作用波长
纯净海水/清澈海洋	低	低	450～500 nm(蓝光-绿光)
沿海	高	高	520～570 nm(黄光-绿光)
浑浊港口	非常高	非常高	520～570 nm(黄光-绿光)

散射会导致光束偏离原来的路径，这是由于悬浮粒子的密度改变引起反射或折射现象。这种现象会导致接收信号强度的降低，如果不降低比特率以适应暂时的散射，就会产

生码间串扰。该效应在很大程度上与波长无关，主要取决于水下存在的各种微粒。因此，散射产生的影响在沿海地区比在开放海域更为明显。为了更准确地描述悬浮粒子引起的散射效应，引入体积散射函数（Volume Scattering Function，VSF）来描述，$\beta(\theta, \lambda)$ 被用来描述单位体积入射辐照度中散射光的角分布。假设入射光是非偏振的，并且水是各向同性的，那么散射就与角度有关。散射被描述为通过一个 θ 角度进入立体角 $\Delta\Omega$ 的散射功率分数，相应的 VSF 被表达为

$$\beta(\theta, \lambda) = \lim_{\Delta r \to 0, \, \Delta\Omega \to 0} \frac{\Delta B(\theta, \lambda)}{\Delta r \, \Delta\Omega} \tag{6.10}$$

单位辐照度的总散射功率，也就是散射系数 $b(\lambda)$ 被定义为 $\beta(\theta, \lambda)$ 在所有方向上的积分，表示为

$$b(\lambda) = 2\pi \int_0^\pi \beta(\theta, \lambda) \sin\theta \, d\theta \tag{6.11}$$

散射相位函数（Scattering Phase Function，SPF）是通过给出一个粒子在给定波长下的散射光强角分布得到的，定义为

$$\widetilde{\beta}(\theta) = \frac{\beta(\lambda, \theta)}{b(\lambda)} \tag{6.12}$$

通常情况下，可用星系散射的 HG（Henyey-Greenstein）函数来表示 SPF：

$$\widetilde{\beta}(\theta) = P_{HG}(\theta, g) = \frac{1 - g^2}{4\pi(1 + g^2 - 2g\cos\theta)^{\frac{3}{2}}} \tag{6.13}$$

式中，g 是取决于介质特点的 HG 不对称参数，它等于在所有散射方向散射角 β 的余弦平均值。基于 Petzold 对 VSF 的测量，清澈海洋、沿海和浑浊港口的 g 值分别为 0.8708、0.9470 和 0.9199。这些值是在考虑光束发散的情况下计算出来的。对于准直光束，相位函数不影响信道特性，因此对于大多数实际水下应用场景，平均值 $g = 0.924$ 可认为是一个恰当的近似值。尽管 HG 函数计算简单，但是它不能在 θ 小于 $20°$ 和大于 $130°$ 的情况下得到准确的光散射结果。因此，可使用一种修正的双项 HG（Two Term Henyey-Greenstein，TTHG）相位函数，理论值与实验结果基本相符：

$$P_{TTHG}(\theta) = \alpha P_{HG}(\theta, g_{fwd}) + (1 - \alpha) P_{HG}(\theta, g_{bk}) \tag{6.14}$$

式中，P_{HG} 就是 HG 函数，α 是前向 HG 函数的权重，而 g_{fwd} 和 g_{bk} 分别是有向 HG 相位函数的前向和后向不对称因子。

图 6-5 所示为不同水域类型随角度变化的 VSF 曲线。有效接收功率是一个关于衰减系数（吸收和散射系数之和）和 VSF 的函数，由 $\beta(\theta)$ 给出：

$$P_r(\lambda, z, \theta) = P_0 \exp^{-c(\lambda)z} \beta(\theta) \tag{6.15}$$

由散射引起在光束方向上的变化主要由微粒物质的大小决定。当微粒物质大小小于光的波长时，发生瑞利散射，当微粒物质大小接近或者大于光波波长时，发生米氏散射。不同的水域类型，对散射有着不同的影响。瑞利散射很好地说明了纯海水中的散射现象，由于盐和离子的存在，瑞利散射在较短的波长中表现得更加明显。这种情况下，存在着前向和后向两种散射。纯海水的瑞利散射系数 b_w 定义为

$$b_w(\lambda) = 0.005826 \left(\frac{400}{\lambda} \right)^{4.322} \tag{6.16}$$

式中，λ 为纳米数量级的波长。对于前向散射和后向散射概率相等的各向同性散射，VSF 的经典表达式为

$$\beta_w(\theta) = 0.06225(1 + 0.835\cos^2\theta) \tag{6.17}$$

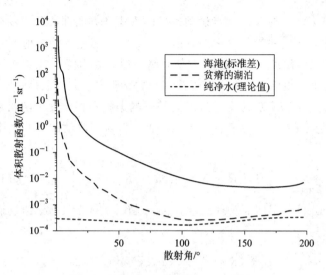

图 6-5　随角度分布变化的 VSF 曲线

虽然散射在较短的波长中对衰减的影响较大，但是在纯海水中总衰减仍然是由吸收决定的。而在颗粒物和有机物较多的靠近陆地区域，衰减主要是由散射决定的，最小衰减窗口从蓝色（约为 470 nm）转移到绿色（约为 550 nm）。在海水中，散射是由于水中存在有机和无机颗粒引起的。引起海水散射的其它因素还有温度、压力、盐度等，由于这些因素改变了光学边界形成的折射率，从而使光束偏离了传播路径。在这种情况下，前向散射的概率比后向散射的概率高几个数量级，因此更适合用米氏散射来描述，对于海水大颗粒和小颗粒，它的散射系数分别为

$$b_l(\lambda) = 1.151302\left(\frac{400}{\lambda}\right)^{1.17} \tag{6.18}$$

$$b_s(\lambda) = 0.341074\left(\frac{400}{\lambda}\right)^{0.3} \tag{6.19}$$

式中，b_s 和 b_l 分别是小颗粒和大颗粒的散射系数。

在浑浊的港口水环境中，经过短距离的传播后，准直光束受到散射效应的影响，出现漫反射。研究人员利用频率捷变调制成像系统（Frequency Agile Modulated Imaging System，FAMIS）对光束进行调整，并在浑浊水域中进行了多次实验。FAMIS 是在帕图森特河海军空战中心开发的一种新型系统，它将光的传输特性与成熟的电磁波及雷达系统信号处理技术相结合。

综上所述，水下环境因素使光出现吸收和散射现象，它们共同影响着水下光束的传播。例如，在纯净的海水或清澈的海洋中，吸收是主要的限制因素，而当海水接近有机物和悬浮微粒出现的陆地时，散射占据了主导地位。因此，将最小吸收窗口的光波长由蓝绿波段变为黄绿波段。这意味着对与波长相关的水下环境，一种结合速率自适应传输的多波长自适应方案，可缓解水下环境随机变化的难题。

6.2.3　海洋湍流

1. 海洋湍流空间功率谱模型

海洋湍流是指海洋水体中任意点运动速度的大小和方向都紊乱变动的水体流动。它能加强溶解质的扩散，导致动量和热量的分散转移。海洋湍流中的折射率起伏由温度和盐度变化共同引起，海水中温度、盐度随机起伏，使得激光在海洋湍流中传播时其振幅、相位发生随机波动，产生光束漂移、光强闪烁等现象，致使水下激光通信性能劣化。

湍流引起的折射率随机起伏会导致激光信号的振幅和相位发生随机波动。在统计均匀和各向同性湍流的假设下，通过三维傅里叶变换，折射率波动的空间功率谱密度与协方差函数相关：

$$\Phi_n(\kappa) = \frac{1}{(2\pi)^3}\iiint_{-\infty}^{\infty} B_n(R)\exp(-\mathrm{i}KR)\mathrm{d}^3R = \frac{1}{2\pi^2\kappa}\int_0^{\infty} B_n(R)\sin(\kappa R)R\,\mathrm{d}R \quad (6.20)$$

其中，最后一个积分可利用球面对称性计算，$\kappa = |K|$ 是标量波数。通过逆傅里叶变换的特性，$B_n(R)$ 可表示为

$$B_n(R) = \frac{4\pi}{R}\int_0^{\infty}\kappa\Phi_n(\kappa)\sin(\kappa R)\,\mathrm{d}\kappa \quad (6.21)$$

因此，空间功率谱密度和结构函数之间的关系可以表示为

$$D_n(R) = 2[B_n(0) - B_n(R)] = 8\pi\int_0^{\infty}\kappa^2\Phi_n(\kappa)\left(1 - \frac{\sin\kappa R}{\kappa R}\right)\mathrm{d}\kappa \quad (6.22)$$

1) Nikishov 海洋折射率谱

海洋湍流由海洋折射率谱模型描述，其主要由温度和盐度随机起伏引起，因此期望建立海洋折射率扰动与温度和盐度梯度之间对应的函数关系。在线性近似中，折射率扰动 n 可表示为温度和盐度起伏的线性函数：

$$n = -AT + BS \quad (6.23)$$

式中，A 是热膨胀系数，B 是盐度收缩系数，T 表示折射率的温度波动，S 表示折射率的盐度波动。

对于局部均匀和各向同性的湍流，折射率起伏的结构函数可以通过温度、盐度和耦合起伏的三个相关函数来获得。利用折射率波动的结构函数的光谱展开以及空间功率谱 $\Phi_n(\kappa)$ 与标量谱 $\Phi(\kappa)$ 之间的关系，Nikishov 海洋折射率谱可表示为

$$\Phi_n(\kappa) = (4\pi\kappa^2)^{-1}A^2\beta\chi_\mathrm{T}\varepsilon^{-\frac{1}{3}}\kappa^{-\frac{5}{3}}\left[1+Q(\kappa\eta)^{\frac{2}{3}}\right]\times$$
$$\left[\exp(-A_\mathrm{T}\delta)+\frac{d_\mathrm{r}}{\omega^2}\exp(-A_\mathrm{S}\delta)-\frac{1+d_\mathrm{r}}{\omega}\exp(-A_\mathrm{TS}\delta)\right],\ \frac{1}{L_0}\ll\kappa\ll\frac{1}{l_0}$$
$$(6.24)$$

式中，$\beta = 0.72$，为 Obukhov-Corrsin 常数；$Q = 2.35$，为无量纲常数，其值是与实验对比后得到的；$\delta = 1.5Q^2(\kappa\eta)^{\frac{4}{3}} + Q^3(\kappa\eta)^2$，$A_\mathrm{T} = \beta Q^{-2}D_\mathrm{T}\nu^{-1}$，$A_\mathrm{S} = \beta Q^{-2}D_\mathrm{S}\nu^{-1}$，$A_\mathrm{TS} = 0.5\beta Q^{-2}(D_\mathrm{T}+D_\mathrm{S})\nu^{-1}$，其中 D_T、D_S 分别为分子热扩散率与分子盐度扩散系数；$\chi_n = A^2\chi_\mathrm{T} + B^2\chi_\mathrm{S} - 2AB\chi_\mathrm{TS}$，其中 $\chi_\mathrm{T} = K_\mathrm{T}(\mathrm{d}T_0/\mathrm{d}z)^2$，$\chi_\mathrm{S} = K_\mathrm{S}(\mathrm{d}S_0/\mathrm{d}z)^2$ 及 $\chi_\mathrm{TS} = 0.5(K_\mathrm{T}+K_\mathrm{S})(\mathrm{d}T_0/\mathrm{d}z)(\mathrm{d}S_0/\mathrm{d}z)$ 分别表示平均温度、盐度和温盐耦合的耗散率；$d_\mathrm{r} = K_\mathrm{S}/K_\mathrm{T}$ 表示涡流

扩散系数，其中 K_T 和 K_S 分别为温度和盐度涡流扩散系数；ε 是每单位质量流体的湍流动能的耗散率；$\omega = A(\mathrm{d}T_0/\mathrm{d}z)/B(\mathrm{d}S_0/\mathrm{d}z)$ 为温盐平衡参数，表示温度和盐度起伏对折射率起伏影响的比值。

Nikishov 海洋折射率谱模型理论上仅在惯性子范围 $1/L_0 \ll \kappa \ll 1/l_0$ 有效。在很多基于 Nikishov 海洋折射率谱所进行的光波在海洋湍流中的传播特性的分析中，为了简化积分运算，都假设温度涡流扩散率等于盐度涡流扩散率。

2）Yao 海洋折射率谱

考虑到在高波数区，大气湍流 non-Kolmogorov 谱衰减缓慢，而海洋湍流谱则衰减快速，为了在高波数区域截断频谱，Yao Jinren 等人通过将 non-Kolmogorov 谱与一个高斯函数相乘得到温度谱。同时也注意到，non-Kolmogorov 谱是具有单峰函数的模型，而海洋折射率谱是双峰值函数模型。non-Kolmogorov 谱不能准确描述海洋湍流在高波数区域的凸起，因此为了引入凸起效应，需要给温度谱乘以校正因子 $[1+C_{1\mathrm{T}}(\kappa\eta)^{C2\mathrm{T}}]$，进而得到近似海洋温度谱模型 $\Phi_\mathrm{T}(\kappa)$。通过与获得的近似温度谱类比，得到了近似盐度谱 $\Phi_\mathrm{S}(\kappa)$ 和近似温盐耦合谱 $\Phi_\mathrm{TS}(\kappa)$，将这三个近似谱线性组合，便形成了 Yao Jinren 提出的海洋折射率谱表达式，数学形式为

$$\Phi_n(\kappa)=A^2\Phi_\mathrm{T}(\kappa)+B^2\Phi_\mathrm{S}(\kappa)-2AB\Phi_\mathrm{TS}(\kappa),\ \frac{1}{L_0}\ll\kappa\ll\frac{1}{l_0} \tag{6.25}$$

式中，

$$\Phi_i(\kappa)=C_i^2\kappa^{-11/3}\exp\left[-\frac{(\kappa\eta)^2}{F_i^2}\right]+C_i^2Q\eta^{2/3}\kappa^{-3}\exp\left[-\frac{(\kappa\eta)^2}{F_i^2}\right]$$

$$C_i^2=(4\pi)^{-1}\beta\varepsilon^{-1/3}\chi_i$$

$$F_i=\frac{\sqrt{3}}{Q^{3/2}}\left(W_i-\frac{1}{3}+\frac{1}{9W_i}\right)^{3/2} \tag{6.26}$$

$$W_i=\left\{\left[\left(\frac{1}{27}-\frac{\mathrm{Pr}_i}{6\beta Q^{-2}}\right)^2-\frac{1}{729}\right]^{1/2}-\left(\frac{1}{27}-\frac{\mathrm{Pr}_i}{6\beta Q^{-2}}\right)\right\}^{1/3},\ i=\mathrm{T,\ S,\ TS}$$

式中，Pr_i 为 Prandtl 数，C_T^2、C_S^2 和 C_TS^2 分别是温度、盐度以及温盐耦合的结构常数。$Q=2.35$ 是一个常数。F_i 是 Prandtl 数 Pr_i 的函数，它控制 Φ_i 的惯性扩散范围的上限。

3）Yi 海洋折射率谱

由于 Nikishov 谱在惯性对流范围部分显著低估了折射率起伏的情况，Yi Xiang 提出了由 Obukhov-Corrsin 定律和 Kraichinan 谱相拟合的标量折射率谱（Yi 谱）形式。依据标量谱形式，进一步提出折射率空间功率谱，其数学模型为

$$\Phi_n(\kappa)=(4\pi)^{-1}A^2\beta\chi_\mathrm{T}\varepsilon^{-1/3}\kappa^{-11/3}\times$$

$$\left[g(\kappa\eta,\ \mathrm{Pr}_\mathrm{T})+\frac{d_\mathrm{r}}{\omega^2}g(\kappa\eta,\ \mathrm{Pr}_\mathrm{T})-\frac{1+d_\mathrm{r}}{\omega}g(\kappa\eta,\ \mathrm{Pr}_\mathrm{T})\right],\ \frac{1}{L_0}\ll\kappa\ll\frac{1}{l_0} \tag{6.27}$$

式中，

$$g(\kappa\eta,\ \mathrm{Pr}_i)=\left[1+\sum_{n=1}^N a_n(\kappa\eta)^n\right]\exp(-\delta_i\kappa\eta) \tag{6.28}$$

在方程 $\int_0^\infty x^{1/3}g(x,\ \mathrm{Pr})\mathrm{d}x=\frac{\mathrm{Pr}}{2\beta}$ 的约束下，对给定 Pr_i 的 Obukhov-Corrsin 定律和

Kraichnan 谱进行比较，可确定式(6.28)中的常数 a_n 和 δ_i。

4) 新近似海洋折射率谱

针对 $1/L_0=0$(即 $L_0=\infty$)的极限条件，上述三种海洋湍流谱在 $\kappa=0$ 处均存在奇点。这意味着，结构函数 $D_n(R)$ 可以计算，但协方差函数 $B_n(R)$ 却无法计算。为了消除这种奇异性，利用 Von Karman 谱理论，Zhang 谱通过在因子 $\kappa^{-11/3}$ 中加入截止空间频率 $\kappa_0=1/L_0$ 来修改这些标量谱，即，用 $(\kappa^2+\kappa_0^2)^{-11/6}$ 代替 $\kappa^{-11/3}$。经过改进后，可得到包含有限外尺度参数和可变温盐涡流扩散率的新近似海洋湍流谱模型：

$$\Phi_n(\kappa)=\varepsilon^{-1/3}\beta A^2\chi_T\frac{[1+Q(\kappa\eta)^{2/3}]}{4\pi(\kappa^2+\kappa_0^2)^{11/6}}\times$$

$$\left\{\exp\left[-\frac{(\kappa\eta)^2}{R_T^2}\right]+\frac{d_r}{\omega^2}\exp\left[-\frac{(\kappa\eta)^2}{R_S^2}\right]-\frac{1+d_r}{\omega}\exp\left[-\frac{(\kappa\eta)^2}{R_{TS}^2}\right]\right\},\ 0<\kappa<\infty$$

(6.29)

式中，

$$R_i=\frac{\sqrt{3}}{Q^{3/2}}\left(W_i-\frac{1}{3}+\frac{1}{9W_i}\right)^{3/2}$$

$$W_i=\left\{\left[\left(\frac{1}{27}-\frac{Pr_i}{6\beta Q^{-2}}^2\right)-\frac{1}{729}\right]^{1/2}-\left(\frac{1}{27}-\frac{Pr_i}{6\beta Q^{-2}}\right)\right\}^{1/3},\ i=T,\ S,\ TS$$

(6.30)

图 6-6 给出了四种不同谱模型随 $\log(\kappa\eta)$ 变化的规律。为简单起见，定义归一化折射率波动谱为 $f_n(\kappa\eta)=\chi_n^{-1}\varepsilon^{\frac{1}{3}}\kappa^{\frac{5}{3}}E_n(\kappa)$，其中，

$$E_n(\kappa)=4\pi\kappa^2\Phi_n(\kappa)$$

$$\chi_n=A^2\chi_T+B^2\chi_S-2AB\chi_{TS}$$

$$\chi_S=d_r\left(\frac{A}{B\omega}\right)^2\chi_T,\ \chi_{TS}=\frac{A}{2B\omega}(1+d_r)\chi_T$$

(6.31)

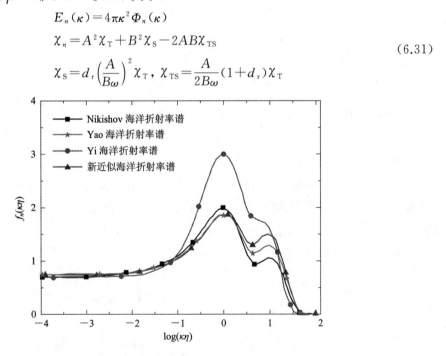

图 6-6　四种不同谱模型随 $\log(\kappa\eta)$ 变化的曲线

如图 6-6 所示，可以观察到每种谱模型都在 $\log(\kappa\eta)=0$ 和 $\log(\kappa\eta)=1$ 处出现了波

峰，这是因为折射率谱是温度谱和盐度谱的线性组合，两者都会在进入耗散区前出现谱峰，但是温度起伏和盐度起伏出现峰值所对应的波数值不尽相同。由于仿真过程中，所设置的温盐平衡参数 $\omega=-2$（即温度起伏占主导地位），所以可知 $\log(\kappa\eta)=0$ 处对应温度变化对海洋折射率随机起伏的影响，$\log(\kappa\eta)=1$ 处对应盐度梯度对海洋折射率起伏的影响。从图 6-6 中可以看出，在低波数区域，这四种谱模型相差不大。实验数据表明在粘性-对流区湍流特性更贴近于 Nikishov 谱的数据，而在此区域中，Yao 海洋折射率谱和新近似海洋折射率谱模型更符合 Nikishov 谱在粘性-对流区的数据，即这两种谱更符合实际中粘性-对流区的湍流特性。虽然 Yi 谱与 Nikishov 谱相比更贴近惯性对流区的海水折射率起伏规律，但其在粘性对流区与实验数据具有较大误差。

2. 光束漂移

1）光束漂移模型

近年来，有关光波在海洋湍流中传播的研究引起了国内外学者极大的兴趣，因为它对水下光学成像和通信系统的设计至关重要。这些系统要求发送端和接收端之间严格对准。然而，由于海洋湍流的干扰，当一束光在海洋中传输一段距离后，在垂直光传输方向的中心位置上将作随机变化，从而引入显著的指向误差。这种光束的漂移效应可用光束位移（整体或某一轴上分量）的统计方差表示。因此，在弱海洋湍流下，光束漂移方差的表达式为

$$\langle r_c^2 \rangle = W^2 T_{LS}$$
$$= 4\pi^2 k^2 W^2 L \int_0^1 \int_0^\infty \kappa \Phi_n(\kappa) H_{LS}(\kappa,\xi) \left[1 - \exp\left(-\frac{\Lambda L \kappa^2 \xi^2}{k}\right)\right] d\xi d\kappa \tag{6.32}$$

式中，$W^2 T_{LS}$ 描述的是"光束漂移"或可称为接收平面中光束瞬心的方差。$k=2\pi/\lambda$ 表示波数，λ 是光波的波长。W 是总传输路径 L 处的光束半径。$H_{LS}(\kappa,\xi)$ 是大尺度滤波器函数。归一化变量 ξ 可由 $\xi=1-z/L$ 得到，z 是观测平面与发射平面 $z=0$ 的距离。$\Lambda=2L/kW^2$ 是接收端光束的菲涅尔比。要使理论分析结果更符合实际海洋情况并且考虑湍流外尺度的影响，这时海洋湍流谱 $\Phi_n(\kappa)$ 采用考虑可变涡流扩散率的近似海洋湍流谱模型：

$$\Phi_n(\kappa) = (4\pi)^{-1}(\kappa^2+\kappa_0^2)^{-11/6} C_0 \varepsilon^{-1/3} \alpha^2 \chi_T \times$$
$$\left\{ [1+C_{1T}(\kappa\eta)^{\frac{2}{3}}] \exp\left[-\frac{(\kappa\eta)^2}{N_T^2}\right] + \omega^2 d_r [1+C_{1S}(\kappa\eta)^{\frac{2}{3}}] \exp\left[-\frac{(\kappa\eta)^2}{N_S^2}\right] - \right.$$
$$\left. \omega^{-1}(1+d_r)[1+C_{1TS}(\kappa\eta)^{\frac{2}{3}}] \exp\left[-\frac{(\kappa\eta)^2}{N_{TS}^2}\right] \right\} \tag{6.33}$$

其中，

$$N_i = \frac{\sqrt{3}}{Q^{3/2}}\left(W_i - \frac{1}{3} + \frac{1}{9W_i}\right)^{3/2} \tag{6.34}$$

$$W_i = \left\{ \left[\left(\frac{1}{27} - \frac{Pr_i}{6C_0 Q^{-2}}\right)^2 - \frac{1}{729}\right]^{1/2} - \left(\frac{1}{27} - \frac{Pr_i}{6C_0 Q^{-2}}\right) \right\}^{1/3}, \quad i=T, S, TS \tag{6.35}$$

式中，d_r 定义为盐度与温度的涡流扩散比。$\kappa_0=2\pi/L_0$，其中 L_0 是湍流外尺度。

大尺度滤波器函数可表示为

$$H_{LS}(\kappa,\xi) = \exp\{-\kappa^2 W_0^2 [(\Theta_0 + \overline{\Theta}_0 \xi)^2 + \Lambda_0^2(1-\xi)^2]\} \tag{6.36}$$

式中，$\Theta_0 = 1 - \overline{\Theta}_0$ 是输入平面的光束曲率参数。$W_0 = W/\sqrt{\Theta_0^2 + \Lambda_0^2}$ 和 $\Lambda_0 = 2L/kW_0^2$ 分别表示发射端的光束半径和菲涅尔比。

研究表明，光束漂移主要受靠近发射端的大尺度湍流作用，假设衍射效应可以被忽略，则可以去掉最后一项。采用几何光学近似方法可得

$$1-\exp\left(-\frac{\Lambda L\kappa^2\xi^2}{k}\right)\approx\frac{\Lambda L\kappa^2\xi^2}{k}，\quad\frac{L\kappa^2}{k}\ll1 \tag{6.37}$$

将公式(6.33)、公式(6.36)和公式(6.37)带入公式(6.32)中，经过积分运算，可得光束漂移为

$$\langle r_{\mathrm{c}}^2\rangle=\pi kW^2L^2\Lambda\alpha^2C_0\varepsilon^{-\frac{1}{3}}\chi_{\mathrm{T}}\int_0^1\xi^2[I_{\mathrm{T}}+\omega^{-2}d_{\mathrm{r}}I_{\mathrm{S}}-\omega^{-1}(1+d_{\mathrm{r}})I_{\mathrm{TS}}]\mathrm{d}\xi \tag{6.38}$$

其中，

$$I_i=-3.6\kappa_0^{1/3}-2.243C_{1i}\eta^{2/3}\kappa_0+\frac{2.783\left[\dfrac{\eta^2}{N_i^2}+W_0^2(\Theta_0+\overline{\Theta}_0\xi)^2\right]^{1/3}+0.886C_{1i}\eta^{2/3}}{\left[\dfrac{\eta^2}{N_i^2}+W_0^2(\Theta_0+\overline{\Theta}_0\xi)^2\right]^{1/2}}，\quad i=\mathrm{T，S，TS} \tag{6.39}$$

公式(6.38)适用于高斯准直光束、发散光束以及聚焦光束。下面仅讨论高斯准直光束和聚焦光束。

(1) 当取无限湍流外尺度($\kappa_0=0$)时，等式(6.38)可简化为：

当光束类型为准直光束($\Theta_0=1$)时，光束漂移方差为

$$\langle r_{\mathrm{c}}^2\rangle=\frac{2}{3}\pi L^3\alpha^2C_0\varepsilon^{-\frac{1}{3}}\chi_{\mathrm{T}}\left\{\frac{2.783\left(\dfrac{\eta^2}{N_{\mathrm{T}}^2}+W_0^2\right)^{1/3}+0.886C_{1\mathrm{T}}\eta^{2/3}}{\left(\dfrac{\eta^2}{N_{\mathrm{T}}^2}+W_0^2\right)^{1/2}}+\right.$$

$$\omega^{-2}d_{\mathrm{r}}\frac{2.783\left(\dfrac{\eta^2}{N_{\mathrm{S}}^2}+W_0^2\right)^{1/3}+0.886C_{1\mathrm{S}}\eta^{2/3}}{\left(\dfrac{\eta^2}{N_{\mathrm{S}}^2}+W_0^2\right)^{1/2}}-$$

$$\left.\omega^{-1}(1+d_{\mathrm{r}})\frac{2.783\left(\dfrac{\eta^2}{N_{\mathrm{TS}}^2}+W_0^2\right)^{1/3}+0.886C_{1\mathrm{TS}}\eta^{2/3}}{\left(\dfrac{\eta^2}{N_{\mathrm{TS}}^2}+W_0^2\right)^{1/2}}\right\} \tag{6.40}$$

当光束类型为聚焦光束时($\Theta_0=0$)，光束漂移方差为

$$\langle r_{\mathrm{c}}^2\rangle=2\pi L^3\alpha^2C_0\varepsilon^{-\frac{1}{3}}\chi_{\mathrm{T}}\int_0^1\xi^2\left\{\frac{2.783\left(\dfrac{\eta^2}{N_{\mathrm{T}}^2}+W_0^2\xi^2\right)^{1/3}+0.886C_{1\mathrm{T}}\eta^{2/3}}{\left(\dfrac{\eta^2}{N_{\mathrm{T}}^2}+W_0^2\xi^2\right)^{1/2}}+\right.$$

$$\omega^{-2}d_{\mathrm{r}}\frac{2.783\left(\dfrac{\eta^2}{N_{\mathrm{S}}^2}+W_0^2\xi^2\right)^{1/3}+0.886C_{1\mathrm{S}}\eta^{2/3}}{\left(\dfrac{\eta^2}{N_{\mathrm{S}}^2}+W_0^2\xi^2\right)^{1/2}}-$$

$$\left.\omega^{-1}(1+d_{\mathrm{r}})\frac{2.783\left(\dfrac{\eta^2}{N_{\mathrm{TS}}^2}+W_0^2\xi^2\right)^{1/3}+0.886C_{1\mathrm{TS}}\eta^{2/3}}{\left(\dfrac{\eta^2}{N_{\mathrm{TS}}^2}+W_0^2\xi^2\right)^{1/2}}\right\}\mathrm{d}\xi \tag{6.41}$$

(2) 当湍流外尺度为有限时($\kappa_0\neq0$)，等式(6.38)可简化为：

当光束类型为准直光束时($\Theta_0=1$)，光束漂移方差为

$$\langle r_c^2 \rangle = \frac{2}{3}\pi L^3 \alpha^2 C_0 \varepsilon^{-\frac{1}{3}} \chi_T \times \left\{ \left[-3.6\kappa_0^{1/3} - 2.243 C_{1T}\eta^{2/3}\kappa_0 + \frac{2.783\left(\frac{\eta^2}{N_T^2}+W_0^2\right)^{1/3}+0.886C_{1T}\eta^{2/3}}{\left(\frac{\eta^2}{N_T^2}+W_0^2\right)} \right] - \right.$$

$$\omega^{-2}d_r\left[3.6\kappa_0^{1/3} + 2.243 C_{1S}\eta^{2/3}\kappa_0 - \frac{2.783\left(\frac{\eta^2}{N_S^2}+W_0^2\right)^{1/3}+0.886C_{1S}\eta^{2/3}}{\left(\frac{\eta^2}{N_S^2}+W_0^2\right)^{1/2}} \right] +$$

$$\left. \frac{(1+d_r)}{\omega}\left[3.6\kappa_0^{1/3} + 2.243 C_{1TS}\eta^{2/3}\kappa_0 - \frac{2.783\left(\frac{\eta^2}{N_{TS}^2}+W_0^2\right)^{1/3}+0.886C_{1TS}\eta^{2/3}}{\left(\frac{\eta^2}{N_{TS}^2}+W_0^2\right)^{1/2}} \right] \right\} \quad (6.42)$$

当光束类型为聚焦光束时$(\Theta_0=0)$，光束漂移方差为

$$\langle r_c^2 \rangle = 2\pi L^3 \alpha^2 C_0 \varepsilon^{-\frac{1}{3}} \chi_T \int_0^1 \xi^2 \left\{ \left[-3.6\kappa_0^{1/3} - 2.243 C_{1T}\eta^{2/3}\kappa_0 + \frac{2.783\left(\frac{\eta^2}{N_T^2}+W_0^2\xi^2\right)^{1/3}+0.886C_{1T}\eta^{2/3}}{\left(\frac{\eta^2}{N_T^2}+W_0^2\xi^2\right)^{1/2}} \right] - \right.$$

$$\omega^{-2}d_r\left[3.6\kappa_0^{1/3} + 2.243 C_{1S}\eta^{2/3}\kappa_0 - \frac{2.783\left(\frac{\eta^2}{N_S^2}+W_0^2\xi^2\right)^{1/3}+0.886C_{1S}\eta^{2/3}}{\left(\frac{\eta^2}{N_S^2}+W_0^2\xi^2\right)^{1/2}} \right] +$$

$$\left. \frac{(1+d_r)}{\omega}\left[3.6\kappa_0^{1/3} + 2.243 C_{1TS}\eta^{2/3}\kappa_0 - \frac{2.783\left(\frac{\eta^2}{N_{TS}^2}+W_0^2\xi^2\right)^{1/3}+0.886C_{1TS}\eta^{2/3}}{\left(\frac{\eta^2}{N_{TS}^2}+W_0^2\xi^2\right)^{1/2}} \right] \right\} d\xi$$

$$(6.43)$$

2) 数值仿真与分析

此部分绘制了高斯准直光束和聚焦光束的光束漂移方差，设置的参数如下：$\alpha = 2.6 \times 10^{-4}$ liter/deg，$\lambda = 0.532\ \mu m$，$\eta = 10^{-3}$ m，$L = 100$ m，$W_0 = 0.1$ m，$C_{1T} = 2.181$，$C_{1S} = 2.221$，$C_{1TS} = 2.205$，$Pr_T = 7$，$Pr_S = 700$，$Pr_{TS} = 13.86$。

图 6-7 中，假设 $\chi_T = 10^{-5}\,K^2/s$ 和 $\chi_T = 10^{-5}\,K^2/s$，绘制了准直光束（图 6-7(a)）和聚集光束（图 6-7(b)）的光束漂移方差在不同的 ω 和 d_r 值时随湍流外尺度 L_0 的变化趋势。由图可以看到，不论 d_r 取何值，光束漂移方差都随着 L_0 的增大而增大。因为光束漂移主要是由大尺度湍流元引入的折射效应引起的。根据理查德森级联理论，随着外尺度 L_0 的增大，光波在传播路径上会遇到大量的大尺度湍流元。因此，这些湍流元比较小的外尺度会导致更大的光束漂移方差。此外，对于 $\omega = -0.25$，发现 $d_r = 0.037$ 的光束漂移方差比 $d_r = 1$ 的方差小；然而对于 $\omega = -2.5$，$d_r = 4.437$ 的光束漂移方差大于 $d_r = 1$ 的方差。这种现象表明在 $\omega = -0.25$ 情况下，基于 $d_r = 1$ 预测的光束漂移方差低估了实际中的光束漂移；而对于 $\omega = -2.5$ 的情况，基于 $d_r = 1$ 计算得到的光束漂移则被高估了。

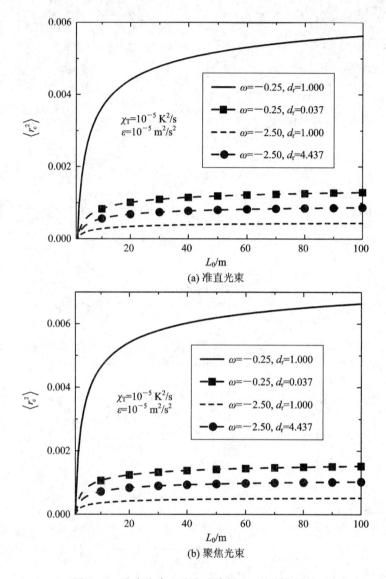

图 6-7　准直光束和聚焦光束随 L_0 的变化趋势

在图 6-8 中，假设 $\chi_T = 10^{-5} K^2/s$ 和 $\varepsilon = 10^{-5} m^2/s^3$，得到了准直光束（图 6-8(a)）和聚焦光束（图 6-8(b)）在不同涡流扩散率和外尺度情况下随参数 ω 的变化趋势。当 d_r 等于 1 时，光束漂移方差随着 ω 单调递增。具体地，曲线在 $\omega = -5$ 与 $\omega = -1$ 之间，光束漂移方差首先缓慢增加，然后在 $\omega = -1$ 与 $\omega = 0$ 之间，光束漂移方差急剧增加。出现这种现象的原因是盐度波动对海洋湍流光束漂移的影响大于海洋湍流中的温度波动。然而，d_r 不为 1 时，曲线被划分为三部分。第一部分，从 $\omega = -5$ 到 $\omega = -1$，曲线首先随着 ω 的增加而缓慢增加，直到 ω 趋于 -1 时，光束漂移方差急剧下降。第二部分，ω 的取值范围为 -1 到 -0.5，光束漂移方差呈现抛物线型下降。第三部分位于 $\omega = -0.5$ 到 $\omega = -0.5$ 范围，可知曲线随着 ω 增加而快速增加。此外，无论取值如何，曲线 $L_0 = 10$ m 始终位于曲线 $L_0 = \infty$ 的下方。其原因是有限的外尺度可以显著减少相对于无限外尺度的光束漂移方差。

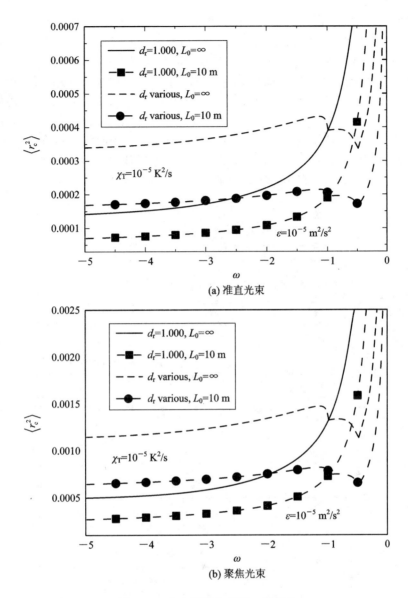

图 6-8　光束漂移方差随 ω 的变化

另一方面，对于确定的外尺度值，d_r 取值为 1 对应的曲线与 d_r 取值不为 1 对应的曲线相交于 $\omega = -1$ 处。对于 $|\omega| > 1$（即海洋湍流主要受温度波动的影响），$d_r = 1$ 的曲线要小于 d_r 不为 1 的曲线；然而对于 $|\omega| > 1$（即海洋湍流主要受盐度波动的影响），$d_r = 1$ 的曲线大于 d_r 不为 1 的曲线。因此，可得出在 $|\omega| > 1$ 情况下，先前基于 $d_r = 1$ 的研究低估了光束漂移方差；而在 $|\omega| < 1$ 情况下，则高估了光束漂移方差。

实际上，无量纲参数 B_W 在海洋情况中比光束漂移方差 $\langle r_c^2 \rangle$ 更有意义。B_W 可由公式 $B_W = \langle r_c^2 \rangle / W^2(1+T)$ 给出，该方程给出了光束漂移方差 $\langle r_c^2 \rangle$ 与湍流导致的光斑尺寸 $W^2(1+T)$ 的比例。

图 6-9 考虑了准直和聚焦光束的无量纲参数随三个主要海洋参数（$\log \chi_T$、ε、ω）的变化趋势。在图 6-9(a) 和 (b) 中，假设 $\omega = -2.50$，无论 $d_r = 1$ 还是 $d_r = 4.437$，可以看到 B_W 随

着 $\log\chi_T$ 的增长而增加，但是会随着 ε 的增加而减小。这种现象可解释为：较大的
$\log\chi_T$ 和较小 ε 的值会导致较强的海洋湍流，进而导致较大的光束漂移和 B_W。此外，还可
以看到对于给定的外尺度 L_0 值，$d_r=1$ 的曲线总是位于 $d_r=4.437$ 曲线下方。而对于确定
的 d_r 值，无限外尺度 $L_0=\infty$ 的曲线值总是比有限外尺度 $L_0=10$ m 的值大。出现这种现象
的物理原因与图 6-8 相同。此外，观察到聚焦光束的曲线值比准直光束的值大，也就是
说，聚焦光束的光束漂移方差在湍流导致的光束光斑尺寸中占的比例更大（即聚焦光束的
光束漂移对激光束的传播影响更大）。在图 6-9(c) 中，注意到曲线的趋势与图 6-8 中的趋
势相似。这表明，先前在 $|\omega|>1$ 情况下基于 $d_r=1$ 的研究低估了 B_W，而对于 $|\omega|<1$ 情况，
B_W 则被高估了。除此之外，在相同的 d_r 值时，$L_0=\infty$ 的曲线值比 $L_0=10$ m 的曲线值大。

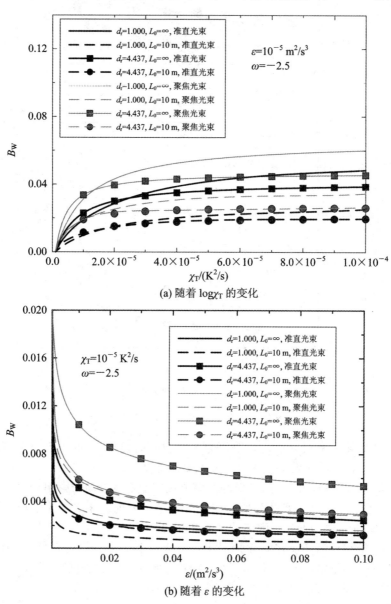

(a) 随着 $\log\chi_T$ 的变化

(b) 随着 ε 的变化

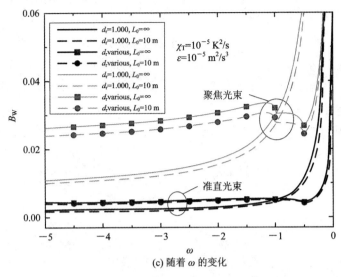

(c) 随着 ω 的变化

图 6 - 9　准直和聚焦光束的无量纲参数 B_W 随相关参数的变化

理论分析中经常忽略有限外尺度，但有限外尺度在实际情况中对光束漂移会产生很大影响。为了表明有限外尺度对光束漂移的影响，图 6 - 10 中给出了有限外尺度与无限外尺度光束漂移方差的比值。参数设置为：$\omega = -2.50$，$\chi_T = 10^{-5}\,\mathrm{K^2/s}$，$\varepsilon = 10^{-5}\,\mathrm{m^2/s^3}$。在图 6 - 10 中，随着 κ_0 的增加，归一化光束漂移方差有明显的下降。而对于 $d_r = 1$ 和 $d_r = 4.437$ 两种情况，聚焦光束的光束漂移比率大于准直光束。这意味着海洋湍流的有限外尺度对聚焦光束的光束漂移影响更加明显。此外，当发射器波束尺寸 W_0 接近有限外尺度 $L_0 = 1/\kappa_0 = 0.1\,\mathrm{m}$ 时，光束漂移比用无限外尺度预测的光束漂移小 60% 左右。

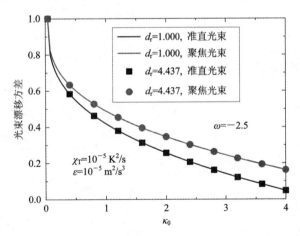

图 - 10　有限外尺度与无限外尺度光束漂移方差的比值

3. 光强闪烁

1）波结构函数与空间相干半径的解析公式

光波传播的理论研究传统上被归类为弱波动或强波动的理论范畴。当使用任意折射率谱模型研究平面波和球面波在长度为 L 的路径上传播时，可以使用更一般的参数 $L/k\rho_0^2$ 来定义辐照度扰动的强度，其中 $k = 2\pi/\lambda$ 是与波长 λ 相关的波数，ρ_0 是平面波或者球面波的空间相干半径。参数的相应表达式由以下不等式组给出：

$$\frac{L}{k\rho_0^2}<1 \quad （弱扰动情况）$$

$$\frac{L}{k\rho_0^2}\gg1 \quad （强扰动情况） \tag{6.44}$$

因此，为了更好地建立一个从弱到强海洋起伏条件下相对简单的闪烁指数模型，需要知道平面波和球面波的空间相干半径的形式。

（1）平面波。

空间相干半径是由波结构函数决定的。基于 Rytov 理论，平面波在海洋湍流中传输时的波结构函数为

$$D_{\mathrm{pl}}(\rho, L)=8\pi^2 k^2 L\int_0^\infty \kappa[1-\mathrm{J}_0(\kappa\rho)]\Phi_n(\kappa)\mathrm{d}\kappa \tag{6.45}$$

式中，ρ 是接收平面上两个观测点之间的空间距离。$\Phi_n(\kappa)$ 取无限外尺度（即 $\kappa_0=0$）。

利用第一类零阶贝塞尔函数的级数表示：

$$\mathrm{J}_0(x)=\sum_{n=0}^\infty \frac{(-1)^n x^{2n}}{n!\ \Gamma(n+1)2^{2n}} \tag{6.46}$$

将公式（6.33）和公式（6.46）代入公式（6.45）中，平面波的波结构函数表示为

$$D_{\mathrm{pl}}(\rho, L)=2\pi k^2 LC_0\varepsilon^{-1/3}A^2\chi_{\mathrm{T}}[I_{\mathrm{T},D_{\mathrm{pl}}}+\omega^{-2}d_r I_{\mathrm{S},D_{\mathrm{pl}}}-\omega^{-1}(1+d_r)I_{\mathrm{TS},D_{\mathrm{pl}}}] \tag{6.47}$$

式中，

$$
\begin{aligned}
I_{i,D_{\mathrm{pl}}} &= \sum_{n=1}^\infty \frac{(-1)^{n-1}\rho^{2n}}{(n!)^2 2^{2n}}\int_0^\infty \kappa^{2n-8/3}[1+C_{1i}(\kappa\eta)^{2/3}]\exp\left[-\frac{(\kappa\eta)^2}{N_i^2}\right]\mathrm{d}\kappa \\
&= \frac{1}{2}\frac{\eta}{N_i}\sum_{n=1}^\infty \frac{(-1)^{n-1}}{n!}\left(\frac{\rho N_i}{2\eta}\right)^{2n}\left[\frac{\eta^{2/3}}{N_i^{2/3}}\frac{\Gamma\left(n-\frac{5}{6}\right)}{\Gamma(n+1)}+C_{1i}\eta^{2/3}\frac{\Gamma\left(n-\frac{1}{2}\right)}{\Gamma(n+1)}\right] \\
&= \frac{1}{2}\frac{\eta^{5/3}}{N_i^{5/3}}\sum_{n=1}^\infty \frac{(-1)^{n-1}}{n!}\left(\frac{\rho N_i}{2\eta}\right)^{2n}\frac{\Gamma\left(-\frac{5}{6}\right)\left(-\frac{5}{6}\right)_n}{(1)_n}+ \\
&\quad \frac{1}{2}\frac{C_{1i}\eta^{5/3}}{N_i}\sum_{n=1}^\infty \frac{(-1)^{n-1}}{n!}\left(\frac{\rho N_i}{2\eta}\right)^{2n}\frac{\Gamma\left(-\frac{1}{2}\right)\left(-\frac{1}{2}\right)_n}{(1)_n} \\
&= \frac{\eta^{5/3}}{2N_i^{5/3}}\Gamma\left(-\frac{5}{6}\right)\left[1-{}_1F_1\left(-\frac{5}{6};1;\frac{\rho^2 N_i^2}{4\eta^2}\right)\right]+ \\
&\quad \frac{C_{1i}\eta^{5/3}}{2N_i}\Gamma\left(-\frac{1}{2}\right)\left[1-{}_1F_1\left(-\frac{1}{2};1;-\frac{\rho^2 N_i^2}{4\eta^2}\right)\right] \quad i=\mathrm{T},\mathrm{S},\mathrm{TS} \tag{6.48}
\end{aligned}
$$

其中，$\Gamma(\cdot)$ 是伽马函数，$(a)_n=\Gamma(a+n)/\Gamma(a)(n=1,2,3,\cdots)$ 是 Pochhammer 符号。${}_1F_1(-a;1;-x)$ 是第一类合流超几何函数。为了简化波结构函数的表达式，使用等式 ${}_1F_1(a;1;-x)-1=-ax_2F_2(a+1,1;2,2;-x)$ 且利用下述渐近表达式：

$$
{}_2F_2(a+1,1;2,2;-x)\cong
\begin{cases}
1-\dfrac{a+1}{4}x, & x\ll1 \\
\{1+[-a\Gamma(1-a)]^{(a+1)^{-1}}x\}^{-a-1}, & x\gg1
\end{cases} \tag{6.49}
$$

将等式 ${}_1F_1(a;1;-x)-1=-ax_2F_2(a+1,1;2,2;-x)$ 和公式（6.49）代入公式（6.48）中，平面波在某些渐近状态下的波结构函数可简化为：

对于 $\rho \ll \eta$，

$$D_{\mathrm{pl}}(\rho, L) = 2\pi k^2 L C_0 \varepsilon^{-1/3} A^2 \chi_{\mathrm{T}} \eta^{-1/3} \rho^2 \left\{ \left[0.696 N_{\mathrm{T}}^{1/3} \left(1 - \frac{\rho^2 N_{\mathrm{T}}^2}{96\eta^2}\right) + 0.222 C_{1\mathrm{T}} N_{\mathrm{T}} \left(1 - \frac{\rho^2 N_{\mathrm{T}}^2}{32\eta^2}\right) \right] + \right.$$

$$\omega^{-2} d_{\mathrm{r}} \left[0.696 N_{\mathrm{S}}^{1/3} \left(1 - \frac{\rho^2 N_{\mathrm{S}}^2}{96\eta^2}\right) + 0.222 C_{1\mathrm{S}} N_{\mathrm{S}} \left(1 - \frac{\rho^2 N_{\mathrm{S}}^2}{32\eta^2}\right) \right] -$$

$$\left. \omega^{-1}(1 + d_{\mathrm{r}}) \left[0.696 N_{\mathrm{TS}}^{1/3} \left(1 - \frac{\rho^2 N_{\mathrm{TS}}^2}{96\eta^2}\right) + 0.222 C_{1\mathrm{TS}} N_{\mathrm{TS}} \left(1 - \frac{\rho^2 N_{\mathrm{TS}}^2}{32\eta^2}\right) \right] \right\} \quad (6.50)$$

对于 $\rho \gg \eta$，

$$D_{\mathrm{pl}}(\rho, L) = 2\pi k^2 L C_0 \varepsilon^{-1/3} A^2 \chi_{\mathrm{T}} \left[\left(\frac{1.12\eta^2}{N_{\mathrm{T}}^2 \rho^{1/3}} + \frac{1.002 C_{1\mathrm{T}} \eta^2}{N_{\mathrm{T}}^2 \rho} \right) + \right.$$

$$\left. \omega^{-2} d_{\mathrm{r}} \left(\frac{1.12\eta^2}{N_{\mathrm{S}}^2 \rho^{1/3}} + \frac{1.002 C_{1\mathrm{S}} \eta^2}{N_{\mathrm{S}}^2 \rho} \right) - \omega^{-1}(1 + d_{\mathrm{r}}) \left(\frac{1.12\eta^2}{N_{\mathrm{TS}}^2 \rho^{1/3}} + \frac{1.002 C_{1\mathrm{TS}} \eta^2}{N_{\mathrm{TS}}^2 \rho} \right) \right]$$

$$(6.51)$$

空间相干半径定义为分离距离复杂度的模量下降到 $1/e$，即 $D_{\mathrm{pl}}(\rho_0, L) = 2$。此外，为了考虑内尺度效应，只需要知道平面波空间相干半径在渐近状态 $\rho \ll \eta$ 下的形式。因此，平面波的空间相干半径为

$$\rho_{0,\mathrm{pl}} \simeq (\pi k^2 L C_0 \varepsilon^{-1/3} A^2 \chi_{\mathrm{T}} \eta^{-1/3})^{-1/2} \left[0.696 N_{\mathrm{T}}^{1/3} + 0.222 C_{1\mathrm{T}} N_{\mathrm{T}} + \right.$$

$$\left. \omega^{-2} d_{\mathrm{r}} (0.696 N_{\mathrm{S}}^{1/3} + 0.222 C_{1\mathrm{S}} N_{\mathrm{S}}) - \omega^{-1}(1 + d_{\mathrm{r}})(0.696 N_{\mathrm{TS}}^{1/3} + 0.222 C_{1\mathrm{TS}} N_{\mathrm{TS}}) \right]^{-1/2}$$

$$(6.52)$$

（2）球面波。

基于 Rytov 理论，球面波的波结构函数定义为

$$D_{\mathrm{sp}}(\rho, L) = 8\pi^2 k^2 L \int_0^1 \int_0^\infty \kappa \Phi_n(\kappa) [1 - J_0(\kappa \xi \rho)] \mathrm{d}\kappa \, \mathrm{d}\xi \quad (6.53)$$

式中，归一化变量 ξ 由 $\xi = 1 - z/L$ 定义，z 表示观察平面距发射平面的距离。

通过将公式（6.33）和公式（6.46）代入公式（6.53）中，可以得到球面波在渐近状态下的波结构函数：

$$D_{\mathrm{sp}}(\rho, L) = 2\pi k^2 L C_0 \varepsilon^{-1/3} A^2 \chi_{\mathrm{T}} [I_{\mathrm{T}, D_{\mathrm{sp}}} + \omega^{-2} d_{\mathrm{r}} I_{\mathrm{S}, D_{\mathrm{sp}}} - \omega^{-1}(1 + d_{\mathrm{r}}) I_{\mathrm{TS}, D_{\mathrm{sp}}}]$$

$$(6.54)$$

其中，

$$I_{i, D_{\mathrm{sp}}} = \sum_{n=1}^\infty \frac{(-1)^{n-1}}{(n!)^2} \left(\frac{\rho}{2}\right)^{2n} \int_0^1 \xi^{2n} \int_0^\infty \kappa^{2n-8/3} [1 + C_{1i}(\kappa \eta)^{2/3}] \exp\left[-\frac{(\kappa \eta)^2}{N_i^2}\right] \mathrm{d}\kappa \, \mathrm{d}\xi, \quad i = \mathrm{T, S, TS}$$

$$(6.55)$$

类似地，利用前面计算平面波时使用的方法，可以导出球面波的波结构函数为：

对于 $\rho \ll \eta$，

$$D_{\mathrm{sp}}(\rho, L) = 2\pi k^2 L C_0 \varepsilon^{-1/3} A^2 \chi_{\mathrm{T}} \left\{ \frac{4.34\eta^{5/3}}{N_{\mathrm{T}}^{5/3}} + \frac{\sqrt{\pi} C_{1\mathrm{T}} \eta^{5/3}}{N_{\mathrm{T}}} + \left[\frac{0.232 N_{\mathrm{T}}^{1/3}}{\eta^{1/3}} + \frac{\sqrt{\pi} C_{1\mathrm{T}} N_{\mathrm{T}}}{24\eta^{1/3}} \right] \rho^2 + \right.$$

$$\omega^{-2} d_{\mathrm{r}} \left[\frac{4.34\eta^{5/3}}{N_{\mathrm{S}}^{5/3}} + \frac{\sqrt{\pi} C_{1\mathrm{S}} \eta^{5/3}}{N_{\mathrm{S}}} + \left(\frac{0.232 N_{\mathrm{S}}^{1/3}}{\eta^{1/3}} + \frac{\sqrt{\pi} C_{1\mathrm{S}} N_{\mathrm{S}}}{24\eta^{1/3}} \right) \rho^2 \right] -$$

$$\left. \omega^{-1}(1 + d_{\mathrm{r}}) \left[\frac{4.34\eta^{5/3}}{N_{\mathrm{TS}}^{5/3}} + \frac{\sqrt{\pi} C_{1\mathrm{TS}} \eta^{5/3}}{N_{\mathrm{TS}}} + \left(\frac{0.232 N_{\mathrm{TS}}^{1/3}}{\eta^{1/3}} + \frac{\sqrt{\pi} C_{1\mathrm{TS}} N_{\mathrm{TS}}}{24\eta^{1/3}} \right) \rho^2 \right] \right\} \quad (6.56)$$

对于 $\rho \gg \eta$，

$$D_{sp}(\rho, L) = 2\pi k^2 L C_0 \varepsilon^{-1/3} A^2 \chi_T \eta^{5/3} \left\{ \frac{1}{N_T^{5/3}} \left[1 + \left(3.34 + \frac{0.194\rho^2 N_T^2}{\eta^2} \right)^{-1/6} \right] + \right.$$

$$\frac{\sqrt{\pi} C_{1T}}{N_T} \left(1 + \frac{0.049\rho^2 N_T^2}{\eta^2} \right)^{-1/2} + \omega^{-2} d_r \left\{ \frac{1}{N_S^{5/3}} \left[1 + \left(3.34 + \frac{0.194\rho^2 N_S^2}{\eta^2} \right)^{-1/6} \right] + \right.$$

$$\frac{\sqrt{\pi} C_{1S}}{N_S} \left(1 + \frac{0.049\rho^2 N_S^2}{\eta^2} \right)^{-1/2} \right\} - \omega^{-1}(1+d_r) \left\{ \frac{1}{N_{TS}^{5/3}} \left[1 + \left(3.34 + \frac{0.194\rho^2 N_{TS}^2}{\eta^2} \right)^{-1/6} \right] + \right.$$

$$\left. \left. \frac{\sqrt{\pi} C_{1TS}}{N_{TS}} \left(1 + \frac{0.049\rho^2 N_{TS}^2}{\eta^2} \right)^{-1/2} \right\} \right\} \tag{6.57}$$

在 $\rho \ll \eta$ 情况下，球面波的空间相干半径为

$$\rho_{0,sp} = \left\{ \left[\frac{4.34\eta^{5/3}}{N_T^{5/3}} + \frac{\sqrt{\pi} C_{1T} \eta^{5/3}}{N_T} + \frac{4.34 d_r \eta^{5/3}}{\omega^2 N_S^{5/3}} + \frac{\sqrt{\pi} d_r C_{1S} \eta^{5/3}}{\omega^2 N_S} - \right. \right.$$

$$\left. \frac{4.34(1+d_r)\eta^{5/3}}{\omega N_{TS}^{5/3}} - \frac{\sqrt{\pi}(1+d_r)C_{1TS}\eta^{5/3}}{\omega N_{TS}} \right] - (\pi k^2 L C_0 \varepsilon^{-1/3} A^2 \chi_T)^{-1} \right\}^{1/2} \times$$

$$\left\{ \left[\frac{0.232 N_T^{1/3}}{\eta^{1/3}} + \frac{\sqrt{\pi} C_{1T} N_T}{24\eta^{1/3}} \right] + \frac{d_r}{\omega^2} \left[\frac{0.232 N_S^{1/3}}{\eta^{1/3}} + \frac{\sqrt{\pi} C_{1S} N_S}{24\eta^{1/3}} \right] - \right.$$

$$\left. \frac{(1+d_r)}{\omega} \left[\frac{0.232 N_{TS}^{1/3}}{\eta^{1/3}} + \frac{\sqrt{\pi} C_{1TS} N_{TS}}{24\eta^{1/3}} \right] \right\}^{1/2} \tag{6.58}$$

2）平面波的相位结构函数

海洋湍流中的平面波相位结构函数的研究对于将闪烁指数扩展到中至强湍流区域至关重要。因此，需要在考虑内尺度效应的渐近区域中获得平面波的相位结构函数。

平面波的相位结构函数可定义为

$$D_{S,pl} = 4\pi^2 k^2 L \int_0^1 \int_0^\infty \kappa \Phi_n(\kappa) [1 - J_0(\kappa\rho)] \left[1 + \cos\left(\frac{L\kappa^2 \xi}{k} \right) \right] d\kappa \, d\xi \tag{6.59}$$

将式（6.59）中的余弦函数表示为 $\cos x = \text{Re}(e^{-ix})$，Re 是实部。在 $\rho \ll l_0$ 区域利用贝塞尔函数的小参数逼近（例如：$1 - J_0(\kappa\rho) \cong (\kappa\rho)^2 / 4X_1, \cdots, X_n$），公式（6.59）可简化为

$$D_{S,pl} = \frac{1}{4} \pi k^2 L \rho^2 C_0 \varepsilon^{-1/3} A^2 \chi_T [I_{T,DSpl} + \omega^{-2} d_r I_{S,DSpl} - \omega^{-1}(1+d_r) I_{TS,DSpl}] \tag{6.60}$$

其中，

$$I_{i,DSpl} = \int_0^1 \int_0^\infty \kappa^{-2/3} [1 + C_{1i}(\kappa\eta)^{2/3}] \left\{ \exp\left[-\frac{\kappa^2 \eta^2}{N_i^2} \right] + \text{Re} \left\{ \exp\left[-\frac{\kappa^2 \eta^2}{N_i^2} \left(1 + \frac{iLN_i^2 \xi}{k\eta^2} \right) \right] \right\} \right\} d\kappa \, d\xi$$

$$= 3\Gamma\left(\frac{7}{6} \right) \left(\frac{\eta^2}{N_i^2} \right)^{-1/6} \text{Re} \int_0^1 \left[1 + \left(1 + \frac{iLN_i^2 \xi}{k\eta^2} \right)^{-1/6} \right] d\xi +$$

$$\frac{1}{2} \sqrt{\pi} \left(\frac{\eta^2}{N_i^2} \right)^{-1/2} C_{1i} \eta^{2/3} \text{Re} \int_0^1 \left[1 + \left(1 + \frac{iLN_i^2 \xi}{k\eta^2} \right)^{-1/2} \right] d\xi$$

$$= \Gamma\left(\frac{7}{6} \right) \frac{18}{5} \left(\frac{k}{L} \right)^{1/6} \left\{ \frac{5}{6} \left(\frac{k\eta^2}{LN_i^2} \right)^{-1/6} + \left[1 + \left(\frac{k\eta^2}{LN_i^2} \right)^2 \right]^{5/12} \sin\left[\frac{5}{6} \arctan\left(\frac{LN_i^2}{k\eta^2} \right) \right] \right\} +$$

$$\sqrt{\pi} C_{1i} \eta^{2/3} \left(\frac{k}{L} \right)^{1/2} \left\{ \frac{1}{2} \left(\frac{k\eta^2}{LN_i^2} \right)^{-1/2} + \left[1 + \left(\frac{k\eta^2}{LN_i^2} \right)^2 \right]^{1/4} \sin\left[\frac{1}{2} \arctan\left(\frac{LN_i^2}{k\eta^2} \right) \right] \right\}$$

$$\tag{6.61}$$

式(6.60)可简化为

$$D_{S,pl} = \frac{1}{4}\pi k^2 L\rho^2 C_0 \varepsilon^{-1/3} A^2 \chi_T \, \Xi \qquad \rho \ll l_0 \tag{6.62}$$

其中，

$$\Xi = \Gamma\left(\frac{7}{6}\right)\frac{18}{5}\left(\frac{k}{L}\right)^{1/6}\left\{\frac{5}{6}\left(\frac{k\eta^2}{LN_T^2}\right)^{-1/6} + \left[1+\left(\frac{k\eta^2}{LN_T^2}\right)^2\right]^{5/12}\sin\left[\frac{5}{6}\arctan\left(\frac{LN_T^2}{k\eta^2}\right)\right]\right\} +$$

$$\sqrt{\pi}C_{1T}\eta^{2/3}\left(\frac{k}{L}\right)^{1/2}\left\{\frac{1}{2}\left(\frac{k\eta^2}{LN_T^2}\right)^{-1/2} + \left[1+\left(\frac{k\eta^2}{LN_T^2}\right)^2\right]^{1/4}\sin\left[\frac{1}{2}\arctan\left(\frac{LN_T^2}{k\eta^2}\right)\right]\right\} +$$

$$\omega^{-2}d_r\left\{\Gamma\left(\frac{7}{6}\right)\frac{18}{5}\left(\frac{k}{L}\right)^{1/6}\left\{\frac{5}{6}\left(\frac{k\eta^2}{LN_S^2}\right)^{-1/6} + \left[1+\left(\frac{k\eta^2}{LN_S^2}\right)^2\right]^{5/12}\sin\left[\frac{5}{6}\arctan\left(\frac{LN_S^2}{k\eta^2}\right)\right]\right\} +$$

$$\sqrt{\pi}C_{1S}\eta^{2/3}\left(\frac{k}{L}\right)^{1/2}\left\{\frac{1}{2}\left(\frac{k\eta^2}{LN_S^2}\right)^{-1/2} + \left[1+\left(\frac{k\eta^2}{LN_S^2}\right)^2\right]^{1/4}\sin\left[\frac{1}{2}\arctan\left(\frac{LN_S^2}{k\eta^2}\right)\right]\right\}\right\} -$$

$$\omega^{-1}(1+d_r)\left\{\Gamma\left(\frac{7}{6}\right)\frac{18}{5}\left(\frac{k}{L}\right)^{1/6}\left\{\frac{5}{6}\left(\frac{k\eta^2}{LN_{TS}^2}\right)^{-1/6} + \left[1+\left(\frac{k\eta^2}{LN_{TS}^2}\right)^2\right]^{5/12}\sin\left[\frac{5}{6}\arctan\left(\frac{LN_{TS}^2}{k\eta^2}\right)\right]\right\} +$$

$$\sqrt{\pi}C_{1TS}\eta^{2/3}\left(\frac{k}{L}\right)^{1/2}\left\{\frac{1}{2}\left(\frac{k\eta^2}{KN_{TS}^2}\right)^{-1/2} + \left[1+\left(\frac{k\eta^2}{LN_{TS}^2}\right)^2\right]^{1/4}\sin\left[\frac{1}{2}\arctan\left(\frac{LN_{TS}^2}{k\eta^2}\right)\right]\right\}\right\} \tag{6.63}$$

3) 闪烁指数模型

(1) 弱海洋湍流下的闪烁指数。

① 平面波模型。

基于 Rytov 理论，归一化的强度方差(即闪烁指数)σ_I^2 在弱湍流下近似等于正态强度方差(即 $\sigma_I^2 \approx \sigma_{lnI}^2$)。因此，平面波的闪烁指数可表示为

$$\sigma_{I,pl}^2 = 8\pi^2 k^2 L\int_0^1\int_0^\infty \kappa\Phi_n(\kappa)\left[1-\cos\left(\frac{L\kappa^2}{k}\xi\right)\right]d\kappa\,d\xi \tag{6.64}$$

如果将公式(6.64)中的余弦函数通过 Euler 公式表示为 $\cos x = \mathrm{Re}(e^{-ix})$，同时将公式(6.33)代入公式(6.64)，可得到

$$\sigma_{I,pl}^2 = 2\pi k^2 LC_0\varepsilon^{-1/3}A^2\chi_T\left[J_{T,pl} + \omega^{-2}d_rJ_{S,pl} - \omega^{-1}(1+d_r)J_{TS,pl}\right] \tag{6.65}$$

其中，

$$J_{i,pl} = \mathrm{Re}\int_0^1\int_0^\infty \kappa^{-8/3}\left[1+C_{1i}(\kappa\eta)^{2/3}\right]\left\{\exp\left(-\frac{\kappa^2\eta^2}{N_i^2}\right) - \exp\left[-\frac{\kappa^2\eta^2}{N_i^2}\left(1+\frac{iLN_i^2\xi}{k\eta^2}\right)\right]\right\}d\kappa\,d\xi$$

$$= \frac{3}{11}\Gamma\left(-\frac{5}{6}\right)\left(\frac{L}{k}\right)^{5/6}\left\{\frac{11}{6}\left(\frac{k\eta^2}{LN_i^2}\right)^{5/6} - \left[1+\left(\frac{k\eta^2}{LN_i^2}\right)^2\right]^{11/12}\sin\left[\frac{11}{6}\arctan\left(\frac{LN_i^2}{k\eta^2}\right)\right]\right\} +$$

$$\frac{1}{3}\Gamma\left(-\frac{1}{2}\right)\left(\frac{L}{k}\right)^{1/2}C_{1i}\eta^{2/3}\left\{\frac{3}{2}\left(\frac{k\eta^2}{LN_i^2}\right)^{1/2} - \left[1+\left(\frac{k\eta^2}{LN_i^2}\right)^2\right]^{3/4}\sin\left[\frac{3}{2}\arctan\left(\frac{LN_i^2}{k\eta^2}\right)\right]\right\}$$

$$i = T, S, TS \tag{6.66}$$

② 球面波模型。

在弱湍流扰动下，球面波的闪烁指数可表示为

$$\sigma_{I,sp}^2 = 8\pi^2 k^2 L\int_0^1\int_0^\infty \kappa\Phi_n(\kappa)\left\{1-\cos\left[\frac{L\kappa^2}{k}\xi(1-\xi)\right]\right\}d\kappa\,d\xi \tag{6.67}$$

相似地，将余弦函数表示为 $\cos x = \mathrm{Re}(e^{-ix})$，可以得到

$$\sigma_{I,sp}^2 = 2\pi k^2 LC_0\varepsilon^{-1/3}A^2\chi_T\left[J_{T,sp} + \omega^{-2}d_rJ_{S,sp} - \omega^{-1}(1+d_r)J_{TS,sp}\right] \tag{6.68}$$

其中，

$$J_{i,\,sp} = \mathrm{Re}\int_0^1\int_0^\infty \kappa^{-8/3}\big[1 + C_{1i}(\kappa\eta)^{2/3}\big]\Big\{\exp\Big(-\frac{\kappa^2\eta^2}{N_i^2}\Big) - \exp\Big[-\frac{\kappa^2\eta^2}{N_i^2}\Big[1 + \frac{\mathrm{i}LN_i^2\xi(1-\xi)}{k\eta^2}\Big]\Big]\Big\}\,\mathrm{d}\kappa\,\mathrm{d}\xi$$

$$= \frac{1}{2}\Gamma\Big(-\frac{5}{6}\Big)\Big(\frac{\eta^2}{N_i^2}\Big)^{5/6}\mathrm{Re}\Big[1 - \int_0^1\Big(1 + \frac{\mathrm{i}LN_i^2\xi(1-\xi)}{k\eta^2}\Big)^{5/6}\,\mathrm{d}\xi\Big] +$$

$$\frac{1}{2}\Gamma\Big(-\frac{1}{2}\Big)\Big(\frac{\eta^2}{N_i^2}\Big)^{1/2}C_{1i}\eta^{2/3}\mathrm{Re}\Big[1 - \int_0^1\Big(1 + \frac{\mathrm{i}LN_i^2\xi(1-\xi)}{k\xi^2}\Big)^{1/2}\Big],\ i = \mathrm{T},\ \mathrm{S},\ \mathrm{TS}$$

$$(6.69)$$

（2）饱和海洋湍流区域的闪烁指数。

在弱湍流和强湍流区域，闪烁指数模型已经建立，得到了平面波和球面波基于近似海洋湍流谱模型的弱湍流区域的闪烁指数，下述内容将基于渐近理论对平面波和球面波在饱和区域的闪烁指数进行研究。

① 平面波模型。

在饱和区域，通过渐近理论预测的平面波和球面波的闪烁指数为

$$\sigma_1^2(L) = 1 + 32\pi^2 k^2 L\int_0^1\int_0^\infty \kappa\Phi_n(\kappa)\sin^2\Big[\frac{L\kappa^2}{2k}h(\xi,\ \xi)\Big]\exp\Big\{-\int_0^1 D_{\mathrm{S,\,pl}}\Big[\frac{L\kappa}{k}h(\tau,\ \xi)\Big]\mathrm{d}\tau\Big\}\mathrm{d}\kappa\,\mathrm{d}\xi,$$

$$L/k\rho_{\mathrm{pl}}^2 \gg 1 \tag{6.70}$$

式中，τ 是归一化的距离变量，指数函数可看做由平面波的相位结构函数定义的低通空间滤波器。函数 $h(\tau,\ \xi)$ 可定义为

$$h(\tau,\ \xi) = \begin{cases} \tau(1-\alpha\xi),\ \tau < \xi \\ \xi(1-\alpha\tau),\ \tau > \xi \end{cases} \tag{6.71}$$

其中，参数 $\alpha = 0$ 表示平面波，$\alpha = 1$ 代表球面波。

空间相干半径 ρ_0 远小于湍流内尺度 l_0，即 $\rho_0 \ll l_0$，由公式（6.47）计算可得近似海洋湍流谱下平面波的相位结构函数。相应地，在平面波模型下（$\alpha = 0$），可得到

$$\int_0^1 D_{\mathrm{S,\,pl}}\Big[\frac{L\kappa}{k}h(\tau,\ \xi)\Big]\mathrm{d}\tau = \frac{1}{4}\pi L^3 C_0\varepsilon^{-1/3}A^2\chi_{\mathrm{T}}\kappa^2\xi^2\Big(1 - \frac{2}{3}\xi\Big)\Xi \tag{6.72}$$

此外，公式（6.70）中的正弦函数可近似为

$$\sin^2\Big[\frac{L\kappa^2}{2k}\xi\Big] \cong \frac{L^2\kappa^4\xi^2}{4k^2} \tag{6.73}$$

将公式（6.33）、公式（6.71）以及公式（6.73）代入公式（6.70），计算结果为

$$\sigma_{\mathrm{I,\,pl}}^2(L) = 1 + 2\pi L^3 C_0\varepsilon^{-1/3}A^2\chi_{\mathrm{T}}\big[Q_{\mathrm{T,\,pl}} + \omega^{-2}d_{\mathrm{r}}Q_{\mathrm{S,\,pl}} - \omega^{-1}(1+d_{\mathrm{r}})Q_{\mathrm{TS,\,pl}}\big] \tag{6.74}$$

其中，

$$Q_{i,\,\mathrm{pl}} = \frac{1}{4}\int_0^1\xi^2\Big[\frac{\eta^2}{N_i^2} + \frac{1}{4}\pi L^3 C_0\varepsilon^{-1/3}A^2\chi_{\mathrm{T}}\xi^2\Big(1 - \frac{2}{3}\xi\Big)\Xi\Big]^{-3/2}\times$$

$$\Big\{C_{1i}\sqrt{\pi}\eta^{2/3} + 2\Gamma\Big(\frac{7}{6}\Big)\Big[\frac{\eta^2}{N_i^2} + \frac{1}{4}\pi L^3 C_0\varepsilon^{-1/3}A^2\chi_{\mathrm{T}}\xi^2\Big(1 - \frac{2}{3}\xi\Big)\Xi\Big]^{1/3}\Big\}\mathrm{d}\xi,\ L/k\rho_{\mathrm{pl}}^2 \gg 1$$

$$(6.75)$$

② 球面波模型。

在球面波模型中可得

$$\int_0^1 D_{\mathrm{S,\,pl}}\Big[\frac{L\kappa}{k}h(\tau,\ \xi)\Big]\mathrm{d}\tau = \frac{1}{12}\pi L^3 C_0\varepsilon^{-1/3}A^2\chi_{\mathrm{T}}\kappa^2\xi^2(1-\xi)^2\Xi \tag{6.76}$$

对球面波($\alpha = 1$)进行类似于平面波的推导过程,结果为

$$\sigma_{\mathrm{I, sp}}^2(L) = 1 + 2\pi L^3 C_0 \varepsilon^{-1/3} A^2 \chi_{\mathrm{T}} [Q_{\mathrm{T, sp}} + \omega^{-2} d_r Q_{\mathrm{S, sp}} - \omega^{-1}(1 + d_r)] Q_{\mathrm{TS, sp}} \quad (6.77)$$

其中,

$$Q_{i, \mathrm{sp}} = \frac{1}{4} \int_0^1 \xi^2 (1 - \xi)^2 \left[\frac{\eta^2}{N_i^2} + \frac{1}{12} \pi L^3 C_0 \varepsilon^{-1/3} A^2 \chi_{\mathrm{T}} \xi^2 (1 - \xi)^2 \Xi \right]^{-3/2} \times$$

$$\left\{ C_{1i} \sqrt{\pi} \eta^{2/3} + 2\Gamma\left(\frac{7}{6}\right) \left[\frac{\eta^2}{N_i^2} + \frac{1}{4} \pi L^3 C_0 \varepsilon^{-1/3} A^2 \chi_{\mathrm{T}} \xi^2 (1 - \xi)^2 \Xi \right]^{1/3} \right\} \mathrm{d}\xi, \quad L/k\rho_{\mathrm{pl}}^2 \gg 1$$

$$(6.78)$$

(3) 中-强湍流中的闪烁指数。

传统的 Rytov 近似在描述光学闪烁时仅限于弱波动条件,而忽略了波传输过程中的横向空间相干半径减小的影响。因此,扩展的 Rytov 方法被提出来用于描述中到强辐照度起伏光波的闪烁指数。在扩展的 Rytov 方法的基础上,可采用带有振幅空间滤波器的有效海洋湍流谱。

$$\Phi_{n, e}(\kappa) = \Phi_n(\kappa) G(\kappa, l_0) = \Phi_n(\kappa) [G_X(\kappa, l_0) + G_Y(\kappa)] \quad (6.79)$$

式中,$G(\kappa, l_0)$ 是由大尺度空间滤波器 $G_X(\kappa, l_0)$ 和小尺度空间滤波器 $G_Y(\kappa)$ 组成的振幅空间滤波器函数。大尺度滤波器和小尺度滤波器分别为

$$G_X(\kappa, l_0) = [f(\kappa l_0)_{\mathrm{T}} + f(\kappa l_0)_{\mathrm{S}} - f(\kappa l_0)_{\mathrm{TS}}] \exp\left(-\frac{\kappa^2}{\kappa_X^2}\right) \quad (6.80)$$

$$G_Y(\kappa) = \frac{\kappa^{11/3}}{(\kappa^2 + \kappa_Y^2)^{11/6}} \quad (6.81)$$

其中,

$$f(\kappa l_0)_{\mathrm{T}} = [1 + C_{1\mathrm{T}}(\kappa\eta)^{2/3}] \exp\left[-\kappa^2\left(\frac{\eta^2}{N_{\mathrm{T}}^2} + \frac{1}{\kappa_X^2}\right)\right] \quad (6.82)$$

$$f(\kappa l_0)_{\mathrm{S}} = \omega^{-2} d_r [1 + C_{1\mathrm{S}}(\kappa\eta)^{2/3}] \exp\left[-\kappa^2\left(\frac{\eta^2}{N_{\mathrm{S}}^2} + \frac{1}{\kappa_X^2}\right)\right] \quad (6.83)$$

$$f(\kappa l_0)_{\mathrm{TS}} = \omega^{-1}(1 + d_r)[1 + C_{1\mathrm{TS}}(\kappa\eta)^{2/3}] \exp\left[-\kappa^2\left(\frac{\eta^2}{N_{\mathrm{TS}}^2} + \frac{1}{\kappa_X^2}\right)\right] \quad (6.84)$$

式中,κ_X 是大尺度(折射)空间截止频率,κ_Y 是小尺度(衍射)空间截止频率。滤波器 $G_X(\kappa, l_0)$ 在给定传输距离 L 处仅允许低通频率 $\kappa < \kappa_X$ 通过,$f(\kappa l_0)_i$ 是对于大尺度空间滤波器 $G_X(\kappa, l_0)$ 起重要作用的参量,它描述了海洋折射率谱的内尺度修正值。相似地,$G_Y(\kappa)$ 仅允许高通频率 $\kappa > \kappa_Y$ 通过。然而,内尺度参数 $f(\kappa l_0)_i$ 并未包含 $G_Y(\kappa)$ 的影响,但是内尺度效应包含在 κ_Y 中。在包含内尺度作用下,海洋湍流折射率谱的 κ_X 和 κ_Y 可表示为

$$\kappa_X = \frac{1}{c_1 + c_2 L/k\rho_0^2} \sim \begin{cases} \dfrac{1}{c_1}, & \dfrac{L}{k\rho_0^2} \ll 1 \\[2mm] \dfrac{k\rho_0^2}{c_2 L}, & \dfrac{L}{k\rho_0^2} \gg 1 \end{cases} \quad (6.85\mathrm{a})$$

$$\kappa_Y = c_3 + \frac{c_4 L}{k\rho_{0,\mathrm{pl}}^2} \sim \begin{cases} c_3, & \dfrac{L}{k\rho_0^2} \ll 1 \\[2mm] \dfrac{c_4 L}{k\rho_0^2}, & \dfrac{L}{k\rho_0^2} \gg 1 \end{cases} \quad (6.85\mathrm{b})$$

式中,c_1、c_2、c_3 和 c_4 是弱到强海洋湍流的标度常数。

当考虑内尺度效应时,可使用有效海洋湍流谱。因此,根据扩展 Rytov 理论,总闪烁指数可以表示为

$$\sigma_{\mathrm{I}}^2 = \exp[\sigma_{\ln X}^2 + \sigma_{\ln Y}^2] - 1 \tag{6.86}$$

式中,$\sigma_{\ln X}^2$ 和 $\sigma_{\ln Y}^2$ 分别表示大尺度和小尺度对数辐照度方差。

① 平面波。

对于平面波,大尺度对数辐照度方差可定义为

$$\sigma_{\ln X,\,\mathrm{pl}}^2 = 8\pi^2 k^2 L \int_0^1 \int_0^\infty \kappa \Phi_n(\kappa) G_X(\kappa, l_0) \left[1 - \cos\left(\frac{L\kappa^2}{k}\xi\right)\right] \mathrm{d}\kappa\, \mathrm{d}\xi \tag{6.87}$$

化简结果为

$$\sigma_{\ln X,\,\mathrm{pl}}^2 = \pi L^3 A^2 C_0 \varepsilon^{-1/3} \chi_{\mathrm{T}} \left[H_{\mathrm{T},\,\ln X\_\mathrm{pl}} + \omega^{-2} d_{\mathrm{r}} H_{\mathrm{S},\,\ln X\_\mathrm{pl}} - \omega^{-1}(1 + d_{\mathrm{r}}) H_{\mathrm{TS},\,\ln X\_\mathrm{pl}} \right] \tag{6.88}$$

其中,

$$H_{i,\,\ln X\_\mathrm{pl}} = \int_0^1 \xi^2 \int_0^\infty \kappa^{4/3} \left[1 + C_{1\mathrm{T}}(\kappa\eta)^{2/3}\right]^2 \exp\left[-\kappa^2\left(\frac{2\eta^2}{N_{\mathrm{T}}^2} + \frac{1}{\kappa_X^2}\right)\right] \mathrm{d}\kappa\, \mathrm{d}\xi$$

$$= \frac{N_i^4 \left(\frac{k\eta_X}{L}\right)^2 \left(\frac{2\eta^2}{N_i^2} + \frac{L}{\kappa\eta_X}\right)^{1/6}}{6(2\eta^2 K\eta_X/L + N_i^2)^2} \times$$

$$\left[\sqrt{\pi} C_{1i}\eta^{2/3}\left(\frac{2\eta^2}{N_i^2} + \frac{L}{k\eta_X}\right)^{1/3} + \left(\frac{2\eta^2}{N_i^2} + \frac{L}{k\eta_X}\right)^{2/3}\Gamma\left(\frac{7}{6}\right) + C_{1i}^2\eta^{4/3}\Gamma\left(\frac{11}{6}\right)\right],\ i = \mathrm{T, S, TS} \tag{6.89}$$

式中,$\eta_X = L\kappa_X^2/k$,并且利用近似关系可得

$$1 - \cos\left(\frac{L\kappa^2}{k}\xi\right) \simeq \frac{1}{2}\left(\frac{L\kappa^2}{k}\xi\right)^2,\ \kappa \ll \kappa_X \tag{6.90}$$

为了确定低通量的无量纲截止频率,可以使用渐近结果。具体而言,在弱辐射波动的情况下,假设 $\sigma_{\ln X,\mathrm{pl}}^2 \sim 0.49\sigma_{\mathrm{I},\mathrm{pl}}^2$,得出常数 c_1;在强辐射波动下,假设 $\sigma_{\mathrm{I},\mathrm{pl}}^2 \simeq 2\sigma_{\ln X,\mathrm{pl}}^2 + 1$,推导出常数 c_2,参数 η_X 可推导为

$$\eta_X = \frac{1}{0.752 + \frac{0.303L}{k\rho_{0,\mathrm{pl}}^2}} \sim \begin{cases} 1.33, & \frac{L}{k\rho_{0,\mathrm{pl}}^2} \ll 1 \\ \frac{k\rho_{0,\mathrm{pl}}^2}{0.303L}, & \frac{L}{k\rho_{0,\mathrm{pl}}^2} \gg 1 \end{cases} \tag{6.91}$$

因此,具有内尺度参数的大尺度对数辐照度方差可表示为

$$\sigma_{\ln X,\,\mathrm{pl}}^2 = \pi L^3 A^2 C_0 \varepsilon^{-1/3} \chi_{\mathrm{T}} \left[H_{\mathrm{T},\,\ln X\_\mathrm{pl}} + \omega^{-2} d_{\mathrm{r}} H_{\mathrm{S},\ln X\_\mathrm{pl}} - \omega^{-1}(1 + d_{\mathrm{r}}) H_{\mathrm{TS},\ln X\_\mathrm{pl}} \right] \tag{6.92}$$

其中,

$$H_{i,\,\ln X\_\mathrm{pl}}$$

$$\simeq \frac{1}{6} N_i^4 \left(\frac{0.752L}{k} + \frac{0.303L^2}{k^2 \rho_{0,\mathrm{pl}}^2}\right)^{-2} \left(\frac{2\eta^2}{N_i^2} + \frac{0.752L}{k} + \frac{0.303L^2}{k^2 \rho_{0,\mathrm{pl}}^2}\right)^{1/6} \left(\frac{2\eta^2 k}{0.752L + 0.303L^2/k\rho_{0,\mathrm{pl}}^2} + N_i^2\right)^{-2} \times$$

$$\left[\sqrt{\pi} C_{1i}\eta^{2/3}\left(\frac{2\eta^2}{N_i^2} + \frac{0.752L}{k} + \frac{0.303L^2}{k^2 \rho_{0,\mathrm{pl}}^2}\right)^{1/3} + \left(\frac{2\eta^2}{N_i^2} + \frac{0.752L}{k} + \frac{0.303L^2}{k^2 \rho_{0,\mathrm{pl}}^2}\right)^{2/3}\Gamma\left(\frac{7}{6}\right) + C_{1i}^2\eta^{4/3}\Gamma\left(\frac{11}{6}\right)\right] \tag{6.93}$$

平面波的小尺度对数辐照度方差可定义为

$$\sigma_{\ln Y,\,\mathrm{pl}}^2 = 8\pi^2 k^2 L \int_0^1 \int_0^\infty \kappa \Phi_n(\kappa) G_Y(\kappa) \left[1 - \cos\left(\frac{L\kappa^2}{k}\xi\right)\right] \mathrm{d}\kappa\, \mathrm{d}\xi \tag{6.94}$$

式中的余弦函数可近似为 $1-\cos(L\kappa^2\xi/k)\simeq 1$，式(6.94)可简化为

$$\sigma_{\ln Y,\,pl}^2=2\pi k^2 LC_0\varepsilon^{-1/3}A^2\chi_T\big[H_{T,\ln Y\_pl}+\omega^{-2}d_r H_{S,\ln Y\_pl}-\omega^{-1}(1+d_r)H_{TS,\ln Y\_pl}\big]\,(6.95)$$

式中，

$$\begin{aligned}
H_{i,\,\ln Y\_pl}&=\int_0^1\int_0^\infty\frac{\kappa}{(\kappa^2+\kappa_Y^2)^{11/6}}\big[1+C_{1i}(\kappa\eta)^{2/3}\big]\exp\Big[-\frac{(\kappa\eta)^2}{N_i^2}\Big]\mathrm{d}\kappa\,\mathrm{d}\xi\\
&=\frac{1}{2}\Big(\frac{L}{k}\Big)^{5/6}\eta_Y^{-5/6}\Big[1.2-6.68\Big(\frac{\eta}{N_i}\Big)^{5/3}\Big]+\frac{1}{2}C_{1i}\eta^{2/3}\Big(\frac{L}{k}\Big)^{1/2}\eta_Y^{-1/2}\Big(1.683-\frac{2\sqrt{\pi}\,\eta}{N_i}\Big),
\end{aligned}$$
$$i=\mathrm{T,\ S,\ TS}\qquad(6.96)$$

其中的参数 $\eta_Y=L\kappa_Y^2/k$。

为了确定高通无量纲截止频率 η_Y，假设弱波动中的 $\sigma_{\ln Y,\,pl}^2=0.51\sigma_{I,\,pl}^2$，强海洋湍流中 $\sigma_{\ln Y,\,pl}^2=\ln 2$。利用式(6.48)中渐近结果，可以得到

$$\eta_Y=2.85+\frac{1.24L}{k\rho_{0,\,pl}^2}\sim\begin{cases}2.85,&\dfrac{L}{k\rho_{0,\,pl}^2}\ll 1\\[3mm]\dfrac{1.24L}{k\rho_{0,\,pl}^2},&\dfrac{L}{k\rho_{0,\,pl}^2}\gg 1\end{cases}\qquad(6.97)$$

因此，小尺度对数辐照度方差变为

$$\sigma_{\ln Y,\,pl}^2=2\pi k^2 LC_0\varepsilon^{-1/3}A^2\chi_T\big[H_{T,\ln Y\_pl}+\omega^{-2}d_r H_{S,\ln Y\_pl}-\omega^{-1}(1+d_r)H_{TS,\ln Y\_pl}\big]\quad(6.98)$$

其中，

$$\begin{aligned}
H_{i,\,\ln Y\_pl}&\simeq\frac{1}{2}\Big(\frac{L\rho_{0,\,pl}^2}{2.85k\rho_{0,\,pl}^2+1.24L}\Big)^{5/6}\Big[1.2-6.68\Big(\frac{\eta}{N_i}\Big)^{5/3}\Big]+\\
&\quad\frac{1}{2}C_{1i}\eta^{2/3}\Big(\frac{L\rho_{0,\,pl}^2}{2.85k\rho_{0,\,pl}^2+1.24L}\Big)^{1/2}\Big(1.683-\frac{2\sqrt{\pi}\,\eta}{N_i}\Big)
\end{aligned}\qquad(6.99)$$

最后，平面波的总闪烁指数可表示为

$$\sigma_I^2=\exp\big[\sigma_{\ln X}^2+\sigma_{\ln Y}^2\big]-1,\quad 0\leqslant\frac{L}{k}\rho_{0,\,pl}^{\,2}<\infty\qquad(6.100)$$

② 球面波。

球面波的大尺度对数辐照度方差可表示为

$$\begin{aligned}
\sigma_{\ln X}^2&=8\pi^2 k^2 L\int_0^1\int_0^\infty\kappa\Phi_n(\kappa)G_X(\kappa)\Big\{1-\cos\Big[\frac{L\kappa^2}{k}\xi(1-\xi)\Big]\Big\}\mathrm{d}\kappa\,\mathrm{d}\xi\\
&=\pi L^3 A^2 C_0\varepsilon^{-1/3}\chi_T\big[H_{T,\ln X\_sp}+\omega^{-2}d_r H_{S,\ln X\_sp}-\omega^{-1}(1+d_r)H_{TS,\ln X\_sp}\big]
\end{aligned}$$
$$(6.101)$$

其中，

$$\begin{aligned}
H_{i,\,\ln X\_sp}&=\int_0^1\xi^2(1-\xi)^2\mathrm{d}\xi\int_0^\infty\kappa^{4/3}\big[1+C_{1i}(\kappa\eta)^{2/3}\big]^2\exp\Big[-\kappa^2\Big(\frac{2\eta^2}{N_i^2}+\frac{1}{\kappa_X^2}\Big)\Big]\mathrm{d}\kappa\\
&=\frac{N_i^4\Big(\dfrac{k\eta_X}{L}\Big)^2\Big(\dfrac{2\eta^2}{N_i^2}+\dfrac{L}{k\eta_X}\Big)^{1/6}}{60(2\eta^2 k\eta_X/L+N_i^2)^2}\times\\
&\quad\Big[\sqrt{\pi}\,C_{1i}\eta^{2/3}\Big(\frac{2\eta^2}{N_i^2}+\frac{L}{k\eta_X}\Big)^{1/3}+\Big(\frac{2\eta^2}{N_i^2}+\frac{L}{k\eta_X}\Big)^{2/3}\Gamma\Big(\frac{7}{6}\Big)+C_{1i}^2\eta^{4/3}\Gamma\Big(\frac{11}{6}\Big)\Big]
\end{aligned}$$
$$(6.102)$$

通过使用与平面波相同的渐近方法，η_X 由下式描述：

$$\eta_X = \frac{1}{0.274 + 0.042L/k\rho_{0,\,\mathrm{sp}}^2} \sim \begin{cases} 3.65, & \dfrac{L}{k\rho_{0,\,\mathrm{sp}}^2} \ll 1 \\ \dfrac{k\rho_{0,\,\mathrm{sp}}^2}{0.042L}, & \dfrac{L}{k\rho_{0,\,\mathrm{sp}}^2} \gg 1 \end{cases} \tag{6.103}$$

因此，式(6.102)简化为

$$H_{i,\,\mathrm{lnX\_sp}}$$

$$\simeq \frac{1}{60} N_i^4 \left(\frac{0.274L}{k} + \frac{0.042L^2}{k^2 \rho_{0,\,\mathrm{sp}}^2} \right)^{-2} \left(\frac{2\eta^2}{N_i^2} + \frac{0.274L}{k} + \frac{0.042L^2}{k^2 \rho_{0,\,\mathrm{sp}}^2} \right)^{1/6} \left(\frac{2\eta^2 k}{0.274L + 0.042L^2/k\rho_{0,\,\mathrm{sp}}^2} + N_i^2 \right)^{-2} \times$$

$$\left[\sqrt{\pi} C_{1i} \eta^{2/3} \left(\frac{2\eta^2}{N_i^2} + \frac{0.274L}{k} + \frac{0.042L^2}{k^2 \rho_{0,\,\mathrm{sp}}^2} \right)^{1/3} + \right.$$

$$\left. \left(\frac{2\eta^2}{N_i^2} + \frac{0.274L}{k} + \frac{0.042L^2}{k^2 \rho_{0,\,\mathrm{sp}}^2} \right)^{2/3} \Gamma\left(\frac{7}{6}\right) + C_{1i}^2 \eta^{4/3} \Gamma\left(\frac{11}{6}\right) \right] \tag{6.104}$$

球面波的小尺度对数辐照度方差可表示为

$$\sigma_{\mathrm{lnY,\,sp}}^2 = 8\pi^2 k^2 L \int_0^1 \int_0^\infty \kappa \Phi_n(\kappa) G_Y(\kappa) \left\{ 1 - \cos\left[\frac{L\kappa^2}{k} \xi(1-\xi) \right] \right\} \mathrm{d}\kappa \, \mathrm{d}\xi$$

$$= 2\pi k^2 L C_0 \varepsilon^{-1/3} A^2 \chi_\mathrm{T} \left[H_{\mathrm{T,lnY\_sp}} + \omega^{-2} d_r H_{\mathrm{S,lnY\_sp}} - \omega^{-1}(1+d_r) H_{\mathrm{TS,lnY\_sp}} \right] \tag{6.105}$$

其中，

$$H_{i,\,\mathrm{lnY\_sp}} = \int_0^1 \int_0^\infty \frac{\kappa}{(\kappa^2 + \kappa_Y^2)^{11/6}} \left[1 + C_{1i}(\kappa\eta)^{2/3} \right] \exp\left[-\frac{(\kappa\eta)^2}{N_i^2} \right] \mathrm{d}\kappa \, \mathrm{d}\xi$$

$$= \frac{1}{2} \left(\frac{L}{k} \right)^{5/6} \eta_Y^{-5/6} \left[1.2 + 3.047 \left(\frac{\eta}{N_i} \right)^{5/3} \right] + \frac{1}{2} C_{1i} \eta^{2/3} \left(\frac{L}{k} \right)^{1/2} \eta_Y^{-1/2} \left(1.683 - \frac{2\sqrt{\pi}\eta}{N_i} \right) \tag{6.106}$$

类似地，参数 η_Y 可表示为

$$\eta_Y = 8.305 + \frac{2.61L}{k\rho_{0,\,\mathrm{sp}}^2} \sim \begin{cases} 8.305, & \dfrac{L}{k\rho_{0,\,\mathrm{sp}}^2} \ll 1 \\ \dfrac{2.61L}{k\rho_{0,\,\mathrm{sp}}^2}, & \dfrac{L}{k\rho_{0,\,\mathrm{sp}}^2} \gg 1 \end{cases} \tag{6.107}$$

在这种情况下，式(6.106)可简化为

$$H_{i,\,\mathrm{lnY\_sp}} \simeq \frac{1}{2} \left(\frac{L\rho_{0,\mathrm{sp}}^2}{8.305k\rho_{0,\mathrm{sp}}^2 + 2.61L} \right)^{5/6} \left[1.2 + 3.047 \left(\frac{\eta}{N_i} \right)^{5/3} \right] +$$

$$\frac{1}{2} C_{1i} \eta^{2/3} \left(\frac{L\rho_{0,\mathrm{sp}}^2}{8.305k\rho_{0,\mathrm{sp}}^2 + 2.61L} \right)^{1/2} \left(1.683 - \frac{2\sqrt{\pi}\eta}{N_i} \right) \tag{6.108}$$

球面波总闪烁指数可由下式给出：

$$\sigma_{\mathrm{I,\,sp}}^2 = \exp\left[\sigma_{\mathrm{lnX,sp}}^2 + \sigma_{\mathrm{lnY,\,sp}}^2 \right] - 1, \quad 0 \leqslant \frac{L}{k\rho_{0,\,\mathrm{sp}}^2} < \infty \tag{6.109}$$

图 6-11 中绘制了平面波(图 6-11(a))和球面波(图 6-11(b))闪烁指数随链路长度 L 变化的函数图像。参数取值为：$\eta = 10^{-3}$，$\varepsilon = 10^{-2}$ m²/s³，$\chi_\mathrm{T} = 10^{-5}$ K²/s³，$\lambda = 532$ nm，

$C_{1T}=2.181$, $C_{1S}=2.221$, $C_{1TS}=2.205$, $\mathrm{Pr}_T=7$, $\mathrm{Pr}_S=700$, $\mathrm{Pr}_{TS}=13.86$, $\omega=-2.5$, $d_r=1$。
图中分别绘制了弱海洋湍流和饱和湍流区域的闪烁指数。正如所预期的那样，在平面波和
球面波两种情况下，基于预测的闪烁模型能够较为紧密地贴合相应的弱和强湍流曲线，
因此所提的用于中到强湍流区域的闪烁指数模型是正确的。具体而言，预测的闪烁指数模
型在弱湍流中随着链路长度 L 的增加而急剧增加，并且闪烁指数的值增加不会超过 1。随
后，闪烁指数的值还在不断增加且会达到曲线的最大值。之后，这些曲线值随 L 的继续增
大而逐渐减小，并在渐近理论范围内逐渐趋于 1。出现这种现象的物理原因是当光波在强
湍流中传播时，其空间相干度损失，相关宽度减小。因此，更多的湍流元进入到由空间相
干半径和散射盘半径限定的无效单元尺寸中；在强波动状态下，散射盘半径对闪烁指数的
贡献很小。这种现象类似于在大气湍流中观察到的现象。另外，还可观察到球面波的闪烁
指数值比平面波的大。同时，平面波模型的闪烁峰值发生在比相应的球面波情况短的路径
长度上。这意味着球面波闪烁对湍流强度的敏感度比平面波的强。

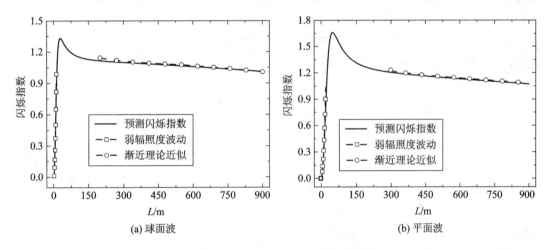

图 6-11 闪烁指数随链路长度变化的趋势

6.2.4 指向与对准

在 UOWC 系统中，用于信息传输的光束一般为窄光束，所以保持可靠的光链路对系
统而言非常关键。此外，因为水下航行器、洋流或其它湍流源在水中会随机运动，所以为
了保持收发机之间不间断的可靠连接，必须对传输光束进行持续跟踪。UOWC 中的对准误
差包括两个部分：对准误差和抖动。对准误差是指光束中心和检测器中心之间的固定偏
移，而抖动是指检测器平面上光束中心的随机偏移。本小节采用光束传播函数（Beam
Spread Function，BSF）对 UOWC 系统中的链路失调进行建模，其表达式为

$$\mathrm{BSF}(L,r)=E(L,r)\exp(-cL)+\int_0^{\infty}E(L,\nu)\exp(-cL)\times$$

$$\left\{\exp\left[\int_0^L b\,\overline{\beta}(\nu(L-z))\mathrm{d}z\right]-1\right\}\mathrm{J}_0(\nu r)\nu\,\mathrm{d}\nu \qquad (6.110)$$

式中，$\mathrm{BSF}(L,r)$ 是接收平面的辐照度分布，$E(L,r)$ 和 $E(L,\nu)$ 分别是激光源在空间坐
标系和空间频域的辐照度分布，L 是光源与接收平面之间的距离，r 是接收平面上的接收

孔径中心到光束中心的距离,在本小节中假定 r 垂直于光轴。b 和 c 分别是衰减系数和散射系数,$\overline{\beta}$ 是散射相位函数。

对纯净海水而言,由于准直光束的存在,导致光信号传播需要严格的指向系统。但对浑浊海水而言,散射是导致光束向不同方向传播的重要因素,因此它不需要严格的指向系统。由于光电倍增管(Photo Multiplier Tube,PMT)的孔径范围一般为 $10 \sim 500$ mm,可为系统提供具有较大视场角的接收机,所以一些系统通常采用光电倍增管,以避免不符合 UOWC 中的指向系统要求。但该类系统存在价格昂贵、体积庞大,而且还不适用于多用户系统环境的缺点。为了提高系统的可靠性,需要在接收机的光学前端根据光信号的到达角改变其视场角,从而进一步对系统实现更为准确的电子切换对准、跟踪。为了提高 UOWC 系统的对准精度,可将智能发射机与智能接收机结合使用。智能发射机可以通过接收机收集的背向散射光来评估水质。智能接收机采用分割宽视场角技术和电子束转向设备,使接收机视场角对准目标信号。这种智能接收设备在多平台环境中非常实用。此外,与之配套使用的智能发射机采用 CDMA 编码,提高了发射机在多平台环境中处理其它光信号的工作能力。图 6-12 所示说明了在 UOWC 系统中采用智能发射机和智能接收机实现对准和跟踪需求的各种场景。

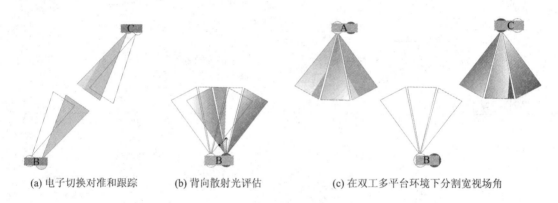

(a) 电子切换对准和跟踪　　　(b) 背向散射光评估　　　(c) 在双工多平台环境下分割宽视场角

图 6-12　用于 UOWC 的智能发射机与智能接收机

调制反射器(Modulating Retro-Reflector,MRR)将调制后的光束反射回询问端,以减少对"对准、跟踪系统"的需求。此外,MRR 将无源光学反射器与电光百叶窗进行耦合,可实现激光器与指向系统之间的近距离 FSO 通信。近年来,基于铁电液晶、微电子机械系统(Micro-Electro-Mechanical System,MEMS)和多量子阱(Multiple Quantum Well,MQW)电吸收调制器的 MRR 得到了快速发展。其中,MQW 具有提供低时延的优势,可提供高达 10 Mb/s 的数据速率。而铁电液晶调制器比 MQW 的数据速率低了近三个数量级,不适于高数据速率传输链路。通常 MRR 具有两种结构:① 角立方体结构,即通过把光学调制技术集成在角立方体结构上,将调制后的光反馈到光源处;② 焦平面结构,即将调制器放置于采集光线的聚焦平面上,如图 6-13 所示。与焦平面结构相比,角立方体反射器具有较大的接收角,使得角立方体结构在对准和跟踪方面的精度要求上有所放宽。但由于焦平面结构响应时间短,因而可以支持高的数据速率。在 MRR 中,空间光调制器(Spatial Light Modulator,SLM)还可用于光束控制、光束整形以及自适应光学等。

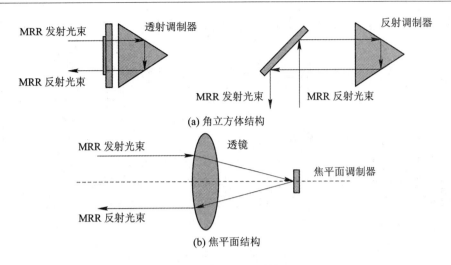

图 6 - 13　MRR 结构

在使用空气-水界面作为漫反射器的 NLOS 通信情况下，会导致光能量在更大区域传播，因而对于收发端指向可以放宽要求。但是这一类漫反射会造成光功率的损失，导致只有较少的光子能够落在接收机上。为此，可以使用 NLOS 链路或扩散器使激光束不平行传播来解决上述问题。此外，Cochenour 和 Mullen 等人还研究了准直激光束和漫射激光束的脉冲形状；漫射 NLOS 链路需要的指向精度较低，但需要至少 30 dB 以上的发射功率，才能在接收机上接收到类似发射端强度的光信号。在许多相关资料中，常常采用 LED 代替激光以降低系统指向精度的要求。

6.2.5　背景噪声

在设计 UOWC 链路时必须考虑背景噪声的影响。噪声大小与光束的工作波长和链路的地理位置等密切相关。一般来说，由于人为噪声的影响，深海处的噪音要比海港处(如海洋工地)小。水下环境中的噪声源大多数可被视为连续谱且服从高斯分布。水下环境背景噪声的主要来源有：① 漫反射背景噪声；② 来自太阳或其它恒星(点)物体的背景噪声；③ 接收机收集到的散射光。

图 6 - 14 显示了相对于接收机的点源和扩展源的几何形状。太阳干扰是造成背景噪声的主要原因，它限制了光链路在海洋透光区(在数十米深处)的工作性能。在海洋较深处，海洋生物自身光亮/黑体辐射是光噪声的主要来源。生物自身的亮度峰值集中在蓝绿色区域，这可能会增加系统中的噪声。因此，总背景噪声表达式为

$$P_{BG} = P_{BG\_sol} + P_{BG\_blackbody} \tag{6.111}$$

太阳背景噪声功率 $P_{BG\_blackbody}$ 表达式为

$$P_{BG\_solar} = A_R(\pi FOV)^2 \Delta\lambda T_F L_{sol} \tag{6.112}$$

式中，A_R 是接收区域面积，$\Delta\lambda$ 是光学滤波器带宽，T_F 是光学滤波器透射率，太阳辐射率 $L_{sol}(W/m^2)$ 的表达式为

$$L_{sol} = \frac{ERL_f e^{-Kd}}{\pi} \tag{6.113}$$

式中，E 是下行辐照度(W/m^2)，R 是下行辐照度的水下反射率，L_f 是描述水下辐射的方

向依赖性因子，K 是漫反射衰减系数，d 是水深。对于波长为 532 nm、$E=1440$ W/m^2、$R=1.25\%$，且在水平方向上 $L_f=2.9$，来自黑体辐射的噪声功率表达式为

$$P_{\text{BG\_blackbody}}=\frac{2hc^2\gamma A_R(\pi\text{FOV})^2\Delta\lambda T_A T_F}{\lambda^5\left[e^{(hc/\lambda kT)}-1\right]} \tag{6.114}$$

其中，$c=2.25257\times10^8$ 是在水中的光速，h 是普朗克常数，T_A 是水中的传输温度，k 是玻尔兹曼常数，$\gamma=0.5$ 是辐射吸收因子。在光检测系统前使用窄带光谱滤波器，有助于降低背景噪声的影响。除背景噪声外，还有光检测器噪声（检测器暗电流噪声）、前置放大器噪声、发射噪声和热噪声等常见的噪声源，此外，海洋介质辐射的反向散射光也是背景噪声的一部分。自适应光学系统有助于优化 UOWC 系统，通过适当减小总视场角可使背景光对水下光通信系统的影响达到最小，同时最大限度地获取所需的光信号能量。

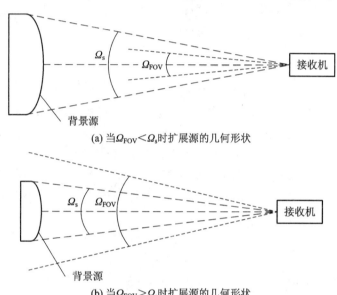

(a) 当 $\Omega_{\text{FOV}}<\Omega_s$ 时扩展源的几何形状

(b) 当 $\Omega_{\text{FOV}}>\Omega_s$ 时扩展源的几何形状

（Ω_{FOV} 是接收机接收视场角的立体角度，Ω_s 是扩展源视场角的立体角度）

图 6-14　接收机的点源和扩展源的几何形状

6.2.6　多径干涉和色散

与声通信一样，光信号在 UOWC 信道中遇到散射物体或水下生物经过多次反射后到达光检测器时，会产生多径干涉效应，从而导致波形在时间上的色散（时间扩展），进而产生码间串扰，最终导致数据传输速率的降低。然而，由于水中光速很大，所以对比于声通信，在 UOWC 中多径干涉效应的影响并不显著。多径干涉效应的大小取决于系统规格和传播环境。在浅水环境中，从浅水表面或底部反射出的光波在检测器上会产生多个信号。而在深海环境中，这些被水表面或海洋底部反射回的光波可以被忽略不计。在接收机处可以采用信道均衡和自适应光学等先进的信号处理技术来抑制干扰。虽然对于变化较快的水下信道而言，采用信道均衡技术具有很大的挑战性，但是对水下光学信道全面细致的特征了解，可以帮助系统选择合适的设计参数，从而实现可靠、高质量的水下光链路。

6.2.7　障碍物

由于水下信息传输的光束为窄光束，所以当传输光束被某一物体（如鱼群或海洋动物）

遮蔽时会导致接收信号的暂时丢失。此时就需要研究人员适当采用纠错技术、信号处理技术和冗余措施等，以确保当数据丢失时发射机能够重新传输信号。目前在水下环境中广泛使用的纠错技术是自动重传请求（ARQ）和前向纠错（Forward Error Correction，FEC）技术。ARQ 技术允许在数据超时传输之后重新进行传输。但是，该技术不能为系统提供稳定的吞吐量，尤其在高误码率情况下会导致系统吞吐量迅速下降。在 FEC 技术中，源编码是在冗余位被数据位封装的情况下执行的，该技术能够提高传输信息的鲁棒性。因此 FEC 技术会增加传输信息的有效载荷。为提高 UOWC 系统的可靠性，研究人员一般采用 ARQ 技术与 FEC 技术相结合的混合 ARQ 技术。除了可以采用适合的纠错技术之外，采用信号处理技术也有助于提升光通信链路的质量，提高系统抗物理干扰的鲁棒性。

6.3　光通信链路配置

水下光通信链路配置有三种基本类型：直接视线传输链路；非视线传输链路；反射链路。

6.3.1　直接视线传输链路

直接视线传输（LOS）链路是水下发射机和接收机之间最简单、障碍物最少的点对点链路。该链路在发射机和接收机均为静态（如海底的两个传感器节点）的情况下很容易实现。而在 AUV 等移动平台之间进行通信时，则要求配备非常复杂的对准和跟踪设备，才能使发射机和接收机均对准。在清澈的海洋中，直接 LOS 链路具有较高的通信性能，此时发射机将窄带光束信号发送至接收机。然而，由于海洋生物的生长、鱼群或其它障碍的影响，水下环境很可能较为昏暗。因此，为了建立 LOS 链路，设计一个防止海洋生物阻塞传播路径的系统是很重要的。实际上，最适合用于 UOWC 的光源对鱼群也有着很强的吸引力，海水鱼更喜欢蓝绿色的波长，而淡水鱼更喜欢黄绿色的波长。因此，为了避免鱼类进入 LOS 区域，常部署闪烁或不稳定的灯光进行干扰。

LOS 链路中接收信号的功率 P_R 为

$$P_{R\_LOS} = P_T \eta_T \eta_R L_P \left(\lambda, \frac{d}{\cos\theta} \right) \frac{A_R \cos\theta}{2\pi d^2 (1 - \cos\theta_d)} \tag{6.115}$$

式中，P_T 是发射机平均光功率，η_T 和 η_R 分别是发射机和接收机的光效率，λ 为光波波长，d 是发射机和接收机平面之间的垂直距离，θ 是接收机平面法线和收发机连线之间的夹角，A_R 是接收机的孔径面积，θ_d 是激光束的发散角。通常来讲，$\theta_d \ll \pi/20$。

激光束在不同的水域类型（如浑浊的港口水、清澈的深海水）中有不同的传输特性，可针对具体通信场景选择绿光或蓝光 LED 对 LOS 链路进行实验。研究发现，观测角度、传播距离和水的浑浊程度对蓝光 LED 的性能有着重要影响。在实验室环境中，可使用频率为 70 MHz 的载波和功率为 3 W 的固态连续波（Continuous Wave，CW）激光器研究不同调制方式下 LOS 链路的性能，其中包括二进制相移键控（Binary Phase Shift Keying，BPSK）、正交相移键控（Quadrature Phase Shift Keying，QPSK）、八进制相移键控（8-PSK）、十六进制正交幅度调制（16-Quadrature Amplitude Modulation，16-QAM）和三十二进制正交幅度调制（32-QAM）。实验结果表明，即使在浑浊的水中使用高功率激光器，仍可实现高达

5 Mb/s 的数据速率。LOS 链路配置如图 6-15 所示。

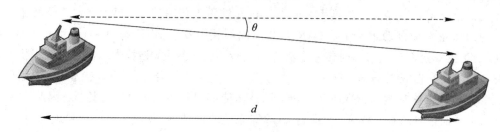

图 6-15　LOS 链路配置

6.3.2　非视线传输链路

由于 LOS 链路要求配备复杂的对准和跟踪系统，而且波束还可能受水下的海洋生物、气泡和悬浮粒子阻挡的影响，因此在某些实际通信场景中往往无法实现 LOS 通信。针对这一问题，可采用 NLOS 水下通信链路，利用传播光信号在海-空界面的反射过程来实现光链路。该类型的链路也被称为反射链路。其它实现 NLOS 链路的方法是通过传播或扩散来自 LED 或激光器的光，以增加接收机的 FOV，这种类型的链路也称为漫射链路。反射和漫射的场景如图 6-16 所示。

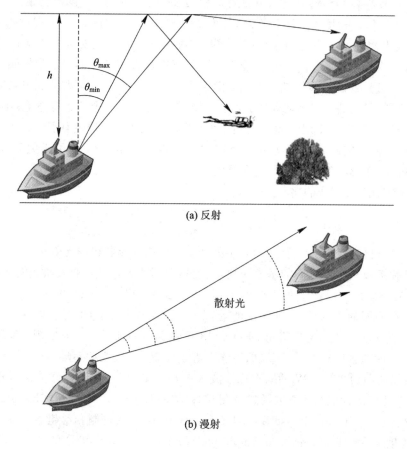

(a) 反射

(b) 漫射

图 6-16　NLOS 链路配置

与 LOS 链路相比，NLOS 链路无须精确的对准和跟踪系统，尤其是在浑浊海水环境中，此时准直光会产生空间色散。在清澈的湖泊或海水中，则必须利用 LED 或激光器阵列来增加激光束的发散度，目的是形成一个光锥。如图 6 - 16(a)所示，该光锥由向上方向的内部角 θ_{min} 和外部角 θ_{max} 确定。当透射光的角度大于临界角时，透射光会透过海-空界面，并因全内反射(Total Internal Reflection，TIR)而反射回水中。当发射机在深度为 h 的位置时，在水深 x 处，被照亮、具有等功率密度的环形面积为

$$A_{ann} = 2\pi(h+x)^2(\cos\theta - \cos\theta_{max}) \qquad (6.116)$$

接收功率为

$$P_{R\_NLOS}(\theta) = A_R f_R(\theta) \qquad (6.117)$$

式中，$f_R(\theta)$ 是由 P_T、A_{ann}、η_T、η_R、$(h+x)$ 和传输角 θ 共同决定的辅助函数。

加拿大的自动企鹅系统公司开发了一种高带宽 UOWC 系统用于操作远程机器人，该系统由一组半球形 LED 阵列组成，从而使发射机具有较大的 FOV。该系统首次在浑浊的水域中以 1.5 Mb/s 的速率将无线水下视频图像传输了约 15 m。NLOS 链路除了可采用图 6 - 16 所示链路配置外，另一种可采用的几何配置是二十面体，二十面体具有几何简洁性和使用 LED 便能完全覆盖自由空间的性能，因此它在 UOWC 系统中得到了广泛应用。其它可用的几何配置包括采用定向发射机和全向接收机，或者全向发射机和全向接收机。后者降低了对准和跟踪的要求，是机械上最简单的解决方案。该方案由 Fair 等人实现，在实验中通过使用全向 LED 对整个工作区域内的光进行扩散，实现了长达 10 m 的全向 UOWC。此项工作聚焦于 AUV 和海底观测站中固定节点的应用，对 NLOS 几何配置进行了链路预算分析，并认为衰减仅取决于衰减系数。但他们的研究并没有将多径干涉、色散(空间和时间)和多重散射考虑在内，因此实验结果仅适用于清澈的海洋或湖泊。

6.3.3　反射链路

反射链路可用于功能有限的双工通信中，此时接收机的功率较低，无法实现完整的收/发操作。在反射链路中，光源比接收机具有更高的功率和更强的负载能力，因此，它被用作向远程接收机发送调制光信号的询问器。接收机端装有一个小型光学反射器，该反射器在感应到来自光源的入射询问光束后再将其反射回光源。此时接收机功率为

$$P_{R\_Retro} = P_T \eta_T \eta_R \eta_{Retro} L_P\left(\lambda, \frac{d}{\cos\theta}\right) \frac{A_{Retro}\cos\theta}{2\pi d^2(1-\cos\theta_d)} \times \left[\frac{A_R\cos\theta}{\pi(d\tan\theta_{Retro})^2}\right] \qquad (6.118)$$

式中，η_{Retro} 是反射器的光效率，A_{Retro} 是反射器的孔径面积，θ_{Retro} 是反射器的发散角。

水下反射器工作于两种情况：① 光子有限；② 对比度有限。光子有限的场景发生在清澈的海水或湖泊中。在这种情况下，由于在水下环境，光子将被吸收在检测器上，从而限制了通信链路的范围和容量。因此，在这种情况下，对准和跟踪技术是至关重要的，这是因为反射信号所承载信息量的大小取决于入射到反射器上询问器光子的单位面积密度。对比度有限的场景则发生在浑浊的港口水域，此时散射对链路范围和容量有着重要影响。这对于水下激光成像相关的应用来说是一个关键问题，因为后向散射分量的增加会导致光子的减少，进而降低图像的对比度。但采用偏振隔离技术可以显著减少后向散射分量。反射链路配置如图 6 - 17 所示。

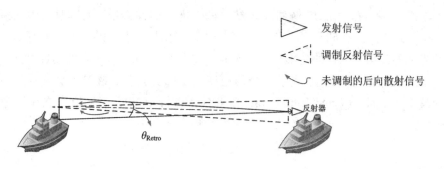

图 6-17　反射链路配置

6.4　水中光学衰减模型

当光信号通过水下信道进行传输时，UOWC 的建模有助于确定光信号的强度和考虑光信号传输时的所有损耗（即衰减、多径、湍流等）。因此需要结合各个系统的设计参数，为水下环境设计一个精确的模型。同时，该模型还应具有能较好估算水下环境和光学组件的变化范围、数据速率和覆盖角度的功能。水中光学衰减模型可以利用矢量辐射传递理论，并在蒙特卡罗模拟的基础上对 UOWC 进行综合建模，以量化不同范围、水类型、发射机/接收机参数的时间色散。相关研究人员对此已做了研究，例如 Giles 和 Bankman 提出了一个水下模型，用于估算传输范围内所考虑的各种参数，如传输功率、检测器的灵敏度、水中消光等。水中光学衰减模型可分为两种：视线传输链路和非视线传输链路。这两种链路类型的光传播会经历相同的衰减效应，但是在非视线传输信道中，UOWC 建模的关键部分来自于水面的反射。

6.4.1　水中视线传输链路的光学衰减模型

视线传输链路的建模通过使用比尔-朗伯特定律，计算出不同类型水中的通信范围和角度。该方法是通过假设散射光子丢失，但实际上当光束经历多次散射后，接收器仍会捕获到部分散射光子。所以在这种情况下，比尔-朗伯特定律会严重降低对接收功率的估算，特别是在散射占主导地位的区域。此外，由于辐射传递方程考虑了多次散射和光偏振的影响，所以大多数情况下该技术可使用在 UWOC 中模拟水中光学衰减的模型。与此同时，辐射传递方程可用于描述光信号通过水下湍流环境时的能量守恒定律。然而当辐射传递方程涉及多个复杂变量积分、微分方程时，辐射传递方程的计算变得十分困难，因而研究者会对辐射传递方程采用大量的假设和近似来简化结果，所以在这种复杂的情况下使用辐射传递方程来分析模型存在一定的误差。对于辐射传递方程的求解，一些研究者使用离散坐标法和不变嵌入法对辐射传递方程进行数值求解。例如 Park 和 Alouin 基于离散坐标法对辐射传递方程进行了数值估算，同时为了计算出 UWOC 系统的接收功率，采用了无矩阵高斯-塞德尔迭代法。对于 UOWC 模型，另一个常用的方法是采用蒙特卡罗模拟的数值方法，它具有灵活性强、易于实现、提供准确解等特点。然而，蒙特卡罗模拟也存在以下的缺点：① 不能处理波动现象；② 模拟效率低；③ 存在随机统计的误差。所以，视线传输链路建模需要依实际情况选择相应的方法。

由于光束在水下信道传播时具有随机性，因此研究者对 UOWC 提出了随机模型。研究者通过 HG 函数对 UOWC 链路的非散射和单次散射分量进行计算，并利用随机信道模型来估算光子的空间和时间分布。随后，研究者的研究范围进一步拓展到长距离通信，其中考虑了光子传播时会经历的三个部分，即非散射、单次散射和多次散射，这是由于 UOWC 中各种不同的悬浮粒子造成的，他们基于此设计了一种随机信道模型，该模型能够很好地与蒙特卡罗模拟方法相结合，并适用于浑浊的水域环境中，如沿海和港口，该方法也可用于估算 UOWC 中的路径损耗、散射特性和衰减特性。

6.4.2　水中非视线传输链路的光学衰减模型

非视线传输链路的信道模型相较于传统的视线传输链路更为复杂，因为非视线传输链路包含了衰减效应（类似于视线传输链路）以及水-空气界面所产生的背向反射效应。非视线传输链路的信道模型除了受发射光源的波长和设备属性影响外，非视线传输链路的路径损耗还与系统的几何形状有关，其中包括发射器的光束宽度、通信距离、接收器的视场角、指向仰角以及水下信道的光学特性。因此，大多数非视线链路的信道模型都是基于蒙特卡罗模拟方法进行的。

6.5　水下无线光通信系统设计

UOWC 的系统设计如图 6-18 所示。信号源产生待传输电信号，电信号调制光载波，以高数据速率传输更长的距离。发射机备有投影光学装置和光束控制元件，以便将光束聚焦并转向接收机的位置。信息承载信号可以通过水下信道进行传播，水下信道的特性随着地理位置和时间的变化而有所不同。在接收端，光学器件收集输入信号并将其传递给检测器以进行光电转换。之后，电信号再通过一个信号处理单元和解调器以恢复出原始信号。

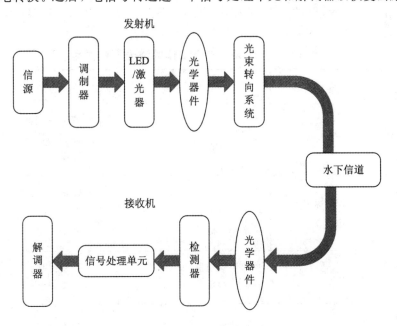

图 6-18　典型的水下光通信系统框图

6.5.1　发射机

光学组件技术目前已非常成熟，并且在光纤和 FSO 通信系统中广泛应用。在 UOWC 所需要的波段中，该技术也相对成熟，具有一定优势。根据相关通信指标以及水下系统存在功率和通信容量受限的问题，可以选择 LED 或 LD 进行一定的改善，这主要取决于光谱中蓝绿光部分所占的比重。通常，对于在浅水中操作的浮标系统选择蓝绿的 LED。如果系统在深海清水中运行，那么基于 LD 的系统则是更好的选择。蓝绿色光谱中 LD 或 LED 的输出功率范围为 10 mW～10 W。决定在 UOWC 系统中使用哪种信号源时，需要考虑 LED 和 LD 各自的优缺点。LD 具有快速切换时间和高光功率的优点；但 LED 便宜，结构简单，对温度要求更宽松且更可靠。与基于 LD 系统相比，基于 LED 系统视场角较大且不易受水下环境影响。与此同时，基于 LED 系统性能的光束发散，由接收器的 FOV 和动态响应范围引起的几何效应等因素决定。在 UOWC 中，LED 系统简单易行，然而，由于非相干光束和光的全方向覆盖的影响，LED 系统的链路范围将会非常有限。使用高功率 LED（以 Watts 为单位）或通过聚焦光学器件将全向覆盖光束转换为单向链路光束以及使用 LED 阵列，可以增加系统的链路范围。诸如由碳化硅（SiC）衬底上氮化镓（InGaN）基制造的 LED，能够提供 10 mW 的输出功率，可以通过配置成阵列来增加光功率。此外，来自一个或多个 LED 的光束可以通过透镜组合来进行准直聚焦。

基于 LD 系统具有通信距离远、数据传输速率高和延迟低的优点。例如：在飞机和潜艇之间进行的第一个双工激光通信，其输出的相干光束质量较高，但是由于水下散射和湍流的影响，输出光束的质量会急剧下降。因此，使用基于激光的 UOWC 系统可以实现在清水条件下 100 m 的链路传输距离，而在浑浊条件下仅 30～50 m 的链路传输距离。此外，为了满足深海通信的应用要求，LD 因其具备高功率、高效率和长寿命的特点而被采用；与调制带宽几乎小于 200 MHz 的 LED 相比，LD 具有很大的调制带宽（>1 GHz），能够支持高传输速率。表 6.6 中比较了在蓝绿光谱中操作的各种激光器。

表 6.6　以蓝绿色光谱工作的激光器的类型

类　型	波　长	优　点	缺　点
氩离子激光器	455～529 nm	—高输出 —生命周期短	—效率非常低（～0.1%） —需要的输出功率高 —需要配备冷却装备
二极管泵浦固态激光器（双 Nd:YAG）	532 nm（绿光） 473 nm（蓝光）	—非常高的输出功率 —生命周期长 —结构紧凑	—绿色光的效率为 20%～50%，蓝色光的效率低至 3%～5% —价格昂贵
双钛蓝宝石激光器	455 nm	—超快输出脉冲 —频率可调	—价格昂贵 —对振动敏感
闪光灯泵浦倍频激光器	532 nm	—高功率	—难以调节

类 型	波 长	优 点	缺 点
金属蒸气激光器	441.6 nm、570 nm 和 578 nm	—高功率(40～100 mW) —生命周期长	—需要配备冷却装置
液体染料激光器	450～530 nm	—超高功率 —可以通过染料调节 —支持高数据速率(脉冲宽度为 ns 到 ps)	—价格昂贵 —需要配备冷却装置
半导体激光器	405 nm&450～470 nm(InGaN) 375 nm～473 nm (GaN)	—高功率(几百 mW)(405 nm) —更少的功率消耗(450～470 nm) —高效率 —结构紧凑	—价格昂贵 —过量电流容易造成损坏
光纤激光器	518 nm	—强健的 —尺寸紧凑 —效率高 —高输出功率(～140 mW)	—价格昂贵 —可能需要外部调制器

氩离子激光器属于水下通信的蓝绿色透射窗的范畴。连续波氩离子激光器在同步锁模腔内工作时，可以在高重复频率下产生高峰值功率脉冲。在商用中，它的功率水平通常低于 100 mW 或高于 15 W。氪激光也可用于黄色至红色区域，它在很宽的可见光谱范围内(462～676 nm)发光，输出功率约为 100 mW。在蓝色区域工作时，其输出功率比氩激光器小。在有高功率和紧凑尺寸需求的应用中，大容量全晶体管激光器具有广泛的实用性。固态蓝绿激光器基于非线性频率转换理论，例如钕钇铝石榴石(Nd:YAG 或 Nd:Y$_3$Al$_5$O$_{12}$)或钛蓝宝石(Ti:Al$_2$O$_3$)等近红外激光器。二极管泵浦固态激光器产生近红外 Nd:YAG 激光器的倍频输出。产生蓝色固态激光的方法是借助于多光子泵浦增益介质。这些激光器吸收两个或多个近红外光子以产生单个蓝色光子。这些激光器的寿命取决于可更换闪光灯的使用寿命。金属蒸气激光器在蓝绿色区域产生波长为 441.6 nm 利用氦-镉激光器、570 nm 或 578 nm(利用铜蒸气激光器)的辐射。这些都是高功率激光器，需要结合适当的冷却装置一起使用。液体染料激光器可以在很宽的频率范围内进行调制，并且能够以 CW 或脉冲模式进行工作。液体染料激光器在 CW 模式下平均功率较大，而在脉冲操作时能够产生非常大的峰值功率(高达兆瓦级)。上述激光器的输出可以在特定范围内调节，具体的调节过程取决于染料材料。这些激光器中的泵浦通过氩气或氪激光器进行 CW 操作，并通过 Nd:YAG 或 Xe 闪光灯进行脉冲操作。诸如 InGaN 的半导体激光器在 405 nm 波长处提供几百毫瓦的输出功率，在较长波长例如 450～470 nm 时输出功率减小到几十毫瓦。高功率红外光纤激光源也是水下光通信的理想选择。将工作在 1500 nm 的 Er:Yb 共掺杂光纤源直接转换成蓝绿色输出对光源来说是一个很好的选择，因为这种方式效率较高，可提供高功率输出并支持高数据速率传输。

蓝绿光 LED 阵列在 UOWC 中已经被广泛使用。LED 支持高达 Mb/s 的可变数据传输速率，并具有高光电效率的特性。但 LED 存在光谱带宽太宽的问题，其带宽达25～100 nm，因此它需要配合宽带通滤波器使用,但该方式又会导致太阳背景噪声进入系统。因此,LED 仅适用于短距离通信,例如用于连接水下传感器和潜水员。对于诸如 AUV 到卫星连接的长距离应用,LD 则是更好的选择。表 6.7 给出了 UOWC 中的各种蓝绿 LED 的比较。

表 6.7　各种蓝绿 LED 的比较

生产厂家	波长/nm	光通量/Im
Lamina Atlas NT-42C1-0484	460～470	63
AOP LED Corp PU-5WAS	455～475	54
Kingbright AAD1-9090QB11ZC/3	460	35.7
Ligitek LGLB-313E	460～475	30.6
Toshiba TL12B01(T30)	460	6
Lumex SML-LX1610USBC	470	5

6.5.2　接收机

UOWC 中的接收机应当具有宽 FOV、高增益且能提供较高的 SNR。处于蓝绿光谱的光电传感器有光电倍增管、半导体光电传感器和受生物激发的量子光电传感器。光电倍增管是一种对光非常灵敏的真空管。它具有增益高、噪声小、频率响应高、采集面积大等特点。然而,光电倍增管因其体积大、功耗大、易碎等缺点而不适用于 UOWC。此外,如果暴露在过量光线下,光电倍增管会受损。为了在实验室中建立通信链路,可同时使用光电倍增管与接收机端的可变增益放大器。

半导体光电传感器包括 PIN 和 APD。PIN 光电二极管具有响应时间快、成本低、单位增益高和对背景光容错性强等特点,而 APD 具有较大的内部增益和较高的量子效率(70%～90%)。APD 比 PIN 光电二极管响应速度更快且内部增益更高,但要求较高的偏置电压和复杂的控制电路配合其工作,对背景噪声更为灵敏。此外,APD 的量子效率取决于材料的厚度,例如,硅在 400～500 nm 范围内的灵敏度很低。因此,在较短波长下,PIN 光电二极管在 UOWC 系统中是一种比 APD 更有前景的技术。例如,当 APD 被用作接收机,使用功率为 7 W、波长为 532 nm 的激光器时,在长为 2 m 的传播路径上可实现 1 Gb/s 的数据传输速率。

受生物激发的量子光电传感器利用水下进行光合作用的生物进行研发。水下生物能够吸收和处理来自太阳和其它深海热泉的微弱光线。与此同时,生物有机体能够捕捉太阳辐射能,并利用量子相干将能量传输至反应中心,在那里开始光合作用的生化反应。与基于半经典电荷输运理论、工作于蓝绿光区的半导体器件(如 PMT、PIN 和 APD)不同,量子光电传感器是 UOWC 高效的备选器件。目前许多有关研究正在进行中,希望能发明出在水下工作良好的生物激发量子器件。

6.5.3　调制器

调制技术的选择是通信系统设计的关键。调制可以直接进行或使用外部调制器。直接调制是最简单的方法，它是指驱动光源的电流被直接调制。通过泵浦源直接调制激光器，但在水下无线光通信系统中存在数据传输速率有限和链路范围的"啁啾"现象。在光泵浦固体激光器的情况下，系统中的非线性特征会产生弛豫振荡，阻碍激光器进行直接调制。由于面对将半导体激光器发射波长延长到绿光方向的长期挑战，直接调制半导体激光器的潜力尚未得到充分开发。第一个真正的 532 nm 绿光氮化物激光器直到 2009 年才出现，因此水下无线光通信中的大部分工作都是使用直接调制的蓝色半导体激光器完成的。

在水下无线光通信系统中，调制大致可分为两类：强度调制（直接调制和外调制）和相干调制。最广泛使用的调制方法就是强度调制，也就是源数据根据光载波的强度被调制，这可以通过直接使用要传输的信号或者使用外部调制器从而改变光源的驱动电流的方法来实现。直接检测接收机检测到调强信号的方法称为调强/直接检测（IM/DD）或非相干检测。由于 IM/DD 系统具有成本低、复杂度低的特点，在水下无线光通信系统中得到了广泛的应用。在这种情况下，只需要确定有无电源，而不需要相位信息。相对于非相干检测，另一种检测调制光信号的方法是相干检测。它利用本机振荡器将光载波频率向低频处转换为基带频率（零差检测）或电磁波中频（外差检测）。该电磁波信号随后通过传统的电磁波解调过程解调到基带。本地振荡器的强磁场使信号电平大大高于电子电路的噪声电平，提高了系统的灵敏度。由于相干系统的复杂性和成本较高，它在水下无线光通信系统中并没有得到广泛的应用。此外，大多数相干调制方案总是传输比特"1"或"0"的符号，因此它比任何其它非相干调制方案需要消耗更大的功率，这一缺陷使其不适用于水下通信。

调制技术的选择取决于所应用的场景和设计复杂度。因为无线系统通常是功率有限的（如长距离通信、电池供电的无线光设备等），抑或是带宽有限的（如多径信道、漫射链路或有限带宽的光电检测器等）。水下光通信受水的浑浊度和溶解物颗粒大小的影响很大。此外，由海面和海底光信号反射引起的多径传播导致码间串扰的产生，限制可用信道带宽。基于上述原因，学术界对开关键控（OOK）、脉冲位置调制（PPM）等强度调制技术以及相移键控（如 BPSK、QPSK 和 QAM）等技术进行了大量的研究。OOK 和 PPM 调制格式通常用于直接检测方案，与相干技术相比，其实现相对简单。PPM 调制技术与 OOK 调制技术相比，具有更好的功效，因此，对于考虑以低功耗为主的长距离通信或电池驱动的水下传感器，它是一个很好的选择。PPM 方案具有许多变体方案，可以用来提高无线通信系统的带宽效率，如差分 PPM（Differential PPM，DPPM）、数字脉冲间隔 PPM（Digital Pulse Interval PPM，DPI-PPM）、差分幅度 PPM（Differential Amplitude PPM，DAPPM）和多级数字脉冲间隔调制方案等。

6.5.4　信道编码

为了降低水下衰减的影响，UOWC 系统采用了 FEC 信道编码方案，例如 Turbo 码、低密度奇偶校验（Low Density Parity Check，LDPC）码、里德-所罗门（Reed Solomon，RS）码、卷积码等。通过这些方案，冗余位被引入到发送的比特序列中，使得接收机可以纠正所接收到消息序列中有限数量的错误。因此，设计一个合适的 FEC 编码技术可提高系统的功率效率和链路范围，但这种方式却是以牺牲带宽效率为代价的。一般来说，FEC 码可以分为两类：分组码和卷积码。在 UOWC 系统中可实现的分组码有 RS 码、博斯-乔赫里-霍克文黑姆（Bose-Chaudhuri-Hocquenghem，BCH）码和循环冗余校验（Cyclic Redundancy Check，CRC）码。例如 Simpson 等人在 UOWC 中使用的第一个分组码是（255，129）RS FEC 码。结果表明，RS 编码系统比未编码的 OOK 系统降低了约 8 dB 的功耗，RS 编码系统的误码率为 10^{-4}。随后，Simpson 等人将研究领域拓展到 7 m 长的水下光链路中，使用（255，129）和（255，223）RS 码，实现了 5 Mb/s 的基本传输速率，同时结果表明，当误码率为 10^{-6} 时，使用（255，129）和（255，223）RS 码所获得的信噪比分别改善了 6 dB 和 4 dB。此外，对于单向水下信道进行实时数字视频传输时，使用（255，239）RS 码作为内码进行字节级纠错，并结合系统的卢比变换（Luby Transform，LT）码作为外码，可降低数据的丢包率。

  虽然分组码简单、可靠，但并不能为 UWOC 系统提供最佳的性能，特别是在高度浑浊的水域或多个散射体的情况下。因此，针对这些情况需要使用更加复杂的编码技术，例如 LDPC 码和 Turbo 码。在给定带宽效率的情况下，这些编码技术可以达到接近信息理论所给出的最优功率效率性能。为了获得这两种编码方案的接收信噪比，需要对传输序列有充分的了解。LDPC 码是具有稀疏奇偶校验矩阵 **H** 的最强大编码方案，即"非 0"元素相对于"0"元素具有低密度性。标准的 LDPC 码利用大约 10^4 位分组长度，这使得编码计算量非常大。因此，必须对 **H** 矩阵施加一定的结构，以便于描述编码和降低编码复杂度。针对第二代数字视频广播卫星标准（Second Generation Digital Video Broadcasting Satellite Standard，DVB-S2），采用 OOK 调制技术，研究了在 $r=1/2$ 到 $r=1/4$ 码率范围内的 LDPC 码。结果表明，当码率分别为 1/2、1/3 和 1/4 时，DVB-S2 LDPC 码在误码率为 10^{-4} 的情况下，与未编码系统相比，其编码增益约为 8.4 dB、8.9 dB 和 9.2 dB。此外，DVB-S2 LDPC 码还可提供较低的延迟，这对未来数据的实时传输具有很强的吸引力。

  Turbo 码是一种并行级联卷积码，它将两个或多个卷积码和一个交织器组合在一起产生一个分组码，以便达到接近香农极限的误码率。对于通用移动通信系统（Universal Mobile Telecommunications System，UMTS）标准和空间数据系统咨询委员会（Consultative Committee for Space Data Systems，CCSDS）标准中的 Turbo 码，Turbo 码可提供 6.8～9.5 dB 的编码增益范围，以及 1/2～1/6 的码率范围。表 6.8 为调制技术和编码方案的综合列表。

表 6.8   UOWC 系统中使用的调制和编码方案

调 制	编 码	注 释
二进制开关键控（OOK）	—	简单但效率低
二进制开关键控（OOK）	RS	稳定的分组码
二进制开关键控（OOK）	BCH	稳定的分组码
二进制开关键控（OOK）	CRC	简单且稳定的检错码
二进制开关键控（OOK）	Turbo	复杂的解码算法
脉冲位置调制（PPM）	—	提高了功率效率，但带宽效率低

调　制	编码	注　　释
脉冲位置调制(PPM)	LDPC	提供了性能较好但相对复杂的解码
脉冲位置调制(PPM)	CRC	提高了功率效率和简单的检错码
脉冲位置偏振调制(Polarized PPM)	—	与传统 PPM 相比，提高了功率效率和数据速率
相移键控(PSK)	—	提高了灵敏度和功率效率
正交振幅调制(QAM)	—	良好的抗干扰性和稳定性
子载波强度调制(SIM)	—	频谱效率高但功率效率低
子载波强度调制(SIM)	RS	编码性能稳定，提高了误码率性能

6.6　水下无线光通信的协作分集

UOWC 可提供低延迟的高容量链路，但由于水下信道的各种影响因素，很难实现长距离传输。因此，为了充分发挥光载波在水下环境中的优势，有必要扩大其覆盖范围。为了实现长距离传输，人们利用 UOWC 系统中的空间和多径分集对各种技术进行研究(如 MIMO、OFDM、空间调制技术等)。协作分集(或中继辅助分集)是另一种解决 UOWC 长距离传输问题的方法，该技术可扩大光通信范围。这种分集技术主要在地面无线电系统中采用，但最近在 FSO 系统中也得到了应用。虽然该方案此前在水声通信中已经得到了广泛的研究，但在 UOWC 系统中得到的关注仍然相对较少。分集技术利用了原来由源节点发送至相邻节点(也称为中继)所接收到的信号。尽管每个节点都配备单个天线，但源节点和中继节点在发送端系统上仍以共同工作的形式创建虚拟天线阵。多跳传输是一种中继辅助传输方式，为了将较长的传输距离分割成较短的传输距离，中继以串行方式连接在一起，从而减小吸收、散射和衰落效应。这有助于在传输功率有限的情况下扩大链路覆盖范围。例如，水下无线传感器网络的主要挑战是如何将数据从源节点传输到远程位置控制站。在这种情况下采用多跳传输，即在网络传输的过程中由中继检测数据并将数据转发到下一个中继，直到它在最后一跳中到达控制站。该方案不仅能覆盖更大的链路距离，还可以降低能耗；否则，由于水下信道环境的复杂性并且每个节点的电池能量是有限的，如果仅靠源节点来传输数据到相对较远的控制站是难以实现的。最近，Akhoundi 等人研究了一种基于光正交码(Optical Orthogonal Code，OOC)的蜂窝式水下无线光码分多址(Optical Code Division Multiple-Access，OCDMA)网络。他们在水下环境中对协作分集进行扩展，其中每个源节点使用 OCC-OCDMA 技术通过中继将自己的数据上传到远程定位的光基收发信机站(Optical Base Transceiver Station，OBTS)，如图 6 - 19 所示，他们还研究了中继辅助 OCDMA 的 BER 性能，发现在 90 m 点对点干净海洋链路中，即使是双跳传输，也比直接传输高出 32 dB。

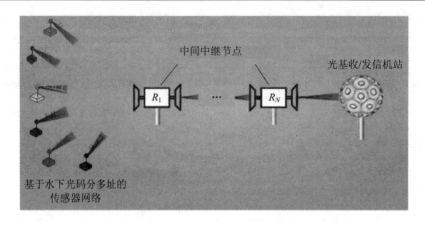

图 6-19 基于中继辅助 OCDMA 的 UOWC

在移动式水下传感器网络中，多跳传输是一种非常有利的传输方式，其拓扑结构随时间迅速变化。在这种情况下，采用多跳传输和地理路由协议可提高系统的稳定性。此外，使用存储转发技术的延时容忍网络可改善水下链路被破坏时的通信质量，特别是针对由于湍流或任何障碍（如船舶）而导致端到端连接失败的情况。在水下无线通信系统中，使用放大转发（Amplify-and-Forward，AF）协议可在协作分集中观察到 5 dB 的性能改善。虽然水下光通信在这个方向上开展的工作不多，但在提高远程节点集群的链路覆盖范围和地理连接上将是一项很有前景的技术。

6.7　混合声-光系统

水下无线光通信系统虽然具有高比特率、低功耗、低延迟等优点，但其传输范围有限。此外，水声通信具有传输比特率低、功耗大、延迟高、传输距离长等特点。声学调制解调器可以在中等链路距离上工作，通信速率为 $100 \sim 5000$ b/s，或者在较短距离上以较高的通信速率工作。因此，为了充分利用这两种技术，需要一种混合系统。该混合系统将补充现有的声学通信系统，在光通信范围内工作时提供高数据传输速率和低延时，而在光通信范围外工作时提供长距离通信和高鲁棒性。配置 AUV 或水下传感器的目的是将大量数据传递到中央基站，在中央基站处理信息。这些 AUV 配备了声光调制解调器。其中声学调制解调器用于远程通信，而光学调制解调器用于在水声通信辅助下进行短距离通信。因此，在混合系统中，光发射机通过传输高定向的宽带信号来占用上行链路的大部分带宽。从基站或船舶到 AUV 的下行链路信号是用于指向或跟踪 AUV 的具有广 FOV 的低频声学信号。在光-声转换的线性区中，由于空气-水边界处入射的激光束被介质指数衰减，因而会产生一系列热声源，这些热声源与激光束在水中的热能和物理尺寸有关，从而会产生局部温度变化，进而导致体积膨胀或收缩。体积特性反过来产生传播压力波，而传播压力波具有激光调制信号的声信号特性。如图 6-20 所示，混合声-光系统在吞吐量和能量效率方面具有显著的优势。从图 6-20(a)可以看到，当提供的负载增加时，声波信道模型的吞吐量会趋于饱和。虽然混合模型的性能优于其它两种模型，但在光信道模型中，其吞吐量也急剧提高。图 6-20(b)清楚地显示出声波信道模型的功耗随数据速率提高而提高的情况。而在这一方面，混合模型和光信道模型产生的结果类似。因此，混合声-光系统提供了一定的自由度，根据负荷和水的类型，在最短的传输时间内选择最佳的传输方式。混合声光系统的光信号可用于水下 AUV 或潜水员到基站的高数据速率上行链路传输，而声学信号用于大 FOV 低数据速率下行链路传输。混合模型的最大数据速率比传统声学链路的大 150 倍。

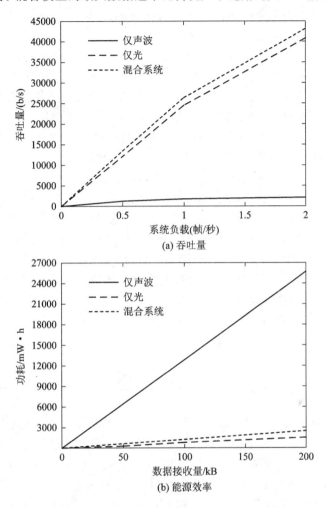

图 6 - 20　声学、光学和混合系统的吞吐量与能源效率比较

6.8　发 展 方 向

　　作为一种声学链路的补充技术，UOWC 能够在一定的距离内提供高数据速率，且延迟很小。因此该技术不仅有助于降低功率损耗；还可以为持久的水下监测以及相关监测应用提供保障。此外，研究人员发现 UOWC 可以广泛应用于环境监测、数据收集（例如水温、PH 值等）、石油/天然气监测和安保等方面。

　　随着对该领域研究的不断深入以及其自身的发展，目前 UOWC 技术可提供一种稳定且有效的方法，使水面运输工具、水下装置和海底基础设施之间实现通信。由于其成本低、体积小、功耗低、与其它光学系统的兼容性较强，因此经常被用于异构网络环境或密集水下无线传感网络中。使用双模式（声学和光学）收发器的混合通信系统不仅能够提供高数据速率，而且可用于辅助水下机器传感网络。即使在浑浊的水下环境中，该系统也可以切换到低数据速率的水声收发机，从而提高了通信链路的可靠性。

UOWC 技术的发展仍然需要不断研究革新，为了使该技术能够尽早应用于实践，研究人员需要进一步探索并分析新的理论模型（包括分析和计算），这有助于理解激光如何通过随机变化的水下信道进行传播。不仅如此，它还包括太阳能的渗透能力、多重散射机制和海面反射等。研究人员需要在户外进行大量的现场实验，才能够掌握水下环境与水下信道的特点。为了提高在不同水下条件的稳定性，还需进一步探索能够优化通信效率并节约能源的自适应技术。因为在源节点和目的节点之间建立端到端的通信链路有很大的障碍，所以必须深入研究空间多样性技术和路由协议（如主动协议、地理路由协议、反应协议等）。为了设计实用且稳定的 UOWC 链路，对网络体系结构更高层的深入研究不可或缺，这些层包括介质访问、数据链路控制、传输控制和应用层。尽管仍有一部分工作需要用到不同的调制或多重访问技术，但现已证明 UOWC 能够为短距离的应用提供高数据速率的光链路。除此之外，利用差错控制编码技术，亦可提高无线光通信在海洋环境中的可靠性。

为了生产简单、经济、低功耗、稳定和实时的传感器系统，研究人员做了大量的工作。与此同时，研究人员研制了各种非声学传感器，比如光学传感器、机电传感器、生物激发传感器和基于 MEMS 的传感器等，这些传感器都可以应用于水下环境。所有的传感器都是为特定的需求所设计的，而且它们还能够抵御生物污染、能源限制、海水腐蚀等水下恶劣环境的干扰。除了这些外，能够生产更坚固、更廉价、更具适应性和稳定性的水下光学传感器的技术在未来有很大的发展空间，这不仅能保证未来的传感器在动态条件下的续航能力，还能够避免频繁而昂贵的营救行动。

本 章 小 结

随着空间和水下无人飞行器数量的不断增加，水下通信系统的改进势在必行。传统的水下通信基于声学信号，尽管在这一领域已经取得了很大的进步，但声学系统仍难以提供足够的带宽和较低的时延。因为电磁信号在无线电频率上的吸收较高，所以 UOWC 的射频信号只能在极低频的情况下使用。使用光纤或同轴电缆将会限制水下操作的范围和机动性，而水下光通信具有高数据速率、低延迟、低功耗、包装轻便等优点，因此水下光通信相对于传统的声学通信拥有巨大的创新潜力。同时，这种技术也能从地面无线光通信的发展中吸取一些优点。但这种技术也有缺陷，比如水下光束的距离和范围受到水的类型、流场、散射以及其它各种传播损失的影响。UOWC 通常利用可见光谱的蓝绿波段进行通信，因为这一波段可以提供较低衰减窗口，并适合于中等距离（10～100 m）的高带宽通信（在 MHz 的数量级）。一个典型的点对点通信链路的 UOWC 需要严格的指向和跟踪系统，特别是对于移动平台来说更为重要。如果采用智能发射机和接收机、分段式光纤或者电子束转向，就可以改善对窄光束点跟踪的严格要求。为了使链路在不同的水下场景可以正常工作，防止 LOS 造成链路损失，还需对各种链路的配置（如反射、扩散和 NLOS 链路）进行深入研究。此外，为了实现高效、可靠的水下光链路通信系统，水下环境中的信道模型、系统结构、系统部件和材料、调制技术、工作波长及其在水下环境中的影响等一系列研发工作的重要性不言而喻。

综上所述，目前声波虽然是一种稳健且可行的载体，但随着技术的快速发展和对 UOWC 的不断研究，这种技术在未来具有潜在的革新意义。

参 考 文 献

[1] HAMZA A S, YADAV S, SAMAL S K, et al. OWCell: Optical Wireless Cellular Data Center Network Architecture [C]// IEEE International Conference on Communications. IEEE,2017.

[2] MCCULLAGH M et al. A 1 Gbit/s optical wireless LAN supporting mobile transceivers [J], Proc. IEEE Wireless, 1994, 2:468 – 480.

[3] JUNGNICKEL V, HAUSTEIN T, FORCK A, et al. 155 Mbit/s wireless transmission with imaging infrared receiver [J]. Electronics Letters,2001, 37(5): 314 – 315.

[4] HAMZA A S, DEOGUN J S, Alexander D R. Free space optical data center architecture design with fully connected racks [C]// 2014 IEEE Global Communications Conference. IEEE,2015.

[5] TAGLIAFERRI D, CAPSONI C. High-speed wireless infrared uplink scheme for airplane passengers communications [J], Electronics Letters, 2017, 53(6): 887 – 888(1).

[6] LEIGH. Devices for optoelectronics [C]//Semiwnductor Deuices for Optiml Communication.1996.

[7] PALMER M, SCHLANGER S E. Programmable identification in a communications controller [J]. 2003.

[8] Infrared Data Association. Infrared Data Association Serial Infrared Physical Layer Specification. Version 1.4[EB/OL]. http://www.irda.org/standards/specifications.asp, 2001.5.30

[9] KRESSEL H, ETTENBERG M, WITTKE J P, et al. Laser diodes and LEDs for fiber optical commumcation [J]. 1980, 39(1): 9 – 62.

[10] KAHN J M, BARRY J R. Wireless infrared communications [J]. Proceedings of the IEEE, 2002, 85(2): 265 – 298.

[11] CHU T S, GANS M. High speed infrared local wireless communication [J]. Communications Magazine IEEE, 1987, 25(8): 4 – 10.

[12] M ANAND, PRASOON MISHRA. A novel modulation scheme for visible light communication [C]// India Conference. IEEE,2011.

[13] LEE S H, AHN K I, KWON J K. Multilevel Transmission in Dimmable Visible Light Communication Systems[J]. Journal of Lightwave Technology, 2013, 31 (20): 3267 – 3276.

[14] AHN K I, KWON J K. Color Intensity Modulation for Multicolored Visible Light Communications[J]. IEEE Photonics Technology Letters, 2012, 24(24): 2254 – 2257.

[15] BEIJERSBERGEN M W, ALLEN L, VAN DER VEEN H E L O, et al. Astigmatic laser mode converters and transfer of orbital angularmomentum [J]. Optics Communications, 1993, 96(1 - 3): 123 - 132.

[16] YAN Y, WANG J, ZHANG L, et al. Fiber coupler for generating orbital angular momentummodes[J]. Optics Letters, 2011, 36(21): 4269 - 4271.

[17] YAN Y, LIN Z, JIAN W, et al. Generating orbital angular momentum modes in a fiber with a central square and a ring profile [C]//IEEE. Photonice Conference (PHO). Arlington: IEEE, 2011: 232 - 233.

[18] WONG G K L, KANG M S, LEE H W, et al. Excitation of orbital angular momentum resonances in helically twisted photonic crystal fiber [J]. Science, 2012, 337(6093): 446 - 449.

[19] CAI X, WANG J, STRAIN M J, et al. Integrated compact optical vortex beam emitter[J]. Science, 2012, 338(6105): 363 - 366.